材料科学与工程学科系列教材

材料制造数字化控制基础

Foundation of Digital Control for Material Processing

主 编 唐新华

U0295351

上海交通大学出版社
SHANGHAI JIAO TONG UNIVERSITY PRESS

内 容 提 要

本书内容涉及数字逻辑基础,通用微处理器和嵌入式微处理器,工控机技术,PLC 控制技术,信号的数字化采集、处理和传输技术,现场总线,网络技术,自动控制理论基础,数字化控制方法,材料科学基础和材料加工原理等。其中,数字逻辑基础、微处理器作为数字化技术的基础知识作简要介绍,工控机技术和 PLC 控制技术作为目前工业界广泛使用的通用技术是数字化控制的具体形式,也分别作简要介绍。在此基础上,本书以材料加工和制造过程中信号的数字化采集、处理、传输与控制为主线,系统介绍相关技术知识,并通过列举材料加工和制造领域中基于数字化控制技术的一系列应用范例,深化对数字化控制技术的认识。

图书在版编目(CIP)数据

材料制造数字化控制基础/唐新华主编. —上海:上海交通大学
出版社,2015 (2016 重印)
ISBN 978-7-313-13727-2

Ⅰ.①材… Ⅱ.①唐… Ⅲ.①工程材料-数字化-控制系统
Ⅳ.①TB3

中国版本图书馆 CIP 数据核字(2015)第 199730 号

材料制造数字化控制基础

主　　编：唐新华
出版发行：上海交通大学出版社　　　　地　　址：上海市番禺路 951 号
邮政编码：200030　　　　　　　　　　电　　话：021-64071208
出 版 人：韩建民
印　　制：上海天地海设计印刷有限公司　经　　销：全国新华书店
开　　本：787mm×1092mm 1/16　　　印　　张：23
字　　数：552 千字
版　　次：2015 年 9 月第 1 版　　　　　印　　次：2016 年 8 月第 2 次印刷
书　　号：ISBN 978-7-313-13727-2/TB
定　　价：53.00 元

材料科学与工程学科系列教材
编委会名单

总　序

　　材料是当今社会物质文明进步的根本性支柱之一，是国民经济、国防及其他高新技术产业发展不可或缺的物质基础。材料科学与工程是关于材料成分、制备与加工、组织结构与性能，以及材料使用性能诸要素和他们之间相互关系的科学，是一门多学科交叉的综合性学科。材料科学的三大分支学科是材料物理与化学、材料学和材料加工工程。

　　材料科学与工程专业酝酿于 20 世纪 50 年代末，创建于 60 年代初，已历经半个世纪。半个世纪以来，材料的品种日益增多，不同效能的新材料不断涌现，原有材料的性能也更为改善与提高，力求满足多种使用要求。在材料科学发展过程中，为了改善材料的质量，提高其性能，扩大品种，研究开发新材料，必须加深对材料的认识，从理论上阐明其本质及规律，以物理、化学、力学、工程等领域学科为基础，应用现代材料科学理论和实验手段，从宏观现象到微观结构测试分析，从而使材料科学理论和实验手段迅速发展。

　　目前，我国从事材料科学研究的队伍规模占世界首位，论文数目居世界第一，专利数目居世界第一。虽然我国的材料科学发展迅速，但与发达国家相比，差距还较大：论文原创性成果不多，国际影响处于中等水平；对国家高技术和国民经济关键科学问题关注不够；对传统科学问题关注不够，对新的科学问题研究不深入等等。

　　在这一背景下，上海交通大学出版社组织召开了"材料学科学及工程学科研讨暨教材编写大会"，历时两年组建编写队伍和评审委员会，希冀以"材料科学及工程学科"系列教材的出版带动专业教育紧跟科学发展和技术进步的形势。为保证此次编写能够体现我国科学发展水平及发展趋势，丛书编写、审阅人员汇集了全国重点高校众多知名专家、学者，其中不乏德高望重的院士、长江学者等。丛书不仅涵盖传统的材料科学与工程基础、材料热力学等基础课程教材，也包括材料强化、材料设计、材料结构表征等专业方向的教材，还包括适应现代材料科学研究需要的材料动力学、合金设计的电子理论和计算材料学等。

　　在参与本套教材的编写的上海交通大学材料科学与工程学院教师和其他兄弟院校的公共努力下，本套教材的出版，必将促进材料专业的教学改革和教材建设事业发展，对中青年教师的成长有所助益。

林栋樑

前　言

随着计算机技术的快速发展,数字化、信息化、网络化、智能化已成为现代制造技术的发展主流,材料领域的加工和制造也不例外。而数字化技术是信息化、网络化和智能化的基础。现实世界的各种信息多数是以在时间或空间上的连续函数形式表现出来的,这些信息无法在以"0"和"1"作为编码的数字计算机上直接处理,必须通过采样,变成序列化的数值以后,才能进行处理,这个过程实际上就是数字化的过程。只有通过数字化技术,才能把自然界丰富多彩的模拟信息转化成数字信息,才能用计算机进行各种计算、处理,才能通过网络交换数据信息,才能对各种制造过程实现智能化控制。因此,数字化为材料制造带来了新的发展机遇,要抓住机遇,首先要从人才培养抓起,而学生培养是人才培养的关键,一本合适的教材对学生的课程学习、能力培养和知识结构的拓展具有重要意义。

然而,数字化技术所包含的内容极其广泛,如何选取合适的内容对课程目标至关重要。数字化技术与不同的领域技术相结合,就能形成这个领域独特的数字化技术。在材料制造和加工领域,数字化技术可分别与设计、制造和管理等不同层面相结合,从而形成材料领域的数字化设计、数字化制造和数字化管理等技术体系。其中,数字化制造不仅需要软件技术,更需要面向各类现代化的制造装备。因此,熟悉各类以数字化为特征的装备及其控制系统,了解材料制造和加工过程中信息流的数字化采集、处理和传输技术,并通过数字化信息流对制造过程实现控制,对于更好地理解和掌握数字化制造技术意义重大。

鉴于数字化设计和管理的内容已有相关教材或商用软件,因此本教材的重点着眼于数字化制造过程中的控制技术,即以材料加工和制造过程中信息的数字化采集、处理、传输与控制为主要内容;同时将数字逻辑基础、微处理器(包括通用和嵌入式)等作为基础知识,将目前工业界广泛使用的工控机、PLC等作为通识内容作简要介绍,以适合非计算机信息类专业的学生学习,使其对数字化技术相关内容有一个系统的认识。最后,通过列举数字化控制技术在材料制造领域中的一系列应用范例,以深化学生对数字化控制技术的认识。

本书主要内容包括:第1章概要介绍数字化的概念,数字化制造的特点、基本内容和发展趋势,并简要介绍几类典型的数字化控制系统。第2章介绍数字逻辑基础和微处理器等一些重要的基础知识。第3章与第4章分别介绍工控机技术和PLC技术的控制原理与特点。第5至第7章分别介绍材料制造过程中信号的数字化采集、处理、传输的基本原理和特点,包括典型的现场总线和网络信息传输技术特点。第8章介绍自动控制的基本理论和分析方法。第9章着重介绍PID控制方法和数字化控制算法方程,以及其他一些在材料制造和加工过程中可能应用的控制方法。第10章,通过几个典型的材料制造数字化系统集成范例,展示相关的数字化技术在材料制造中的应用,以便读者对材料制造过程中的数字化控制技术有一个更全面的认识。

综上所述,本教材的特点之一是涉及面广,知识点多。其主要涉及数字逻辑基础,通用微处理器和嵌入式微处理器原理与应用,工控机技术,PLC技术,信号的数字化采集、处理和传输技术,现场总线,网络技术,自动控制理论、材料科学基础和材料加工原理等相关内容。本教材力图把上述与数字化控制相关的知识有机地串联起来,使学生通过这一门课程能够对数字化控制技术有一个比较全面的认识。由于课时有限,在内容的编排上,本教材根据材料科学与工程专业学生的知识结构和特点,对相关知识点不追求详尽的理论解释,对技术细节也不展开深入系统的描述,而尽可能地从比较浅显的基础内容开始讲起,由浅入深、循序渐进,从而为有兴趣的学生深入学习相关专门知识提供入门基础。教学过程中也可以根据学生的知识结构和基础,对相关内容作适当的增删。比如,对于学过数字电路和微机原理的学生,可对第 2 章内容适当删减,只保留嵌入式微处理器。

　　本书第 1 章由唐新华编写,第 2 章由唐新华和张轲合编,第 3 和第 4 章由张轲编写,第 5 和第 6 章由李芳编写,第 7 章由林涛、陈华斌、唐新华等合编,第 8 和第 9 章由蔡艳编写,第 10 章由张轲、蔡艳等合编,整书由唐新华统稿整理和修改,王敏和华学明对本书做了审核。由于作者水平有限,书中存在的错误和疏漏,恳请读者批评指正。

目　　录

第1章 绪 论

1.1 数字化的概念

1.1.1 何谓数字化

　　数字化(digitizing，digitization)就是将许多复杂多变的信息转变为可以度量的数字、数据，再以这些数字、数据建立起适当的数字化模型，把它们转变为一系列二进制代码，引入计算机内部，进行统一处理，这就是数字化的基本过程。计算机技术的发展，使人类第一次可以利用极为简洁的"0"和"1"编码技术，来实现对一切声音、文字、图像和数据的编码、解码，各类信息的采集、处理、贮存和传输，实现了标准化和高速处理，图1-1为将模拟信号转化为数字信号的基本过程。当今时代是信息化时代，信息的数字化越来越为人们所重视。数字化技术一般是指以计算机的硬件、软件、接口、协议和网络为技术手段，以信息的离散化表述、传递、处理、存储、执行和集成等信息科学理论及方法为基础的集成技术。该技术适用领域非常广泛，易于与其他专业技术融合形成各种数字化专业技术。

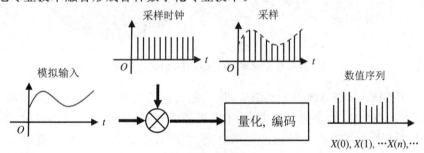

图1-1 信号的数字化过程示意图

　　从现实世界看，由于以计算机技术为核心的信息和网络技术的快速发展，数字化技术已经渗入到生产和生活的各个领域。尼葛洛庞帝的《数字化生存》一书中所描述的数字化世界已在我们周围大量显现，并不断地冲击着我们的观念，改变着我们的生产和生活方式。

　　在家庭生活和娱乐领域，从变频空调、洗衣机、平板电视、家庭影院等家电产品到 iPad 平板电脑、手机等无线通信产品，从数码相机、DV 摄像机、MP3、MP4 到 GPS 汽车导航仪，等等，如图1-2所示，无一不是采用了以计算机为核心的数字化技术，从而使这些产品的操控方式及与人类的交互方式发生了巨大的变化。以汽车驾驶导航为例，它的出现使人们的驾车出行变得非常简便，同时也为即将面世的自动驾驶汽车提供了技术基础，图1-3是以汽车导航为目的全球定位系统(GPS)工作原理。

图 1-2　家庭生活和娱乐领域数字化产品

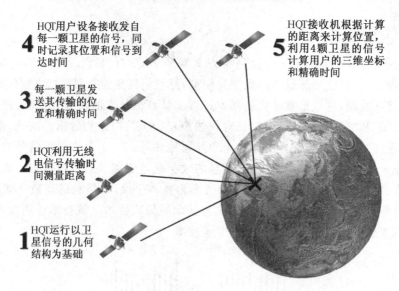

4 HQT用户设备接收发自每一颗卫星的信号，同时记录其位置和信号到达时间

5 HQT接收机根据计算的距离来计算位置，利用4颗卫星的信号计算用户的三维坐标和精确时间

3 每一颗卫星发送其传输的位置和精确时间

2 HQT利用无线电信号传输时间测量距离

1 HQT运行以卫星信号的几何结构为基础

图 1-3　汽车导航全球定位系统(GPS)工作原理示意图

在生产制造领域,从产品的设计到制造,从工艺流程的优化到生产过程的控制,从各类数控加工设备(如数控机床、数字化加工中心、工业机器人等)的应用到产品的检验、测量和质量监控,数字化技术的应用使产品的设计周期更短、生产效率更高、加工精度更准、产品质量更好、性能更稳定。

图 1-4 所示为汽车的数字化三维设计,图 1-5 至图 1-7 所示为各类数字化加工设备。

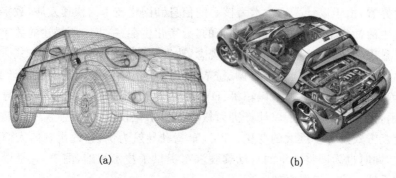

(a)　　　　　　　　　　　　　　(b)

图 1-4　汽车 CAD 三维设计模型

(a) 线框模型；(b) 3D 模型

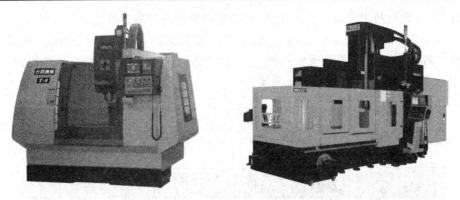

图 1－5　数控加工中心

图 1－6　数控激光切割机

图 1－7　机器人焊接汽车生产线

数字化还体现在各领域各部门的信息管理上,无纸化办公已成为各级政府部门、各企事业单位人事信息管理部门、生产管理部门的发展方向,通过数字化的信息管理,使信息的传递更快捷、管理更有序、效率更高,也更趋于环保。数字化企业是现代企业运行的一种新模式,它将信息技术、现代管理技术和制造技术相结合,并应用到企业产品生命周期全过程和企业运行管理的各个环节,实现产品设计制造、企业管理、生产过程控制以及制造装备的数字化和集成化,提升企业产品开发能力、经营管理水平和生产制造能力,从而提高企业综合竞争能力。图1-8所示为某公司的产品全生命周期管理系统。

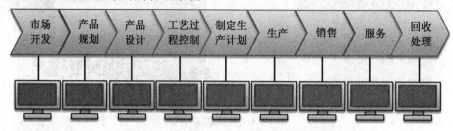

图1-8　某公司的产品全生命周期数字化管理系统

在社会服务和文化教育领域,医院、银行的数字化信息管理使机构的运行效率大大提高,差错率大大减小,高等院校数字化图书馆的建立使文献资料的查询更加方便,图书和文献资料的收藏量大大提高,多媒体教学的推广使课堂教学变得更生动,信息量更丰富。由此可见,数字化已经影响并正在影响社会生活的各个方面。

1.1.2 数字化的意义

数字化的意义至少体现在以下几方面:

其一,数字化是数字计算机的基础。数字计算机采用了极为简单的"0"和"1"对一切信息进行编码,若没有数字化技术,就没有当今的计算机,因为数字计算机的一切运算和功能都是用数字来完成的。如果现实世界复杂纷繁的信息无法转换成数字化信息在数字计算机上进行处理,计算机也就没有了用武之地,也就不会促进计算机以如此快的速度发展。

其二,数字化是多媒体技术的基础。数字、文字、图像、语音,包括虚拟现实,及可视世界的各种信息等,实际上通过采样定理都可以用0和1来表示,这样数字化以后的0和1就是各种信息最基本、最简单的表示。因此计算机不仅可以计算,还可以发出声音、打电话、发传真、放录像、看电影,这就是因为0和1可以表示这种多媒体的形象,还可以产生虚拟的世界,因此用数字媒体就可以代表各种媒体,就可以描述千差万别的现实世界。

其三,数字化是软件技术的基础,是智能技术的基础。软件中的系统软件、工具软件、应用软件等,信号处理技术中的数字滤波、编码、加密、解压缩等等都是基于数字化实现的。例如,图像的数据量很大,数字化后可以将数据压缩到十至几百倍;图像受到干扰变得模糊,但可以用滤波技术变得清晰。这些都是经过数字化处理后所得到的结果。不过对于声音的处理方面,有人认为对声音数字化就是把声音搞得支离破碎,破坏了声音的连续美,所以CD的音质即使使用电子管放大器也比不上黑胶唱片。

其四,数字化是信息社会的技术基础。数字化技术还正在引发一场范围广泛的产品革命,各种家用电器设备,信息处理设备都将向数字化方向发展。如数字电视、数字广播、数字电影、DVD等等,现在通信网络也向数字化方向发展。有很多人把信息社会的经济说成是数字经济,这足以证明数字化对社会的影响有多么重大。

1.1.3 数字化的特点

数字化技术为现代社会带来了无限的勃勃生机和丰富多彩的物质和文化生活,与传统的模拟信号处理技术相比,既有很多无可替代的优点,也有一些在目前的技术条件下尚未克服的缺点,具体体现在以下几个方面:

其一,数字信号与模拟信号相比,前者是加工信号。加工信号对于有杂波和易产生失真的外部环境和电路条件来说,具有较好的稳定性。可以说,数字信号适用于易产生杂波和波形失真的录像机及远距离传送使用。数字信号传送具有稳定性好、可靠性高的优点。但根据上述这些优点,还不能断言数字信号是与杂波无关的信号。

其二,数字信号本身与模拟信号相比,确实受外部杂波的影响较小,但是它对被变换成数字信号的模拟信号本身的杂波却无法识别。因此,将模拟信号变换成数字信号所使用的模/数(A/D)变换器是无法辨别图像信号和杂波的。

其三,数字信号需要使用集成电路(IC)和大规模集成电路(ISI),而且计算机易于处理数字信号。数字信号还适用于数字特技和图像处理。

其四,数字信号处理电路简单。它没有模拟电路里的各种调整,因而电路工作稳定、技术人员能够从日常的调整工作中解放出来。例如,在模拟摄像机里,需要使用 100 个以上的可变电阻。在有些地方调整这些可变电阻的同时,还需要调整摄像机的摄像特性。各种调整彼此之间又相互有微妙的影响,需要反复进行调整,才能够使摄像机接近于完善的工作状态。在电视广播设备里,摄像机还算是较小的电子设备。如果摄像机 100% 的数字化,就可以不需要调整了,对厂家来说,降低了摄像机的成本费用。对电视台来说,不需要熟练的工程师,还缩短了节目制作时间。另外,数字信号易于进行压缩。这一点对于数字化摄像机来说,也是主要的优点。

数字化技术在目前的技术条件下也存在一些尚未克服的缺点,具体表现为:

其一,由于数字化处理会造成图像质量、声音质量的损伤。换句话说,经过模拟→数字→模拟的处理,多少会使图像质量、声音质量有所降低。严格地说,从数字信号恢复到模拟信号,将其与原来的模拟信号相比,不可避免地会受到损伤。这一点与下面的缺点有着密切的联系。

其二,模拟信号数字化以后的信息量会爆炸性地膨胀。为了将带宽为(f)的模拟信号数字化,必须使用约为($2f+\alpha$)的频率进行采样,而且图像信号必须使用 8bit(bit 就是单位脉冲信号)量化。具体地说,如果图像信号的带宽是 5MHz,至少需要采样 13×10^6 至 14×10^6 次(13M 至 14M 次),而且需要使用 8bit 来表示数字化的信号。因此,数字信号的总数约为每秒 1 亿 bit(100Mbps)。且不说这是一个天文数字,就其容量而言,对集成电路来说,也是难以处理的。因此,这个问题已经不是数字化本身的问题了。不过,为了提高数字化图像质量,还需要进一步增加信息量。这就是数字化技术需要解决的难题,同时也是数字信号的基本问题。

1.2 数字化制造的基本内容

1.2.1 何谓数字化制造技术

通俗地说,数字化制造技术就是指制造领域的数字化,它是以制造工程科学为理论,将制造技术与数字化技术相结合,是制造技术与计算机技术、网络技术、管理科学交叉、融和、发展与应用的结果,已成为先进制造技术的核心,具有广泛的应用和发展前景,也是制造企业、制造系统与生产过程、生产系统不断实现数字化的必然趋势。其核心内容包括:数字化理论与技术基础、数字化基础环境、数字化产品开发技术、数字化制造系统与生产过程运行管理技术、数字化技术应用评估等。

随着计算机和网络的普及,人类开始进入以数字化为特征的信息社会,信息革命引发了人类社会前所未有的广度和深度的变革。在制造业,以计算机为基础、以数字化信息为特征的产品开发技术日益成熟;在产品制造中以工艺规划、过程控制为目标,以计算机作为直接或间接工具来控制生产设备的数字化制造技术日趋完备;以网络化为纽带,以企业产、供、销、人、财、物的管理为目标,对产品开发的所有环节进行高效有序管理的数字化管理技术大大提高了企业的管理效率,降低了管理的成本。由此可见,数字化与制造业两者的结合是历史的必然进程。

数字化改变了社会,改变了制造技术。数字化是制造技术创新的基本手段,从手工作业使用图板到计算机二维绘图和 NC 加工,从三维设计到数字样机,由数字化工艺过程设计到数字化制造,从 CAD 应用到数字化企业的发展,使传统的制造发生了质的变革。数字化程度已经成为衡量设计制造技术水平的重要标志。实践表明,数字化技术是缩短产品研制周期、降低研制成本、提高产品质量的有效途径,是建立现代产品快速研制系统的基础。

人类在 20 世纪取得了令人瞩目的制造技术成果,其中 CAD/CAM 技术是突破性创新成果,并由此孕育了先进制造技术。在先进制造技术的发展过程中,有四项技术具有里程碑的性质,分别是 CAD 技术、NC 技术、智能技术和集成技术。

1) CAD/CAM 技术奠定了数字化设计制造的基础

产品几何形状、状态等的表达、传递是设计制造过程的核心。传统的以"工程图纸"为核心的设计制造技术体系构建了以模拟量传递为特征的制造 4 模式。CAD 技术的发展使得对产品及其零件的表达、传递可以采用数字化形式精确表达,从而推动了二维 CAD 和三维 CAD 的研究和应用。由此形成了以"三维几何模型"为核心的数字化设计制造技术体系,实现了以数字量传递和控制为特征的先进制造技术。目前,产品的数字化定义、数字样机、虚拟仿真等已成为产品研制的基本手段和技术选择。特别是波音 777 实现了全数字样机,进一步发展了数字化设计制造技术。

2) NC 技术促进数控设备的发展,实现产品制造的数字化

制造设备的数控化已成为一个大趋势。在制造技术的发展中,数控加工技术是一个重要领域,包括数控编程技术、数控技术、智能控制技术等,数控车床、数控铣床等已成为制造的基本手段。由此,发展了柔性加工技术、数字化生产线等技术。数控化使得机床的效率、精度和产品适应性等大为提高。

技术的发展和竞争的加剧,使得人们对产品的要求越来越高,企业要制造高质量、高效率、高可靠性、低缺陷的产品,必须广泛采用先进制造工艺及现代化装备。数字化、精密化、高速化及高效化是现代工艺装备的主要发展趋势,采用先进和稳定的工艺技术,使用精密、高效的数控生产装备,对于提高产品质量、降低生产成本、缩短响应时间具有重要意义。

数控加工设备可以解决由手工作业所引起的质量不稳定问题,可以消除手工作业中工人的技术水平、经验、情绪、觉悟、品德等诸多非技术因素对质量的影响。通过进一步实现数控设

备的集成控制,建立零件加工工艺方案、工艺参数设计、控制指令编辑、加工过程仿真等网络化集成应用,将设备的加工过程控制指令永远保存,任意"再现",从而减少零件在设备上的"在线"时间,减少工人手工操作、输入所占用的机时,大大提高设备的使用效率。

3) 知识库和智能化设计是传统工艺技术创新的关键

从系统的角度来认识,制造过程是一个多因素、多目标的复杂系统。由于工艺过程具有不连续性、不平衡性、动态性、多样性、模糊性等诸多的不确定,导致了加工工艺技术的"再现性"差,定性的描述较多,定量的表达较少,甚至有的零件本身几何形态的转移也要借助于刚性工具,也是模拟性的。同时,工艺过程涉及的因素多、系统多,构成工艺知识的"粒度"大小不一,很难完全用规则表达清楚。即使采用数值分析,其分析计算结果仍须要由人类专家进行评估、分析、判读。因此,以制造过程的知识融合为基础,采用智能化设计已成为解决加工工艺设计的有效方法和重要发展方向。

4) 集成化促进了制造的柔性化和敏捷化,是实现快速反应制造的基础

面对变化莫测的市场,制造企业应具有快速组织生产、柔性制造和灵活应变的能力,即具备快速响应能力。快速响应制造以数字化、柔性化、敏捷化为基本特征,它要求制造企业通过企业内部网络和外部网络相结合,形成网络化的集成制造系统,对各种设计、制造和信息以及人力、物力等资源进行集成,从而快速地制造出高质量、低成本的新产品。目前,在实际的产品研制中,数字化技术的应用"点"很多,研究的触角也很广泛,但众多的研究基本上还处于"孤岛状"。单点推进多,系统化的研究应用少,总体效能不高,不能满足快速研制的需要。CAD/CAM 及计算机辅助工艺规划(Computer Aided Process Planning,CAPP)等技术在制造中有了多方面的应用,但对于数字化环境中零件、工艺、制造资源等之间的互动和关联的研究与应用还相差甚远,在数字空间中的运行模式尚在探索之中。建立基于信息技术的数字化定义、工艺设计、工装设计、设备数控的综合集成系统,可以减少中间传递环节,减少传递误差引起的返工,提高系统的柔性,实现快速反应。

1.2.2 数字化制造的发展过程

20 世纪 50 年代以后,以美国为代表的工业发达国家出于航空和汽车等工业的生产需求,开始将计算机应用于机械产品开发。其中,数字化设计技术起步于计算机图形学(CG),经历了计算机辅助设计(CAD)阶段,最终形成涵盖产品设计大部分环节的数字化设计技术;数字化制造技术从数控(NC)机床及数控编程的研究起步,逐步扩张到成组技术(GT)、计算机辅助工艺规划(CAPP)、柔性制造系统(FMS)、计算机集成制造系统(CIMS)以及网络化制造等领域。值得指出的是,在数字化设计与数字化制造的发展早期,两者是相对独立、各自发展的。数字化设计与制造技术大致经历了以下几个发展阶段:

1) 20 世纪 50 年代:CAD/CAM 技术的准备和酝酿阶段

20 世纪 50 年代,计算机还处于电子管阶段,编程语言为机器语言,计算机的主要功能是数值计算。要利用计算机进行产品开发,首先要解决计算机中的图形表示、显示、编辑以及输出的问题。在这一阶段,美国 MIT、Calcomp、Gerber 等相继研制出旋风 1 号图形显示器、滚筒式绘图仪、平板绘图仪等,并在 50 年代后期出现了光笔图形输入装置,CAD 技术处于构思交互式计算机图形学的准备阶段。

采用数字控制技术进行机械加工的思想,最早在 20 世纪 40 年代提出。为了制造飞机机

翼轮廓的板状样板,美国飞机承包商 John T Parsons 提出用脉冲信号控制坐标镗床的加工方法。1949 年,Parsons 公司与 MIT 伺服机构实验室合作,开始数控机床的研发。研发工作从自动编程语言(Automatically Programming Tools,APT)的研究起步。利用 APT 语言,人们可以定义零件的几何形状,指定刀具的切削加工路径,并自动生成相应的程序。利用一定的介质(如穿孔纸带、磁盘等)可将程序传送到机床中。程序经编译后,可用来控制机床、刀具与工件之间的相对运动,完成零件的加工。

1952 年,MIT 用 APT 编程思想对一台三坐标铣床进行改造,研制成功利用脉冲乘法器原理、具有直线插补和连续控制功能的三坐标数控铣床,首次实现了数控化加工。之后,经过不断改进,数控机床的性能得到很大提高。此后,数控机床在美国、苏联和日本等国家受到高度重视,50 年代末出现了商品化数控机床产品。1959 年,晶体管控制元件研制成功,数控装置中开始采用晶体管和印刷电路板,数控机床开始进入第二个发展阶段。

我国的第一台三坐标数控铣床在 1958 年由清华大学和北京第一机床厂联合研制成功,此后有众多的高校、研究机构和工厂开展数控机床的研制工作。

2) 20 世纪 60 年代:CAD/CAM 技术的初步应用阶段

1962 年,美国 MIT 林肯实验室的伊万 · 萨瑟兰(Ivan E Sutherland) 发表了"SketchPad: A man machine graphical communication system"的博士论文,首次系统地论述了交互式图形学的相关问题,提出了计算机图形学(CG)的概念,确定了计算机图形学的独立地位。他还提出了功能键操作、分层存储符号、交互设计技术等新思想,为产品的计算机辅助设计准备了必要的理论基础和技术。SketchPad 系统的出现是 CAD 及数字化设计发展史上的重要的里程碑,它表明利用 CRT 显示器进行交互创建图形和修改对象的可能性。

1963 年,在美国计算机联合会上,美国 MIT 机械工程系的孔斯(S Coons)首次提出了 CAD 的概念。60 年代中期,MIT、通用汽车(GM)、贝尔电话实验室、洛克希德飞机公司 (Lookheed aircraft)以及英国剑桥大学等都投入大量精力从事计算机图形学的研究。1964 年,美国 IBM 公司推出商品化计算机绘图设备,通用汽车公司研制成功多路分时图形控制台,初步实现各阶段的汽车计算机辅助设计。1965 年,美国洛克希德飞机公司推出全球第一套基于大型机的商品化 CAD/CAM 软件系统——CADAM。1966 年,美国贝尔电话实验室开发了价格低廉的实用交互式图形显示系统 GRAPHIC-I,促进了计算机图形学和计算机辅助设计技术的迅速发展。

与此同时,数字化制造技术也取得进展。1961 年,以美国人贝茨(E A Bates)为首进行新的 APT 技术研究,并于 1962 年发表 APT Ⅲ。美国航空空间协会也继续对 APT 程序进行改进,并成立了 APT 长远规划组织(APT Long Range Program,APTLRP),数控机床开始走向实用。从 1960 年代开始,日本、德国等工业发达国家陆续开发、生产和使用数控机床。1962 年,在机床数控技术的基础上研制成功第一台工业机器人,实现了自动化物料搬运。

1965 年,随着集成电路技术的发展,世界上出现了小规模集成电路,体积更小、功耗更低,使数控系统的可靠性更进一步提高,数控系统发展到第三代。1966 年,出现了用一台通用计算机集中控制多台数控机床的直接数字控制(Direct Numerical Conlrol,DNC)系统。

1967 年,英国 Molins 公司研制成功由计算机集成控制的自动化制造系统 Molins-24 。该系统由 6 台加工中心和 1 条由计算机控制的自动运输线组成,利用计算机编制数控程序和制定作业计划,它可以 24 小时连续工作。实际上,Molins-24 是世界上第一条柔性制造系统

(FMS),它标志着制造技术开始进入柔性制造时代。FMS 是以数控机床和计算机为基础,配以自动化上下料设备、立体仓库以及控制管理系统构成的制造系统。当加工对象改变时,无需改变系统的设备配置,只需改变零件的数控程序和生产计划,就能完成不同产品的制造任务。因此,FMS 具有良好的柔性,适应了多品种、中小批量生产的需求。

3)20 世纪 70 年代:CAD/CAM 技术开始广泛使用

1970 年代后,存储器、光笔、光栅扫描显示器、图形输入板等 CAD/CAM 软硬件系统开始进入商品化阶段,出现了面向中小企业的"交钥匙系统(Turnkey System)",其中包括图形输入/输出设备、相应的 CAD/CAM 软件等。同时,与 CAD 相关的技术,如质量特征计算、有限元建模、NC 纸带生成及检验等技术得到广泛的研究和应用。

1970 年,美国 INTEL 公司在世界上率先开发出微处理器。1970 年,在美国芝加哥国际机床展览会上,首次展出了第四代数控机床系统——基于小型计算机的数控系统。之后,微处理器数控系统的数控机床开发迅速发展。1974 年,美国、日本等先后研制出以微处理器为核心的数控系统,以微型计算机为核心的第五代数控系统开始出现。

1973 年,美国人 Joseph Harrington 首次提出计算机集成制造(Computer Integrated Manufacturing,CIM)的概念。其内涵是借助计算机,把企业中与制造有关的各种技术系统地集成起来,以提高企业适应市场的竞争能力。CIM 强调:①企业的各个生产环节是不可分割的整体,需要进行统一安排和组织。②产品的制造过程实质上是信息的采集、传递和加工处理的过程。

1970 年代以后,我国数控加工技术研究进入较快的发展阶段。1972 年,我国研制成功集成电路数控系统。之后,国产数控车、铣、镗、磨、齿轮加工、电加工、数控加工中心等相继研制成功。据统计,1973—1979 年,我国共生产各种数控机床 4 108 台,其中线切割机床占 86%,主要用于模具加工。

1970 年代是 CAD/CAM 技术研究的黄金时代,CAD/CAM 的功能模块已基本形成,各种建模方法及理论得到了深入研究,CAD/CAM 的单元技术及功能得到较广泛的应用。20 世纪 70 年代末,美国安装的计算机图形系统达到 12 000 多台,使用人数达数万人。但就技术及应用水平而言,CAD/CAM 各功能模块的数据结构尚不统一,集成性差。

4)20 世纪 80 年代:CAD/CAM 技术走向成熟

80 年代以后,个人计算机(PC)和工作站开始出现。与大型机、中型机或小型机相比,PC 机及工作站体积小、价格便宜、功能更加完善,极大地降低了 CAD/CAM 技术的硬件门槛,促进了 CAD/CAM 技术的迅速普及,主要表现在由军事工业向民用工业扩展,大型企业向中小企业推广,由高技术领域向家电、轻工等普通产品中普及,由发达国家扩展到发展中国家。

1982 年,美国 Autodesk 公司推出基于 PC 平台的 AutoCAD 二维绘图软件。它具有较强的绘图、编辑、剖面线和图案绘制、尺寸标注以及二次开发功能,并具有部分三维作图造型功能,对推动 CAD 技术的普及发挥了重要作用,在机械、建筑等行业得到广泛应用,成为二维 CAD 软件的领导者。

1985 年,美国参数技术公司(Parametric Technology Corporation,PTC)成立,并于 1988 年推出 Pro/Engineer (Pro/E)产品。Pro/E 具有参数化、基于特征以及单一数据库等优点,使得设计过程具有完全相关性,既保证了设计质量,也提高了设计效率。此后,特征建模(Feature Modeling)技术开始得到应用,采用统一的数据结构和工程数据库成为 CAD/CAM 软件开发的趋势。

1980年代,CAD/CAE/CAM技术的研究重点是超越三维几何设计,将各种单元技术进行集成,提供更完整的工程设计、分析和开发环境。为实现信息共享,相关软件必须支持异构跨平台环境。从80年代开始,国际标准化组织(ISO)着手制订ISO10303"产品模型数据交换标准(Standard for The Exchange of Product Model Data,STEP)"。这个组织采用统一的数字化定义方法,几乎涵盖了所有人工设计的产品,为不同系统之间的信息共享创造了基本条件。

1981年,美国国家标准局(NBS)建立了"自动化制造实验基地(AMRF)",以进行CIMS体系结构、单向技术、接口、测试技术及相关标准的研究。同时,CIM还是美国"星球大战"高技术发展研究计划的重要组成部分,美国政府、军事、企业及高校等都十分重视CIM的研究。1985年,美国制造工程师协会计算机与自动化专业学会(SME/CASA)给出了计算机集成制造企业的定义及其结构模型,如图1-9所示。该模型主要是从技术角度强调制造企业的要求,忽略了人的因素。

1980年代初,日本著名通信设备制造厂富士通公司提出工厂自动化(Factory Automation,FA)的设想。1980年代中期以后,日本为与美国、西欧国家竞争,在通产省的资助下,在相关实验室和公司中开展CIM新技术的研究和开发。据统计,1985年,美国、西欧、日本等拥有FMS约2 100套。到1980年代末,世界范围内的CAD/CAM应用系统达数百万台。

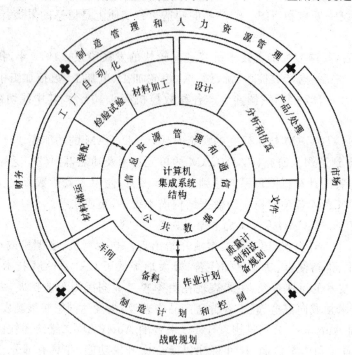

图1-9　计算机集成制造企业结构

1986年,我国制定了国家高技术研究发展计划(简称"863"计划),将CIMS作为自动化领域的研究主题之一,并于1987年成立自动化领域专家委员会和CIMS主题专家组,建立了国家CIMS工程研究中心和七个单元技术实验室。结合我国国情,专家组将CIMS的集成划分为3个阶段:信息集成、过程集成和企业集成,并选择沈阳鼓风机厂、北京第一机床厂等典型制造企业开展 CIMS 工程的实施和示范。

1987 年,美国 3D System 公司开发出世界上第一台快速原型制造(Rapid Prototype Manufacturing,RPM)设备——采用立体光固化的快速原型制造系统。它采用产品的数字化模型驱动设备快速地完成零件或模具的原型制造,有效地缩短产品、样机的开发周期。这种将原材料从无到有逐层堆积的零件制造方法,又叫"增材制造(Additive Manufacturing,AM)",是制造技术的又一次变革。此外,AM 是以产品的 CAD 模型及分层剖面的数据为基础的,并利用了数控加工的基本原理,是 CAD/CAM 技术的延伸和发展,也是数字化制造的典范。

5) 20 世纪 90 年代:微机化、标准化、集成化发展时期

进入 90 年代后,随着计算机软硬件及网络技术的发展,PC 机 + Windows 操作系统、工作站 + Unix 操作系统以及以太网(Ethernet)为主的网络环境构成了 CAX 系统的主流平台,CAX 系统功能日益增强、接口趋于标准化。计算机图形接口(Computer Graphics Interface,CGI)、计算机图形元件文件标准(Computer Graphics Metafile, CGM)、计算机图形核心系统(Graphics Kernel System,GKS)、IGES、STEP 等国际或行业标准得到广泛应用,实现了不同 CAX 系统之间的信息兼容和数据共享,也有力地促进了 CAX 技术的普及。美国、欧共体、日本等国纷纷投入大量精力,研究新一代全 PC 开放式体系结构的数控平台,其中包括美国 NGC 和 OMAC 计划、欧共体 OSACA 计划、日本 OSEC 计划等。

1993 年,SME/CASA 发表了新的制造企业结构模型(见图 1-10)。与图 1-9 相比,新模型具有以下特点:①充分体现"用户为上帝"的思想,强调以顾客为中心进行生产、服务。②强调人、组织和协同工作的重要性。③强调在系统集成的基础上,保证企业员工实现知识共享。④强调产品和工艺设计、产品制造及顾客服务三大功能必须并行、交叉地进行。⑤明确指出企业资源和企业责任的概念。资源是企业进行各项生产活动的物质基础,企业责任则包括企业对员工、投资者、社会、环境以及道德等方面应尽的义务。⑥该模型还描述了企业所处的外界环境和制造基础,包括市场、竞争对手和自然资源等。新模型的变化充分反映出人们对现代制造企业认识的深化。

1990 年代以后,随着改革开放的深入和经济全球化,我国在 CAD/CAM 领域与世界迅速接轨。UniGraphics (UG)、Pro/Engineer、I-DEAS、ANSYS、SolidWorks、SolidEdge、MasterCAM、Cimatron 等世界领先的 CAD/CAE/CAM 软件纷纷进入我国,各种先进的数字化制造技术及装备也在生产中得到广泛应用。

同时,国内 CAD/CAE/CAM 软件开发、数字化制造设备的研制应用也呈现出百花齐放的局面。二维 CAD 软件的功能与世界知名软件的功能相当,且更深刻地满足国内用户的需求和提供更富个性化的实施策略。以北航海尔(CAXA)为代表的国产三维 CAD 软件、数控编程加工软件功能逐步完善,并具有一定的市场占有率,开创了具有自身特色的技术创新道路。

1990 年代初,美国里海大学(Lehigh University)在研究和总结美国制造业现状和潜力的基础上,为重振美国国家经济,继续保持美国制造业在国际的领先地位,发表了具有划时代意义的"21 世纪制造企业发展战略",提出了敏捷制造和虚拟企业的概念。1995 年 12 月,美国制造工程师协会(SME)主席欧灵(G Olling)提出"数字制造(digital manufacturing)"的概念,即以数字的方式来存储、管理和传递制造过程中的所有信息。1998 年,欧盟将全球网络化制造研究项目列入了第五框架计划(1998—2002)。

1990 年代中期,随着计算机、信息和网络技术的进步,机械制造业逐步向柔性化、集成化、

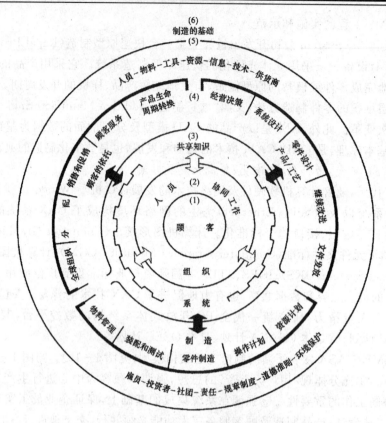

图 1-10　SME/CASA 新的制造企业结构模型

智能化、网络化方向发展,企业内部、企业之间、区域之间乃至国家之间实现了资源信息共享,异地、协同、虚拟设计和制造开始成为现实。

1990 年代末,以 CAD 为基础的数字化设计技术、以 CAM 为基础的数字化制造技术开始为人们所接受,数字化设计与制造技术开始在更广阔的领域、更深的层次上支持产品开发。

1.2.3　数字化制造的基本内容

数字化设计与制造技术是指利用计算机软硬件及网络环境,实现产品开发全过程的一种技术,即在网络和计算机辅助下通过产品数据模型,全面模拟产品的设计、分析、装配、制造等过程。数字化设计与制造不仅贯穿企业生产的全过程,而且涉及企业的设备布置、物流物料、生产计划、成本分析等多个方面。

数字化设计与制造技术的应用可以大大提高企业的产品开发能力、缩短产品研制周期、降低开发成本、实现最佳设计目标和企业间的协作,使企业能在最短时间内组织全球范围的设计制造资源开发出新产品,大大提高企业的竞争能力。

数字化设计与制造技术集成了现代设计制造过程中的多项先进技术,是一项多学科的综合技术。涉及的主要内容有:

1) CAD——计算机辅助设计

CAD 在早期是计算机辅助绘图(Computer Aided Drawing)的缩写,随着计算机技术的发展,人们逐步认识到单纯使用计算机绘图还不能称之为计算机辅助设计,二维工程图设计只是产品设计中的一小部分,真正的设计是整个产品的设计,它包括产品的构思、功能设计、结构分析、加工制造等。于是 CAD 的缩写由 Computer Aided Drawing 改为 Computer Aided Design,CAD 也不再仅仅是辅助绘图,而是协助创建、修改、分析和优化的设计技术。

2)CAE——计算机辅助工程分析

CAE(Computer Aided Engineering)通常指有限元分析和机构的运动学及动力学分析。有限元分析可完成力学分析(线性. 非线性. 静态. 动态);场分析(热场、电场、磁场等);频率响应和结构优化等。机构分析能完成机构内零部件的位移、速度、加速度和力的计算,机构的运动模拟及机构参数的优化。

3)CAM——计算机辅助制造

CAM(Computer Aided Manufacture)是计算机辅助制造的缩写,能根据 CAD 模型自动生成零件加工的数控代码,对加工过程进行动态模拟、同时完成在实现加工时的干涉和碰撞检查。CAM 系统和数字化装备结合可以实现无纸化生产,为 CIMS(计算机集成制造系统)的实现奠定基础。CAM 中最核心的技术是数控技术。通常零件结构采用空间直角坐标系中的点、线、面的数字量表示,CAM 就是用数控机床按数字量控制刀具运动,完成零件加工。

4)CAPP——计算机辅助工艺规划

CAPP(Computer Aided Process Planning)是指借助于计算机软硬件技术和支撑环境,利用计算机进行数值计算、逻辑判断和推理等的功能来制定零件机械加工工艺,通过向计算机输入被加工零件的几何信息(形状、尺寸等)和工艺信息(材料、热处理、批量等),由计算机自动输出零件的工艺路线和工序内容等工艺文件的过程。借助于 CAPP 系统,可以解决手工工艺设计效率低、一致性差、质量不稳定、不易达到优化等问题。

5)PDM——产品数据库管理

在采用 CAD 以前,产品的设计、工艺和经营管理过程中涉及到的各类图纸、技术文档、工艺卡片、材料清单等均由人工编写、审批、归类、分发和存档,并由资料室统一管理。自采用计算机技术之后,上述与产品有关的信息都变成了电子信息。简单地采用计算机技术模拟原来人工管理资料的方法往往不能从根本上解决先进的设计制造手段与落后的资料管理之间的矛盾。PDM(Product Data Management)是从管理 CAD/CAM 系统的高度上诞生的先进的计算机管理系统软件。它管理的是产品整个生命周期内的全部数据。工程技术人员根据市场需求设计的产品图纸和编写的工艺文档仅仅是产品数据中的一部分。PDM 系统除了要管理上述数据外,还要对相关的市场需求、分析、设计与制造过程中的全部更改历程、用户使用说明及售后服务等数据进行统一有效的管理。

6)ERP——企业资源计划

ERP(Enterprise Resource Planning)企业资源计划系统,是指建立在信息技术基础上,对企业的所有资源(物流、资金流、信息流、人力资源)进行整合集成管理,采用信息化手段实现企业供销链管理,从而达到对供应链上的每一环节实现科学管理。

ERP 系统集中信息技术与先进的管理思想于一身,成为现代企业的运行模式,反映时代对企业合理调配资源、最大化地创造社会财富的要求,成为企业在信息时代生存、发展的基石。在企业中,一般的管理主要包括三方面的内容:生产控制(计划、制造)、物流管理(分销、采购、库存管理)和财务管理(会计核算、财务管理)。

7) RE——逆向工程技术

RE(Reverse Engineering)是对实物作快速测量,并反求为可被3D软件接受的数据模型,快速创建数字化模型(CAD),进而对样品进而作修改和详细设计,达到快速开发新产品的目的,它属于数字化测量领域。

8) AM——增材制造技术

AM(Additive Manufacturing)增材制造技术是通过CAD设计数据采用材料逐层累加的方法制造实体零件的技术,相对于传统的材料去除(如切削)加工技术,是一种自下而上的材料累加的制造方法。自20世纪80年代逐步发展,期间也被称为"材料累加制造"(Material Increase Manufacturing)、"快速原型"(Rapid Prototyping)、"分层制造"(Layered Manufacturing)、"实体自由制造"(Solid Free-form Fabrication)、"3D打印技术"(3D Pringting)等,这些名称各异的叫法分别从不同侧面表达了该技术的特点。增材制造技术系统地综合了机械工程、CAD、数控技术,激光技术及材料科学技术,利用三维设计数据在一台设备上可以自动、直接、快速、精确地制造出任意复杂形状的零件,将设计思想物化为具有一定功能的原型或直接制造零件,从而实现"自由制造",解决许多过去难以制造的复杂结构零件的成形,并大大减少了加工工序,有效缩短了产品的研发周期。

1.2.4 材料制造中的数字化技术

"材料制造"从狭义的角度理解,通常是指通过成分设计和制造(如冶炼、化工合成等)技术,批量制造出一种新的材料的过程。其与"材料制备"的区别在于前者是规模化生产的批量"产品",而后者是实验室研制的少量"样品";其与"材料加工"的区别在于"材料制造"是一个从"无"到"有"的过程,制造过程中改变的是材料的本质属性(如成分、组织和性能等),从而使这种"新"的材料有别于其他已有的材料;而"材料加工"是产品制造过程中,对半成品的材料之形状、结构、尺寸等外部特征进行改造的过程,改变的通常是材料的非本质属性。根据这样的狭义分类规则,传统上把材料的机械加工(车、磨、铣、刨等)归于"冷加工",把材料的铸、锻、焊、热处理等归于"热加工",两者均归属于"材料加工"一类;而把炼钢、化工等归于"材料制造"一类。

随着科学的发展,材料加工的方式和工艺方法层出不穷,材料加工过程中改变材料本质属性的现象比比皆是,比如,通过激光熔覆的方法可以在某种材料基体表面"制造"出一层具有特殊性能的新材料,使其综合性能大大提高。另外,许多复合材料、功能材料的制造过程中也往往采用材料加工中的一些工艺手段和方法来制造。材料加工已经不仅仅局限于改变材料的外部特征,更趋向于改变材料的成分、组织和性能等本质属性。"材料加工"与"材料制造"之间的界限正在变得日益模糊,并有逐渐被后者所取代之势。事实上,除了纯粹的机械加工,即便是传统的铸、锻、焊与热处理等"热加工"方法,其结果改变的也不仅是材料的外部特征,也常常会改变材料的成分、组织和性能。因此,从广义的角度来说,"材料加工"是"材料制造"的一种手段而已,是"材料制造"的一部分,其强调的是"过程",而"材料制造"强调的是"结果"。从科学发展的角度看,材料加工的尺度已从过去的宏观尺度发展到微观尺度,从毫米、微米级进入到纳米级,从单纯的"控形"为目标发展为以"控形"和"控性"为综合目标的加工层面,材料的本质属性在新的材料加工技术下发生根本性的变化,甚而在原材料的表面"原位"生成性质完全不一样的新的材料,在制造产品的同时也制造了新的材料。所以,用"材料制造"一词或能更全面地涵盖材料领域的各类加工与制造技术,并与制造业中的其他技术类别相对应。同时,也或能更科学地代表了材料领域技术发展的方向。

从制造业的各类制造对象看,无论是汽车、轮船、火车、飞机,还是火箭、导弹、核电设备、重型机械等等,任何产品的制造都离不开材料,整个制造业实际上就是一部对各种材料进行加工与制造的历史。

从制造对象所应用的领域来看,制造业实际上大致可以分为四个层次,即原材料的制造(如钢铁制造业、化工等)、工业设备的制造(如模具、重型机械、数控机床等生产设备的制造)、民用产品的制造(如汽车等各类民用交通工具、家电产品的制造)和军用产品的制造(如火箭、导弹、舰艇、航母等)。

数字化技术在制造业中的应用虽然最初始于计算机辅助设计和数控技术,但经过几十年的发展,其应用已然遍及各行各业。材料制造作为制造业的重要组成部分,其数字化技术的应用和发展水平一直与整个制造业紧密相连,并紧随计算机技术和信息网络化技术的发展而发展。

1) 原材料制造业

材料制造最直接的产业是钢铁制造业,也就是冶金行业。目前在我国冶金行业,以 PLC、DCS(Distributed Control System)、工控机等为代表的计算机控制已取代了常规的模拟控制,并在冶金企业全面普及。计算机过程控制系统普及率大幅提高,据统计,按冶金工序划分,57.54% 的高炉、56.39% 的转炉、58.56% 的电炉、60.08% 的连铸、74.5% 的轧机采用了计算机过程控制系统。把工艺知识、数学模型、专家经验和智能技术结合起来,在炼铁、炼钢、连铸、轧钢等典型工位的过程模型和过程优化方面也取得了一定的成果,如高炉炼铁过程优化与智能控制系统、转炉副枪动态数学模型、电炉供电曲线优化、智能钢包精炼炉控制系统、连铸冷水优化设定、轧机智能过程参数设定,等等。在控制算法上,重要回路控制普遍采用 PID 算法,智能控制、先进控制在电炉电极升降控制、连铸结晶器液位控制、加热炉燃烧控制、轧机轧制力控制等方面有了初步应用。近年发展起来的现场总线、工业以太网等技术也逐步在冶金自动化系统中应用,分布控制系统结构替代集中控制成为主流。

在生产管理方面,10% 左右的炼铁工序、25% 左右的炼钢工序、50% 左右的轧钢工序采用了生产管理计算机系统。各冶金企业逐步认识到 MES(制造执行系统)的重要性,在综合应用运筹学、专家系统和流程仿真等技术,协调生产线各工序作业,进行全线物流跟踪、质量跟踪控制、成本在线控制、设备预测维护等方面取得了初步成果。信息化带动工业化成为共识,很多企业已经构造了企业信息网,为企业信息化奠定了良好的基础。据统计,我国钢年产量 500 万吨以上的 8 家企业 100% 上了信息化的项目,钢年产量 50 万吨以上的 58 家企业中有 45 家上了企业信息化的项目,占 77.6%。

2) 工业设备制造业

模具、重型机械、数控机床等生产设备的制造是产品制造的第二个层次。这类产品的特点是要求精度高,稳定性好,自动化程度高,安全耐用,从而可以更好地为第三和第四个层次的产品制造服务。随着科学的发展和技术的进步,各类产品的制造水平也在不断提高,除了生产效率方面的要求以外,产品的制造要求也在不断提高,从外观美学到内部质量,从功能性到可靠性,从安全性到舒适性等等,这些要求一方面要靠科学合理的设计来保证,另一方面必须靠先进的制造设备来实现。所以,工业设备的制造技术先进与否,直接体现了一个国家的制造业水平。全面实现从设计到制造、从过程控制到生产管理的数字化,是提高工业设备制造水平的必要途径。

以模具制造为例,任何一个产品或一个零部件,就其外观而言,通常都有一定的造型或成型要求,这些要求除了可以采用机械加工的方法实现外,在批量生产中,往往采用铸、锻、轧、冲、挤、压等方法对其进行快速批量成型加工(分液态成型、固态成型或塑性成型),而模具是上述这些成型加工方法中赖以保证其精度要求的重要工具。所以,模具的设计与制造也是材料制造中最为活跃的一个技术领域,其涉及的学科领域多而广,不仅有材料方面的,也有机械、过程控制和信息科学方面的。现代模具、模型的设计与制造技术的应用与发展,对产品设计与优化分析起着十分重要的作用。如液态金属铸造、固态金属冲压、锻造和塑料注塑过程中的凝固与成形。塑性流动的数值模拟方面,数字化仿真 CAE 已发挥了重要的作用。如利用 Moldflow 进行注塑流动过程模拟来优化注塑模具的设计和制品的设计;适用 Dynaform 进行大型覆盖件冲压成形过程模拟来解决裂纹、回弹和模具优化设计问题;使用 Procast 对铸造产品进行凝固、充型等过程模拟来优化铸造的工艺参数和模具设计;使用 UG NX 配合 Vericut 模拟数控机床加工、使用 Mac. Patran 联合 RTM 软件对复合材料制品进行优化设计与工艺仿真等。

随着数字化技术的快速发展和普及,数字化已经应用到了模具制造的全过程,包括数字化设计、加工、分析以及制造过程中的信息管理,即模具的 CAD/CAE/CAM /DNC 技术。有实力的模具企业正在不断提高模具的设计、制造水平,逐渐将工作重点转向大型、精密、复杂及长寿命模具的开发与研制。随着行业内的良性竞争以及对质量、效率要求的不断提高,数字化技术水平也在不断提高。快速原型设计、高速加工、镜面加工、微铣削、标准化率和逆向工程等概念、术语在模具制造领域大家都已耳熟能详,也足以说明数字化技术已被广泛应用。

从 CAD/CAM 软件应用看,一体化的设计、制造软件逐渐被行业认可,比单纯的设计或编程工具容易被用户接受。所谓的一体化设计、制造,是指从模具设计、加工、电极设计和加工完全由一个软件完成,减少了设计、编程之间的数据转换和错误,提高了制造效率和质量,从而也会给企业的管理带来不少好处。比如,CimatronE 是一款典型的模具一体化设计、制造软件,为企业提供了丰富的模具标准库和标准架构,有利于提高企业的标准化程度和生产率。软件系统是实现设计、制造一体化的基本手段并能支持并行工程。在确定模具的型芯、型腔的同时便可以开始模具结构设计和数控编程,不需要数据转换和模型的进一步处理。它的数控编程功能代表了当今数控编程领域的先进技术,是真正的基于毛坯残留知识的加工,能支持高速加工、微铣削加工,具有强大的五轴加工和多轴机床后置处理能力以及机床仿真功能,确保了加工的高效、高质和高安全性。

3)民用产品制造业

汽车、家电等民用产品的制造是产品制造的第三个层次,这类产品的特点是更新换代快,产品周期短,功能强,时尚,安全可靠。在这些产品的制造过程中,从产品的设计、制造到生产过程的管理,CAD/ CAE/CAM/DNC/CAPP 等数字化技术的应用已成为主流。以汽车制造业为例,目前汽车的改型速度非常快,各大汽车制造商几乎每年都要推出几个新的车型,而一辆汽车上的零部件少则几千个,多则上万个,如果用以前的手工计算和绘图设计,光改型设计所用的时间就要好几年,如果再考虑为每个工件设计和制造相应的模具、重新安排生产流水线等等,其周期之长不难想象。这也是我国 80 年代引进的第一条上海大众汽车桑塔纳轿车生产线以后,由于自己没有自主研发能力,桑塔纳轿车十几年老面孔的原因。进入 90 年代以后,

CAD/CAM 软硬件技术水平不断进步,机器人柔性化生产线逐步进入我国汽车制造业,数字化设计和制造技术得到推广和普及,使我国的汽车自主设计能力和制造水平得到提高,汽车的更新换代日益加快。进入 21 世纪以后,商业化三维设计和造型软件不断得到应用和推广,各类先进的数控加工设备和工业机器人成为汽车制造业的主流生产设备,使汽车的设计和制造水平又提升了一个新的台阶,我国的汽车制造业出现了繁荣兴旺景象,并出现了自主品牌和国外品牌各占半壁江山的局面。这也是得益于以数字化技术为核心的设计、制造、管理一体化的企业生产模式。

　　4) 军用产品制造业

　　导弹、火箭、武器装备等军用产品的制造是第四个层次的制造业,也是最高层次的制造业,这类产品的特点是高、精、尖。设计和制造过程中往往采用的也是最先进和最核心的技术,它代表了一个国家的国防实力和科技发达的水平。采用基于知识的数字化加工制造技术、基于模拟仿真的数字化成形制造技术、基于智能化控制的材料加工技术对于有效提高产品的生产效率,缩短研制周期、降低成本、提高产品质量具有重要意义,也是实现我国国防现代化的关键技术。

　　在产品制造过程中涉及多种材料加工与制造工艺。工艺技术是将产品图纸和技术要求物化为实际产品的一门工程技术,是制造技术的核心,是科学技术生产力的重要组成部分。以数字化技术为核心的先进制造技术包含精密高效钣金成形技术、金属塑性成形设计优化的方法与稳健设计、优质高效焊接技术、复合材料结构制造技术、高速高效超精密复合加工技术、现代特种加工工艺、快速模具制造技术等,主要用于航空航天、兵器、核工业、汽车、机电装备等行业,这些先进的数字化制造、仿真技术的应用,对于提高整个国家的工业水平起着举足轻重的作用。

　　在军用产品制造业中,常用的先进的数字化制造技术基本上包含如下几个方面的内容:①数控加工工艺与高速切削技术;②精密、超精密与微细加工技术;③金属精密塑性成形技术;④先进连接技术;⑤特种加工技术;⑥非金属材料成形技术;⑦复合材料成形技术;⑧数字化检测技术。

　　在与材料相关的制造领域,利用基于网络的 CAD/CAPP/CAE/CAM/PDM /PLM 集成技术,实现产品全数字化设计、制造与管理。虚拟设计、虚拟制造、虚拟企业、动态企业联盟、敏捷制造、网络制造以及制造全球化,将成为数字化设计与制造技术发展的重要方向。

1.3 数字化在现代制造业中的地位

1.3.1 制造业与制造技术

　　一直以来,人们把材料(material)、能源(energy)和信息(information)列为人类社会发展所依赖的物质文明三大支柱。实际上,纵观人类历史,从制造第一把工具开始,直到今天的核电站、航空母舰和宇宙飞船等复杂系统,人类所有的文明和进步都离不开制造(manufacturing)。因此,有人认为,制造应该是人类文明的第四根支柱。可以说,没有制造就没有人类社会的发展。人类的文明史就是一部制造业的进步史。在石器时代人类利用天然石料、动物骨骼以及植物纤维等制作简单的工具。进入青铜器和铁器时代,人类开始采矿、冶金、铸锻工具、纺织成衣,采取作坊式手工生产方式打造工具,建造车船,实现了以农业为主、自给自足的自然经济。此后,金属农具的制造引发了农业革命,蒸汽机、机床的制造引发了第一次工业革命。电机、内燃机、汽车等的制造引发了第二次工业革命。而计算机、集成电路和网络设备的制造引发了信息革命。

制造业是国民经济的基础。所有将原材料转化为物质产品的行业都可称为制造业,它覆盖了除去采掘业、建筑业等以外的整个第二产业。制造业是社会财富的主要来源,制造技术创造了当前工业发达国家 1/4 到 1/3 的国民收入。制造技术的水平高低已成为一个国家经济发展的主要标志。一个国家要生活得好,必须生产得好。

在经济全球化的大趋势中,几乎每一个国家都处于全球化竞争的市场中,而经济竞争归根结底是制造技术和制造能力的竞争。谁掌握了先进的制造技术,谁就能制造出高水平的产品,谁就掌握了市场,谁就能在竞争中立于不败之地。正如日本著名的企业家盛田昭夫所指出的,制造业是提高竞争力的火车头。例如,机电产品是世界商品贸易的主导产品(1990 年机电产品占全部商品比例为 35%),在机电产品中,由于美、日、德三国的科技实力强大,其机电产品占据了世界机电产品市场的 50%左右。

从产业结构上来看,经济发达国家虽然从数量上其第三产业的比重已达到 60%左右,但社会的经济主体仍然是物质经济,第三产业的发展始终以第一、第二产业的充分发展为前提。其根源在于制造业的最大特点是能创造附加价值,制造业是全社会产生附加价值的源泉。所以,即使在经济高度发达的工业国家,制造业仍然是经济的主体。事实上,任何经济实力强大的国家,都拥有发达的制造业基础。

从技术发展来看,制造技术水平综合体现了一个国家的科技水平,是增强国家综合实力与国际竞争力的根本。制造技术是将原材料有效地转变成产品的技术总称,是制造业赖以生存的技术基础。制造技术是创造社会物质产品的手段,是人类创造物质文明,精神文明的技艺和工具。伴随着人类文明的进化,制造技术也不断发展进步,并推动社会生产力发展,从而不断满足更新和发展的社会需求。

制造业是高新技术产业(如信息技术、新能源技术、自动化技术、新材料、微电子技术等)的基础与载体。信息技术、生物技术等为主体的高新技术的发展使得产业结构发生了很大的变化,但高新技术产业化实现的决定性因素是拥有相应的制造工艺和装备,制造技术是高新技术走向工程化、产业化的桥梁和通道。

1.3.2 制造业与信息技术

在人类历史上,20 世纪的科学技术是空前发达和最为辉煌的。而在 20 世纪所有科学发现和技术发明中,以计算机和通信技术为核心的,特别是以网络为标志的现代信息科学技术尤其令人瞩目。信息技术被公认为是当前发展最快、应用最广、潜力最大的领域之一。1971 年,美国 INTEL 公司研制出第一块微处理器,即用大规模集成电路研制成计算机的第一块中央处理器 CPU。在此基础上,随后研制出完全由大规模集成电路组成的微型计算机。这标志着微电子技术和计算机技术的结合,使计算机在全球开始普及。与此同时,通信从模拟技术向数字技术过渡,通信技术也开始和计算机技术结合起来。计算机技术、电子技术和通信技术极大地增强了人类处理和利用信息的能力,因而被统称为"信息技术"。

信息技术已经成为现代生产力发展的主导因素,不但急剧地改变着人类的经济生活,而且以其强大的渗透力进入社会生活的方方面面。在科学、教育、文化、道德、法律、政治、军事等各个领域,由于信息技术的运用,不断呈现出新面貌,人们的物质生活和精神生活也因此发生了深刻的变化,学习、工作、消费、休闲、医疗及交际等各种活动模式都在不断地更新。

随着信息技术在人类生活的各个领域的不断发展和应用,对全球范围的经济、政治、军事、文化及意识形态的影响越来越广泛和深刻,导致了经济增长方式、经济体制、政府职能等各方面的重大变革,使人类文明和社会发展走向新的高度,引起了"信息革命"或"信息技术革命"。当前,信息的应用程度已经成为衡量一个国家或地区的国际竞争力、现代化程度、经济成长能力的重要标志。

1) 引起产业结构的重大调整

信息技术的进步带动了信息产业的发展。如今,在发达国家,信息产业的年增长率往往是传统产业的 3～5 倍,信息产业占生产总值的 45%～67%。信息技术的应用已经成为国民经济新的增长点,信息产业已经成为经济发展的主导产业。

改革开放 30 年来,中国经济获得了高速发展。在完成粗放经营、数量扩张,实现由短缺向温饱的过渡后,信息技术的应用已成为重要的经济增长点。利用信息技术改造和提升传统产业,加强信息技术和传统技术的结合,可以提高产品的数量和质量;以信息技术为依托,企业实现扁平化管理,可以提高资金周转速度和使用效率,降低能耗和库存积压,提高企业运营效率;围绕互联网开展企业的信息化应用工作,可以使企业融入全球化经济,实现产品的敏捷和柔性的个性化生产,赢得市场。

2) 促进了生产方式的变革

我国的制造业要想在全球化的国际竞争中取胜,必须要实现制造业跨地区、跨行业、跨所有制、跨国的经营,必须迅速跨越与先进技术的差距,跨越式发展是我国民族工业的出路。我国已确定了用信息化带动工业化的发展战略,即在完成工业化的过程中注重运用信息技术提高工业化的水准,在推进信息化的过程中注重运用信息技术改造传统产业,以信息化带动工业化,发挥后发优势,努力实现技术的跨越式发展。

第一,从工业生产的角度讲,由于微电子和数字化通信的应用,使信息处理的相对价格下降,工业生产从"能源和材料密集型"转向"信息密集型",产品和装备由机械向着机电转变,呈现出"软化"和高附加价值的趋势。

第二,信息技术在生产中的广泛应用,发展了先进制造技术,计算机辅助设计(Computer Aided Design, CAD)、计算机辅助工程分析(Computer Aided Engineering, CAE)和计算机辅助制造(Computer Aided Manufacturing, CAM)等成为基本的技术手段,机器人、自动化装备、自动化生产线受到普遍重视,设计制造的自动化、智能化程度大大提高。

第三,信息技术的发展使生产具有更大的灵活性,生产信息可以准确控制、实时共享,能够以快速和低成本为目标优化生产流程,极大地降低了由于改变产品组合而导致的停工成本,生产的柔性和敏捷性大大提高。

3) 引起了信息交换方式的改变

市场是制造业的生命线。迅速对市场需求变化做出反应,及时推出适销对路的产品是制造业成功的关键所在。市场竞争对企业的应变能力提出了更高的要求,需要制造业对内可使生产经营活动过程中的人流、物流、资金流、信息流处于最佳状态,以最少的投入获得最大的产出,以最短的时间生产出最好的产品;对外可以通过网络、电子商务,跨越中间商环节,直接面对顾客,从而以更低的价格和更好的服务赢得市场。

传统的产品交换及经济信息流通方式,绝大部分是通过人与人之间的直接交往实现的。这种直接的交往加上落后的交通设施往往将人们的经济行为局限在一个非常有限的时空。随着信息时代的到来,特别是全球互联网的发展,实现了世界信息的同步传播,从而极大地拓展了经济活动的舞台。

1.3.3　数字化制造的 3 个层面

在产品的整个生产制造过程中,数字化技术贯穿于从前期的需求分析、产品设计和功能仿真、原型制造到工艺流程的优化、制造过程的质量控制、产品的后期检验等全过程。同时,数字化技术也融入了对整个生产制造过程的管理,因此,数字化制造技术就其内涵而言,基本上包括三个层面:以设计为中心的数字化制造技术;以控制为中心的数字化制造技术;以管理为中心的数字化制造技术,并分别具有如下主要特点:

1) 以设计为中心的数字化制造

由于计算机的发展以及计算机图形学与机械设计技术的相结合,产生了以数据库为核心,以交互式图形系统为手段,以工程分析计算为主体的计算机辅助设计(CAD)系统。

将 CAD 的产品设计信息转换成为产品的制造、工艺规则等信息,使加工机械按照预定的工序、工步组合和排序,选择刀具、夹具、量具,确定切削余量,并计算每个工序的机动时间和辅助时间,这就是计算机辅助工艺规划(CAPP)。将包括制造、检测、装配等方面的所有规划,以及面向产品设计、制造、工艺、管理、成本核算等所有的信息数字化,转换为计算机所理解、并被制造过程的全阶段所共享的数据,就形成了所谓 CAD/CAPP/CAM 的一体化,从而使 CAD 上升到一个新的层次。由于网络技术和信息技术的发展,多媒体可视化环境技术、产品数据管理系统、异地协同设计以及跨平台、跨区域、同步和异步信息交流与共享,多企业、多团队、多人、多应用之间群体协作与智能设计方面的研究正在深入开展,并进入实用阶段,这就形成了所谓以设计为中心的数字化制造(见图 1-11)。

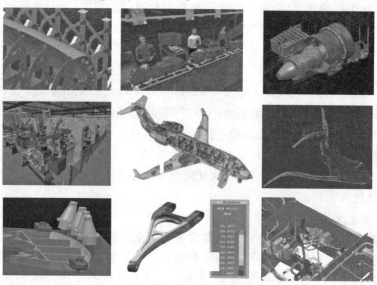

图 1-11　以设计为中心的数字化制造

2）以控制为中心的数字化制造

数字化制造的概念，首先来源于数字控制技术与数控机床。随着数控技术的发展，又出现了对多台机床，用一台（或多台）计算机数控装置进行集中控制的方式，即所谓直接数字控制（DNC）。为适应多品种、小批量生产的自动化，发展了若干台计算机数控机床和一台工业机器人协同工作，以便加工一组或几组结构形状和工艺特征相似的零件，从而构成了所谓柔性制造单元（FMC）。随着网络和信息技术的发展由多台数字控制机床联网组成局域网实现一个车间或多个车间的生产过程自动化，进而发展到每一台设备的控制器或控制系统成为网上的一个结点，使制造过程向更大规模和更高水平的自动化发展，这就形成了所谓以数控制造为中心的数字化制造（见图 1-12）。

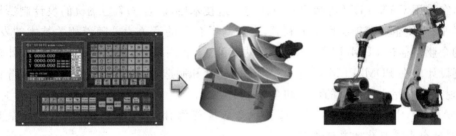

图 1-12 以控制为中心的数字化制造

3）以管理为中心的数字化制造

通过企业内部物料需求计划（MRP）的建立与实现，根据不断变化的市场信息、用户订货和预测，从全局和长远的利益出发，通过决策模型，评价企业的生产和经营状况，预测企业的未来和运行状况，决定投资策略和生产任务安排，这就形成了制造业生产系统的最高层次管理信息系统（MIS）。为了支持制造企业经营生产过程能随市场需求快速地重构和集成，出现了能覆盖整个企业从产品的市场需求、研究开发、产品设计、工程制造、销售、服务、维护等生命周期中信息的产品数据管理系统（PDM）。当前，随着企业需求规划（ERP）这一建立在信息技术基础上的现代化管理平台的广泛应用，由于它集中信息技术与先进管理思想于一身，使企业经营管理活动中的物流、信息流、资金流、工作流加以集成和综合，形成了以 ERP 为中心的 MRP/PDM/MIS/ERP 等技术集成的所谓以管理为中心的数字化制造（见图 1-13）。

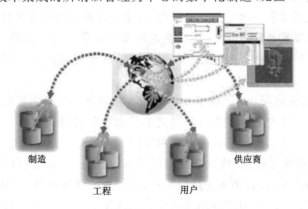

制造　　工程　　用户　　供应商

图 1-13 以管理为中心的数字化制造

1.3.4　数字化制造的发展趋势

进入 21 世纪后,计算机技术、信息技术(IT)、网络技术以及管理技术的快速发展,对制造企业和新产品开发带来了巨大挑战,也提供了新的机遇。在网络化和信息时代,产品数字化设计与制造技术呈现出以下发展趋势:

1) 利用基于网络的 CAD/CAPP/CAE/CAM/PDM/PLM 集成技术,实现产品全数字化设计、制造与管理

在 CAD/CAM 应用过程中,利用产品数据管理(PDM)技术实现并行工程,可以极大地提高产品开发的效率和质量。例如,过去波音公司的波音 757、767 型飞机的设计制造周期为 9~10 年,在采用 CAX、PDM 等数字化设计与制造技术后,波音 777 型飞机的设计制造周期缩短了一半左右,使企业获得了巨大的利润,也提高了企业的竞争力。随着相关技术的发展,越来越多的企业将通过 PDM/PLM 进行产品功能配置,利用系列件、标准件、借用件、外购件以减少重复设计。在 PDM/PLM 环境下进行产品设计和制造,通过 CAD/CAE/CAM 等模块的集成,实现产品的完全无图纸的设计和全数字化制造。

2) CAD/CAPP/CAE/CAM/PDM 技术与企业资源计划、供应链管理、客户关系管理结合,形成制造企业信息化的总体构架

CAD/CAPP/CAE/CAM/PDM 主要用于实现产品的设计、工艺和创造过程及其管理;企业资源计划(ERP)以实现企业产、供、销、人、财、物的管理为目标;供应链管理(SCM)用于实现企业内部与上游企业之间的物流管理;客户关系管理(CRM)则可以帮助企业建立、挖掘和改善与客户之间的关系。上述技术的集成,可以由内而外地整合企业的管理,并通过 Internet、Intranet 及 Extranet 将企业的业务流程紧密地连接起来,对产品开发的所有环节(如订单、采购、库存、计划、制造、质量控制、运输、销售、服务、维护、财务、成本、人力资源等)进行高效、有序的管理。建立从企业的供应决策到企业内部技术、工艺、制造和管理部门,再到用户之间的信息集成,实现企业与外界的信息流、物流和资金流的顺畅传递,有效地提高企业的市场反应速度和产品开发速度,确保企业在竞争中取得优势。

3) 制造工艺、设备和工厂的柔性、可重构性将成为企业装备的显著特点

先进的制造工艺、智能化软件和柔性的自动化设备、柔性的发展战略构成未来企业竞争的软、硬件资源;个性化需求和不确定的市场环境,要求克服设备资源沉淀造成的成本升高风险,制造资源的柔性和可重构性将成为 21 世纪企业装备的显著特点。将数字化技术用于制造过程,可大大提高制造过程的柔性和加工过程的集成性,从而提高产品生产过程的质量和效率,增强工业产品的市场竞争力。

4) 以提高对市场快速反应能力为目标的制造技术将得到超速发展和应用

瞬息万变的市场促使交货期成为竞争力诸多因素中的首要因素。为此,许多与此有关的新观念、新技术在 21 世纪将得到迅速的发展和应用。其中有代表性的是:并行工程技术、模块化设计技术、快速原型成形技术、快速资源重组技术、大规模远程定制技术、客户化生产方式等。随着网络技术的高速发展,企业通过国际互联网、局域网和内部网,组建动态联盟企业,进行异地设计、异地制造,然后在最接近用户的生产基地制造成产品,从而可以大大提高市场动态响应能力,节省物流成本。

5) 虚拟设计、虚拟制造、虚拟企业、动态企业联盟、敏捷制造、网络制造以及制造全球化,

将成为数字化设计与制造技术发展的重要方向

传统的产品开发基本遵循"设计→绘图→制造→装配→样机试验"的串行工程（Sequential Engineering，SE）。由于结构设计、尺寸参数、材料、制造工艺等各方面原因，样机通常难以一次性达到设计指标，产品研发过程中难免会出现反复修改设计、重新制造和重复试验的现象，导致新产品开发周期长、成本高、质量差、效率低。

以数字化设计与数字化制造技术为基础，可以为新产品的开发提供一个虚拟环境，借助产品的三维数字化模型，可使设计者更逼真地看到正在设计的产品及其开发过程，认知产品的形状、尺寸和色彩基本特征，用以验证设计的正确性和可行性。通过数字化分析，可以对产品的各种性能、动态特征和工艺参数进行计算仿真，如质量特征、变形过程、力学特征和运动特征等，模拟零部件的装配过程，检查所用零部件是否合适和正确；通过数字化加工软件定义加工过程，进行 NC 加工模拟，可以预测零件和产品的加工性能和加工效果，并根据仿真结果及时修改相关设计。

借助于产品的虚拟模型，可以使设计人员直接与所设计的产品进行交互操作，为相关人员的交流提供了统一的可视化信息平台，这种设计思想也称为并行工程（Concurrent Engineering，CE）。并行过程强调信息集成、过程集成和功能集成，能有效地缩短产品的开发周期，提高产品质量。

在虚拟制造方式中，产品开发的电子文档以及相关信息可以通过 Internet 在联盟企业之间传递；通过准时制生产（Just In Time，JIT）实现合作厂商之间物流的零库存，以降低库存成本；合作厂商之间的结算可以利用电子商务完成；产品销售也可以利用企业-企业（Business to Business，B2B）或企业-顾客（Business to Customer，B2C）之间的电子商务方式实现；对用户或产品的售后服务和技术支持，也可以通过电子服务来实现。

20 世纪末以来，不少工业发达国家将"以信息技术改造传统产业，提升制造业的技术水平"作为发展国家经济的重大战略之一。日本的索尼（Sony）公司与瑞典爱立信（Ericsson）公司、德国的西门子（Siemens）公司与荷兰的菲利浦（Philips）公司等先后成立"虚拟联盟"，通过互换技术工艺，构建特殊的供应合作关系，或共同开发新技术或开发新产品等，以保持其在国际市场上的领先地位。

数字化设计与数字化制造是计算机技术、信息技术、网络技术与制造科学相结合的产物，是经济、社会和科学技术发展的必然结果。它适应了经济全球化、竞争国际化、用户需求个性化的需求，将成为未来产品开发的基本技术手段。

1.4 数字化控制系统

数字化控制系统（digital control system）是数字化仪器仪表、生产和加工制造装备的控制中心，是以微处理器为核心，具有模数转换、功能控制、系统通信、在线诊断、实时显示和控制输出（数模转换）等软、硬件功能模块组成的控制系统。

目前常用的数字化控制系统有以下几种形式：

（1）CNC 数控系统。

（2）PLC 控制系统。

（3）工控机组态控制系统。

（4）嵌入式控制系统。

（5）分布式控制系统。

（6）现场总线控制系统。

1.4.1 CNC 数控系统

数控技术在 GB8129 中定义为：用数字化信号对机床运动及其加工过程进行控制的一种方法。装备了数控系统的机床称为数控机床。随着计算机技术的发展，数控系统也采用专用或通用的计算机及控制软件与相关的电气元部件一起来实现数控功能，称为计算机数字化控制（Computer Numerical Control，CNC）系统。

数控系统能够逻辑地处理具有控制编码或其他符号指令规定的程序，通过计算机将其译码，从而使机床执行规定好的动作，通过刀具切削将毛坯料加工成半成品或成品零件。数控机床是以数控系统为代表的新技术对传统机械制造产业的渗透形成的机电一体化产品，其技术范围覆盖很多领域，如：①机械制造技术；②信息处理、加工、传输技术；③自动控制技术；④伺服驱动技术；⑤传感器技术；⑥软件技术等。

数控机床是机、电、液、气、光高度一体化的产品，一般由下列几个部分组成：

（1）主机：是数控机床的主体，包括机床身、立柱、主轴、进给机构等机械部件，用于完成各种切削加工。

（2）数控装置：是数控机床的核心，包括硬件（印刷电路板、CRT 显示器、键盒、纸带阅读机等）以及相应的软件，用于输入数字化的零件程序，并完成输入信息的存储、数据的变换、插补运算以及实现各种控制功能（见图 1-14）。

（3）驱动装置：是数控机床执行机构的驱动部件，包括主轴驱动单元、进给单元、主轴电机及进给电机等。在数控装置控制下通过电气或电液伺服系统实现主轴和进给驱动。当几个进给联动时，可以完成定位、直线、平面曲线和空间曲线的加工。

（4）辅助装置：指数控机床的一些必要的配套部件，用以保证数控机床的运行，如冷却、排屑、润滑、照明、监测等。它包括液压和气动装置、排屑装置、交换工作台、数控转台和数控分度头，还包括刀具及监控检测装置等。

（5）编程及其他附属设备：可用来在机外进行零件的程序编制、存储等。

与普通机床相比，数控机床有如下特点：

① 加工精度高，具有稳定的加工质量。

② 可进行多坐标的联动，能加工形状复杂的零件。

③ 加工零件改变时，一般只需要更改数控程序，可节省生产准备时间。

④ 机床本身的精度高、刚性大，可选择有利的加工用量，生产率高（一般为普通机床的 3～5 倍）。

⑤ 机床自动化程度高，可以减轻劳动强度。

⑥ 批量化生产，产品质量容易控制。

⑦ 对操作人员的素质要求较低，对维护人员的技术要求较高。

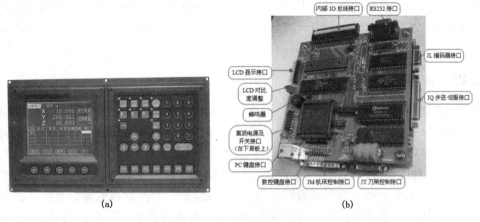

图 1 - 14 CNC 数控系统

(a) CNC 操作面板；(b) CNC 控制器

图 1 - 15 CNC 数控加工中心

数控加工中心（见图 1 - 15）是一种带有刀库并能自动更换刀具，对工件能够在一定的范围内进行多种加工操作的数控机床。在加工中心上加工零件的特点是：被加工零件经过一次装夹后，数控系统能控制机床按不同的工序自动选择和更换刀具；自动改变机床主轴转速、进给量和刀具相对工件的运动轨迹及其他辅助功能，连续地对工件各加工面自动地进行钻孔、锪孔、铰孔、镗孔、攻螺纹、铣削等多工序加工。由于加工中心能集中地、自动地完成多种工序，避免了人为的操作误差、减少了工件装夹、测量和机床的调整时间及工件周转、搬运和存放时间，大大提高了加工效率和加工精度，所以具有良好的经济效益。加工中心按主轴在空间的位置可分为立式加工中心与卧式加工中心。

数控技术及装备是发展新兴高新技术产业和尖端工业的使能技术和最基本的装备。世界各国信息产业、生物产业、航空、航天等国防工业广泛采用数控技术，以提高制造能力和水平，提高对市场的适应能力和竞争能力。工业发达国家还将数控技术及数控装备列为国家的战略物资，不仅大力发展自己的数控技术及其产业，而且在"高精尖"数控关键技术和装备方面对我国实行封锁和限制政策。因此大力发展以数控技术为核心的先进制造技术已成为世界各发达国家加速经济发展、提高综合国力和国家地位的重要途径。

现代数控机床的发展趋向是高速化、高精度化、高可靠性、多功能、复合化、智能化和开放式结构。主要发展动向是研制开发软、硬件都具有开放式结构的智能化全功能通用数控装置。

数控技术是机械加工自动化的基础,是数控机床的核心技术,其水平高低关系到国家战略地位和体现国家综合实力的水平。它随着信息技术、微电子技术、自动化技术和检测技术的发展而发展。

1.4.2 PLC 控制系统

可编程逻辑控制器(Programmable Logic Controller,PLC)是一种专门为在工业环境下应用而设计的数字运算操作电子系统(见图 1 - 16)。它采用一种可编程的存储器,在其内部存储执行逻辑运算、顺序控制、定时、计数与算术操作等面向用户的指令,并通过数字或模拟式输入/输出控制各种类型的机械设备或生产过程。PLC 是计算机技术与自动化控制技术相结合而开发的一种适用工业环境的新型通用自动控制装置,是作为传统继电器的替换产品而出现的。随着微电子技术和计算机技术的迅猛发展,PLC 更多地具有了计算机的功能,不仅能实现逻辑控制,还具有了数据处理、通信、网络等功能。由于它可通过软件来改变控制过程,而且具有体积小、组装维护方便、编程简单、可靠性高、抗干扰能力强等特点,已广泛应用于工业控制的各个领域,大大推进了机电一体化的进程。

PLC 实质是一种专用于工业控制的计算机,硬件结构基本上与微型计算机相同,由电源、中央处理单元(CPU)、存储器、输入输出接口电路、功能模块、通信模块等组成。当 PLC 投入运行后,其工作过程一般分为 3 个阶段,即输入采样、用户程序执行和输出刷新,完成上述 3 个阶段称作一个扫描周期。在整个运行期间,PLC 的 CPU 以一定的扫描速度重复执行上述 3 个阶段。由 PLC 构成的控制系统即为 PLC 控制系统。

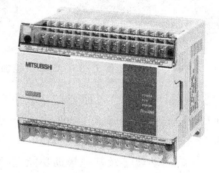

图 1 - 16 典型的可编程逻辑控制器

PLC 具有以下鲜明的特点:

(1) 体积小,系统构成灵活,组装维护方便、扩展容易。

(2) 使用方便,编程简单,采用简明的梯形图、逻辑图或语句表等编程语言。

(3) 系统开发周期短,现场调试容易。

(4) 可在线修改程序,改变控制方案而不拆动硬件。

(5) 以开关量控制为其特长,也能进行连续过程的 PID 回路控制。

(6) 能与上位机构成复杂的控制系统,如 DDC 和 DCS 等,实现生产过程的综合自动化。

(7) 能适应各种恶劣的运行环境,抗干扰能力强,可靠性强,远高于其他各种机型。

在 PLC 控制系统设计时,首先应确定控制方案,然后就是 PLC 工程设计选型。工艺流程的特点和应用要求是设计选型的主要依据。PLC 及有关设备应是集成的、标准的,按照易于与工业控制系统形成一个整体,易于扩充其功能的原则选型,所选用 PLC 应是在相关工业领域有投运业绩、成熟可靠的系统,PLC 的系统硬件、软件配置及功能应与装置规模和控制要求相适应。熟悉 PLC、功能表图及有关的编程语言有利于缩短编程时间,因此,工程设计选型和估算时,应详细分析工艺过程的特点、控制要求,明确控制任务和范围确定所需的操作和动作,然后根据控制要求,估算输入输出点数、所需存储器容量、确定 PLC 的功能、外部设备特性等,最后选择有较高性能价格比的 PLC 和设计相应的控制系统。

PLC 按结构分为整体型和模块型两类,按应用环境分为现场安装和控制室安装两类;按 CPU 字长分为 1 位、4 位、8 位、16 位、32 位、64 位等。从应用角度出发,通常可按控制功能或输入输出点数选型。

整体型 PLC 的 I/O 点数固定,因此用户选择的余地较小,用于小型控制系统;模块型 PLC 提供多种 I/O 卡件或插卡,因此用户可较合理地选择和配置控制系统的 I/O 点数,功能扩展方便灵活,一般用于大中型控制系统。

1.4.3 工控机组态控制系统

工控机(Industrial Personal Computer,IPC)即基于 PC 总线的工业计算机,是一种加固的增强型个人计算机,它可以作为一个工业控制器在工业环境中可靠运行。其主要的组成部分为工业机箱、无源底板及可插入其上的各种板卡组成,如 CPU 卡、I/O 卡等。并采取全钢机壳、机卡压条过滤网、双正压风扇等设计及 EMC(Electromagnetic Compatibility)技术以解决工业现场的电磁干扰、震动、灰尘、高/低温等问题,如图 1-17 所示。

图 1-17　典型的 IPC 工控机外观

(1) 全钢机箱。IPC 的全钢机箱是按标准设计的,抗冲击、抗振动、抗电磁干扰,内部可安装同 PC-bus 兼容的无源底板。

(2) 无源底板。无源底板的插槽由总线扩展槽组成。总线扩展槽可依据用户的实际应用选用扩展 ISA 总线、PCI 总线和 PCI-E 总线、PCIMG 总线的多个插槽组成,扩展插槽的数量和位置根据需要有一定选择,但依据不同 PCIMG 总线规范版本各种总线在组合搭配上有要求,如 PCIMG1.3 版本总线不提供 ISA 总线支持,该板为四层结构,中间两层分别为地层和电源层,这种结构方式可以减弱板上逻辑信号的相互干扰和降低电源阻抗。底板可插接各种板卡,包括 CPU 卡、显示卡、控制卡、I/O 卡等。

(3) 工业电源。早期在以 INTEL 奔腾处理器为主的之前的工控机主要使用 AT 开关电源,目前与 PC 机一样主要采用的是 ATX 电源,平均无故障运行时间达到 250 000 小时。

(4) CPU 卡。IPC 的 CPU 卡有多种,根据尺寸可分为长卡和半长卡,多采用的是桌面式系统处理器,如早期的有 386\486·86\PIII,现主流为 P4、酷睿双核等处理器,主板用户可视自己的需要任意选配。其主要特点是:工作温度 0~60℃;带有硬件"看门狗"计时器;也有部份要求低功耗的 CPU 卡采用的是嵌入式系列的 CPU。

(5) 其他配件。IPC 的其他配件基本上都与 PC 机兼容,主要有 CPU、内存、显卡、硬盘、软驱、键盘、鼠标、光驱、显示器等。

IPC 具有以下特点:

(1) 可靠性:IPC 具有在粉尘、烟雾、高/低温、潮湿、振动、腐蚀环境下的工作可靠性,以及快速诊断和可维护性,其 MTTR(Mean Time To Repair)一般为 5min,MTTF(Mean Time To Failure)10 万小时以上,而普通 PC 的 MTTF 仅为 10 000~15 000h。

(2) 实时性:IPC 对工业生产过程进行实时在线检测与控制,对工作状况的变化给予快速响应,及时进行采集和输出调节(看门狗功能这是普通 PC 所不具有的),遇险自复位,保证系统的正常运行。

(3) 扩充性:IPC 由于采用底板+CPU 卡结构,因而具有很强的输入输出功能,最多可扩充 20 个板卡,能与工业现场的各种外设、板卡如与道路控制器、视频监控系统、车辆检测仪等相连,以完成各种任务。

(4) 兼容性:能同时利用 ISA 与 PCI 及 PICMG 资源,并支持各种操作系统,多种语言汇编,多任务操作系统。

随着 PC 机的性能愈来愈好,带触控功能的平板电脑将会是未来的趋势,工业触控平板电脑也将是工控机的发展方向,和普通的工控机相比它的优势有以下几点:

(1) 工业触控平板电脑前面板大多采用铝镁合金压铸成型,面板达到 NEMA IP65 防护等级。坚固结实,持久耐用,而且重量比较轻。

(2) 工业触控平板电脑是一体机的结构,主机、液晶显示器、触摸屏合为一体,稳定性比较好。

(3) 采用目前比较流行的触摸功能,可以简化工作,更方便快捷,比较人性化。

(4) 工业触控平板电脑体积较小,安装维护非常简便。

(5) 大多数工业触控平板电脑采用无风扇设计,利用大面积鳍状铝块散热,功耗更小,噪声也小。

(6) 外形美观,应用广泛。

事实上,工业计算机和商用计算机一直是相辅相成密不可分的。它们各有应用的领域,但是却互相影响,互相促进,体现了科技的进步之处。目前做的比较好的是台湾的研华,还有国内的 NODKA 等。

目前,IPC 已被广泛应用于工业及人们生活的方方面面。例如:控制现场、路桥控制收费系统、医疗仪器、环境保护监测、通信保障、智能交通管控系统、楼宇监控安防、语音呼叫中心、排队机、POS 柜台收银机、数控机床、加油机、金融信息处理、石化数据采集处理、物探、野外便携作业、环保、军工、电力、铁路、高速公路、航天、地铁、智能楼宇、户外广告,等等。

1.4.4 嵌入式控制系统

根据 IEEE(电气和电子工程师协会)的定义,嵌入式控制系统(Embedded Control System, ECS)是"控制、监视或者辅助装置、机器和设备运行的装置"(devices used to control, monitor, or assist the operation of equipment, machinery or plants)。可以看出,嵌入式系统

是软件和硬件的综合体,还可以涵盖机械等附属装置。

在国内,比较认同的嵌入式控制系统概念是:以应用为中心,以计算机技术为基础,并且软硬件可裁剪,适用于应用系统对功能、可靠性、成本、体积、功耗有严格要求的专用计算机系统。它一般由嵌入式微处理器、外围硬件设备、嵌入式操作系统以及用户的应用程序等四个部分组成,用于实现对其他设备的控制、监视或管理等功能,图 1 – 18 所示为典型的嵌入式控制系统。

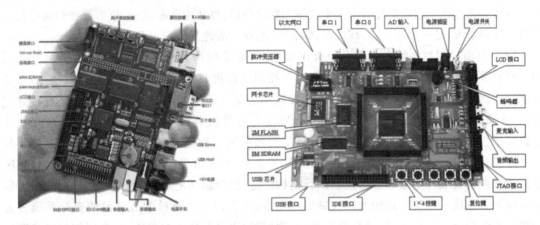

图 1 – 18　典型的嵌入式控制系统

由上面的定义可以看出,嵌入式系统有如下几个重要特点:

(1) 系统内核小。由于嵌入式系统一般是应用于小型电子装置的,系统资源相对有限,所以内核较之传统的操作系统要小得多。比如 Enea 公司的 OSE 分布式系统,内核只有 5K,而 Windows 的内核简直没有可比性。

(2) 专用性强。嵌入式系统的个性化很强,其中的软件系统和硬件的结合非常紧密,一般要针对硬件进行系统的移植,即使在同一品牌、同一系列的产品中也需要根据系统硬件的变化和增减不断进行修改。同时针对不同的任务,往往需要对系统进行较大更改,程序的编译下载要和系统相结合,这种修改和通用软件的"升级"是完全两个概念。

(3) 系统精简。嵌入式系统一般没有系统软件和应用软件的明显区分,不要求其功能设计及实现上过于复杂,这样一方面利于控制系统成本,同时也利于实现系统安全。

(4) 高实时性的系统软件(OS)是嵌入式软件的基本要求。而且软件要求固态存储,以提高速度;软件代码要求高质量和高可靠性。

(5) 嵌入式软件开发要想走向标准化,就必须使用多任务的操作系统。嵌入式系统的应用程序可以没有操作系统直接在芯片上运行,但是为了合理地调度多任务,利用系统资源、系统函数以及和专家库函数接口,用户必须自行选配 RTOS(Real – Time Operating System)开发平台,这样才能保证程序执行的实时性、可靠性,并减少开发时间,保障软件质量。

(6) 嵌入式系统开发需要开发工具和环境。由于其本身不具备自主开发能力,即使设计完成以后用户通常也是不能对其中的程序功能进行修改的,必须有一套开发工具和环境才能进行开发,这些工具和环境一般是基于通用计算机上的软硬件设备以及各种逻辑分析仪、混合信号示波器等。开发时往往有主机和目标机的概念,主机用于程序的开发,目标机作为最后的执行机,开发时需要交替结合进行。

按是否具有实时性能分类,嵌入式系统分为嵌入式实时系统和嵌入式非实时系统。按软件结构分类,嵌入式系统可分为嵌入式单线程系统(embeded single-thread system)、嵌入式事件驱动系统(embeded event-driven system)等。

1.4.5 分布式控制系统

分布式控制系统(Distributed Control System,DCS)又称分散型控制系统、集散控制系统,是由多台计算机分别控制生产过程中多个控制回路,同时又可集中获取数据、集中管理和集中控制的自动控制系统,是一种高性能、高质量、低成本、配置灵活的分散控制系统系列产品。

DCS 是由过程控制级和过程监控级组成的,以通信网络为纽带的多级计算机系统,采用微处理机分别控制各个回路,而用中小型工业控制计算机或高性能的微处理机实施上一级的控制。各回路之间和上下级之间通过高速数据通道交换信息。DCS 具有数据获取、直接数字控制、人机交互以及监控和管理等功能。DCS 是在计算机监控系统、直接数字控制系统和计算机多级控制系统的基础上发展起来的,是生产过程的一种比较完善的控制与管理系统。其基本思想是分散控制、集中操作、分级管理、配置灵活、组态方便。在分布式控制系统中,按区域把微处理机安装在测量装置与控制执行机构附近,将控制功能尽可能分散,管理功能相对集中。这种分散化的控制方式能改善控制的可靠性,不会由于计算机的故障而使整个系统失去控制。当管理级发生故障时,过程控制级(控制回路)仍具有独立控制能力,个别控制回路发生故障时也不致影响全局。与计算机多级控制系统相比,分布式控制系统在结构上更加灵活、布局更为合理和成本更低。

DCS 是以微处理机为基础,以危险分散控制、操作和管理集中为特点,集先进的计算机技术、通信技术、CRT 技术和控制技术即 4C 技术于一体的新型控制系统。随着现代计算机和通信网络技术的高速发展,DCS 正向着多元化、网络化、开放化、集成管理方向发展,使得不同型号的 DCS 可以互连,进行数据交换,并可通过以太网将 DCS 系统和工厂管理网相连,实现实时数据上网,成为过程工业自动控制的主流。

分布式控制系统的组成如图 1-19 所示。

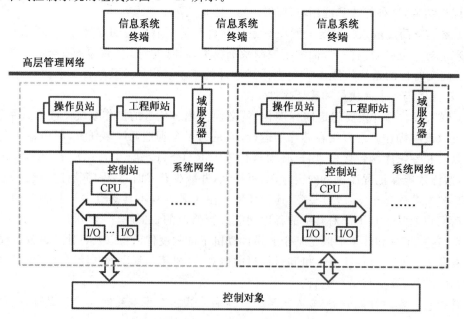

图 1-19 典型分布式控制系统的组成

分布式控制系统的主要组成及其动能有：

(1) 操作员站：主要完成人机界面的功能。

(2) 工程师站：对 DCS 进行应用组态。

(3) 现场控制站：是 DCS 的核心，完成系统主要的控制功能，包括主 CPU、存储器、现场测量单元和执行单元的 I/O 设备。

(4) 服务器及其他功能站：完成监督控制。

(5) 系统网络：连接各个站的桥梁。

(6) 现场总线网络：使现场测试和控制执行部分数字化。

(7) 高层管理网络：完成综合监控和管理功能。

分布式控制系统具有以下特点：

1) 高可靠性

由于 DCS 将系统控制功能分散在各台计算机上实现，系统结构采用容错设计，因此某一台计算机出现的故障不会导致系统其他功能的丧失。此外，由于系统中各台计算机所承担的任务比较单一，可以针对需要实现的功能采用具有特定结构和软件的专用计算机，从而使系统中每台计算机的可靠性也得到提高。

2) 开放性

DCS 采用开放式、标准化、模块化和系列化设计，系统中各台计算机采用局域网方式通信，实现信息传输，当需要改变或扩充系统功能时，可将新增计算机方便地连入系统通信网络或从网络中卸下，几乎不影响系统其他计算机的工作。

3) 灵活性

通过组态软件根据不同的流程应用对象进行软硬件组态，即确定测量与控制信号及相互间连接关系、从控制算法库选择适用的控制规律以及从图形库调用基本图形组成所需的各种监控和报警画面，从而方便地构成所需的控制系统。

4) 易于维护

功能单一的小型或微型专用计算机，具有维护简单、方便的特点，当某一局部或某个计算机出现故障时，可以在不影响整个系统运行的情况下在线更换，迅速排除故障。

5) 协调性

各工作站之间通过通信网络传送各种数据，整个系统信息共享，协调工作，以完成控制系统的总体功能和优化处理。

6) 控制功能齐全

控制算法丰富，集连续控制、顺序控制和批处理控制于一体，可实现串级、前馈、解耦、自适应和预测控制等先进控制，并可方便地加入所需的特殊控制算法。

DCS 的构成方式十分灵活，可由专用的管理计算机站、操作员站、工程师站、记录站、现场控制站和数据采集站等组成，也可由通用的服务器、工业控制计算机和可编程控制器构成。

处于底层的过程控制级一般由分散的现场控制站、数据采集站等就地实现数据采集和控制，并通过数据通信网络传送到生产监控级计算机上。生产监控级对来自过程控制级的数据进行集中操作管理，如各种优化计算、统计报表、故障诊断、显示报警等。随着计算机技术的发展，DCS 可以按照需要与更高性能的计算机设备通过网络连接来实现更高级的集中管理功能，如计划调度、仓储管理、能源管理等。

1975 年美国霍尼韦尔（Honey Well）第一套分布式控制系统 TDCS-2000 问世以来，分布式控制系统已经在工业控制的各个领域得到了广泛的应用，以其高度的可靠性、方便的组态软件、丰富的控制算法、开放的联网能力，逐渐成为过程工业自动控制的主流系统。

1.4.6 现场总线控制系统

随着控制、计算机、通信、网络等技术的发展，信息交换的领域正在迅速覆盖从工厂的现场设备层到控制、管理的各个层次，从工段、车间、工厂、企业乃至世界各地的市场。现场总线（fieldbus）就是顺应这一形势发展起来的新技术。

现场总线是应用在生产现场、在微机化测量控制设备之间实现双向串行多节点数字通信的系统，也被称为开放式、数字化、多点通信的底层控制网络。它在制造业、流程工业、交通、楼宇等方面的自动化系统中具有广泛的应用前景。

现场总线技术将专用微处理器置入传统的测量控制仪表，使它们各自都具有了数字计算和数字通信能力，采用双绞线等作为总线，把多个测量控制仪表连接成网络系统，并按公开、规范的通信协议，在位于现场的多个微机化测量控制设备之间以及现场仪表与远程监控计算机之间，实现数据传输与信息交换，形成各种适应实际需要的自动控制系统。简而言之，它把单个分散的测量控制设备变成网络节点，以现场总线为纽带，把它们连接成可以相互沟通信息、共同完成自控任务的网络系统与控制系统。它给自动化领域带来的变化，正如众多分散的计算机被网络连接在一起，使计算机的功能、作用发生变化。现场总线则使自控系统与设备具有了通信能力，把它们连接成网络系统，加入到信息网络的行列中去。因此把现场总线技术说成是一个控制技术新时代的开端并不过分。

现场总线是 20 世纪 80 年代中期在国际上发展起来的。随着微处理器与计算机功能的不断增强和价格的急剧降低，计算机与计算机网络系统得到迅速发展，而处于生产过程底层的测控自动化系统，采用一对一连线，用电压、电流的模拟信号进行测量控制，或采用自封闭式的集散系统，难以实现设备之间以及系统与外界之间的信息交换，使自动化系统成为"自动化孤岛"。要实现整个企业的信息集成，要实施综合自动化，就必须设计出一种能在工业现场环境运行的、性能可靠、造价低廉的通信系统，形成工厂底层网络，完成现场自动化设备之间的多点数字通信，实现底层现场设备之间以及生产现场与外界的信息交换。

现场总线就是在这种实际需求的驱动下应运而生的。它作为过程自动化、制造自动化、楼宇、交通等领域现场智能设备之间的互连通信网络，沟通了生产过程现场控制设备之间及其与更高控制管理层网络之间的联系，为彻底打破自动化系统的信息孤岛创造了条件。

现场总线控制系统既是一个开放通信网络，又是一种全分布控制系统。它作为智能设备的联系纽带，把挂接在总线上、作为网络节点的智能设备连接为网络系统，并进一步构成自动化系统，实现基本控制、补偿计算、参数修改、报警、显示、监控、优化及控管一体化的综合自动化功能，这是一项以智能传感器、控制、计算机、数字通信、网络为主要内容的综合技术。

由于现场总线适应了工业控制系统向分散化、网络化、智能化发展的方向，它一经产生便成为全球工业自动化技术的热点，受到全世界的普遍关注。现场总线的出现，导致目前生产的自动化仪表、集散控制系统、可编程控制器在产品的体系结构、功能结构方面的较大变革，自动化设备的制造厂家被迫面临产品更新换代的又一次挑战。传统的模拟仪表将逐步让位于智能化数字仪表，并具备数字通信功能。出现了一批集检测、运算、控制功能于一体的变送控制器；

出现了可集检测温度、压力、流量于一身的多变量变送器;出现了带控制模块和具有故障信息的执行器;并由此大大改变了现有的设备维护管理方法。

新型的现场总线控制系统突破了 DCS 系统中通信由专用网络的封闭系统来实现所造成的缺陷,把基于封闭、专用的解决方案变成了基于公开化、标准化的解决方案,即可以把来自不同厂商而遵守同一协议规范的自动化设备,通过现场总线网络连接成系统,实现综合自动化的各种功能;同时把 DCS 集中与分散相结合的集散系统结构,变成了新型全分布式结构,把控制功能彻底下放到现场,依靠现场智能设备本身便可实现基本控制功能。

现场总线之所以具有较高的测控能力指数,一是得益于仪表的微机化,二是得益于设备的通信功能。把微处理器置入现场自控设备,使设备具有数字计算和数字通信能力,一方面提高了信号的测量、控制和传输精度,同时为丰富控制信息的内容,实现其远程传送创造了条件。在现场总线的环境下,借助设备的计算、通信能力,在现场就可进行许多复杂计算,形成真正分散在现场的完整的控制系统,提高控制系统运行的可靠性。还可借助现场总线网段以及与之有通信连接的其他网段,实现异地远程自动控制,如操作远在数百千米之外的电气开关等。还可提供传统仪表所不能提供的如阀门开关动作次数、故障诊断等信息,便于操作管理人员更好、更深入地了解生产现场和自控设备的运行状态。

现场总线控制系统(Fieldbus Control System,FCS)是全数字串行、双向通信系统。系统内测量和控制设备如探头、激励器和控制器可相互连接、监测和控制(见图 1 - 20)。在工厂网络的分级中,它既作为过程控制(如 PLC,LC 等)和应用智能仪表(如变频器、阀门、条码阅读器等)的局部网,又具有在网络上分布控制应用的内嵌功能。由于其广阔的应用前景,众多国外有实力的厂家竞相投入力量,进行产品开发。目前,国际上已知的现场总线类型有 40 余种,比较典型的现场总线有:FF,ProfiBus,LONworks,CAN,HART,CC-LINK 等。

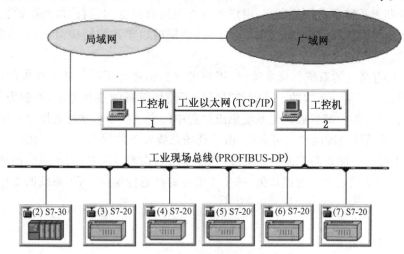

图 1 - 20 现场总线控制系统构成

现场总线具有如下特点:

(1) 系统的开放性:开放是指对相关标准的一致性、公开性,强调对标准的共识与遵从。通信协议一致公开,各不同厂家的设备之间可实现信息交换。现场总线开发者就是要致力于建立统一的工厂底层网络的开放系统。用户可按自己的需要和考虑,把来自不同供应商的产品组成大小随意的系统。通过现场总线构筑自动化领域的开放互连系统。

（2）互可操作性与互用性：互可操作性，是指实现互连设备间、系统间的信息传送与沟通；而互用则意味着不同生产厂家的性能类似的设备可实现相互替换。

（3）现场设备的智能化与功能自治性：它将传感测量、补偿计算、工程量处理与控制等功能分散到现场设备中完成，仅靠现场设备即可完成自动控制的基本功能，并可随时诊断设备的运行状态。

（4）系统结构的高度分散性：现场总线已构成一种新的全分散性控制系统的体系结构。从根本上改变了现有 DCS 集中与分散相结合的集散控制系统体系，简化了系统结构，提高了可靠性。

（5）对现场环境的适应性：工作在生产现场前端，作为工厂网络底层的现场总线，是专为现场环境而设计的，可支持双绞线、同轴电缆、光缆、射频、红外线、电力线等，具有较强的抗干扰能力，能采用两线制实现供电与通信，并可满足本身安全防爆要求等。

（6）节省硬件数量与投资：由于现场总线系统中分散在现场的智能设备能直接执行多种传感、控制、报警和计算功能，因而可减少变送器的数量，不再需要单独的调节器、计算单元等，也不再需要 DCS 的信号调理、转换、隔离等功能单元及其复杂接线，还可以用工控 PC 机作为操作站，从而节省了一大笔硬件投资，并可减少控制室的占地面积。

（7）节省安装费用：现场总线系统的接线十分简单，一对双绞线或一条电缆上通常可挂接多个设备，因而电缆、端子、槽盒、桥架的用量大大减少，连线设计与接头校对的工作量也大大减少。当需要增加现场控制设备时，无需增设新的电缆，可就近连接在原有的电缆上，既节省了投资，也减少了设计、安装的工作量。据有关典型试验工程的测算资料表明，可节约安装费用 60％ 以上。

（8）节省维护开销：由于现场控制设备具有自诊断与简单故障处理的能力，并通过数字通讯将相关的诊断维护信息送往控制室，用户可以查询所有设备的运行，诊断维护信息，以便早期分析故障原因并快速排除，缩短了维护停工时间，同时由于系统结构简化，连线简单而减少了维护工作量。

（9）用户具有高度的系统集成主动权：用户可以自由选择不同厂商所提供的设备来集成系统。避免因选择了某一品牌的产品而被"框死"了使用设备的选择范围，不会为系统集成中不兼容的协议、接口而一筹莫展。使系统集成过程中的主动权牢牢掌握在用户手中。

（10）提高了系统的准确性与可靠性：由于现场总线设备的智能化、数字化，与模拟信号相比，它从根本上提高了测量与控制的精确度，减少了传送误差。同时，由于系统的结构简化，设备与连线减少，现场仪表内部功能加强，减少了信号的往返传输，提高了系统的工作可靠性。

思考题：

（1）什么是数字化？

（2）什么是数字化制造技术？

（3）简述数字化技术的特点

（4）什么是材料制造？与材料制备、材料加工有何区别？

（5）数字化制造技术的发展过程有哪几个阶段？

（6）数字化制造技术的主要内容是什么？

（7）简述典型数字化控制系统的特点？

第2章 数字化技术基础

2.1 数字逻辑基础

数字控制已经成为所有工业自动化和控制系统的基础。信息系统和机电一体化系统的电子部分都应用了数字技术。数字技术中的输入和输出信号都必须是实际的数字信号。由于使用的是数字信号,因此数字技术比模拟技术具有更强的通用性。与模拟系统相比,它具有更高的精确度、可靠度,并大大减少了误差。基于数字技术的控制过程具有可配置、可互操作、可扩展和可升级等性质。随着数字技术的不断发展及其应用范围的不断扩大,它已慢慢地取代了相应的模拟技术,因此对于读者来说,掌握数字技术的基础知识是十分必要的。

2.1.1 数制、转换与编码

2.1.1.1 数制

在某些时候,人们会使用"量值"或"数量"来衡量我们生活的各个方面。在工程技术领域中,量值是一种量度标准,并使用编号系统(number system,数制)这种数字说明方法进行描述。例如一个导体上的电压及通过该导体的电流可以使用数制进行描述。人类(自然界)使用十进制,它由 0,1,…,9 十个数组成。任何数量都可以使用这十个数表示。另一方面,人为的世界(或称为"计算世界")中,在计算装置中只使用两个数字"0"和"1",因此它们的智力远远不及人类。

至此,我们知道了两种数制,一种是人们通常使用的十进制,另一种叫做二进制,它由两个数字组成,通常使用于计算世界中。但是除此以外还有一些数制存在,例如八进制(由 0,1,2,3,4,5,6,7 八个数字构成)和十六进制(由 0,1,2,3,4,5,6,7,8,9,A,B,C,D,E,F 十六个数字及字母组成)。

1) 二进制数制的范围和权重

二进制,或者说数制,按上文所述由"0"和"1"两个数字组成。这些数字又被称为位(bits)。一位的数字系统是指"0"或"1"。而 2 位、3 位和 4 位的数字系统分别表示如下:

2 位的数字系统有下列 4 种组合方式:00,01,10 或 11,其组合的个数 $=2^2=4$。

3 位的数字系统有下列 8 种组合方式:000,001,010,011,100,101,110 或 111,其组合的个数 $=2^3=8$。

4 位的数字系统有下列 16 种组合方式,0000,0001,0010,0011,0100,0101,0110,0111,1000,1001,1010,1011,1100,1101,1110 或 1111,其组合的个数 $=2^4=16$。

因此数字系统中最多有 2^n 种组合方式,其中 n 决定范围的大小,当 n 增大时,数制所能表示的范围也随之变大。在现有的技术条件下,n 的值最大可取 128。也就是说,二进制数字编号系统的范围最大可以达到 2^{128}。这个数值换算成十进制后大得足以描述人们所能遇到的所有事件并能够满足机械电子系统的需要。

在数字系统中为了方便起见,常将 8 个二进制数作为一组使用。人们将这一组二进制位叫做一个字节(Byte)。因此一个字节有 8 位。图 2-1 中表示的数是一个二进制数,其长度为 1 个字节。最右边是第一位,最左边是第八位,依次类推。其中,B_0 是这个字节的最低位(LSB),而 B_7 是最高位(MSB)。

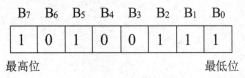

图 2-1　一个字节

如果数字系统的幂值为 128,则该范围里任何一个数值长度都为 16 字节。

2) 二进制数的权

十进制数以 10 为基数(base),而二进制数以 2 为基数。和十进制类似,由比特流(bit stream)组成的二进制数的每一位的权都是唯一的。每一位权的计算公式为"2 的幂次数"。例如,第五位的权,也就是 B_4 为 $2^4=16$。图 2-2 分别以图解的方式说明了十进制数和二进制数的权。

十进制数	2	2	7	5	2	0	9	6
	10^7	10^6	10^5	10^4	10^3	10^2	10^1	10^0

←——十进制加权

$$2\times10^7+2\times10^6+7\times10^5+5\times10^4+2\times10^3+0\times10^2+9\times10^1+6\times10^0=(22752096)_{10}$$

(a)

二进制数	1	0	0	0	1	0	1	1
	2^7	2^6	2^5	2^4	2^3	2^2	2^1	2^0

←——二进制加权

$$1\times2^7+0\times2^6+0\times2^5+0\times2^4+1\times2^3+0\times2^2+1\times2^1+1\times2^0=(10001011)_2$$

(b)

图 2-2　十进制数和二进制数的权

(a) 十进制数的位置加权;(b) 二进制数的位置加权

二进制小数的权值表示如下:

二进制的权	2^{-1}	2^{-2}	2^{-3}	2^{-4}
权值换算成十进制为	0.5	0.25	0.125	0.0625

2.1.1.2 数制转换

1) 十进制与二进制转换

十进制数可以转换为二进制数,反之亦然。要将十进制数转换为等值的二进制数,只需要将该十进制数不断除 2。每除一次,余数为 0 就写 0,余数为 1 则写 1。不断重复直到商为 0。在除的过程中,用所得的余数表示二进制数时从最低位(最右端)开始依次往高位写(向左写)。表 2-1 以十进制数 3422 为例对该过程进行验证。转换后的数值是一个 12 位的二进制数 $(110100110110)_2$。

表 2 - 1　十进制数转换为二进制数

被 2 除	商	余数	对应的二进制数
3422	1711	0	
1711	855	1	
855	422	1	
422	211	0	
211	105	1	
105	52	1	
52	26	0	$(110100110110)_2$
26	13	0	
13	6	1	
6	3	0	
3	1	1	
1	0	1	

要将十进制小数转换为二进制时,只需要将其不断乘 2。该小数每次乘 2 后,如果进位为 0,则写 0,进位为 1 写 1。以十进制数 $(0.48)_{10}$ 为例,转换后是一个 12 位的二进制数 $(0.011110101110)_2$,参见表 2 - 2。

表 2 - 2　十进制小数转换为二进制数

乘 2	小数	进位	对应的二进制数
0.48	0.96	0	
0.96	1.92	1	
0.92	1.84	1	
0.84	1.68	1	
0.68	1.36	1	$(0.011110101110)_2$
0.36	0.72	0	
0.72	1.44	1	
0.44	0.88	0	
0.88	1.76	1	
0.76	1.52	1	
0.52	1.04	1	⇨ 达到一定精度忽略低位
0.04	0.08	0	

要将二进制数转化为对应的十进制数,只要将每一位都与其位置加权相乘,再将每个乘积相加即得到对应的十进制数。例如,二进制数 1110 0011 对应的十进制数为 227,计算过程如下:

$1 \times 2^7 + 1 \times 2^6 + 1 \times 2^5 + 0 \times 2^4 + 0 \times 2^3 + 0 \times 2^2 + 1 \times 2^1 + 1 \times 2^0 = 128 + 64 + 32 + 0 + 0 + 0 + 2 + 1 = (227)_{10}$

将二进制小数转换为十进制只需将其每一位分别与其位置加权相乘,再将乘积相加即可。二进制小数 0.1101 对应的十进制数为:$1 \times 0.5 + 1 \times 0.25 + 0 \times 0.125 + 1 \times 0.0625 = (0.8125)_{10}$。

下面列举了另一种将二进制小数转换为十进制数的方法:

(1) 首先忽略二进制小数的小数点,然后将其作为一个整数计算其对应的十进制值。

(2) 将该十进制值除以 2^n(n 是该小数的位数)。

举例,二进制小数 0.1101 有 4 位。忽略小数点后我们可以得到数值 1101。对应的十进制数值是 13,而 1101 是一个 4 位数。因此由 $2^4 = 16$ 可知,十进制小数是 $13/16 = (0.8125)_{10}$。

而混合型二进制数 110.01 对应的十进制数为:

$(1 \times 2^2 + 1 \times 2^1 + 0 \times 2^0) \cdot (0 \times 0.5 + 1 \times 0.25) = (4 + 2 + 0) \cdot (0 + 0.25) = (6.25)_{10}$

2) 八进制和十六进制

八进制数制以 8 作为基数,由 0,1,2,3,4,5,6,7 八个数字组成。它每一位的位置加权和十进制以及二进制数制的加权类似(参见图 2-3)。

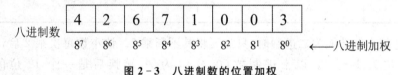

图 2-3 八进制数的位置加权

将八进制数转化为二进制数时,如图 2-4 所示需要写出每一位八进制数所对应的 3 位二进制数。表 2-3 列出了每一种八进制位分别对应的 3 位二进制数。

表 2-3 八进制数对应的 3 位二进制数

八进制数	对应的 3 位二进制数	八进制数	对应的 3 位二进制数
0	000	4	100
1	001	5	101
2	010	6	110
3	011	7	111

图 2-4 中已知的八进制数是 $(4267)_8$。它所对应的是一个 12 位的二进制数 $(100010110111)_2$。

$$4 \quad 2 \quad 6 \quad 7 \quad \longleftarrow 八进制数$$
$$\downarrow \quad \downarrow \quad \downarrow \quad \downarrow$$
$$100 \quad 010 \quad 110 \quad 111 = (100010110111)_2$$

图 2-4 八进制数转换为二进制数

将二进制数转换为八进制数,首先,从最低有效位开始,每 3 位为一组分解该二进制数,然后将每组的 3 位二进制数分别转换为对应的八进制数,具体过程如图 2-5 所示。

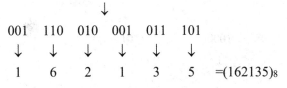

$$(1110010001011101)_2$$

从最低位开始对数据进行分组

↓

001　110　010　001　011　101

↓　　↓　　↓　　↓　　↓　　↓

1　　6　　2　　1　　3　　5　　$=(162135)_8$

图 2 - 5　二进制数转换为八进制数

另一种数制系统是十六进制,它的功能类似于二、八、十进制,不同的是它的基数为 16。十六进制数的命名来自于它的名字,hex 代表 6,decimal 代表 10。十六进制数由十进制数 0~9 和英文字母 A~F 组成。

十六进制系统由 4 位二进制数组成,十六进制也能像十进制、二进制一样表示同一个数值。不同的是,十进制数的权为 10,而十六进制数的权为 16,如图 2 - 6 所示。

A	1	4	9	0	F	6	2

十六进制数　16^7　16^6　16^5　16^4　16^3　16^2　16^1　16^0　←—十六进制加权

图 2 - 6　十六进制数字系统的位置加权值

十六进制数和二进制数的相互转换类似于八进制和二进制的相互转换,不同的是此处取 4 位二进制数为一组(见图 2 - 7)。即每位十六进制数对应 4 位二进制数。二进制数和十六进制数对应关系如表 2 - 4 所示。

表 2 - 4　十六进制数对应的 4 位二进制数

十六进制数	对应的 4 位二进制数	十六进制数	对应的 4 位二进制数
0	0000	8	1000
1	0001	9	1001
2	0010	A	1010
3	0011	B	1011
4	0100	C	1100
5	0101	D	1101
6	0110	E	1110
7	0111	F	1111

同理,二进制转换十六进制,首先从最低有效位开始,每 4 位为一组分解该二进制数,然后,将每组的 4 位二进制数分别转换为对应的十六进制数,如图 2 - 7(a)所示。

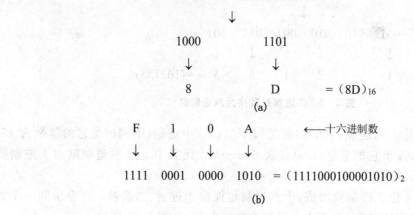

$(10001101)_2$

从最低位开始对数据进行分组

↓

1000　　　　1101

↓　　　　　↓

8　　　　　D　　　　$=(8D)_{16}$

(a)

F　　I　　0　　A　　←——十六进制数

↓　　↓　　↓　　↓

1111　0001　0000　1010　$=(1111000100001010)_2$

(b)

图 2 - 7　二进制与十六进制数之间的转换

(a) 二进制数转换为十六进制数;(b) 十六进制数转换为二进制数

通常,十六进制数可以表示计算机系统的操作码(OPCODE)、寄存器地址、计算机的输入/输出口数据和数据采集卡的数据等信息。

2.1.1.3 编码

1) BCD 编码的数制

我们熟悉了二、八、十及十六各进制数字编号系统,同时学习了不同进制之间的相互转换方法。十进制数转换为相应的二进制数有两种方法:整体转换和 BCD 转换(即二进制编码的十进制数)。前面涉及的转换称为整体转换,是基于 2 为除数(见表 2 - 1),将十进制数作为整体进行处理。另一种转换方法称为 BCD 码,是基于十进制数的单个数字。BCD 码数制系统有 10 种半字节的组合(4 位称为半字节)分别对应每位十进制数。表 2 - 5 列举了十进制数对应的 BCD 码。BCD 码仅仅是用二进制数表示十进制 0～9 数字的一种方法。

表 2 - 5　十进制数对应的 BCD 码

十进制数	BCD 码	十进制数	BCD 码
0	0000	5	0101
1	0001	6	0110
2	0010	7	0111
3	0011	8	1000
4	0100	9	1001

像 1010、1011、1100、1101、1110 和 1111 在 BCD 数制系统中是不存在的。十进制到 BCD 码的转换类似于十六进制到二进制的转换,反之亦然。BCD 码转换为十进制就是上述过程的逆过程,如图 2 - 8 所示。

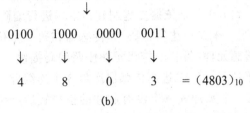

$$\begin{array}{ccccc} 3 & 6 & 1 & 0 & 9 & \leftarrow 十进制数 \\ \downarrow & \downarrow & \downarrow & \downarrow & \downarrow \\ 0011 & 0110 & 0001 & 0000 & 1001 & = (0011\ 0110\ 0001\ 0000\ 1001)_2 \end{array}$$

(a)

$(100100000000011)_2$

从最低位开始对数据进行分组

$\downarrow$

$$\begin{array}{cccc} 0100 & 1000 & 0000 & 0011 \\ \downarrow & \downarrow & \downarrow & \downarrow \\ 4 & 8 & 0 & 3 & = (4803)_{10} \end{array}$$

(b)

图 2 - 8　BCD 码与十进制数之间的转换

(a) 十进制数转换为 BCD 码；(b) BCD 码转换为十进制数

BCD 码和二进制数是不同的，这一点很重要。下面，通过例子来说明：十进制数 $(33)_{10}$ 对应的二进制是 $(100001)_2$，而对应的 BCD 码是 $(0011\ 0011)_{BCD}$。

2) 格雷码

格雷码（Gray code）是基于二进制数的编码。该编码具有重要作用，可应用于光学编码盘的模式设计中。它的特性体现在相邻整数的格雷码仅有一位是不同的，如表 2 - 6 所示。在此，列举了十进制数分别对应的二进制数和格雷码。

表 2 - 6　转换同一个十进制数，二进制编码和格雷编码的比较

十进制数	二进制码	格雷码	十进制数	二进制码	格雷码
0	0000	0000	8	1000	1100
1	0001	0001	9	1001	1101
2	0010	0011	10	1010	1111
3	0011	0010	11	1011	1110
4	0100	0110	12	1100	1010
5	0101	0111	13	1101	1011
6	0110	0101	14	1110	1001
7	0111	0100	15	1111	1000

现对二进制数和格雷码进行比较（暂时不考虑格雷码产生方法）。不同于二进制数，相邻整数的格雷码仅有一位是不同的。以十进制数 7 和 8 为例，对应的二进制数分别为 0111 和 1000，相应的格雷码是 1100 和 1101。对二进制数而言，从 0111 到 1000（7 到 8），可以观察到所有位的数值都改变了，即 3 个低有效位（0111）都从"1"变为"0"，一个高有效位（0111）从"0"变为"1"。因此，对于相邻的整数，二进制数不具有仅有一位不同的特征。再以二进制数 0001 和 0010 为例，这两个相邻的整数有两个位是不同的，第一位和第二位，其他位均为"0"。在二进制系统中，虽然有些相邻的整数仅有一位不同（例如 0000 和 0001），但这只是个别的情况。

　　然而对于格雷码来说,它的相邻整数仅有一位是不同的。这一特征是格雷码的优势,即格雷码在执行和纠错方面具有更高的可靠性。

　　与二进制码相比,为什么格雷码的可靠性更高呢,现在就来解释这一点。电子系统易遭受到噪声和干扰,在数据传输系统中,错误发生的可能性与符号间传输的数的多少成比例。因为相比二进制而言,在格雷码系统中,两个相邻数之间发生转换,其数出错的可能性更低。

　　下面列举一个位置检测系统的例子。该系统分别使用基于二进制码和格雷码两种编码模式。(这个例子仅以证明为目的,因为对于同一位置的检测使用两种编码模式是不太合理的。)即图 2-9 所示的位置 p-0 到 p-9 分别依据二进制码和格雷码进行编码。在这里,有两个传感元件(一个是产生二进制码,另一个是产生格雷码)。传感器在每一个位置上产生相应的数据编码。对于每一位置,两个传感元件(每一个传感元件按照编码提供一个信号)按照编码模式分别提供电信号。例如,对于位置 p-7,二进制传感器产生 3 个连续脉冲和一个没有脉冲的空位置,然而,格雷码传感器在一个脉冲和一个没有脉冲的空位置后产生两个没有脉冲的空位置("1"表示 5V 的脉冲,"0"表示 0V,没有脉冲)。相邻位置的变化仅影响格雷码模式的一位,然而用二进制模式就会有 4 位数据改变,容易导致错误的发生(见表 2-7)。

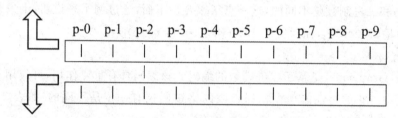

图 2-9　二进制码和格雷码的可靠性实验

表 2-7　二进制码和格雷码

位	二进制码	格雷码
p-0	0000	0000
p-1	0001	0001
p-2	0010	0011
p-3	0011	0010
p-4	0100	0110
p-5	0101	0111
p-6	0110	0101
p-7	0111	0100
p-8	1000	1100
p-9	1001	1101

　　我们必须理解"容易导致错误发生"的含义。你可能会用错误读数替代正确读数。如果分析从 p-7 到 p-8 的错误读数,你将会发现:

　　(1)如果是二进制码,错误范围是 0000,0001,0010,0011,0100,0101,0110,0111,1001,

1010,1011,1100,1101,1110 和 1111。1000 不应该出现在其中,因为它毫无疑问是正确的读数。

(2) 而如果是格雷码,错误范围是 0100,0101,0110,0111,1101,1110 和 1111。注意,当决定范围时,第三个有效位不会被计算在内。1100 不应该出现在其中,因为它毫无疑问是正确的读数。

因此,二进制码错误读数的数量更多,可靠性更低。

2.1.2 二进制的算术运算

在二进制数字系统中执行的基本的数学运算是加法、减法、乘法和除法。执行这些运算时用到了一些基本技术。接下来的部分说明实现数字系统算法的规则、方法和技巧。

2.1.2.1 二进制加法

下面的基本规则在二进制数相加中使用(见图 2-10)。

$0+0=0$　(进位 0)

$0+1=1$　(进位 0)

$1+0=1$　(进位 0)

$1+1=10$　(进位 1)

$1+1+1=11$　(进位 1)

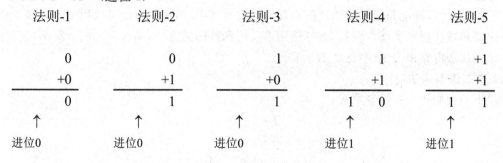

图 2-10　二进制的加法法则

下面的例子显示了一个加法运算过程:

```
        1100   1101
  +     1001   0111
  1     0110   0100
         ↑
        进位
```

2.1.2.2 二进制减法

1) 原码、反码、补码的概念

(1) 正数的原码、补码、反码都相同,都等于它本身。

(2) 负数的原码符号位为 1,其余不变。

(3) 负数的反码:符号位为 1,其余各位求反。

(4) 负数的补码:符号位为 1,其余各位求反,末位加 1。

2）二进制减法——补码运算法

减法用下面的反码求法或补码求法来实现。反码求法的过程或算法如下：

（1）得出减数的反码，如二进制数 1010 和 1100 的反码分别是 0101 和 0011。计算一个二进制数的反码也就是将这个二进制数取反，所有的"1"变成"0"和所有的"0"变成"1"。

（2）将减数的反码与被减数相加。

（3）如果有进位则将进位位加到总和中得到结果。进位表示它是一个正数。

（4）如果没有进位则求总和的反码，使总和变成一个负数。

例如：用 1100 减去 0010，然后用 0010 减去 1100。0010 的反码是 1101，将 1100 加上 1101 得到 1 1001。有进位，将进位和 1001 相加，结果是 1010，由于有进位因此它是一个正数。

再做一个试验，我们用 0010 减去 1100。1100 的反码是 0011，0011 加上 0010 得出 0101，没有进位。所以求得总和 0101 的反码是 1010。因为没有进位所以结果是个负数。

3）补码求法的过程或算法

（1）得出减数的补码。二进制数的补码是通过简单地将它的反码加上"1"得到的。比如，1010 和 1100 的补码分别是 0101+1=0110 和 0011+1=0100。

（2）将减数的补码与被减数相加。

（3）如果有进位则忽略进位位。进位表示它是一个正数。如果没有进位，求出总和的补码并标上负号。

所以，减法实际上是通过加法过程实现的。在实践中，加法和减法可以用电子线路中所说的加法器和减法器来实现。但是，通过使用求反码和补码的方法，加法和减法运算都可仅用一种电路即加法电路来实现（参见 2.1.5 节）。

2.1.2.3 二进制乘法

以下的规则用于二进制乘法：

$$1 \cdot 0 = 0$$
$$0 \cdot 1 = 0$$
$$1 \cdot 1 = 1$$

二进制系统中乘法的工作方式与十进制系统相同。实现二进制数乘法的方法有很多，最简单的是：

（1）忽略符号位并找出这两个被乘数的大小。

（2）用上面叙述的规则将它们相乘。

（3）用原先的符号位来决定结果的符号。（如果两个相乘数的符号相同，则结果一定是正的；否则结果是负的。结果为零是特殊情况。）

例如：

$$
\begin{array}{r}
101 \\
\times 11 \\
\hline
101 \\
1010 \\
\hline
1111
\end{array}
$$

2.1.2.4 有符号的二进制数

数字系统采用一个位来表示数的符号，通常是用数的最重要的位单元。"0"对应正数，"1"

对应负数。例如,在一个 16 位的二进制数 1001 1010 1100 0101 中,第 16 位位单元是"1",表示这个数是个负数。再例如,二进制数 000 1101 相当于十进制的 13,而 100 1101 则相当于 -13。具有这样性质的二进制数在计算机领域是必不可少的,被称为有符号的二进制数。

2.1.3 二进制的逻辑运算

计算界对分立元件和单元有一个预定义的逻辑关系集合。乔治·布尔(George Boole)提出了布尔代数理论。这个理论已经成为用于处理二进制数的数字电路的设计基础。任何逻辑电路,不论多复杂,都可以用布尔代数完全描述出来。德·摩根(DeMorgan)发明了两个理论,即通常所说的摩根定律,同样在实现实际逻辑电路时对变换逻辑有帮助。布尔代数和摩根定律形成了事件的形式表达方式,使得我们能描述任何逻辑系统的输入和输出特性。布尔代数和摩根定律见表 2 - 8。

表 2 - 8　布尔代数和摩根定律

布 尔 代 数		
基本定律		表达式
交换律	(a)	$A+B=B+A$
	(b)	$A \cdot B=B \cdot A$
结合律	(a)	$(A+B)+C=A+(B+C)$
	(b)	$(A \cdot B) \cdot C=A \cdot (B \cdot C)$
分配律	(a)	$A \cdot (B+C)=A \cdot B+A \cdot C$
	(b)	$A+(B \cdot C)=(A+B) \cdot (A+C)$
同一律	(a)	$A+A=A$
	(b)	$A \cdot A=A$
否定定律	(a)	$(\overline{A})=\overline{A}$
	(b)	$\overline{\overline{A}}=A$
吸收律	(a)	$A+A \cdot B=A$
	(b)	$A \cdot (A+B)=A$
基本定律	(a)	$0+A=A$
	(b)	$1 \cdot A=A$
	(c)	$1+A=1$
	(d)	$0 \cdot A=0$
	(e)	$\overline{A}+A=1$
	(f)	$\overline{A} \cdot A=0$
	(g)	$A+\overline{A} \cdot B=A+B$
	(h)	$A \cdot (\overline{A}+B)=A \cdot B$

（续表）

摩 根 定 律	
(a)	$(\overline{A+B})=\overline{A}\cdot\overline{B}$
(b)	$(\overline{A\cdot B})=\overline{A}+\overline{B}$
A、B、C 为变量"0"和"1"是布尔量(真或假)	

2.1.4 逻辑门电路

2.1.4.1 逻辑状态

计算机的所有运算最终都描述成它们存在与否,出席或缺席,真或假,开或关等。运算表示的基本形式称为逻辑状态,且只有两个状态。理论上和数字上这两个逻辑状态用"1"或"0"表示,在电学上它们用 V 和 $\overline{V}$ 实现,反之亦然,V 和 $\overline{V}$ 本质上是两个不同的电压。如果 V 表示"1",则 $\overline{V}$ 只能表示"0",反之亦然。只要电压确定,可能的组合有很多,见表 2-9 和图 2-11。

表 2-9　用电压值表示逻辑状态

V	$\overline{V}$
+5V	0V
0V	−5V
+5V	−5V
0V	+5V
−5V	0V
−5V	+5V

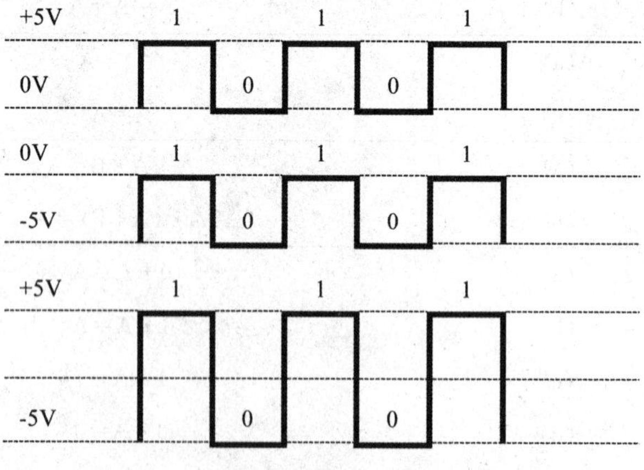

图 2-11　用电压值表示二进制逻辑状态

以上的组合可以看成是一种逻辑分配,即正逻辑分配和负逻辑分配两种。

正逻辑:高电平表示"1",低电平表示"0";

负逻辑:低电平表示"1",高电平表示"0"。

解释输入和输出时,物理电路既可使用正逻辑又可使用负逻辑。切记数字系统进行的是逻辑运算(二进制数字),与电压 V 和 $\overline{V}$ 有关。数字电子线路用来将这些正脉冲和负脉冲转化为有意义的逻辑。而且用这些值一样可以表达数据。在二进制系统上组成逻辑运算的一个重要原因是它易于实现简明设计、安全可靠且稳定的电子线路,可以在两个已定义的状态中来回切换而没有任何附加的不确定状态。

2.1.4.2 基本逻辑门电路

通常将二进制数值"1"表示为布尔值"真",将二进制数值"0"表示为布尔值"假"来解释逻辑状态。这样的二值数字系统不仅为最强大复杂的计算机设计,还为认知许多数字电路奠定了基础。逻辑电路的基础是逻辑函数。基本的逻辑函数有"与"、"或"、"非"。这 3 个基本的逻辑函数实际上是通过固态电子学的方法即逻辑门(简称门)来实现的。因此对应有 3 个基本的逻辑门:"或"门、"与"门和"非"门。逻辑门运用了逻辑函数的基本原理,构建了设计数字电路或数字系统的基本模块。复杂的数字电路,比如存储器芯片、微处理器、微控制器、多路复用电路等类似电路都利用了这些基本功能模块。

然而,值得注意的是,"非"和"与非"衍生于基本函数。在后续内容中,阐述了逻辑函数基础和相应的逻辑门,这些逻辑门通常是用半导体材料制成的。我们可以通过组合这些基本的逻辑门来实现任何重要的数字电路。

为了运用二元逻辑关系,我们对于符号操作需要建立一组规则。例如,"与"函数使用乘法符号,"或"函数使用加法符号,而"非"函数则是在状态上面加一横杠来表示。

和其他的数学函数类似,所有的基本逻辑函数提供的输出取决于输入参数。我们可以注意到所有的基本函数有一个单一的输出(门),但是除了"非"函数,"与"函数和"或"函数可以有两个或更多的输入。"非"函数只有一个输入和一个输出。对于唯一的输入组合,函数提供了唯一的输出。这一基于函数作用的输入和输出之间的映射被定义为"真值表"。"真值表"提供了关于函数的清楚信息。另一方面,"真值表"是一个逻辑查询表,而且提供了关于逻辑函数或电路的信息(由于电路是通过使用逻辑门来实现的,而逻辑门又是利用逻辑函数来实现的)。"真值表"由两部分组成:输入部分和输出部分。输入部分包含一个电路中输入值的所有组合,而输出部分则包含了每一组合中逻辑行为的数值。因此,真值表只是表示一个函数的另一种方法。图 2-12(d)~(f)举例说明了上面提到的所有基本函数的真值表。注意 A、B 和 C 表示输入,Y 表示输出。图 2-12(a)~(c)举例说明了由半导体材料设计的逻辑门的相应符号。

"与"函数以及"与"门按如下描述进行操作:如果所有的输入是"1",输出才是"1"。否则输出是"0"。图 2-12(a)中显示的与门是一个三输入与门。注意与门的真值表的最后一行。如果与门的所有输入端(也即 A、B 和 C)是"1",输出就是"1"。对于所有其他的输入组合,其相应的唯一的输出是"0"。注意:对于 n 个输入的与函数,总共会有 2^n 个输入组合。

关于或函数以及或门的描述:如果任何一个输入量为"1",那么输出就为"1",注意或门的真值表的第一行。

关于非函数以及非门,表述为"输出是输入的否定"。

逻辑函数以及逻辑门符合布尔代数。例如,一个与门符合的布尔表达式是

$$Y = A \times B$$

上面的布尔表达式可读作"Y 是 A 与 B 的结果"或简单地读作"A 与 B 是 Y"。

变量 A、B 和 Y 是二值变量,因为它们只取逻辑值"1"或"0"。因此,上述表达式的右边可以有以下四个组合。即

"0" AND "0"

"0" AND "1"

"1" AND "0"

"1" AND "1"

前两个组合可以写成"0"AND B,同时后两个组合可以写成"1"AND B。

"0"AND B 得"0",而"1"AND B 得 B。更确切地说,如果 B 是"0","1"AND"0"得"0",而如果 B 是"1",那么"1"AND"1"得"1"(见表 2－8)。在以上四个组合中只有最后一个组合得"1"。

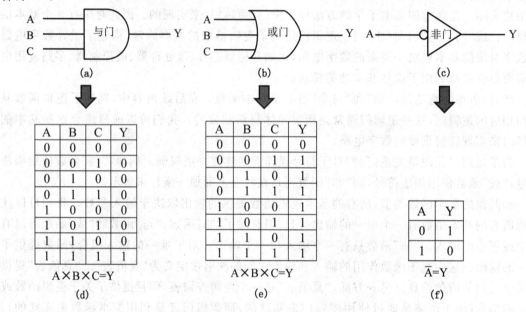

图 2－12　基本逻辑函数及其真值表

(a) 与门电路符号;(b) 或门电路符号;(c) 非门电路符号

(d) 与门电路真值表;(e) 或门电路真值表;(f) 非门电路真值表

或门的布尔表达式表示为:

$$Y = A + B$$

可读作"Y 是 A 或 B 的结果"或简单地读作"A 或 B 是 Y"。

类似地,非门的布尔表达式可表示为:

$$Y = \overline{A}$$

读作"Y 是 A 的补"或简单地"NOT A 是 Y"。一个四输入的与门由四个输入变量(可以是 A,B,C 和 D)和一个输出变量(可以是 Y)来表示。这个逻辑门的布尔表达式是:

$$Y = A \cdot B \cdot C \cdot D$$

这四个输入变量可以有 16 种组合($x^n ＝$ 组合的个数,其中 x 是变量状态的数目,即 2(一个"0"或一个"1"),而 n 是变量的个数,即 4;$2^4 = 16$)。使用变量 A,B,C,D 和 Y,这个逻辑门的真值表如图 2－13 所示。

和与门的真值表相比,我们可以观察到输出是符合布尔代数的。布尔代数和逻辑门是严格关联的。

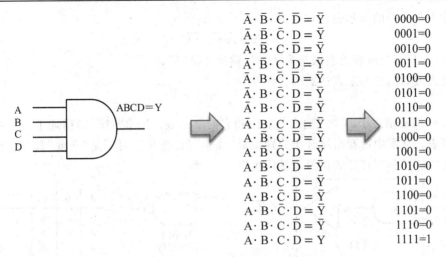

$\bar{A} \cdot \bar{B} \cdot \bar{C} \cdot \bar{D} = \bar{Y}$	0000=0
$\bar{A} \cdot \bar{B} \cdot \bar{C} \cdot D = \bar{Y}$	0001=0
$\bar{A} \cdot \bar{B} \cdot C \cdot \bar{D} = \bar{Y}$	0010=0
$\bar{A} \cdot \bar{B} \cdot C \cdot D = \bar{Y}$	0011=0
$\bar{A} \cdot B \cdot \bar{C} \cdot \bar{D} = \bar{Y}$	0100=0
$\bar{A} \cdot B \cdot \bar{C} \cdot D = \bar{Y}$	0101=0
$\bar{A} \cdot B \cdot C \cdot \bar{D} = \bar{Y}$	0110=0
$\bar{A} \cdot B \cdot C \cdot D = \bar{Y}$	0111=0
$A \cdot \bar{B} \cdot \bar{C} \cdot \bar{D} = \bar{Y}$	1000=0
$A \cdot \bar{B} \cdot \bar{C} \cdot D = \bar{Y}$	1001=0
$A \cdot \bar{B} \cdot C \cdot \bar{D} = \bar{Y}$	1010=0
$A \cdot \bar{B} \cdot C \cdot D = \bar{Y}$	1011=0
$A \cdot B \cdot \bar{C} \cdot \bar{D} = \bar{Y}$	1100=0
$A \cdot B \cdot \bar{C} \cdot D = \bar{Y}$	1101=0
$A \cdot B \cdot C \cdot \bar{D} = \bar{Y}$	1110=0
$A \cdot B \cdot C \cdot D = Y$	1111=1

图 2 - 13　对布尔代数式来说逻辑函数与逻辑门功能一样(以与门为例)

　　最简单的逻辑门是一个反相器或非门。它采用一位或一个状态作为输入,将其取反作为输出。如果输入是"0",那么输出是"1";如果输入是"1",那么输出是"0"。非门可以用一个晶体管来实现,见图 2 - 14。如果基极电压是零(0 状态),将没有集电极电流通过,因此将没有电流流过电阻 R,集电极 C 端的电压值为供电电压 V_{CC}。供电电压通常保持在 5V,这一电压被认为是"1"或"高电平"。现在,如果输入基极电压是高电平(表示为"1"),那么基极和发射极之间将是正向偏压,电流将通过发射极从而流过集电极,提供集电极电流,用 I_c 表示。由于集电极电流的流过,在电阻 R 上将产生一个电压降。假设 $V_{CE}(V_{CC} - I_c R = V_{CE})$ 接近零,我们可以注意到在电阻 R 上的电压降接近 V_{CC},因此在 C 处剩余的电压是零(也就是逻辑电平"0")。总而言之,当输入是"1"时,输出是"0",而当输入是"0"时,输出是"1",这需要一个逻辑非函数或非门来实现。

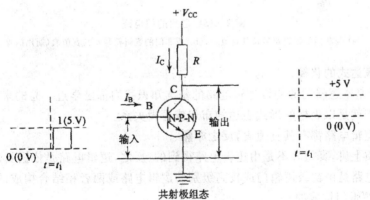

图 2 - 14　半导体晶体管构成的非门逻辑器件

2.1.4.3 通用的门电路

　　或非门和与非门被称为通用门,是由于这两种门可以用于任何类型的数字电路构造。"或非"意味着"非－或"而"与非"意味着"非－与",如图 2 - 15 所示。

　　与非:只有当所有的输入全为"1"时,输出才是"0"。

三输入与非门的布尔表达式为：

$$Y=\overline{A \cdot B \cdot C}$$

或非门：只有当所有的输入全为"0"时，输出才是"1"。

三输入或非门的布尔表达式为：

$$Y=\overline{A+B+C}$$

图 2-15(a)描述了一个三输入与非门和它的真值表。图 2-15(b)描述了一个或非门和它的真值表。从图中可看出适合于分别说成"或非"和"与非"，而不是"非或"和"非与"。将其真值表与"或门"和"与门"的真值表进行比较。

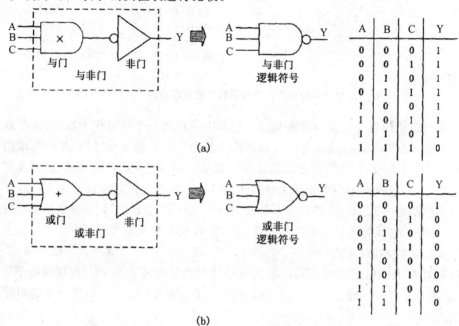

图 2-15 通用的门电路

（a）与非门的逻辑符号及其真值表；（b）或非门的逻辑符号及其真值表（通用门）

2.1.4.4 布尔表达式的化简

至此，基于基本逻辑门的初级逻辑电路的基本知识我们都已学过。总的来说，

(1) 真值表就是以表格的形式表达的布尔或逻辑关系。

(2) 每个逻辑电路都有其真值表，反之亦然。

(3) 从本质上讲，真值表不是由逻辑电路得到的；反之，逻辑电路是依据真值表设计的。

(4) 逻辑电路是由初级逻辑门或较高级别的逻辑电路或两者相结合构成的（当然，逻辑电路也是由初级逻辑门构成的）。

由任意给定的逻辑关系设计实现数字电路的流程为：

(1) 通过给定的布尔表达式定义所需的逻辑。

(2) 用逻辑门实现逻辑表达式。

由于真值表可能有不止一个布尔表达式，因此上述说法是不合适的，比如，考虑以下布尔表示式：$(A+B)+B \cdot C+A \cdot D+C \cdot D$

为了实现上述逻辑表达式，你可能会需要：

（1）一个双输入或门，实现 A＋B。

（2）三个双输入与门，实现 B·C，A·D，C·D。

（3）一个四输入或门，实现（A＋B）＋B·C＋A·D＋C·D。

具体实现如图 2-16 所示。这个数字电路不是最优的，因为布尔表达式包含多余的项。多余项必须予以消除。传统的方法是运用布尔代数消除这种多余的项。

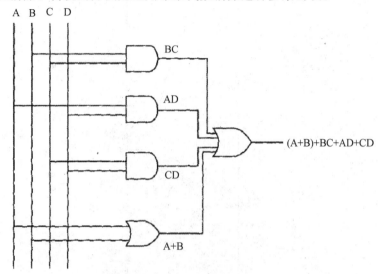

图 2-16 由布尔表达式所推导的逻辑电路图（未化简）

应用布尔代数化简给定的布尔表达式过程如下（见表 2-8）：

$$A+B+B·C+A·D+C·D$$

$$\Downarrow$$

$$A·D+A+B·C+B+C·D$$

$$\Downarrow$$

$$A·(D+1)+B·(C+1)+C·D$$

$$\Downarrow$$

$$A·(1)+B·(1)+C·D$$

$$\Downarrow$$

$$A+B+C·D$$

通过化简得到布尔表达式 A＋B＋C·D，其真值表和原始表达式（A＋B）＋B·C＋A·D＋C·D 的真值表是完全一样的，如表 2-10 所示。

表 2-10 布尔表达式（A＋B）＋BC＋AD＋CD 和其简化式 A＋B＋CD 的真值表

A	B	C	D	Y
0	0	0	0	0
0	0	0	1	0

（续表）

A	B	C	D	Y
0	0	1	0	0
0	0	1	1	1
0	1	0	0	1
0	1	0	1	1
0	1	1	0	1
0	1	1	1	1
1	0	0	0	1
1	0	0	1	1
1	0	1	0	1
1	0	1	1	1
1	1	0	0	1
1	1	0	1	1
1	1	1	0	1
1	1	1	1	1

　　既然两个表达式具有相同的真值表,那么选用化简的表达式来实现其数字电路是明智的选择。因为它仅需要两个逻辑门,一个是带有双端输入的与门来实现 $C \cdot D$,另一个是带有三端输入的或门来实现 $A+B+C \cdot D$,如图 2-17 所示。显然,这个逻辑电路与图 2-16 相比逻辑门较少。这样,逻辑电路的规模和设计成本都得到大幅度减少。

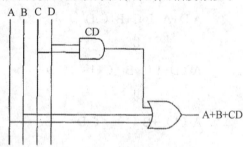

图 2-17　逻辑表达式的简化

2.1.5　加法器电路

2.1.5.1　异或门电路(半加器电路)

　　异或函数,当用于电子实现时被称为“异或”门,它是另一种逻辑门,其符号和真值表见图 2-18 所示。在其基本形式中,一个异或门有两个输入和一个输出。

　　如果输入中只有一个是“1”,异或门的输出就是“1”;当所有的输入都是“0”或“1”时,输出就是“0”。符号⊕用于描述此运算。它叙述了“Y”是 A 异或 B 的结果。

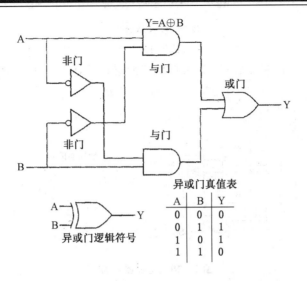

图 2-18　异或门(XOR)符号及其真值表

异或门的布尔表达式为：

$$Y = A \oplus B$$

异或门通常又称为半加器电路。从真值表中每行的值可以看出异或门实际上是将两个输入位相加。注意真值表的最后一行,两个输入二进制位(都为"1")相加得到结果为二进制位串"10"(不是"十",是"一零")。其中"1"是相加结果的进位("10"的左边一位),因为只有一个输出,所以进位"1"在真值表中没有显示出来。如果要保留相加结果中的进位,必须要在异或门的基础上附加一个电路。这个附加电路就是与门,如图 2-19 所示。

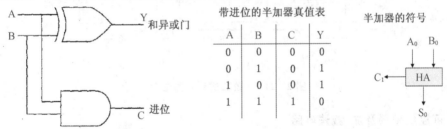

图 2-19　半加器电路（2 位二进制数相加）

两个一位二进制数的加法系统需要一个异或门和一个与门。多位二进制数加法操作(例如 1 个字节)需要多个异或门和与门。上述电路之所以称之为"半加器电路",是因为该电路仅仅处理了一半的加法过程。当进位进入数据的左边高位时,加法过程就结束了。

异或门在加法电路和奇偶校验电路的设计中十分有用。奇偶校验就是计算一个数据流中"1"的个数,以此来检测和发现错误。商业制造的异或门是 14 个引脚的集成电路,包括 4 个或更多的异或门。

2.1.5.2 全加器电路

要进行完整的二进制数的加法就需要一个全加器电路。一个全加器必须有 3 个输入,其中两个为二进制加数,一个是来自低位的进位。加法的过程实际上就是 3 个数位相加,如图2-20所示,其表达式为：

$$S_i = A_i \oplus B_i \oplus C_i$$
$$C_{i+1} = A_iB_i + B_iC_i + A_i + C_i$$

式中，A_i、B_i 为某一位二进制加数，C_i 为来自低位的进位数，C_{i+1} 为相加以后向高位的进位数，S_i 为相加的结果。

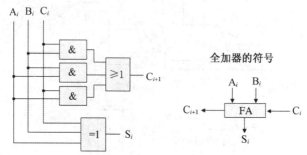

图 2-20　全加器电路

如果两个 4 位二进制数 $A = A_3A_2A_1A_0 = 1010$，$B = B_3B_2B_1B_0 = 1011$ 相加，列成竖式为：

$$A:\quad 1\quad 0\quad 1\quad 0$$
$$B:\quad 1\quad 0\quad 1\quad 1$$
$$\overline{}$$
$$S:\quad 1\quad 0\quad 1\quad 0\quad 1$$

其加法器需要 3 个全加器和一个半加器组成，如图 2-21 所示。电路计算结果为：

$$S = C_4S_3S_2S_1S_0 = 10101$$

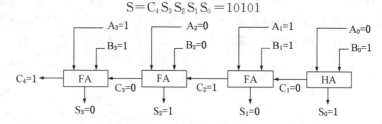

图 2-21　4 位二进制数加法器

2.1.5.3 可控反相器及加/减法电路

在计算机里，两个二进制数的减法运算是利用补码将减法变为加法运算来实现的，因此需要有一个电路，能把原码变成反码，并使其最小位加 1。图 2-22 的可控反相器就是为实现这一功能而设计的，实际是一个异或门，由其真值表可知：

当 SUB$=0$，Y 与 B_0 相同；

当 SUB$=1$，Y 与 B_0 相反。

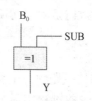

SUB	B_0	Y
0	0	0
	1	1
1	0	1
	1	0

图 2-22　可控反相器

根据这一特点,可把前面的 4 位二进制加法电路上增加 4 个可控反相器,并将最低位的半加器也改用全加器,就可得到 4 位二进制加法/减法器电路,如图 2 所示。由此可知,当 SUB＝0 时,电路做加法 A＋B;当 SUB＝1 时,电路做减法 A－B,B 各位求反,SUB＝1 作为 C_0 参与加法运算,从而得到 B 的补码,转化为与 A 做加法运算,如图 2－23 所示。

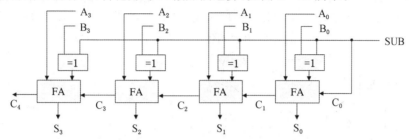

图 2－23　4 位二进制加法/减法电路

2.1.6 其他逻辑电路

2.1.6.1 组合逻辑与时序逻辑电路

机械电子系统应用中的数字电路可由逻辑门组合而成。逻辑门是组成数字电路的基本构造单元,一些较高级别的基本构造单元也是用基本逻辑门来设计的。这些较高级别的基本构造单元被认为是中级的构造单元(secondary building blocks)。全加器就是典型的例子,它既可以由基本的逻辑门构造而成,也可以用通用逻辑门如或非门或与非门构造。用基本逻辑门构造的全加器本身也是一个中级的构造单元。全加器电路展现了多位电子加法电路的基本原理。注意,全加器只是对一列进行相加。对于多位的加法,需要多个(具体多少取决于数据的长度)全加器电路组成一个实际的电子加法电路。

这样的中级的构造单元有很多,基本上分为两类:

(1)组合逻辑电路。

(2)时序逻辑电路。

从物理构造上看,组合逻辑电路和时序逻辑电路都是由基本逻辑门构造而成,但是它们的工作特征不同。

组合逻辑电路的特点是任何时刻电路的输出仅仅是输入的布尔函数,而时序逻辑电路的特点是电路的输出是输入在过去一段时间内的函数。具体地说也就是,任何时刻组合逻辑电路的稳定输出仅仅取决于该时刻输入变量的取值;而时序逻辑电路稳态输出不仅和该时刻的输入信号有关,而且还取决于电路的原来状态。从一定意义上说,时序电路是在组合电路的基础上增加了记忆的功能,因此能够存储逻辑电平。

2.1.6.2 触发器电路

在数字世界中,标准二进制位以组的形式被保持或存储,这些组代表了数字或者信息(编码)。这些组合码元就是所谓的 DNS 数据,并以电子方式存储。如果一个电子电路能够存储 DNS 数据的一位,就叫做触发器。一个触发器简单地说就是一个有存储功能的单元。触发器由逻辑门组合而成,属于时序逻辑电路。根据存储一个二进制位方式的不同,可以将触发器分为不同的种类。例如,有些触发器在任何时刻只要输入改变其状态就发生改变,而有些则是随着一个时钟边缘或脉冲的触发而改变。触发器可分为 4 种 SR 触发器、JK 触发器、T 触发器和 D 触发器。

1) SR 触发器

一种能存储或保持一位的简单触发器是 SR 触发器。S 代表"置位"(Set),R 代表"复位"(Reset)。SR 触发器的真值表由图 2-24(a)给出,此真值表可以用基本逻辑门或通用逻辑门实现。图 2-24(b)画出了用与非门和或非门实现的 SR 触发器。图 2-24(c)是 SR 触发器的符号。SR 触发器可以作为一位的存储单元,还可以应用于时序和触发电路。

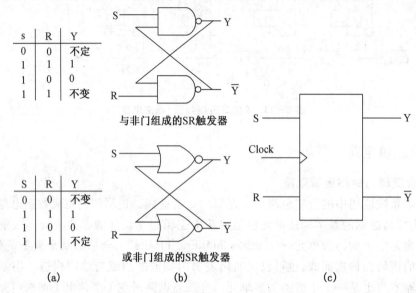

图 2-24　SR 触发器

2) D 触发器

SR 触发器能够在输出端 Y 保持一位状态作为对输入端的置位和复位的响应。实际上一位一旦被保持也就是被存储了。触发器的这种存储功能是设计真实的存储器的基础。多个触发器组合在一起可以存储大量的 DNS 数据。有些触发器非常适合用来设计真实的存储器,D 触发器就非常适合。D 触发器避免了竞争现象。图 2-25(a)是一个 D 触发器。它是在 SR 触发器的基础上,将 S 端经过一个非门(反相)后送给 R 端。同步 D 触发器带时钟输入,当时钟到来时,触发器被触发。图 2-25(b)给出了 D 触发器的真值表,其符号如图 2-25(c)所示。

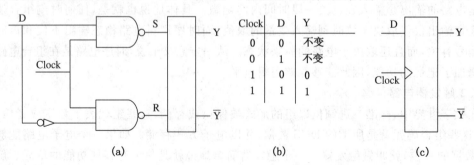

图 2-25　D 触发器及真值表

(a) D 触发器;(b) 真值表;(c) 逻辑符号

3) JK 触发器

JK 触发器是最常用的触发器之一,常用于数字控制系统中。它有两个数据输入端(这与 SR 触发器一样)和一个时钟输入端。这两个数据输入端称为 J 端和 K 端。它没有不定问题,在 SR 触发器的输入端增加了一些逻辑电路消除了 SR 触发器输入为 SR=11 的状态。其电路图、真值表、逻辑符号如图 2-26 所示。由于将输出信号(Y 和其补值)反馈到输入端的与门,这种电路结构避免了不定状态的出现。由于 Y 和 $\overline{Y}$ 是互补的,输入端的门电路要求其所有的输入为"1"才能输出"1",这样门电路的输出不能同时为"1",因此 S 和 R 不能同时为"1"。由于它们的基础性和通用性,JK 触发器常用于设计寄存器、计数器、编码器、解码器等。这些内容在下一节中将会谈到。

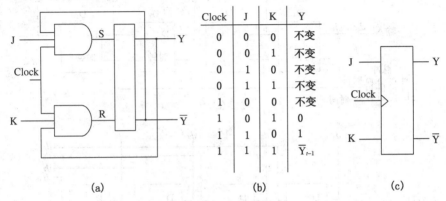

图 2-26　JK 触发器
(a) JK 触发器;(b)真值表;(c)逻辑符号

2.1.6.3 寄存器

在构筑大的存储块中,触发器可作为底层的结构单元。存储块实际上是由一组名叫寄存器(registers)的小单元组成的。寄存器顾名思义是由一组触发器组成,能存储多比特的数字数据。数据存储的时间可长可短。每个小单元中的触发器的数目取决于数据的长度。8 位数据字是一个标准。寄存器是更高层次的基本结构单元。寄存器也可以构成输入/输出(I/O)端口。I/O 口是小型的记忆单位,存放不了几个字节的数据(最多可存 4 个字节)。寄存器和 I/O 口可用于模数转换器(ADC)、数模转换器(DAC)、微处理器、微控制器等。

数据可以串行或并行送入寄存器。一旦输入,数据就被储存在输出端口。数据只能在输出端口重新得到。根据触发器的配置方式、数据输入和输出的不同类型,可以构造如下 4 种类型的寄存器。

(1) 串入串出寄存器(SISO):数据串行输入串行输出。

(2) 串入并出寄存器(SIPO):数据串行输入并行输出。

(3) 并入串出寄存器(PISO):数据并行输入串行输出。

(4) 并入并出寄存器(PIPO):数据并行输入并行输出。

寄存器的应用有很多,如串入串出寄存器可作为时间延迟装置。延时量由寄存器内移位的级数和时钟频率所控制。

一些控制系统需要数据以串行方式输入,因此需要串行转换。通过串入并出寄存器可以把串行数据转换为并行数据。其他需求例如并行输入串行输出和并行输入并行输出分别可以通过串入并出寄存器和并入并出寄存器实现。

　　串入并出和并入并出这两种寄存器典型连接如图 2-27 所示。它说明如何用 D 触发器连续地存储 4 个数据(d_4,d_3,d_2,d_1)。为简单起见,只采用了 4 个 D 触发器。先让 d_1 输入到第一个触发器 D_4。输入 4 位数据需要 4 个时钟信号。在第四个时钟段,d_1 被 D_1 触发器存储,d_2 被 D_2 触发器存储,d_3 被 D_3 触发器存储,d_4 被 D_4 触发器存储。数据 d_4,d_3,d_2,d_1 在输出端可并行得到。这种能将数据移位存储的寄存器被称为移位寄存器。如图 2-27(b)所示,数据也可以并行输入。它只需要一个脉冲/时钟信号,所有数据就能进入到触发器中,而前一种方法需要 4 个时钟脉冲。

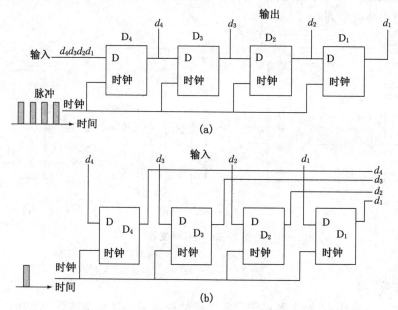

图 2-27　由 D 触发器构成的 4 位寄存器

(a) SIPO;(b) PIPO

2.1.6.4 计数器

　　在包括控制在内的许多应用中,计数器是必不可少的。计数器是用来计数的电子器件。它按预定的顺序进行计数。计数器的计数值的顺序取决于选定的编码和输入。计数器可以是加法计数器或减法计数器。加法计数器按顺序计数值逐渐变大,减法计数器正好相反。计数器也由触发器构成。计数器有很多种,按计数器的进制分为二进制计数器,十进制计数器,格雷码计数器,环形码(Ring)计数器。

　　十进制计数器(也称 BCD 计数器)是一种常用的计数器。BCD 计数器是十进制的,主要用于显示。4 位二进制、格雷码、环形码和十进制码计数器的方式如表 2-11 所示。

表 2-11　几种计数器常见的编码方式

二进制码	格雷码	环形码	十进制码
0000	0000	0001	0000
0001	0001	0010	0001
0010	0011	0100	0010
0011	0010	1000	0011
0100	0110	0001	0100

（续表）

二进制码	格雷码	环形码	十进制码
0101	0111	0010	0101
0110	0101	0100	0110
0111	0100		0111
1000	1100		1000
1001	1101		1001
1010	1111		0000
1011	1110		0001
1100	1010		0010
1101	1011		
1110	1001		
1111	1000		
0000	0000		
0001	0001		
0010	0011		

2.1.6.5 多路选择器

多路选择器是一种时序逻辑器件，有各种应用如数据选择、数据复用乃至布尔函数发生器。4 选 1 多路选择器，如图 2-28(a)所示。从 d_1 到 d_4 有 4 个单位数据可供选择。两个控制信号($2^2=4$) c_1 和 c_2 用来选择这 4 个数据。如果 $c_1 c_2 = 00$，d_1 将通过最左边的与门到达 Y 端。如果 $c_1 c_2 = 11$，d_4 将通过最右边的与门到达 Y 端。

图 2-28(b)说明如何用一个典型的多路选择器将数据复用。两个 4 位数据 $d_1 d_2 d_3 d_4$ 和 $D_1 D_2 D_3 D_4$ 被复用，即它们会在不同时间通过同一路线输出。如果使能端是低，则两组被选择，数据 $D_1 D_2 D_3 D_4$ 将通过并输出。如果使能端是高，则 1 组被选择，数据 $d_1 d_2 d_3 d_4$ 将通过。

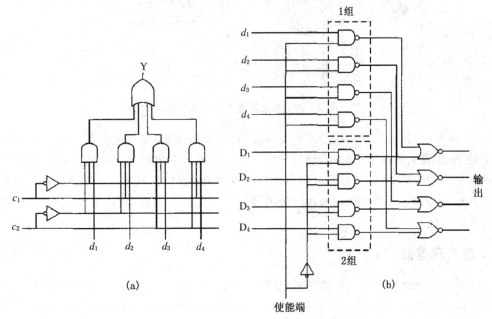

图 2-28　多路选择器电路

(a) 4 选 1 数据复用器(作为数据选择器)；(b) 4 选 1 数据复用器(用于数据多路复用)

2.2 微处理器

2.2.1 什么是微处理器

微处理器(Micro Processor,MP)是用一片或少数几片大规模半导体集成电路制作的特殊可编程芯片。用做处理通用数据时,称作中央处理器(Central Processing Unit,CPU);专于做图像数据处理的,称作图形处理器(Graphics Processing Unit,GPU);用于音频数据处理的,称作音频处理单元(Audio Processing Unit,APU),等等。从物理性来说,它就是一块集成了数量庞大的微型晶体管与其他电子组件的半导体集成电路(Integrated Circuit,IC)芯片。之所以称为微处理器,并不只是因为它体积小、重量轻,最主要的原因,还是因为当初各大芯片厂商的制造技术已进入了1微米的阶段,厂商就会在其产品名称上用"微"字,以强调其高科技性。

从20世纪70年代早期开始,微处理器性能的提升基本上遵循着IT界著名的摩尔定律。这意味着在过去的30多年里每18个月,CPU的计算能力就会翻番。大到巨型机,小到笔记本电脑,持续高速发展的微处理器取代了诸多其他计算形式而成为各个类别各个领域所有计算机系统的计算动力之源。

微处理器是微型计算机最核心的运算及控制部件,基本由算术逻辑部件、控制部件、寄存器组和片内总线等几部分组成,如图2-29所示。与传统的中央处理器相比,微处理器具有体积小、重量轻和容易模块化等优点。微处理器能完成取指令、执行指令,以及与外界存储器和逻辑部件交换信息等操作,是微型计算机的运算控制部分。它可与存储器和外围电路芯片组成微型计算机。

图 2-29　微处理器及其基本组成

今天,微处理器已经无处不在,无论是录像机、智能洗衣机、移动电话等家电产品,还是汽车引擎控制,以及数控机床、导弹精确制导等都要嵌入各类不同的微处理器。微处理器不仅是微型计算机的核心部件,也是各种数字化智能设备的关键部件。国际上的超高速巨型计算机、大型计算机等高端计算系统也都采用大量的通用高性能微处理器建造,当前的时代也可以说是微处理器时代。

2.2.2 微处理器的基本结构

为了便于理解微处理器工作的基本原理和内部结构,我们通常从程序员和使用者的角度来描述其基本结构,这种结构称为编程结构,它与CPU内部物理结构和实际布局是有区别的。

下面以 8086CPU 为例,简单描述其编程结构。

INTEL 8086 是一款 16 位的微处理,其内部编程结构主要有总线接口部件和执行部件两部分组成。执行部件主要负责指令的执行,将指令译码并利用内部的寄存器和 ALU 对数据进行所需处理。总线接口部件负责与存储器、I/O 端口传送数据,图 2-30 是 INTEL 8086 的微处理器的基本结构。

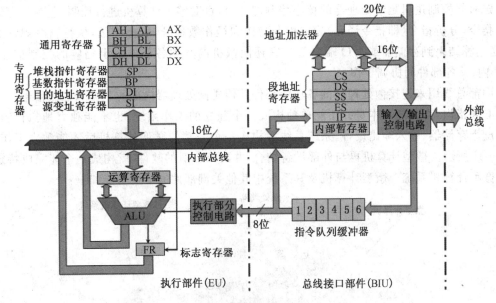

图 2-30　8086 微处理器的基本结构

它具体由算术逻辑单元(Arithmetic Logical Unit,ALU)、累加器和通用寄存器组、程序计数器(也叫指令指标器)、时序和控制逻辑部件、数据与地址锁存器/缓冲器、内部总线等组成。其中运算器和控制器是其主要组成部分。

算术逻辑单元 ALU 主要完成算术运算(+,-、×、÷、比较)和各种逻辑运算(与、或、非、异或、移位)等操作。ALU 是组合电路,本身无寄存操作数的功能,因而必须有保存操作数的两个寄存器:暂存器 TMP 和累加器 AC,累加器既向 ALU 提供操作数,又接收 ALU 的运算结果。

寄存器阵列实际上相当于微处理器内部的 RAM,它包括通用寄存器组和专用寄存器组两部分,通用寄存器(A、B、C、D)用来存放参加运算的数据、中间结果或地址。它们一般既可作为一个 16 位的寄存器使用,也可作为两个 8 位的寄存器来使用。处理器内部有了这些寄存器之后,就可避免频繁地访问存储器,从而缩短指令长度和指令执行时间,提高机器的运行速度,也给编程带来方便。专用寄存器包括程序计数器 PC、堆栈指示器 SP 和标志寄存器 FR,它们的作用是固定的,用来存放地址或地址基值。其中:

(1) 程序计数器 PC 用来存放下一条要执行的指令地址,因而它控制着程序的执行顺序。在顺序执行指令的条件下,每取出指令的一个字节,PC 的内容自动加 1。当程序发生转移时,就必须把新的指令地址(目标地址)装入 PC,这通常由转移指令来实现。

(2) 堆栈指示器 SP 用来存放栈顶地址。堆栈是存储器中的一个特定区域。它按"后进先出"方式工作,当新的数据压入堆栈时,栈中原存信息不变,只改变栈顶位置,当数据从栈弹出时,弹出的是栈顶位置的数据,弹出后自动调正栈顶位置。也就是说,数据在进行压栈、出栈操作时,总是在栈顶进行。堆栈一旦初始化(即确定了栈底在内存中的位置)后,SP 的内容(即栈顶位置)由 CPU 自动管理。

(3) 标志寄存器也称程序状态字(PSW)寄存器,用来存放算术、逻辑运算指令执行后的结果特征,如结果为 0 时,产生进位或溢出标志等。

定时与控制逻辑是微处理器的核心控制部件,负责对整个计算机进行控制、包括从存储器中取指令,分析指令(即指令译码)确定指令操作和操作数地址,取操作数,执行指令规定的操作,送运算结果到存储器或 I/O 端口等。它还向微机的其他各部件发出相应的控制信号,使 CPU 内、外各部件间协调工作。

内部总线用来连接微处理器的各功能部件并传送微处理器内部的数据和控制信号。

必须指出,微处理器本身并不能单独构成一个独立的工作系统,也不能独立地执行程序,必须配上存储器、输入输出设备、系统总线等构成一个完整的微型计算机后才能独立工作,如图 2-31 所示。微型计算机再与外部设备结合,并配以合适的软件,就构成一个能完成特定功能的微型计算机系统。微型计算机及其系统中其他关键部件的主要功能如下:

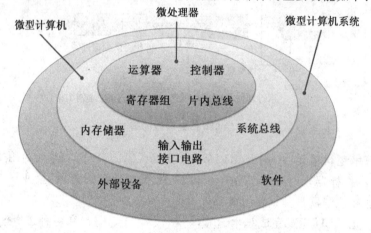

图 2-31　微型计算机系统组成

1) 存储器

微型计算机的存储器用来存放当前正在使用的或经常使用的程序和数据。存储器按读、写方式分为随机存储器 RAM(Random Access Memory)和只读存储器 ROM(Read Only Memory)。RAM 也称为读/写存储器,工作过程中 CPU 可根据需要随时对其内容进行读或写操作。RAM 是易失性存储器,即其内容在断电后会全部丢失,因而只能存放暂时性的程序和数据。ROM 的内容只能读出不能写入,断电后其所存信息仍保留不变,是非易失性存储器。所以 ROM 常用来存放永久件的程序和数据。如初始导引程序、监控程序、操作系统中的基本输入、输出管理程序 BIOS 等。

2) 输入/输出接口电路(I/O 接口)

输入/输出接口电路是微型计算机的重要组成部件。他是微型计算机连接外部输入、输出设备及各种控制对象并与外界进行信息交换的逻辑控制电路。由于外设的结构、工作速度、信号形式和数据格式等各不相同,因此它们不能直接挂接到系统总线上,必须用输入/输出接口电路来做中间转换，才能实现与 CPU 间的信息交换。I/O 接口也称 I/O 适配器，不同的外设必须配备不同的 I/O 适配器。I/O 接口电路是微机应用系统必不可少的重要组成部分。任何一个微机应用系统的研制和设计，实际上主要是 I/O 接口的研制和设计。

3）总线（BUS）

总线是计算机系统中各部件之间传送信息的公共通道，是微型计算机的重要组成部件。它由若干条通信线和起驱动、隔离作用的各种三态门器件组成。微型计算机在结构形式上总是采用总线结构，即构成微机的各功能部件（微处理器、存储器、I/O 接口电路等）之间通过总线相连接，这是微型计算机系统结构上的独特之处。采用总线结构之后，使系统中各功能部件间的相互关系转变为各部件面向总线的单一关系，一个部件（功能板/卡）只要符合总线标准，就可以连接到采用这种总线标准的系统中，从而使系统功能扩充或更新容易、结构简单、可靠性大大提高。在微型计算机中，根据它们所处位置和应用场合不同，总线可被分为以下四级。

（1）片内总线：它位于微处理器芯片内部，故称为芯片内部总线，用于微处理器内部 ALU 和各种寄存器等部件间的互连及信息传送。由于受芯片面积及对外引脚数的限制，片内总线大多采用单总线结构，这有利于芯片集成度和成品率的提高，如果要求加快内部数据传送速度，也可采用双总线或三总线结构。

（2）片总线：片总线又称元件级（芯片级）总线或局部总线。微机主板、单板机以及其他一些插件、板、卡（如各种 I/O 接口板/卡），它们本身就是一个完整的子系统，板/卡上包含有 CPU,RAM,ROM,I/O 接口等各种芯片，这些芯片间也是通过总线来连接的，因为这有利于简化结构，减少连线，提高可靠性，方便信息的传送与控制。通常把各种板、卡上实现芯片间相互连接的总线称为片总线或元件级总线。

相对于一台完整的微型计算机来说，各种板/卡只是一个子系统，是一个局部，故又把片总线称为局部总线，而把用于连接微机各功能部件插卡的总线称为系统总线。

（3）内总线：内总线又称系统总线或板级总线。因为该总线是用来连接微机各功能部件而构成一个完整微机系统的，称之为系统总线。系统总线是微机系统中最重要的总线，人们平常所说的微机总线就是指系统总线，如 PC 总线、AT 总线（ISA 总线）、PCI 总线等。系统总线上传送的信息包括数据信息、地址信息、控制信息，因此，系统总线包含有 3 种不同功能的总线，即数据总线 DB(Data Bus)、地址总线 AB(Address Bus)和控制总线 CB(Control Bus)。

数据总线 DB 用于传送数据信息。数据总线是双向三态形式的总线，即它既可以把 CPU 的数据传送到存储器或 I/O 接口等其他部件，也可以将其他部件的数据传送到 CPU。数据总线的位数是微型计算机的一个重要指标，通常与微处理的字长相一致。例如，INTEL 8086 微处理器字长 16 位，其数据总线宽度也是 16 位。需要指出的是，数据的含义是广义的，它可以是真正的数据，也可以是指令代码或状态信息，有时甚至是一个控制信息。因此，在实际工作中，数据总线上传送的并不一定仅仅是真正意义上的数据。

地址总线 AB 是专门用来传送地址的，由于地址只能从 CPU 传向外部存储器或 I/O 端口，所以地址总线总是单向三态的，这与数据总线不同。地址总线的位数决定了 CPU 可直接寻址的内存空间大小，比如 8 位微机的地址总线为 16 位，则其最大可寻址空间为 $2^{16}=64\text{KB}$，16 位微型机的地址总线为 20 位，其可寻址空间为 $2^{20}=1\text{MB}$。一般来说，若地址总线为 n 位，则可寻址空间为 2^n 字节。

控制总线 CB 用来传送控制信号和时序信号。控制信号中，有的是微处理器送往存储器和 I/O 接口 电路的,如读/写信号,片选信号、中断响应信号等;也有其他部件反馈给 CPU 的,比如中断申请信号、复位信号、总线请求信号、准备就绪信号等。因此,控制总线的传送方向由具体控制信号而定,一般是双向的,控制总线的位数要根据系统的实际控制需要而定。实际上控制总线的具体情况主要取决于 CPU。

(4) 外总线:也称通信总线。用于两个系统之间的连接与通信,如两台微机系统之间、微机系统与其他电子仪器或电子设备之间的通信。常用的通信总线有 IEEE-488 总线,VXI 总线和 RS-232 串行总线等。外总线不是微机系统本身固有的,只有微型机应用系统中才有。

2.2.3 微处理器的分类

微处理器的分类有多种方式。按生产工艺划分,有 MOS 电路工艺和双极型电路工艺制造的微处理器。MOS 电路微处理器的特点是集成度较高,功耗较小;而双极型微处理器的特点是速度快,但功耗较大。按片数划分,微处理器可分为单片式和多片式两类。按功能划分,微处理器可分为主处理器、协处理器和从处理器。协处理器用以扩大主处理器的浮点运算功能,如浮点运算处理器;从处理器完成主处理器控制下的整个系统中的一部分功能,如输入输出处理器。但微处理器最常用的分类方法,还是按其能够处理的数据宽度进行划分,即分为 8 位、16 位、32 位,以及目前最新的 64 位微处理器。实际上这种分类方法也基本上展示了微处理器的发展历程,可以说个人电脑的发展是随着微处理器的发展而前进的。

8 位微处理器:由 INTEL 首先推出,典型产品以 INTEL 的 8008、8080 处理器、Motorola 的 MC6800 微处理器和 Zilog 的 Z80 微处理器为代表;

16 微处理器位:典型产品有 INTEL 的 8086 和 80286 微处理器,PC 机的第一代 CPU 便是从 80286 开始的;

32 微处理器位:代表产品是 1985 年 INTEL 推出的 80386,这是一种全 32 位微处理器芯片。但 386 处理器没有内置协处理器,浮点运算须另外配置 80387 协处理器。随后推出的 486 集成了浮点运算单元和 8KB 高速缓存。并通过倍频技术,相继推出了 486DX2、486DX4 等系列产品。90 年代中期,全面超越 486 的新一代 586 处理器问世,INTEL 为其命名为 Pentium。而 AMD 和 Cyrix 也分别推出了 K5 和 6×86 处理器。接下来 INTEL 又为冲击服务器市场和争取多媒体制高点相继发布了 Pentium Pro 和 Pentium MMX。

64 微处理器位:1991 年 MIPS 推出第一台 64 位 RISC 微处理器,用于以 IRIS Crimson 启动的 SGI 图形工作站。随后,INTEL、Sun、HP、IBM、AMD 等相继推出了各自的 64 位微处理器,目前成为主流的有 AMD 的 AMD64 位技术和 INTEL 的 EM64T 技术。在相同的工作频率下,64 位处理器的处理速度比 32 位的更快。而且除了运算能力之外,64 位处理器的优势还体现在系统对内存的控制上。传统 32 位处理器的寻址空间最大为 4GB,使得很多需要大容量内存的数据处理程序显得捉襟见肘。而 64 位的处理器在理论上可以达到 1 600 多万个 TB,能够彻底解决 32 位计算系统所遇到的瓶颈现象,对于那些要求多处理器可扩展性、更大的可寻址内存、视频/音频/三维处理或较高计算准确性的应用程序而言,可提供卓越的性能。

微处理器在不同的应用领域有不同的性能要求,因而面向不同的应用领域,各大厂商都开发了具有不同性能要求或特殊功能的微处理器芯片,时至今日,已形成系列化产品。因此,除了上面常用的按微处理器可处理的字长进行分类以外,还有一种比较典型的分类方法就是按微处理器的应用领域或应用对象进行分类。按此分类方法,微处理器大致可以分为两大类:一类是通用高性能微处理器,另一类是嵌入式处理器,如表 2 - 12 所示。一般而言,通用微处理器追求高性能,它们主要用于运行通用软件,配备完备、复杂的操作系统,目前大中型高性能计算机、服务器、台式机和笔记本电脑通常都使用这类微处理器;而嵌入式处理器强调处理特定应用问题的高性能,主要用于运行面向特定领域的专用程序,配备轻量级操作系统。嵌入式处理器根据应用领域所承担的功能侧重不同还可以进一步细分,如可分为嵌入式微处理器、嵌入式微控制器、嵌入式 DSP 处理器和嵌入式片上系统,等等。由于嵌入式处理器在工业制造、过程控制、通信、仪器、仪表、汽车、船舶、航空、航天、军事装备、消费类产品等方面应用非常广泛,可以说,嵌入式系统和嵌入式技术无处不在,所以,在后面的章节中将介绍一些主要的嵌入式处理器的相关知识。

表 2 - 12　微处理器的分类及其应用领域

	分　类	代表系列	应用领域
微处理器	通用高性能微处理器	INTEL 系列	大中型高性能计算机、服务器、台式机、笔记本电脑等
		AMD 系列	
	嵌入式处理器	嵌入式微处理器	工业控制、手机、家电、平板电脑、数码产品等
		嵌入式微控制器	
		嵌入式 DSP 处理器	
		嵌入式片上系统	

2.2.4　通用高性能微处理器

通用高性能微处理器一般是指工作站、桌面机、服务器以及大规模并行系统等所采用的 CPU 芯片,它们支持复杂的重量级操作系统和各类通用软件。当前,微处理器正从 32 位向 64 位过渡,各大厂商面向不同的应用都在开发 32 位和 64 位的微处理器产品。INTEL 和 HP 公司早在 1994 年就启动了设计和生产基于 EPIC(Explicitly Parallel Instruction Computing)显式并行体系结构的 IA-64 芯片合作项目,并陆续推出了 Itanium 和 Itanium Ⅱ 处理器。AMD 则随之推出了基于 x86-64 的 Opteron 和 Althon64 处理器。另外,IBM、HP(COMPAQ)、SGI、SUN 等一些实力雄厚的公司也都生产各具特点的服务器用通用高性能微处理器,这些微处理器都采用 RISC 指令系统,通过超标量、乱序执行、动态分支预测、推测执行等机制,提高指令级并行性,改善其性能。作为一种用于装备高端计算机系统的芯片,64 位微处理器被广泛应用于一些关键应用领域。

2.2.4.1 64 位 CPU 主流体系结构

目前通用高性能微处理器技术由 3 种主要的微处理器体系结构引领技术竞争,即 INTEL 的 IA-64、AMD 的 x86-64 以及 IBM 的 PowerPC,它们分别代表着 EPIC、超标量 CISC 以及超标量 RISC 3 种体系结构的竞争。超标量/超流水技术在设计、生产和应用等方面都已具有相当的积累,被目前主流的通用高性能微处理器所采用。但从技术上来讲,程序固有的最大指令级并行性限制以及复杂的乱序执行技术也使得 64 位超标量处理器的缺点逐渐暴露:乱序执行要求处理器具有较高的智能和复杂的逻辑,使得芯片的结构越来越复杂,妨碍了主频和性能的提高,设计难度和成本越来越大。从市场上来讲,各厂商的超标量体系结构自成一体,每个厂商都需要在芯片、操作系统上进行大量的投入。

INTEL 和 HP 联合为高端服务器和工作站市场开发出全新的、开放性的 64 位体系结构的 EPIC 是微处理器发展的一个新方向,IA－64 体系结构在吸收超标量体系结构经验教训基础上另辟蹊径,从一开始就走开放性的道路,充分利用软硬件协同能力来提高指令并行度,技术上具有强劲的竞争势头。从市场发展趋势、INTEL 的设计思想、制造工艺、开放性、批量生产能力、推广力度以及 OEM 和独立软件开发商的支持程度等方面来分析,IA－64 体系结构可能发展成为高端应用的主流平台之一。虽然最终 IA-64 没有像早期预计的那样,带来一场计算机体系结构设计革命,但因为它的积极主动和广泛的 OEM 支持,IA－64 仍然具有较强的生命力。由于 AMD 成功推出基于 x86-64 的 Opteron 和 Althon64 处理器,加之 Itanium 的市场反映并没有预期的好,INTEL 也开始在桌面应用领域推出 x86 的 64 位版本处理器。

设计和销售一代又一代向后兼容的 x86 处理器已经成为 INTEL 在半导体行业取得霸主地位获得成功的法宝,而在其废弃了一贯的政策介入了 IA64 体系结构的时候,AMD 在努力探索 x86 扩展到 64 位 x86-64 的方法,虽然 AMD 在 x86-32 系列上也面临着较为严重的困难,但他们拾起 INTEL 抛弃的东西,向 64 位计算领域迈进的步伐是坚定的,目的是全面支持工作站和服务器上的各种应用。AMD 这样做的好处是可以最充分地利用现存的所有开发工具和应用软件,而且设计和生产的成本都比较低。由于核心对 32 位和 64 位应用程序有很好支持,所以从用户的观点来看,AMD 的方案从 32 位到 64 位的移植是无缝进行的。而且在技术上,x86-64 目前的优势可能更在于它卓越的 I/O 设计。在 64 位领域,x86-64 和 IA-64 的技术竞争可以说代表着高性能微处理器发展的最主要方向之一。

微处理器领域另一个有力的竞争方是 IBM,它拥有自己的入门级产品 PowerPC 和在高度自动化的微处理器开发工艺上采用 0.13(m 工艺实现的 Power4＋,其 P 系列处理器主要在本公司的超级服务器中使用。中档服务器中则采用 IA-64。IBM 还就微处理器设计技术的发展与 AMD 合作,使其成为 x86-64 的首个主要 OEM。这些使得 IBM 公司在微处理器的竞争中处于比较有利的位置。

2.2.4.2 微处理器技术瓶颈

在过去 30 年中,应用需求和半导体工艺水平的提高一直是通用高性能微处理器发展的最主要动力。工艺尺寸的缩小使得晶体管面积减小,开关速度加快,从而减小门延时,增大集成度,推动着微处理器的发展。一直以来,提高主频和改进体系结构是提高微处理器性能的主要手段。在 20 世纪 90 年代的 10 年中,微处理器的主频由 1990 年的 33MHz 提高到 2001 年的 2GHz 以上,每年大约提高 40%。另一方面,体系结构的发展同样极大地推动了微处理器性能的提高,如深度流水、指令级并行、推测执行等技术。微处理器性能的提高不外乎通过以下几种途径:

(1) 优化指令集。

(2) 提高处理器每个工作单元的效率。

(3) 配置更多工作单元或新的方式来增加并行处理能力。

(4) 缩短运行的时钟周期以及增加字长。

虽然微处理器仍然保持着高速的发展,但是,采用传统设计思想和制造手段时发生的各种瓶颈已经逐渐显露出来。这些瓶颈主要表现为 4 个方面:

(1) 频率瓶颈:随着工艺特征尺寸的缩小,器件的延时等比例减小,但互连线的延迟却无法同步减小。工艺进入超深亚微米后,线延时超过门延时而占据主导地位,成为提高芯片频率的主要障碍。2005 年,INTEL 放弃推出 4GHz 的 P4 处理器更加说明了提高时钟频率的方法遇到了极大的困难。

(2) 功耗瓶颈:随着晶体管变小,集成晶体管数量增多,集成空间缩小,以及时钟频率加快,漏电流也会随之增大,从而使得微处理器芯片功耗迅速增加。功耗增大会导致芯片过热,器件的稳定性下降,信号噪声增大,芯片无法正常工作,严重的甚至烧毁。这对微处理器的设计者提出了极大的挑战。

(3) 存储瓶颈:当前主流的微处理器主频已达 3GHz 以上,而存储总线主频仅 400MHz,由通信带宽和延迟构成的存储瓶颈成为提高系统性能的最大障碍。为了解决这一问题,传统的方法是建立复杂的存储层次,但是这些复杂的存储层次会带来长的互连线,难以随着工艺进步而提高频率。

(4) 应用瓶颈:微处理器在应用于不同领域时出现了分化,形成了专门应用于某一领域的微处理器,包括桌面、网络、服务器、科学计算以及 DSP 等,每一种处理器在各自的领域内都有着很高的性能。但是这种高性能是非常脆弱的,如果应用条件发生变化则会导致性能明显下降,出现了通用微处理器并不通用的问题。

由此可见,由于超大规模集成电路(VLSI)制造工艺水平已接近饱和,微处理器主频的提升、功耗的降低、存储的加速以及应用领域的分化等都给通用高性能微处理器的技术发展提出了挑战,微处理器性能的进一步提升还须依赖不断的思维创新和技术突破。

2.2.4.3 CPU 体系结构改进技术

在制造工艺和主频提升空间受限的条件下,微处理器性能的进一步提升主要依赖体系结构技术的不断突破。计算机体系结构是指从程序员角度所看到的计算机系统的一些属性,是概念性的结构和功能上的表现,它不同于数据流和控制的组织,也不同于逻辑设计和物理实现。目前高性能微处理器在体系结构技术方面主要通过开发处理器中各个层次的并行性来提高性能,包括:

(1) 指令级并行性(Instruction Level Parallelism,ILP):包括通过流水线技术实现指令之间重叠,通过多发射或超长指令字技术实现空间重复,以及通过乱序执行技术充分发挥流水线的效率。

(2) 数据级并行性:主要使一条指令完成对不同数据的多个相同操作,主要包括向量处理技术以及单指令流多数据流(Single-Instruction Stream Multiple-Data Stream,SIMD)技术。

(3) 线程/进程级并行性:包括单处理器的多线程/进程技术以及多处理器的多线程/进程技术。在线程级并行方面目前比较突出的工作包括多线程/同时多线程(Simultaneous Multithreading,SMT)技术以及单芯片多处理器技术(Chip Multiprocessor,CMP)。

1) 指令级并行性(Instruction Level Parallelism)的开发

指令级并行性主要包括超标量/超流水技术以及超长指令字/显式并行技术。超标量技术全部利用微处理器硬件开发指令级并行性,自从 20 世纪 80 年代出现产品以来,技术发展已十分成熟。目前,超标量微处理器在市场上占有绝对优势。RISC 结构的超标量微处理器主要有:Alpha、MIPS、SPARC、PA-RISC,而 CISC 结构的超标量微处理器主要由 INTEL 和 AMD 公司开发,如 AMD 的 Opteron 和 INTEL 的 Pentium 系列等。研究表明可用的 ILP 在 4~10 之间,而目前通过超标量技术开发已经达到 2~4。单纯通过硬件进一步开发 ILP 已经非常困难,实现的复杂性所带来的性能下降已越来越严重,很难获得更大的性能增益。

为提高微处理器性能,超标量技术通常与超流水技术相融合,以提高芯片的频率,如 IN-TEL 的 Pentium 4 系列主频已经达到 3GHz 以上。但深度多级流水线技术也使流水线清空时的代价增大,对分支预测提出了更高的要求。进一步开发并行性的另一种方法是软、硬件协作开发,主要有超长指令字(VLIW)技术和显式并行指令计算(EPIC)技术。软硬件协同开发指令级并行性能够降低硬件复杂度,提高效率,便于低功耗、简单实现。VLIW 技术完全依赖于软件编译开发,硬件只提供大量的计算资源,并不负责开发指令级并行性。2001 年 INTEL/HP 推出了 Itanium,2002 年推出了 Itanium 2,2003 年推出了改进的 Itanium 2,实践证明,EP-IC 技术具有广阔的发展空间。

目前,正在开发的处理器采用超标量/超流水技术、前瞻推测技术、增强取指和转移预测技术、踪迹高速缓存技术等。它们的共同之处包括:增加可以同时执行的指令数,芯片内安装多级大容量缓存,显著提高内存带宽,强化转移预测功能,提高对乱序执行(Out-of-Order)的支持,增加多媒体指令和专用电路,等等。但由于超标量技术越来越向复杂化方向发展,多功能部件的控制复杂度随部件数量平方关系增长,导致资源利用率低、电路延时大,这大大限制了更高指令级并行性和资源利用率的开发,所以提高性能的潜力很快就会达到极限。

2) 数据级并行性(Data Level Parallelism)的开发

向量处理技术在高性能计算机系统领域广泛应用。Cray、NEC、HITACH、Fujitsu 等公司采用自行设计的专用向量处理高性能微处理器芯片不断推出新的超级计算机系统,在TOP500 中占有相当地位。目前,向量在面向科学计算、媒体处理等特定应用中仍有极大的开发潜力,如 T0、VIRAM 等。在高性能计算领域,向量微处理器技术有稳定的市场,值得关注。数据级并行性开发的一个重要领域是通用处理器中的媒体加速部件,如 Pentium 4 中的 SSE2媒体加速部件。

3) 线程级并行性(Thread-Level-Parallelism)的开发

加速多线程应用是通过开发线程/进程级并行性来提高性能的方法。基于芯片容量越来越大的前提,目前高性能微处理器研究的前沿逐渐从开发单线程的指令级并行性转向开发多线程/进程级并行性(TLP/PLP)。多线程/进程级技术通常与超标量等技术结合,构成可以开发不同级别并行性的高性能微处理器。线程级/进程级并行性的应用主要包括两大方向:一个是同时多线程(SMT)微处理器,一个是单芯片多处理器(CMP)。

SMT 技术的核心思想是在多发射处理器中,增加对多线程硬件自动切换的支持(如每个线程一个程序计数器等),增加发射宽度以及相应的硬件执行资源(如寄存器堆大小和端口数、高速缓存端口、功能部件的个数),并在此基础上增加功能,允许一个时钟周期发射的指令可以取自不同的线程,以提高流水线效率。

SMT 通过复制处理器上的结构状态,让同一个处理器上的多个线程同步执行并共享处理器的执行资源,可以比单线程更有效地提高应用并行性,最大限度地实现宽发射、乱序执行的超标量处理,提高处理器运算部件的利用率,缓和由于数据相关、控制相关引起的流水线堵塞,隐藏由于高速缓存失效、通信同步带来的访问内存延时。当没有多个线程可用时,SMT 处理器几乎和传统的宽发射超标量处理器一样。SMT 只需小规模改变处理器核心的设计,几乎不用增加额外的成本就可以显著地提升效能。这对于桌面低端系统来说无疑十分具有吸引力。INTEL Pentium 4 Xeon 处理器中使用了超线程(hyper threading)技术;IBM Power5 和 Power6、Sun 公司的 UltraSparc 5 等都设计成 4 路 SMT 微处理器。

CMP 技术在片内集成多个微处理器核,通过多核并行执行的方式开发多线程/进程级并行。CMP 最初是由美国斯坦福大学提出的,其思想是将传统的对称多处理器体系结构集成到同一芯片内,各个处理器并行执行不同的进程。当半导体工艺进入 0.18(m 以后,线延时已经超过了门延迟,这就要求微处理器在设计时要尽可能划分成许多规模更小、局部性更好的基本单元结构。由于 CMP 结构已经被划分成多个处理器核,每个核都比较简单,有利于优化设计,是一种可随工艺水平发展灵活伸缩的结构,因此很有发展前途。IBM 的 Power 4 和 Sun 的 MAJC5200 芯片都采用了 CMP 结构。INTEL 的 Itanium 处理器是其第一款双核处理器,而 AMD 针对服务器市场推出了 Opteron 双内核系列芯片,针对台式机推出了 Athlon 64 双内核芯片。

就像 VLIW 融合了某些超标量处理器中的机制形成 EPIC 一样,SMT 和 CMP 技术的融合已经成为微处理器研发的主要方向。在业界,INTEL 采用先突破多线程,再突破多核的技术路线,而 IBM 则采用了先突破多核,再突破多线程的技术路线,殊途同归。因此,基于 CMP 技术和 SMT 技术,在单个芯片上集成多个 SMT 处理器核以及存储、I/O、互连、高速缓存控制器,融合形成多核多线程 SoC 微处理器是未来微处理器的发展方向。多核多线程 SoC 微处理器能够充分开发不同层次的并行性,进一步提高微处理器芯片的性能,形成超级计算系统的高性能微处理器构建块。

4)其他新型结构

另外,业界和研究人员还提出了一些新的思路,如向量 IRAM 处理器和可重构处理器。向量 IRAM 处理器由加州大学伯克莱分校 David Patterson 研究小组提出。他们认为存储器将是未来主要的性能瓶颈,提出将可扩展多处理器嵌入到片内的大型存储器阵列中,即所谓 PIM(Processor In Memory)技术,这样可使访存延时减少为原来的 20% 到 10%,存储器带宽增加 50～100 倍以上。可重构处理器由麻省理工学院计算机科学实验室提出,其基本思想是在单芯片上用几百个带有某些可重构逻辑的简单处理器来实现高度并行的体系结构,此结构允许编译器为每种应用定制相应硬件。

最近几年,斯坦福大学提出的流体系结构(stream architecture)是一种新型的体系结构。所谓流(stream)就是大量连续的、不中断的数据流。流处理就是把流作为处理对象,将应用描述成以流互连的多个核。目前研制的流处理器有硬连线流处理器 cheops,可编程流处理器 I-magine、Score、Raw 等。其中,斯坦福大学的 Imagine 于 2002 年 4 月投片成功。在 Imagine 中,可编程概念得到了极大扩展。几乎所有的部件都是可编程的,包括 ALU 间的互连开关、簇间的通信网络、寄存器组织结构等。与专用 DSP 或传统的可编程 DSP 处理器相比,Imagine 流体系结构不仅提供了更灵活的可编程能力,还达到了可与专用芯片相比的卓越性能。

2.2.4.4 CPU 技术的一些基本概念

1. 冯·诺依曼结构与哈佛结构

1)冯·诺依曼(Von Neumann)结构

又称作普林斯顿体系结构(Princetion architecture)。1945 年,冯·诺依曼首先提出了"存储程序"的概念和二进制原理,后来,人们把利用这种概念和原理设计的电子计算机系统统称为"冯·诺依曼型结构"计算机。冯·诺依曼结构的处理器指令和数据存放在同一存储器中,经由同一个总线传输,数据线与指令线分时复用,取指令和取数据不能同时进行,如图 2-32

(a)所示。

冯·诺依曼的主要贡献就是提出并实现了"存储程序"的概念。由于指令和数据都是二进制码,指令和操作数的地址又密切相关,因此,当初选择这种结构是自然的。但是,这种指令和数据共享同一总线的结构,使得信息流的传输成为限制计算机性能的瓶颈,影响了数据处理速度的提高。在典型情况下,完成一条指令需要 3 个步骤,即:取指令、指令译码和执行指令。对冯·诺依曼结构处理器,由于取指令和存取数据要从同一个存储空间存取,经由同一总线传输,因而它们无法重叠执行,只有一个完成后再进行下一个。

　　2) 哈佛(Harvard)结构

是一种将程序指令存储和数据存储分开的存储器结构,如图 2-32(b)所示。中央处理器首先到程序指令存储器中读取程序指令内容,解码后得到数据地址,再到相应的数据存储器中读取数据,并进行下一步的操作(通常是执行)。由于程序指令存储和数据存储分开,指令计数器 PC 只指向指令存储器,而不指向数据存储器,指令线和数据线分开,基本上解决了取指和取数的冲突问题,一方面使取指和取数可同时进行,速度较快,另一方面使指令和数据可以有不同的数据宽度,如程序指令可以是 16 位宽度,而数据可以是 8 位宽度。

对于完成上述同样的一条指令,如果采用哈佛结构,由于取指令和存取数据分别经由不同的存储空间和不同的总线,使得各条指令可以重叠执行,这样,也就克服了数据流传输的瓶颈,提高了运算速度。

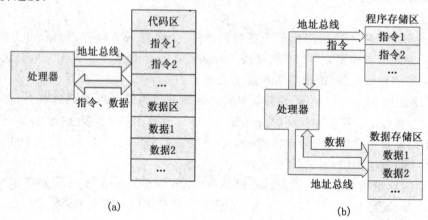

图 2-32　计算机存储器体系结构
(a) 冯·诺依曼结构；(b)哈佛结构

2. CISC 与 RISC

1) CISC (Complex Instruction Set Computer)

长期来,计算机性能的提高往往是通过增加硬件的复杂性来获得。随着集成电路技术,特别是 VLSI(超大规模集成电路)技术的迅速发展,计算机的硬件成本不断下降,与此同时,软件成本却越来越高,这使得人们开始热衷于在指令系统中增加更多的指令以及让每条指令完成更复杂的工作,来提高操作系统的效率,并尽量缩短指令系统与高级语言的语义差别,以便于高级语言的编译和降低软件成本。为了软件编程方便和提高程序的运行速度,硬件工程师采用的办法是不断增加可实现复杂功能的指令和多种灵活的编址方式,甚至某些指令可支持高级语言语句归类后的复杂操作,致使硬件越来越复杂,造价也相应提高。为实现复杂操作,微处理器除向程序员提供类似各种寄存器和机器指令功能外,还通过存于只读存贮器(ROM)中的微程序来实现其极强的功能,微处理在分析每一条指令之后执行一系列初级指令运算来完成所需的功能。另外,为了做到程序兼容,同一系列计算机的新机器和高档机的指令系统只能扩充而不能减去任意一条,也促使指令系统愈加复杂。这种型式的计算机被称为复杂指令集计算机(Complex Instruction Set Computer－CISC)。一般 CISC 计算机所含的指令数目至少300 条以上,有的甚至超过 500 条。

2) RISC (Reduced Instruction Set Computer)

采用复杂指令系统的计算机有着较强的处理高级语言的能力,这对提高计算机的性能是有益的。当计算机的设计沿着这条道路发展时,有些人开始怀疑这种传统的做法:IBM 公司于 1975 年,组织力量研究指令系统的合理性问题。因为当时他们已感到,日趋庞杂的指令系统不但不易实现,而且还可能降低系统性能。1979 年,以帕特逊教授为首的一批科学家也开始在美国加州大学伯克莱分校展开这一研究,结果表明,CISC 存在许多缺点。首先,在这种计算机中各种指令的使用率相差悬殊:一个典型程序的运算过程所使用的 80% 指令,只占一个处理器指令系统的 20%。事实上最频繁使用的指令是取、存和加等这些最简单的指令。这样一来,长期致力于复杂指令系统的设计,实际上是在设计一种难得在实践中用得上的指令系统的处理器。同时,复杂的指令系统必然带来结构的复杂性。这不但增加了设计的时间与成本还容易造成设计失误。此外,尽管 VLSI 技术现在已达到很高的水平,但也很难把 CISC 的全部硬件做在一个芯片上,这也妨碍单片计算机的发展。在 CISC 中,许多复杂指令需要极复杂的操作,这类指令多数是某种高级语言的直接翻版,因而通用性差。由于采用二级的微码执行方式,它也降低那些被频繁调用的简单指令系统的运行速度。因而,针对 CISC 的这些弊病,帕特逊等人提出了精简指令的设想,即指令系统应当只包含那些使用频率很高的少量指令,并提供一些必要的指令以支持操作系统和高级语言。按照这个原则发展而成的计算机被称为精简指令集计算机(Reduced Instruction Set Computer),简称 RISC。

3) CISC 与 RISC 的区别

RISC 和 CISC 是目前设计制造微处理器的两种典型技术,虽然它们都是试图在体系结构、操作运行、软件硬件、编译时间和运行时间等诸多因素中做出某种平衡,以求达到高效的目的,但采用的方法不同,因此在很多方面差异很大,它们主要有:

(1) 指令系统:RISC 设计者把主要精力放在那些经常使用的指令上,尽量使它们具有简单高效的特色。对不常用的功能,常通过组合指令来完成。因此,在 RISC 机器上实现特殊功能时,效率可能较低。但可以利用流水技术和超标量技术加以改进和弥补。而 CISC 计算机的指令系统比较丰富,有专用指令来完成特定的功能。因此,处理特殊任务效率较高。

(2) 存储器操作:RISC 对存储器操作有限制,使控制简单化;而 CISC 机器的存储器操作指令多,操作直接。

(3) 程序:RISC 汇编语言程序一般需要较大的内存空间,实现特殊功能时程序复杂,不易设计;而 CISC 汇编语言程序编程相对简单,科学计算及复杂操作的程序设计相对容易,效率较高。

(4) 中断:RISC 机器在一条指令执行的适当地方可以响应中断;而 CISC 机器是在一条指令执行结束后响应中断。

(5) CPU:RISC CPU 包含有较少的单元电路,因而面积小、功耗低;而 CISC CPU 包含有丰富的电路单元,因而功能强、面积大、功耗大。

(6) 设计周期:RISC 微处理器结构简单,布局紧凑,设计周期短,且易于采用最新技术;CISC 微处理器结构复杂,设计周期长。

(7) 用户使用:RISC 微处理器结构简单,指令规整,性能容易把握,易学易用;CISC 微处理器结构复杂,功能强大,实现特殊功能容易。

(8) 应用范围:由于 RISC 指令系统的确定与特定的应用领域有关,故 RISC 机器更适合于专用机;而 CISC 机器则更适合于通用机。

我们经常谈论有关"PC"与"Macintosh"的话题,但是又有多少人知道以 INTEL 公司 x86 为核心的 PC 系列正是基于 CISC 体系结构,而 Apple 公司的 Macintosh 则是基于 RISC 体系结构。

从硬件角度来看 CISC 处理的是不等长指令集,它必须对不等长指令进行分割,因此在执行单一指令的时候需要进行较多的处理工作。而 RISC 执行的是等长精简指令集,CPU 在执行指令的时候速度较快且性能稳定。因此在并行处理方面 RISC 明显优于 CISC,RISC 可同时执行多条指令,它可将一条指令分割成若干个进程或线程,交由多个处理器同时执行。由于 RISC 执行的是精简指令集,所以它的制造工艺简单且成本低廉。

从软件角度来看,CISC 运行的则是我们所熟识的 DOS、Windows 操作系统。而且它拥有大量的应用程序。因为全世界有 65% 以上的软件厂商都为基于 CISC 体系结构的 PC 及其兼容机服务的,像赫赫有名的 Microsoft 就是其中的一家。而 RISC 在此方面却显得有些势单力薄。虽然在 RISC 上也可运行 DOS、Windows,但是需要一个翻译过程,所以运行速度要慢许多。

目前,CISC 与 RISC 正在逐步走向融合,它们之间的界限已经不再那么泾渭分明,RISC 自身的设计正在变得越来越复杂,因为所有实际使用的 CPU 都需要不断提高性能,所以在体系结构中需要不断加入新的特点;另一方面,原来被认为是 CISC 体系结构的处理器也吸收了许多 RISC 的优点,如 Pentium 处理器在内部的实现中也采用了 RISC 架构,复杂的指令在内部由微码分解为多条精简指令来运行,但对于处理器外部来说,为了保持兼容性还是以 CISC 风格的指令集展示出来。Pentium Pro、Nx586、K5 的内核也都是基于 RISC 体系结构的,他们接受 CISC 指令后将其分解分类成 RISC 指令以便在这一时间内能够执行多条指令。由此可见,下一代的 CPU 将融合 CISC 与 RISC 两种技术,从软件与硬件方面看两者会取长补短。

3. 流水线(pipeline)技术

是将一条指令分成若干个周期处理以达到多条指令重叠处理,从而提高 CPU 部件利用率的技术。打个比方最容易理解流水线技术:请大家设想一下工厂里产品装配线的情况,在我们想要提高它的运行速度的时候,把复杂的装配过程分解成一个一个简单的工序,让每个装配工人只专门从事其中的一个细节,这样每个人的办事效率都会得到很大的提高,从而使整个产品装配的速度加快!这就是流水线的核心思想。

4. 超标量(superscalar)技术

是通过内置多条流水线来同时执行多个处理,其实质是以空间换取时间。如果说,流水线是依靠提高每个"操作工人"的效率来达到促进整体的结果的话,那超标量就纯粹是增加"工人"的数量了。它通过重复设置大量的处理单元,并按一定方式连接起来,在统一的控制部件控制下,对各自分配的不同任务进行并行处理来完成不同操作。

5. 单线程与超线程技术

在 PC 早期,多数程序仅含有单个线程,操作系统在某一时间仅能运行一个此类程序。后来引入了多任务处理,通过迅速切换,使系统能够"看上去"同时运行多个程序,而事实上处理器一直运行的仅仅是单个线程,如图 2-33(a)所示。

超线程技术就是利用特殊的硬件指令,把两个逻辑内核模拟成两个物理芯片,让单个处理器使用线程级并行计算,使两个程序能够同时在一枚处理器上运行,而无需来回切换,从而减少 CPU 闲置时间,提高运行效率,进而兼容多线程操作系统和软件。芯片针对操作系统将显示为两枚逻辑处理器,如图 2-33(b)所示。

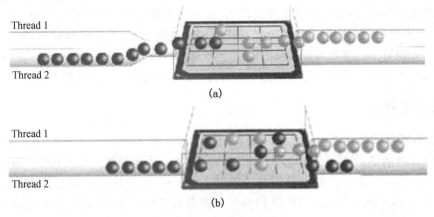

图 2-33　单线程与超线程处理器工作

(a) 单线程处理器;(b) 超线程处理器

6. 多内核技术

多内核处理器,就是在同一个物理封装中包含两个或多个独立的内核。每个内核均有其专属的执行流水线,均有其所需的运行资源,而不会对其他软件线程所需的资源造成阻塞。

超线程技术受两个执行线程共享资源可用性的限制,因而不能实现两枚独立处理器的处理吞吐率。多内核设计支持两个或多个内核以稍慢的速度同时运行,温度却要低许多。这些内核的吞吐率结合起来超过了现今单内核处理器的最高水平,功耗也得以大幅降低。

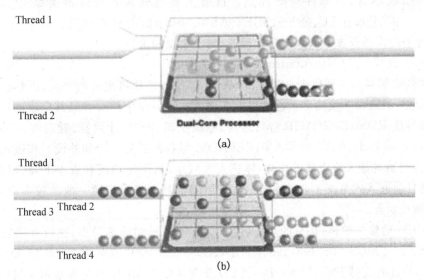

图 2-34　多内核处理器工作示意图

(a) 单个芯片上拥有多个执行内核;(b) 具有超线程技术的双核 CPU 线程执行过程

当处理器的频率达到某种程度后,功耗和散热问题日益突出,单内核处理器技术的发展遇到了瓶颈,而多内核技术则可以提升处理器的整体性能。INTEL 逐步放弃了通过提升主频来增强处理器性能的传统方法,转而更加关注处理器的功能以及支持多核技术的软件。如果需要,INTEL 将推出十内核、百内核甚至是千内核的处理器。INTEL 表示,未来十年内将把超级计算能力推广到主流计算机平台,届时每位用户都可以享受到每秒 1 万亿次数学运算的速度。

目前面临的问题是:多数程序是单线程的,虽然多内核 CPU 可将多个应用分配到多个处理器上,但单个应用的性能仍受到单个处理器的速度的限制,因为在任何时刻,每个应用只能运行在一个处理器上。想要真正在桌面应用上普及多核技术,还要耐心等待一段时间。多核技术的应用在未来是一种不可阻挡的趋势和潮流,多核取代单核只是时间上的问题。

2.2.5 嵌入式处理器

2.2.5.1 嵌入式处理器分类

从硬件方面来讲,各式各样的嵌入式处理器是嵌入式系统硬件中的最核心的部分,而目前世界上具有嵌入式功能特点的处理器已经超过 1 000 种,流行体系结构包括 MCU,MPU 等30 多个系列。其中从单片机、DSP 到 FPGA 有着各式各样的品种,速度越来越快,性能越来越强,价格也越来越低。目前嵌入式处理器的寻址空间可以从 64kB 到 16MB,处理速度最快可以达到 2 000 MIPS,封装从 8 个引脚到 144 个引脚不等。

根据其现状,嵌入式处理器可以分成下面几类:

1) 嵌入式微处理器(Micro Processor Unit,MPU)

嵌入式微处理器是由通用计算机中的 CPU 演变而来的。它的特征是具有 32 位以上的处理器,具有较高的性能,当然其价格也相应较高。但与计算机处理器不同的是,在实际嵌入式应用中,只保留和嵌入式应用紧密相关的功能硬件,去除其他的冗余功能部分,这样就以最低的功耗和资源实现嵌入式应用的特殊要求。和工业控制计算机相比,嵌入式微处理器具有体积小、重量轻、成本低、可靠性高的优点。目前主要的嵌入式处理器类型有 Am186/88、386EX、SC— 400、Power PC、68000、MIPS、ARM/ StrongARM 系列等。其中 Arm/Strong-Arm 是专为手持设备开发的嵌入式微处理器,属于中档的价位。

2) 嵌入式微控制器(Microcontroller Unit, MCU)

嵌入式微控制器的典型代表是单片机,从 70 年代末单片机出现到今天,虽然已经经过了20 多年的历史,但这种 8 位的电子器件目前在嵌入式设备中仍然有着极其广泛的应用。单片机芯片内部集成 ROM/EPROM、RAM、总线、总线逻辑、定时/计数器、看门狗、I/O、串行口、脉宽调制输出、A/D、D/A、Flash RAM、EEPROM 等各种必要功能和外设。和嵌入式微处理器相比,微控制器的最大特点是单片化,体积大大减小,从而使功耗和成本下降、可靠性提高。微控制器是目前嵌入式系统工业的主流。微控制器的片上外设资源一般比较丰富,适合于控制,因此称微控制器。

由于 MCU 低廉的价格,优良的功能,所以拥有的品种和数量最多,比较有代表性的包括8051、MCS—251、MCS—96/196/296、P51XA、C166/167、68K 系列以及 MCU 8XC930/931、C540、C541,并且有支持 I2C、CAN—Bus、LCD 及众多专用 MCU 和兼容系列。目前 MCU 占嵌入式系统约 70%的市场份额。近来 Atmel 出产的 AVR 单片机由于其集成了 FPGA 等器件,所以具有很高的性价比,势必将推动单片机获得更高的发展。

3) 嵌入式 DSP 处理器(Digital Signal Processor,DSP)

DSP 处理器是专门用于信号处理方面的处理器,其在系统结构和指令算法方面进行了特殊设计,具有很高的编译效率和指令的执行速度。在数字滤波、FFT、谱分析等各种仪器上 DSP 获得了大规模的应用。

DSP 的理论算法在 20 世纪 70 年代就已经出现,但是由于专门的 DSP 处理器还未出现,所以这种理论算法只能通过 MPU 等由分立元件实现。MPU 较低的处理速度无法满足 DSP 的算法要求,其应用领域仅仅局限于一些尖端的高科技领域。随着大规模集成电路技术发展,1982 年世界上诞生了首枚 DSP 芯片。其运算速度比 MPU 快了几十倍,在语音合成和编码解码器中得到了广泛应用。至 80 年代中期,随着 CMOS 技术的进步与发展,第二代基于 CMOS 工艺的 DSP 芯片应运而生,其存储容量和运算速度都得到成倍提高,成为语音处理、图像硬件处理技术的基础。到 80 年代后期,DSP 的运算速度进一步提高,应用领域也从上述范围扩大到了通信和计算机方面。90 年代后,DSP 发展到了第五代产品,集成度更高,使用范围也更加广阔。

DSP 处理器比较有代表性的产品是 TI 公司的 TMS320 系列、ADI 公司的 ADSP21X7 系列和 Motorola 公司的 DSP56000 系列。TMS320 系列处理器包括用于控制的 C2000 系列移动通信的 c5000 系列以及性能更高的 C6000 和 C8000 系列。

现在,DSP 处理器已得到快速的发展与应用,特别在运算量较大的智能化系统中,例如各种带智能逻辑的消费类产品、生物信息识别终端、带加解密算法的键盘、ADSL 接入、声音压缩解压系统、虚拟现实显示等。

4) 嵌入式片上系统(System on Chip,SoC)

SoC 追求的是产品系统最大包容的集成器件,是目前嵌入式应用领域的热门话题之一。SoC 最大的特点是成功实现了软硬件无缝结合,直接在处理器片内嵌入操作系统的代码模块。而且 SoC 具有极高的综合性,在一个硅片内部运用 VHDL 等硬件描述语言,实现一个复杂的系统。用户不需要再像传统的系统设计一样,绘制庞大复杂的电路板,一点点的连接焊制,只需要使用精确的语言,综合时序设计直接在器件库中调用各种通用处理器的标准,然后通过仿真之后就可以直接交付芯片厂商进行生产。由于绝大部分系统构件都是在系统内部,整个系统就特别简洁,不仅减小了系统的体积和功耗,而且提高了系统的可靠性,提高了设计生产效率。

SoC 定义的基本内容主要表现在两方面:其一是它的构成,其二是它形成过程。系统级芯片的构成可以是系统级芯片控制逻辑模块、微处理器/微控制器 CPU 内核模块、数字信号处理器 DSP 模块、嵌入的存储器模块、与外部进行通讯的接口模块、含有 ADC/DAC 的模拟前端模块、电源提供和功耗管理模块,对于一个无线 SoC 还有射频前端模块、用户定义逻辑(它可以由 FPGA 或 ASIC 实现)以及微电子机械模块,更重要的是一个 SoC 芯片内嵌有基本软件(RDOS 或 COS 以及其他应用软件)模块或可载入的用户软件等。

由于 SoC 往往是专用的,所以大部分都不为用户所知,比较典型的 SoC 产品是 Philips 的 Smart XA。少数通用系列如 Siemens 的 TriCore,Motorola 的 M-Core,某些 ARM 系列器件,Echelon 和 Motorola 联合研制的 Neuron 芯片等。

预计不久的将来,一些大的芯片公司将通过推出成熟的、能占领多数市场的 SoC 芯片,一举击退竞争者。SoC 芯片也将在声音、图像、影视、网络及系统逻辑等应用领域中发挥重要作用。

2.2.5.2 典型的嵌入式微处理器

1. 8051 单片机

8051 单片机是经典的 8 位嵌入式微控制器,最早由 INTEL 公司推出,其后多家公司购买了 8051 的内核,使得以 8051 为内核的 MCU 系列单片机在世界上产量最大、应用也最广泛。常见型号包括:INTEL 公司的 MCS—51 系列,Atmel 公司的 89C51/52、89C1051/2051。

8051 单片机的特点是成本低、可靠性高,但功能、性能和片上资源相对于 16 位/32 位/64 位嵌入式微控制器来讲也较简单。

2. ARM (Advanced RISC Machines)

1991 年 ARM 公司成立于英国剑桥,专门从事基于 RISC 技术芯片的设计开发。作为知识产权(IP)核供应商,本身不直接从事芯片生产,ARM 将其技术授权给世界上许多著名的半导体、软件和 OEM 厂商(见图 2-35),每个厂商得到的都是一套独一无二的 ARM 相关技术及服务。利用这种合伙关系,ARM 很快成为许多全球性 RISC 标准的缔造者。目前,包括苹果、Samsung,Acorn、VLSI、Technology 等全世界几十家大的半导体公司都使用 ARM 公司的授权,因此既使得 ARM 技术获得更多的第三方工具、制

图 2-35　基于 ARM 核的手机

造、软件的支持,又使整个系统成本降低,使产品更容易进入市场被消费者所接受,更具有竞争力。

目前,采用 ARM 技术知识产权(IP)核的微处理器,即我们通常所说的 ARM 微处理器,已遍及工业控制、消费类电子产品、通信系统、网络系统、无线系统等各类产品市场,基于 ARM 技术的微处理器应用约占据了 32 位 RISC 微处理器 75% 以上的市场份额,ARM 技术正在逐步渗入到我们生活的各个方面。具体的市场份额是:90% 的手机处理器市场,30% 的上网本处理器市场以及平板电脑处理器 80% 的市场份额。

ARM(Advanced RISC Machines)处理器是 Acorn 计算机有限公司面向低预算市场设计的第一款 RISC 微处理器。更早称作 Acorn RISC Machine。ARM 处理器本身是 32 位设计,但也配备 16 位指令集。一般来讲比等价 32 位代码节省达 35%,却能保留 32 位系统的所有优势。

ARM 的 Jazelle 技术使 Java 加速得到比基于软件的 Java 虚拟机(JVM)高得多的性能,和同等的非 Java 加速核相比功耗降低 80%。CPU 功能上增加 DSP 指令集提供增强的 16 位和 32 位算术运算能力,提高了性能和灵活性。ARM 还提供两个前沿特性来辅助嵌入处理器的高集成 SoC 器件的调试,它们是嵌入式 ICE—RT 逻辑和嵌入式跟踪宏核(ETMS)系列。

1) ARM 处理器特点

采用 RISC 架构的 ARM 处理器一般具有如下特点:

(1) 体积小、低功耗、低成本、高性能。

(2) 支持 Thumb(16 位)/ARM(32 位)双指令集,能很好的兼容 8 位/16 位器件。

（3）大量使用寄存器，指令执行速度更快。

（4）大多数数据操作都在寄存器中完成。

（5）寻址方式灵活简单，执行效率高。

（6）指令长度固定。

2）ARM 处理器结构

（1）体系结构。CISC（Complex Instruction Set Computer，复杂指令集计算机）：在 CISC 指令集的各种指令中，大约有 20％的指令会被反复使用，占整个程序代码的 80％。而余下的 80％的指令却不经常使用，在程序设计中只占 20％。

RISC（Reduced Instruction Set Computer，精简指令集计算机）：RISC 结构优先选取使用频最高的简单指令，避免复杂指令；将指令长度固定，指令格式和寻地方式种类减少；以控制逻辑为主，不用或少用微码控制等

RISC 体系结构应具有如下特点：

① 采用固定长度的指令格式，指令归整、简单、基本寻址方式有 2～3 种。

② 使用单周期指令，便于流水线操作执行。

③ 大量使用寄存器，数据处理指令只对寄存器进行操作，只有加载/存储指令可以访问存储器，以提高指令的执行效率。

除此以外，ARM 体系结构还采用了一些特别的技术，在保证高性能的前提下尽量缩小芯片的面积，并降低功耗：

① 所有的指令都可根据前面的执行结果决定是否被执行，从而提高指令的执行效率。

② 可用加载/存储指令批量传输数据，以提高数据的传输效率。

③ 可在一条数据处理指令中同时完成逻辑处理和移位处理。

④ 在循环处理中使用地址的自动增减来提高运行效率。

（2）寄存器结构。ARM 处理器共有 37 个寄存器，被分为若干个组（BANK），这些寄存器包括：

① 31 个通用寄存器，包括程序计数器（PC 指针），均为 32 位的寄存器。

② 6 个状态寄存器，用以标识 CPU 的工作状态及程序的运行状态，均为 32 位，目前只使用了其中的一部分。

（3）指令结构。ARM 微处理器的在较新的体系结构中支持两种指令集：ARM 指令集和 Thumb 指令集。其中，ARM 指令为 32 位的长度，Thumb 指令为 16 位长度。Thumb 指令集为 ARM 指令集的功能子集，但与等价的 ARM 代码相比较，可节省 30％～40％以上的存储空间，同时具备 32 位代码的所有优点。

3. DSP 数字信号处理器

DSP 芯片，也称数字信号处理器，是一种具有特殊结构的微处理器。DSP 芯片的内部采用程序和数据分开的哈佛结构，具有专门的硬件乘法器，广泛采用流水线操作，提供特殊的 DSP 指令，可以用来快速地实现各种数字信号处理算法。它的强大数据处理能力和高运行速度，是最值得称道的两大特色。

世界上第一个 DSP 数字信号处理器来自美国的半导体企业 Texs Instruments 德州仪器公司生产的 TMS320。TMS320 系列处理器包括用于控制的 C2000 系列、移动通信的 C5000 系列，以及性能更高的 C6000 和 C8000 系列。除了德州仪器外，AD 公司、Motorola 等在 DSP

生产方面也具有相当的实力。

1) DSP 芯片主要特点

根据数字信号处理的要求,DSP 芯片一般具有如下的一些主要特点:

(1) 在一个指令周期内可完成一次乘法和一次加法。

(2) 程序和数据空间分开,可以同时访问指令和数据。

(3) 片内具有快速 RAM,通常可通过独立的数据总线在两块中同时访问。

(4) 具有低开销或无开销循环及跳转的硬件支持。

(5) 快速的中断处理和硬件 I/O 支持。

(6) 具有在单周期内操作的多个硬件地址产生器。

(7) 可以并行执行多个操作。

(8) 支持流水线操作,使取指、译码和执行等操作可以重叠执行。

当然,与通用微处理器相比,DSP 微处理器(芯片)的其他通用功能相对较弱些。

2) DSP 芯片的应用

DSP 广泛应用于语音、图像,军事,仪器仪表,以及消费电子等方面:

(1) 语音处理:语音编码、语音合成、语音识别、语音增强、语音邮件、语音储存等。

(2) 图像/图形:二维和三维图形处理、图像压缩与传输、图像识别、动画、机器人视觉、多媒体、电子地图、图像增强等。

(3) 军事:保密通信、雷达处理、声呐处理、导航、全球定位、搜索和反搜索等。

(4) 仪器仪表:频谱分析、函数发生、数据采集、地震处理等。

(5) 自动控制:控制、深空作业、自动驾驶、机器人控制、磁盘控制等。

(6) 医疗:助听、超声设备、诊断工具、病人监护、心电图等。

(7) 家用电器:数字音响、数字电视、可视电话、音乐合成、音调控制、玩具与游戏等。

3) DSP 处理器的发展趋势

(1) DSP 内核结构进一步改善。数字信号处理器的内核结构进一步改善,多通道结构和单指令多重数据(SIMD)、特大指令字组(VLIM)将在新的高性能处理器中将占主导地位,如 Analog Devices 的 ADSP-2116x。

(2) DSP 和微处理器的融合。微处理器是低成本的,主要执行智能定向控制任务的通用处理器能很好地执行智能控制任务,但是数字信号处理功能很差。而 DSP 的功能正好与之相反。在许多应用中均需要同时具有智能控制和数字信号处理两种功能,如数字蜂窝电话就需要监测和声音处理功能。因此,把 DSP 和微处理器结合起来,用单一芯片的处理器实现这两种功能,将加速个人通信机、智能电话、无线网络产品的开发,同时简化设计,减小 PCB 体积,降低功耗和整个系统的成本。例如,有多个处理器的 Motorola 公司的 DSP5665x,有协处理器功能的 Massan 公司 FILU－200,把 MCU 功能扩展成 DSP 和 MCU 功能的 TI 公司的 TMS320C27xx 以及 Hitachi 公司的 SH-DSP,都是 DSP 和 MCU 融合在一起的产品。互联网和多媒体的应用需要将进一步加速这一融合过程。

(3) DSP 和高档 CPU 的融合。大多数高档 GPP 如 Pentium 和 PowerPC 都是 SIMD 指令组的超标量结构,速度很快。LSI Logic 公司的 LSI401Z 采用高档 CPU 的分支预示和动态缓冲技术,结构规范,利于编程,不用担心指令排队,使得性能大幅度提高。INTEL 公司涉足数字信号 处理器领域将会加速这种融合。

（4）DSP 和 SoC 的融合。SoC（System-On-Chip）是指把一个系统集成在一块芯片上（见图 2-36）。这个系统包括 DSP 和系统接口软件等。比如 Virata 公司购买了 LSI Logic 公司的 ZSP400 处理器内核使用许可证，将其与系统软件如 USB、10BASET、以太网、UART、GPIO、HDLC 等一起集成在芯片上，应用在 xDSL 上，得到了很好的经济效益。因此，SoC 芯片近几年销售很好，由 1998 年的 1.6 亿片猛增至 1999 年的 3.45 亿片。1999 年，约 39％的 SoC 产品应用于通讯系统。今后几年，SoC 将以每年 31％的平均速度增长，到 2004 年将达到 13 亿片。毋庸置疑，SoC 将成为市场中越来越耀眼的明星。

图 2-36　SoC 集成芯片

（5）DSP 和 FPGA 的融合。FPGA 是现场编程门阵列器件。它和 DSP 集成在一块芯片上，可实现宽带信号处理，大大提高信号处理速度。据报道，Xilinx 公司的 Virtex-Ⅱ FPGA 对快速傅立叶变换（FFT）的处理可提高 30 倍以上。它的芯片中有自由的 FPGA 可供编程。Xilinx 公司开发出一种称作 Turbo 卷积编译码器的高性能内核。设计者可以在 FPGA 中集成一个或多个 Turbo 内核，它支持多路大数据流，以满足第三代（3G）WCDMA 无线基站和手机的需要（见图 2-37），同时大大节省开发时间，使功能的增加或性能的改善非常容易。因此在无线通信、多媒体等领域将有广泛应用。

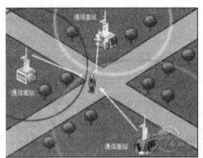

图 2-37　WCDMA 无线基站

4）DSP 芯片厂商及其产品

（1）德州仪器公司。美国德州仪器（Texas Instruments，TI）是世界上最知名的 DSP 芯片生产厂商，在 1982 年成功推出了其第一代 DSP 芯片 TMS32010，成为 DSP 应用历史上的一个里程碑，从此，DSP 芯片开始得到真正的广泛应用。由于 TMS320 系列 DSP 芯片具有价格低廉、简单易用、功能强大等特点，逐渐成为最有影响的 DSP 系列处理器。目前主要有三大系列产品：①面向数字控制、运动控制的 TMS320C2000 系列，主要包括 TMS320C24x/F24x、TMS320LC240x/LF240x、TMS320C24xA/LF240xA、TMS320C28xx 等；②面向低功耗、手持设备、无线终端应用的 TMS320C5000 系列，主要包括 TMS320C54x、TMS320C54xx、TMS320C55x 等。③面向高性能、多功能、复杂应用领域的 TMS320C6000 系列，主要包括 TMS320C62xx、TMS320C64xx、TMS320C67xx 等。

（2）美国模拟器件公司。ADI 公司在 DSP 芯片市场上也占有一定的份额，相继推出了一系列具有自己特点的 DSP 芯片，其定点 DSP 芯片有 ADSP2101/2103/2105、ADSP2111/2115、ADSP2126/2162/2164、ADSP2127/2181、ADSP-BF532 以及 Blackfin 系列，浮点 DSP 芯片有 ADSP21000/21020、ADSP21060/21062，以及虎鲨 TS101，TS201S。

（3）Motorola 公司。Motorola 公司推出的 DSP 芯片比较晚。1986 年该公司推出了定点 DSP 处理器 MC56001；1990 年又推出了与 IEEE 浮点格式兼容的的浮点 DSP 芯片 MC96002。还有 DSP53611、16 位 DSP56800、24 位的 DSP563XX 和 MSC8101 等产品。

（4）杰尔公司。杰尔公司的 SC1000 和 SC2000 两大系列的嵌入式 DSP 内核,主要面向电信基础设施、移动通信、多媒体服务器及其它新兴应用。

5）DSP 芯片的选型参数

根据应用场合和设计目标的不同,选择 DSP 芯片的侧重点也各不相同,其主要参数包括以下几个方面:

（1）运算速度。DSP 芯片运算速度的衡量标准主要有:

① MIPS（Millions of Instructions Per Second）:百万条指令/秒,一般 DSP 为 20～100MIPS,使用超长指令字的 TMS320B2XX 为 2400MIPS。应注意的是,厂家提供的该指标一般是指峰值指标,系统设计时应留有一定的裕量。

② 指令周期:即执行一条指令所需的时间,通常以 ns(纳秒)为单位,如 TMS320LC549－80 在主频为 80MHz 是的指令周期为 12.5ns。

③ MAC 时间:执行一次乘法和加法运算所花费的时间,大多数 DSP 芯片可以在一个指令周期内完成一次 MAC 运算。

④ FFT/FIR 执行时间:运行一个 N 点 FFT 或 N 点 FIR 程序的运算时间。由于 FFT 运算/FIR 运算是数字信号处理的一个典型算法,该指标可作为衡量芯片性能的综合指标。

（2）运算精度。一般情况下,浮点 DSP 芯片的运算精度要高于定点 DSP 芯片的运算精度,但是功耗和价格也随之上升。定点 DSP 的特点是主频高、速度快、成本低、功耗小,主要用于计算复杂度不高的控制、通信、语音/图像、消费电子产品等领域。通常可用定点器件解决的问题,尽量用定点器件。浮点 DSP 的速度一般比定点 DSP 处理速度低,其成本和功耗都比较高,但是由于其采用了浮点数据格式,因而处理精度、动态范围都远高于定点 DSP,适合于运算复杂度高,精度要求高的应用场合。

（3）字长的选择。一般浮点 DSP 芯片都用 32 位的数据字,大多数定点 DSP 芯片是 16 位数据字。而 Motorola 公司定点芯片用 24 位数据字,以便在定点和浮点精度之间取得折中。字长大小是影响成本的重要因素,它影响芯片的大小、引脚数以及存储器的大小,设计时在满足性能指标的条件下,尽可能选用最小的数据字。

（4）片内硬件资源。包括存储器的大小,片内存储器的数量,总线寻址空间等。片内存储器的大小决定了芯片运行速度和成本,如 TI 同一系列的 DSP 芯片,不同种类芯片存储器的配置等硬件资源各不相同。通过对算法程序和应用目标的仔细分析可以大体判定对 DSP 芯片片内资源的要求。几个重要的考虑因素是片内 RAM 和 ROM 的数量、可否外扩存储器、总线接口/中断/串行口等是否够用、是否具有 A/D 转换等。

（5）开发调试工具。完善、方便的开发工具和相关支持软件是开发大型、复杂 DSP 系统的必备条件,对缩短产品的开发周期有很重要的作用。开发工具包括软件和硬件两部分。软件开发工具主要包括:C 编译器、汇编器、链接器、程序库、软件仿真器等,在确定 DSP 算法后,编写的程序代码通过软件仿真器进行仿真运行,来确定必要的性能指标。硬件开发工具包括在线硬件仿真器和系统开发板。在线硬件仿真器通常是 JTAG 周边扫描接口板,可以对设计的硬件进行在线调试;在硬件系统完成之前,不同功能的开发板上实时运行设计的 DSP 软件,可以提高开发效率。甚至在有的数量小的产品中,直接将开发板当作最终产品。

（6）功耗与电源管理。一般来说,个人数字产品、便携设备和户外设备等对功耗有特殊要求,因此这也是一个该考虑的问题。它通常包括供电电压的选择和电源的管理功能。供电电压一般取得比较低,实施芯片的低电压供电,通常有 3.3V、2.5V,1.8V,0.9V 等,在同样的时钟频率下,它们的功耗将远远低于 5V 供电电压的芯片。加强了对电源的管理后,通常用休眠、等待模式等方式节省功率消耗。例如,TI 公司提供了详细的、功能随指令类型和处理器配置而改变的应用说明。

(7) 价格及售后服务。价格包括 DSP 芯片的价格和开发工具的价格。如果采用昂贵的 DSP 芯片,即使性能再高,其应用范围也肯定受到一定的限制。但低价位的芯片必然是功能较少、片内存储器少、性能上差一些的,这就带给编程一定的困难。因此,要根据实际系统的应用情况,确定一个价格适中的 DSP 芯片。还要充分考虑厂家提供的售后服务等因素,良好的售后技术支持也是开发过程中重要资源。

(8) 其他因素。包括 DSP 芯片的封装形式、环境要求、供货周期、生命周期等。

4. CPLD/FPGA 大规模可编程逻辑器件

1) PLD 简介

PLD(可编程逻辑器件)是电子设计领域中最具活力和发展前途的一项技术,它的影响丝毫不亚于 70 年代单片机的发明和使用。它是 20 世纪 70 年代后发展起来的一种器件,经历了从可编程逻辑阵列(Programmable Logic Array, PLA)、通用阵列逻辑(Generic Array Logic, GAL)等简单形式到现场可编程门阵列(Field Programrnable Gate Array, FPGA)和复杂可编程逻辑器件(Complex Programmable Logic Device, CPLD)等高级形式的发展过程,它的广泛使用不仅简化了电路设计,降低了研制成本,提高了系统可靠性,而且给数字系统的整个设计和实现过程带来了革命性的变化。

PLD 能做什么呢? 可以毫不夸张的讲,PLD 能完成任何数字器件的功能,上至高性能 CPU,下至简单的 74 电路,都可以用 PLD 来实现。PLD 如同一张白纸或是一堆积木,工程师可通过传统的原理图输入法,或硬件描述语言自由地设计一个数字系统。通过软件仿真,可以事先验证设计的正确性。在 PCB 完成以后,还可以利用 PLD 的在线修改能力,随时修改设计而不必改动硬件电路。使用 PLD 来开发数字电路,可以大大缩短设计时间,减少 PCB 面积,提高系统的可靠性。PLD 的这些优点使得 PLD 技术在 90 年代以后得到飞速的发展,同时也大大推动了 EDA 软件和硬件描述语言(HDL)的进步。

2) PLD 的优点

PLD 总体上可分为 CPLD(复杂可编程逻辑器件)和 FPGA(现场可编程门阵列)两大类,它们都是可编程逻辑器件,是在 PLA、GAL 基础之上发展起来的。同以往的 PAL、GAL 等相比较,CPLD/FPGA 的规模比较大,可替代几十甚至几千块通用 IC 芯片。这样的 CPLD/FP-GA 实际上就是一个子系统部件。这种芯片受到世界范围内电子工程设计人员的广泛关注和普遍欢迎。采用 PLD 进行数字系统设计,可以:

(1) 大幅度缩短设计周期,使产品迅速投入市场。

(2) 可在产品开发的任何阶段进行设计修改(即使在最终阶段也能够进行修改)。

(3) 拥有高性价比的集成度,以低成本实现各种功能。

(4) 可反复编程的逻辑器件。

(5) 用户可自行设计与实现。

(6) 可即时进行设计与产品规格上的变更。

(7) 可以标准零件的形式购买。

3) CPLD/FPGA 在数字系统中的主要作用

CPLD/FPGA 在数字系统中的主要应用体现在以下 3 个方面：

（1）控制逻辑：连接逻辑、控制逻辑是 FPGA 早期发挥作用比较大的领域，也是 FPGA 应用的基石。

（2）产品设计：FPGA 因为具备接口、控制、功能 IP、内嵌 CPU 等特点，有条件实现一个构造简单，固化程度高，功能全面的系统产品设计将是 FPGA 技术应用最广大的市场，具有极大的爆发性的需求空间，比如具有通信、视频、信息处理等某些特点的领域。

（3）系统级应用：系统级的应用是 FPGA 与传统的计算机技术结合，实现一种 FPGA 版的计算机系统，如用 Xilinx，V－4，V－5 系列的 FPGA，实现内嵌 POWER PC CPU，然后再配合各种外围功能，实现一个基本环境，在这个平台上，LINUX 等系统就能支持各种标准外设和功能接口（如图像接口），这对于快速构成 FPGA 大型系统来讲是很有帮助的。

CPLD 和 FPGA 的集成度越来越高，速度也越来越快，设计者可以在其上通过编程完成自己的设计。今天，已不仅能用它们实现一般的逻辑功能，还可以把微处理器、DSP、存储器和标准接口等功能部件全部集成在其中，真正实现 System on a Chip。

4) 应用领域

CPLD 数字逻辑的规模较小，对于胶合逻辑以及任何控制功能，非常适合接口桥接、电平转换、I/O 扩展和模拟 I/O 管理应用等，其应用涉及到各种市场领域，如消费、医疗、测试测量、汽车和无线/有线通信等。这些市场的最终应用包括蜂窝手机、智能电话、PDA、移动导航设备、数字媒体广播设备、教育玩具、便携式媒体播放器、条形码扫描器、工业 PDA、手持式超声波设备、手持式测试仪以及 PCMCIA 卡等等。

而 FPGA 数字逻辑的规模更大，可以用于更为复杂的领域，比如 FPGA 被广泛地使用在通信基站，大型路由器等高端网络设备，以及显示器（电视），投影仪等日常家用电器上。FP-GA 已经从最早的只应用于辅助功能以及胶合逻辑（连接各种块以及集成电路的逻辑电路）的简单器件上，发展到现今应用于众多产品中的核心器件上。

图 2－38 是 CPLD/FPGA 的一些常见的应用领域，从左到右，系统复杂度逐渐增加，从下到上，价格逐渐上升。

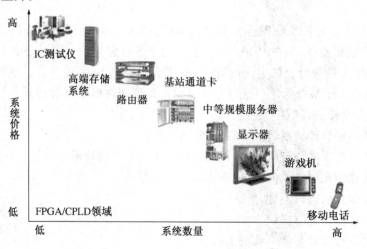

图 2－38　CPLD/FPGA 的一些应用领域

5）PLD 主要厂家

经过了十几年的发展,许多公司都开发出了多种可编程逻辑器件。比较典型的是 Xilinx 公司的 FPGA 器件系列和 Altera 公司的 CPLD 器件系列,它们开发较早,占据了较大的 PLD 市场。目前在欧洲用 Xilinx 的较多,在日本和亚太地区用 ALTERA 的较多,在美国则是平分秋色。全球 PLD/FPGA 产品 60％以上是由 Xilinx 和 Altera 提供的。可以讲,它们共同决定了 PLD 技术的发展方向。当然还有许多其他类型器件,如:Lattice、Vantis、Actel、Quicklogic、Lucent 等。

2.2.5.3　嵌入式系统组成

1）嵌入式系统组成

如图 2 - 39 所示,整个嵌入式系统由硬件和软件两部分组成。其中,硬件部分包括嵌入式处理器、存储器和各类输入输出模块;软件部分包括板级支持包(Board Support Package,BSP)、嵌入式操作系统和应用程序,对于简单的嵌入式应用而言,嵌入式操作系统为可选项。

2）硬件层

硬件层中包含嵌入式微处理器、存储器(SDRAM、ROM、Flash 等)、通用设备接口和 I/O 接口(A/D、D/A、I/O 等)。在一片嵌入式处理器基础上添加电源电路、时钟电路和存储器电路,就构成一个嵌入式核心控制模块。其中操作系统和应用程序都可固化在 ROM 中。

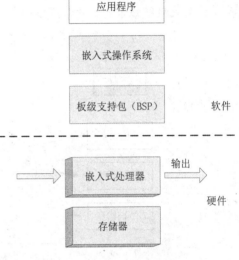

图 2 - 39　嵌入式系统组成

3）中间层

硬件层与软件层之间为中间层,也称为硬件抽象层(Hardware Abstract Layer,HAL)或板级支持包(Board Support Package,BSP),它将系统上层软件与底层硬件分离开来,使系统的底层驱动程序与硬件无关,上层软件开发人员无需关心底层硬件的具体情况,根据 BSP 层提供的接口即可进行开发。该层一般包含相关底层硬件的初始化、数据的输入/输出操作和硬件设备的配置功能。BSP 具有以下两个特点。

硬件相关性:因为嵌入式实时系统的硬件环境具有应用相关性,而作为上层软件与硬件平台之间的接口,BSP 需要为操作系统提供操作和控制具体硬件的方法。

操作系统相关性:不同的操作系统具有各自的软件层次结构,因此,不同的操作系统具有特定的硬件接口形式。

实际上,BSP 是一个介于操作系统和底层硬件之间的软件层次,包括了系统中大部分与硬件联系紧密的软件模块。设计一个完整的 BSP 需要完成两部分工作:嵌入式系统的硬件初始化以及 BSP 功能,设计硬件相关的设备驱动。

4）系统软件层

系统软件层由实时多任务操作系统(Real-Time Operation System,RTOS)、文件系统、图形用户接口(Graphic User Interface,GUI)、网络系统及通用组件模块组成。RTOS 是嵌入式应用软件的基础和开发平台。

嵌入式操作系统(Embedded Operation System,EOS)是一种用途广泛的系统软件,过去它主要应用于工业控制和国防系统领域。EOS负责嵌入系统的全部软、硬件资源的分配、任务调度、控制、协调并发动。它必须体现其所在系统的特征,能够通过装卸某些模块来达到系统所要求的功能。目前,已推出一些应用比较成功的EOS产品系列。随着Internet技术的发展、信息家电的普及应用及EOS的微型化和专业化,EOS开始从单一的弱功能向高专业化的强功能方向发展。嵌入式操作系统在系统实时高效性、硬件的相关依赖性、软件固化以及应用的专用性等方面具有较为突出的特点。EOS是相对于一般操作系统而言的,它除具有了一般操作系统最基本的功能,如任务调度、同步机制、中断处理、文件处理等外,还有以下嵌入式系统的应用领域。

2.2.5.4 嵌入式系统应用领域

嵌入式系统技术具有非常广阔的应用前景,其应用领域(见图2-40)可以包括:

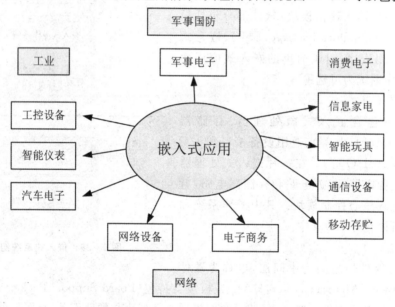

图 2-40　嵌入式系统应用领域

1) 工业控制

在工业控制器和设备控制器方面,是各种嵌入式处理器的天下。这些控制器往往采用16位以上的处理器,各种MCU、Arm、Mips、68K系列的处理器在控制器中占据核心地位。这些处理器上提供了丰富的接口总线资源,可以通过它们实现数据采集,数据处理,通信以及显示(显示一般是连接LED或者LCD)。最近飞利浦和ARM共同推出32位RISC嵌入式控制器,适用于工业控制,采用最先进的$0.18\mu mCMOS$嵌入式闪存处理技术,操作电压可以低至1.2V,它还能降低$25\%\sim30\%$的制造成本,在工业领域中对最终用户而言是一套极具成本效益的解决方案。

基于嵌入式芯片的工业自动化设备将获得长足的发展,目前已经有大量的8、16、32位嵌入式微控制器在应用中,网络化是提高生产效率和产品质量、减少人力资源主要途径,如工业过程控制、数字机床、电力系统、电网安全、电网设备监测、石油化工系统。就传统的工业控制产品而言,低端型采用的往往是8位单片机。但是随着技术的发展,32位、64位的处理器逐渐成为工业控制设备的核心,在未来几年内必将获得长足的发展。

　　嵌入式芯片的发展将使机器人在微型化,高智能方面优势更加明显,同时会大幅度降低机器人的价格,使其在工业领域和服务领域获得更广泛的应用。由于嵌入式处理器的高度发展,机器人从硬件到软件也呈现了新的发展趋势。近来,32 位处理器,Windows CE 等 32 位嵌入式操作系统的盛行,使得操控一个机器人只需要在手持 PDA 上获取远程机器人的信息,并且通过无线通信控制机器人的运行,与传统的采用工控机相比,要轻巧便捷的多。随着嵌入式控制器越来越微型化、功能化,微型机器人、特种机器人等也将获得更大的发展机遇。

　　2) 交通管理

　　在车辆导航、流量控制、信息监测与汽车服务方面,嵌入式系统技术已经获得了广泛的应用。内嵌 GPS 模块、GSM 模块的移动定位终端已经在各种运输行业获得了成功的使用。目前 GPS 设备已经从尖端产品进入了普通百姓的家庭,人们可以随时随地找到自己的位置。

　　3) 信息家电

　　信息家电是嵌入式系统最大的应用领域,冰箱、空调等的网络化、智能化将引领人们的生活步入一个崭新的空间。即使你不在家里,也可以通过电话线、网络进行远程控制。在这些设备中,嵌入式系统将大有用武之地。据 IDG 发布的统计数据表明,未来信息家电将会成长五至十倍。中国的传统家电厂商向信息家电过渡时,首先面临的挑战是核心操作系统软件开发工作。硬件方面,智能信息控制要求并不是很高,目前绝大多数嵌入式处理器都可满足,真正的难点是如何使软件操作系统容量小、稳定性高且易于开发。如今各大厂商仍在努力推出适用于新一代家电应用的芯片,INTEL 已专为信息家电业研发了名为 StrongARM 的 ARM CPU 系列,这一系列 CPU 本身不像 X86CPU 需要整合不同的芯片组,它在一颗芯片中就可以包括你所需要的各项功能,即硬件系统实现了 SoC 的概念。美商网虎公司已将全球最小的嵌入式操作系统——QUARK 成功移植到 StrongARM 系列芯片上,这是第一次把 Linux、图形界面和一些程序进行完整移植,它将为信息家电提供功能强大的核心操作系统。相信在不久的将来,数字智能家庭必将来到我们身边。

　　4) POS 网络及电子商务

　　公共交通无接触智能卡(Contactless Smart Card,CSC)发行系统,公共电话卡发行系统,自动售货机,各种智能 ATM 终端将全面走入人们的生活,到时手持一卡就可以行遍天下。

　　5) 环境工程与自然

　　水文资料实时监测,防洪体系及水土质量监测、堤坝安全,地震监测网,实时气象信息网,水源和空气污染监测。在很多环境恶劣、地况复杂的地区,嵌入式系统将实现无人监测。

2.2.6 微处理器的发展趋势

　　促进微处理的发展主要在于 3 个方面:一是工艺的进步;二是体系结构的发展;三是市场对微处理器的性能需求越来越高,造成微处理器市场越来越细分。未来微处理器的发展主要集中在以下几个方面:

　　1) 频率/运算速度

　　随着工艺的发展,CPU 速度每年提高 60%。工艺尺寸缩小会使得晶体管面积减小,开关速度加快,从而减小门延时,增大集成度,是推动微处理器发展最有力的武器。根据 ITRS (International Technology Roadmap for Semiconductors,国际半导体技术路线图)的统计,2010

年集成电路的时钟频率就高达 10GHz,单片集成能力将达到 10 亿个晶体管。当前集成电路工艺已进入超深亚微米,随着工艺的进一步发展,未来的微处理的频率将会进一步提高。

2) 多核处理器

随着半导体工艺水平的飞速发展,单芯片上可以集成更多的晶体管,为芯片设计提供了广阔的空间。如何有效利用这些不断增长的片上资源是摆在微处理器体系结构研究者面前的一个重大挑战。

多核心,也指单芯片多处理器(Chip Multi Processors,CMP)。CMP 是由美国斯坦福大学首先提出,其思想是将大规模并行处理器中的 SMP(对称多处理器)集成到同一芯片内,各个处理器并行执行不同的任务。采用片上多核结构,通过挖掘程序的线程级并行性(TLP)克服指令级并行性难以开发的缺陷是一种有效做法。多核结构具有良好的性能潜力和实现优势:

(1) 多核结构将芯片划分成多个处理器核来设计,每个核都比较简单,有利于优化设计。

(2) 多核结构有效地利用了芯片内的资源,能够有效开发程序的并行性,带来性能的成倍提升。

(3) 处理器核之间的互连缩短,提高了数据传输带宽,有效地共享资源,功耗也会有所降低。

3) 可重构计算

目前,用于计算的器件包括两类,即通用处理器和专用 ASIC。通用微处理器体系结构与应用算法无关,通过软件实现各种算法,其广泛的灵活性造成处理性能低下、功耗大,对于许多应用而言不能满足实时处理和低功耗的需求。而专用 ASIC 专门为特定的算法而实现内部结构与算法相匹配,因此其计算速度快且效率高。然而,ASIC 电路不可修改,如果需有新的算法就不得不重新设计和制造。

近年来,可重构器件的迅速发展极大地弥补了专用 ASIC 的不足。通过大规模的 FPGA,CPLD 即可获得接近于专用 ASIC 的计算能力,又可以在应用环境发生变化时改变配置,实现新的功能,兼顾了通用微处理器的可编程性和专用 ASIC 的高效性。可编程器件也被引入了微处理器的设计中,发展形成了可重构微处理器。

通常可重构微处理器的组织方式是在通用微处理器中加入可重构逻辑。可重构逻辑与通用微处理器的结合方式有 4 种。按结合的紧密程度依次为:a 可重构逻辑作为 CPU 的一个功能部件;b 可重构逻辑作为 CPU 的协处理器;c 可重构逻辑作为 CPU 的外部附属处理单元;d 可重构逻辑独立于 CPU,通过 I/O 接口与 CPU 协同计算。

4) 嵌入式处理器相互融合

作为嵌入式系统的主流技术,微控制器 MCU、微处理器 MPU、数字信号处理器 DSP 和 CPLD/FPGA 不仅都有 SoC 的趋势,而且彼此之间也有融合的趋势。取长补短,通过发挥各自的优点,提高系统性能。具体结合表现在以下方面:

(1) 微控制器 MCU 与 SoC 的结合。8 位嵌入式微处理器发展的一个重要特点是片上系统 SoC 化。SoC 化的技术含义就是在一个芯片上广泛使用知识产权(INTELlectual Property,IP),从而加速了嵌入式系统的研制和开发过程。从设计上来说,SoC 是一个通用设计复用达到高生产率的软、硬件协同设计;从方法学的角度来说,SoC 在开发工具和程序设计方面做了许多突出的改进,例如 IP 核可重用设计、规范化的接口及测试方法、内置嵌入式操作系统等,这些改进为 8 位嵌入式微处理器的深入应用开辟了更为广泛的前景。

SoC 嵌入式系统从真正意义上实现了所谓"片上系统",即芯片级的系统应用。一个嵌入式微处理器芯片可以包含若干个知识产权 IP 模块,用户可以根据需求选用某种型号的芯片或向制造厂商定制。长期以来,嵌入式系统的软件开发一直落后于硬件技术的发展,这是阻碍嵌入式系统快速发展的一个"瓶颈"。解决这一问题的重要途径就是使用"可重用"的 IP 模块程序(INTELlectual Property Program,IPP),它可以极大地加速软件的开发过程。这一方法有望使得嵌入系统应用程序的开发变得简单、方便和快捷。

(2)微控制器 MCU 与 DSP 的结合。控制处理器和数字信号处理器(DSP)曾在微处理器数据手册中各自单列成章,现在则正在被整合在一起,成为以最低成本完成各种消费类和工业类任务的最佳解决方案。

8 位微控制器可能适合于执行基本的开关操作、定时和控制功能的消费类产品,DSP 适合语音识别或者其他一些涉及信号处理的操作。为了尽可能地降低成本,生产厂商想法把两者结合在一起,既满足了性能要求,又降低了成本。Microchip Technology 公司的 PIC 是 8 位/16 位微控器市场上人人都熟悉的产品,目前在其 dsPIC30 系列内具有 DSP 能力。该系列内最新增加的产品是 30F5011 和 30F5013 两种器件,均具有 30 MIPS 的性能。这两种器件都是基于闪存的芯片,具有 66KB 内存,可以在工业温度范围和扩展的温度范围内工作。Microchip 公司的方法是将其 16 位改进型 Harvard RISC 内核与可提供紧耦合指令流的 DSP 指令相结合。

(3)ARM 与 DSP 的结合。通常的嵌入式系统设计中,由微处理器实现整个系统的控制,由 DSP 来执行计算密集型操作,然后通过一定的手段实现微处理器与 DSP 之间的通信和数据交换。因此,如何高效地设计微处理器 ARM 与 DSP 之间的接口以满足嵌入式系统的实时性要求,在嵌入式系统设计中显得尤为重要。

ARM 公司与 LSI Logic 公司和 ParthusCeva 公司合作,共同建立数字信号处理集成标准。该标准旨在解决在片上系统 SoC 中 ARM 或其他微处理器核与 DSP 内核集成的技术问题。目前最典型的例子就是 TI 公司出品的 OMAP 芯片组。

(4)微控制器 MCU 与 CPLD/FPGA 的结合。CPLD(复杂可编程逻辑电路)是一种具有丰富的可编程 I/O 引脚的可编程逻辑器件,具有在系统可编程、使用方便灵活的特点,不但可实现常规的逻辑器件功能,还可实现复杂的时序逻辑功能。把 CPLD 应用于嵌入式应用系统,同微控制器 MCU 结合起来,更能发展其优势。CPLD 同微控制器 MCU 接口,可以作为微控制器 MCU 的一个外设,实现系统所要求的功能。例如,实现常用的地址译码、锁存器、8255 等功能,也可实现加密、解密及扩展串行口等特殊功能。实现嵌入式应用系统的灵活性,也提高了嵌入式应用系统的性能。

思考题:

(1)将下列十进制数分别转化为二进制和十六进制数。

103.652,210.324

(2)将下列二进制数转化为十进制和十六进制数。

10110.011 ,1011101.10111

(3)简要描述逻辑与、或的逻辑关系,并说明多位逻辑数与多位算术数的差别。

（4）对下面两个数求算术加、减运算和逻辑与、或运算，并比较结果。

　　　$1011011_{(2)}$，$1010.11_{(2)}$

（5）什么是原码、反码和补码？用补码表示$(-59)_{10}$。

（6）用补码法写出下列减法的步骤：

　　　① $1111_{(2)}-1010_{(2)}=?_{(2)}$

　　　② $1100_{(2)}-0011_{(2)}=?_{(2)}$

（7）讨论以下数制：

　　　八进制、十进制、十六进制、BCD 码、格雷码

（8）解释和说明一下布尔代数中的定理：

　　　交换律、结合律、分配律、同一律、否定定律、吸收律

（9）陈述并解释摩根定律。用摩根定律证明：$\overline{(A \cdot B)}=A \oplus B$

（10）用摩根定律化简下面的表达式。$\overline{(\overline{W}+\overline{X}+\overline{Y}+\overline{Z})}+\overline{W}+\overline{X}+\overline{Y}+\overline{Z}$

（11）根据布尔代数，求下面逻辑函数的最小项表达式。$f=AB+\overline{A}BC+\overline{ABC}$

（12）解释下列门：或门，与门，与非门，或非门，异或门。

（13）用与门、或门和非门实现下面的逻辑表达式。$X+\overline{Y}X+\overline{X}Z$

（14）说明与非门等价于非或门。

（15）什么是通用门？

（16）只使用 2 输入的与非门来实现 4 输入的与非门。

（17）用一个 2 输入的与非门和一个 2 输入的或非门，如何实现 $F=A+B+\overline{C}$？

（18）讨论一下异或门，并写出它的真值表。

（19）微处理器的基本组成是什么？

（20）微型计算机包括哪些部分？

（21）微型计算机系统包括哪些部分？

（22）什么是微处理器的编程结构？8086CPU 的结构是怎样的？

（23）计算机总线有哪几类？

（24）微处理器怎么分类？主要有哪几类？

（25）冯·诺依曼结构与哈佛结构有什么区别？

（26）CISC 与 RISC 各有哪些特点？

（27）什么是流水线技术？

（28）什么是超标量技术？

（29）什么是超线程技术？

（30）什么是多内核技术？

（31）什么是嵌入式系统？嵌入式处理器的分类及特点？

（32）典型嵌入式处理器及其应用领域？

（33）微处理器的技术现状和发展趋势？

第3章　工控机控制技术

3.1 工业控制计算机概述

3.1.1 工控机的概念

工业控制计算机(IndustrialPersonalComputer,IPC)是一种加固的增强型个人计算机,是指对工业生产过程及其机电设备、工艺装备进行测量与控制的计算机。它可以作为一个工业控制器在工业环境中可靠运行。工控机通俗地说就是专门为工业现场而设计的计算机。

工业控制计算机是工业自动化设备和信息产业基础设备的核心。传统意义上,将用于工业生产过程的测量、控制和管理的计算机统称为工业控制计算机,包括计算机和过程输入、输出通道两部分。但今天工业控制计算机的内涵已经远不止这些,其应用范围也已经远远超出工业过程控制。因此,工业控制计算机是应用在国民经济发展和国防建设的各个领域,具有适应恶劣环境的能力、能长期稳定工作的加固的增强型个人计算机,简称工控机或IPC。

工控机之所以大受欢迎,其根本原因在于 PC 机的开放性。其硬件和软件资源极其丰富,并且为工程技术人员和广大用户所熟悉。基于 PC 的(包括嵌入式 PC)控制系统,正以 20% 以上的速率增长,并且已经成为 DCS、PLC 未来发展的参照物。

3.1.2 工控机的特点

早在 20 世纪 80 年代初期,美国 AD 公司就推出了类似 IPC 的 MAC150 工控机,随后IBM 公司正式推出工业个人计算机 IBM7532。由于 IPC 的性能可靠、软件丰富、价格低廉,在控制系统中异军突起,后来居上,应用日趋广泛。目前,IPC 已被广泛应用于通信、工业控制现场、路桥收费、医疗、环保及人们生活的方方面面。

工控机是根据工业生产的特点和要求而设计的电子计算机,它应用于工业生产中,实现各种控制目的、生产过程和调度管理自动化,以达到优质、实时、高效、低耗、安全、可靠,减轻劳动强度、改善工作环境的目的。它是自动化仪表的重要分支,也是电子计算机的重要分支。它主要用于工业过程测量、控制、数据采集等工作。而工业现场一般具有强烈的震动,灰尘特别多,另有很强的电磁场干扰等特点,且一般工厂均是连续作业,即一年中一般没有休息。因此,工控机与普通计算机相比具有以下特点:

(1) 可靠性高。工控机通常用于控制不间断的生产过程,在运行期间不允许停机检修,一旦发生故障将会导致质量事故,甚至生产事故。因此要求工控机具有很高的可靠性,也就是说要有许多提高安全可靠性的措施,以确保平均无故障工作时间(MTBF)达到几万小时,同时尽量缩短故障修复时间(MTTR),以达到很高的运行效率。

(2) 实时性好。工控机对生产过程进行实时控制与监测,因此要求它必须实时地响应控制对象各种参数的变化。当过程参数出现偏差或故障时,工控机能及时响应,并能实时地进行报警和处理。

(3) 环境适应性强。工业现场环境恶劣,电磁干扰严重,供电系统也常受大负荷设备启停的干扰,其接"地"系统复杂,共模及串模干扰大。因此要求工控机具有很强的环境适应能力,如对温度、湿度变化范围要求高;要有防尘、防腐蚀、防振动冲击的能力;要具有较好的电磁兼容性和高抗干扰能力以及高共模抑制的能力。

(4) 过程输入和输出配套较好。工控机要具有丰富的多种功能的过程输入和输出配套模板,如模拟量、开关量、脉冲量、频率量等输入输出模板。具有多种类型的信号调理功能,如隔离型和非隔离型信号调理;各类热电偶、热电阻信号输入调理,电压(V)和电流(mA)信号输入和输出信号的调理等。

(5) 系统扩展性好。随着工厂自动化水平的提高,控制规模也在不断扩大,因此要求工控机具有灵活的扩展性。

(6) 系统开放性。要求工控机具有开放性体系结构,也就是说在主机接口、网络通信、软件兼容及升级等方面遵守开放性原则,以便于系统扩展、异机种连接、软件的可移植和互换。

(7) 控制软件包功能强。工控软件包要具备人机交互方便、界面丰富、实时性好等性能;具有系统组态和系统生成功能;具有实时及历史的趋势记录与显示功能;具有实时报警及事故追忆等功能。此外,尚须具有丰富的控制算法,除了常规的 PID(比例、积分、微分)控制算法外,还应具有一些高级控制算法,如模糊控制、神经元网络、优化、自适应、自整定等算法,并具有在线自诊断功能。目前一个优秀的控制软件包往往能使连续控制功能与断续控制功能相结合。

(8) 系统通信功能强。具有串行通信、网络通信功能。由于实时性要求高,因此要求工控机通信网络速度高,并且符合国际标准通信协议,如 IEEE802.4、IEEE802.3 协议等。有了强有力的通信功能,工控机可构成更大的控制系统,如 DCS (Distributed Control System,集散型控制系统)、CIMS (Computer Integated Manufacturing System,计算机集成制造系统)等。

(9) 后备措施齐全。包括供电后备、存储器信息保护、手动/自动操作后备、紧急事件切换装置等。

(10) 具有冗余性。在可靠性要求更高的场合,要有双机工作及冗余系统,包括双控制站、双操作站、双网通信、双供电系统、双电源等;具有双机切换功能、双机监视软件等,以确保系统长期不间断地运行。

(11) 系统能监测和自复位。如今,看门狗电路已成为工业 PC 设计不可缺少的一部分。它能在系统出现故障时迅速报警,并在无人干预的情况下,使系统自动恢复运行。

(12) 软硬件兼容性。能同时利用 ISA 与 PCI 及 PICMG 资源,并支持各种操作系统,多种编程语言,多任务操作系统,充分利用商用 PC 所积累的软、硬件资源。

3.1.3　工控机及系统组成

1. 典型的工控机组成

IPC 是以 PC 总线(ISA、VE－SA、PCI)为基础构成的工业计算机。其总线结构便于维护、扩展和模块化。IPC 主机结构通常包括:全钢加固型机箱、无源底板、工业电源、CPU 卡、控制卡、I/O 卡和其他配件。IPC 的其他配件基本上都与 PC 机兼容,主要有 CPU、内存、显示卡、硬盘、软驱、键盘、鼠标、光驱、显示器等,如图 3-1 所示。

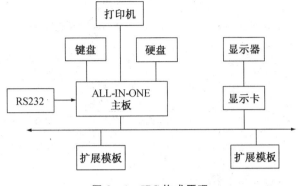

图 3-1　IPC 构成原理

(1) 加固型工业机箱。由于工控机应用于工业环境,因此机箱必须采取一系列加固措施,以达到防震、防冲击、防尘,适应宽的温度和湿度范围。机箱内应具有正的空气压力和良好的屏蔽。

(2) 工业电源。具有强的抗干扰能力,有防冲击、过压过流保护,达到电磁兼容性标准。

(3) 主板。是工控机的核心部件,其所用元器件应满足工业环境,并且是一体化(ALL-IN-ONE)主板,易于更换。采用标准总线,如 ISA 总线、PCI 总线等。

(4) I/O 卡:是工控机的核心部分,一般根据系统的要求配置各类输入和输出接口模板。

2. 基于工控机的控制系统

按系统构成本身分类,工控机控制系统可分单机型和多机型。多机型又分集中型和分散型。工控机控制系统按结构层次基本上划分为:直接数字控制(DDC)系统、监督控制(SCC)系统、集散型控制系统(DCS)、递阶控制系统(HCS)和现场总线控制系统(FCS)等几种。其中,DCS 是融 DDC 系统、SCC 系统及整个工厂的生产管理为一体的高级控制系统,该系统克服了其他控制系统中存在的“危险集中”问题,具有较高的可靠性和实用性。为了进一步适合现场的需要,DCS 也在不断更新换代。近年来,集计算机、通信、控制 3 种技术为一体的第 5 代过程控制体系结构,即现场总线控制系统,成为国内外计算机过程控制系统一个重要的发展方向。

3. 典型的工控机控制系统组成

1) 典型的工业自动化系统的三层网络结构

典型工业控制自动化主要包含 3 个层次,从下往上依次是基础自动化、过程自动化和管理自动化,其核心部分是基础自动化和过程自动化。传统的自动化系统,基础自动化部分基本被 PLC 和 DCS 所垄断,过程自动化和管理自动化部分主要是由小型机组成。

图 3-2 所示即是一个典型的工业自动化系统的三层网络结构,其低层是以现场总线将智能测试、控制设备以及工控机或者 PLC 设备的远程 I/O 点连接在一起的设备层,中间是将 PLC、工控机以及操作员界面连接在一起的控制层网络,而上层的以太网则以 PC 或工作站为主完成管理和信息服务任务。三级网络各司其职,描述了工业自动化的典型结构。

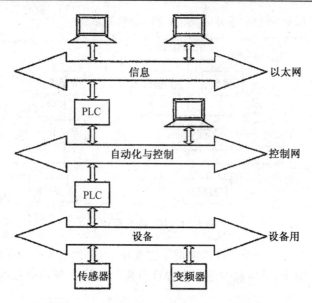

图 3 - 2　工业自动化系统的三层网络结构

在 IPC 上通过上述三级网络设备构建成连接工厂生产过程控制到企业 ERP 系统。企业管理层可以通过网络直接接受工厂端反馈的生产过程控制信息,而工厂控制端也可以直接接受来自管理层的信息指导,工业生产过程就可以变得透明,使不同职能部门可以通过网络实现有机结合。这样就使企业管控一体化,企业信息化、网络化和自动化的目标就得以实现。

2)典型的工控机控制系统由下列几部分构成

(1)工控机主机。它包括主板、显示卡、无源多槽 ISA/PCI 底板、电源、机箱等。

(2)输入接口模板。它包括模拟量输入、开关量输入、频率量输入等。

(3)输出接口模板。它包括模拟量输出、开关量输出、脉冲量输出等。

(4)通信接口模板。它包括串行通信接口模板(RS232,RS422,RS485 等)与网络通信模板(ARCNET 网板或 Ethernet 网板),还需配现场总线通信板等。

(5)信号调理单元。这是工控机很重要的一部分,信号调理单元对工业现场各类输入信号进行预处理,包括对输入信号的隔离、放大、多路转换、统一信号电平等处理,对输出信号进行隔离、驱动、电压转换等。该单元由各类信号调理模块或模板构成,安装在信号调理机箱中,该机箱具有单独的供电电源。信号调理单元的输出连接到主机相应的输入模板上,主机输出接口模板的输出连接到信号调理单元输出调理模块或模板上。一般信号调理模块本身均带有与现场连接的接线端子,现场输入输出信号可直接连接到信号调理模块的端子上。

(6)远程采集模块。近几年发展了各类数字式智能远程采集模块。该模块体积小、功能强,可直接安装在现场一次变送器处,将现场信号直接就地处理,然后通过现场总线 Fieldbus 与工控机通信连接。目前采用较好的现场总线类型有 CAN 总线、LonWorks 总线、ProfiBus、CCLink 总线以及 RS485 串行通信总线等。

(7)工控软件包。它具有支持数据采集、控制、监视、画面显示、趋势显示、报表、报警、通信等功能。工控机必须具有相应功能的控制软件才能工作。这些控制软件有的是以 MS-DOS 操作系统为平台的,有的是以 Windows 操作系统为平台的,有的是以实时多任务操作系统为平台的,选用时应根据实际控制需求而定。典型的工控机控制系统构成原理框图如图 3 - 3 所示。

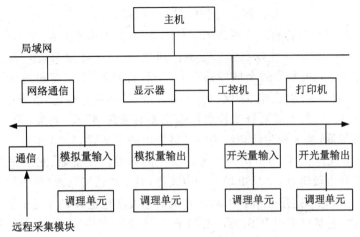

图 3 - 3 工控机控制系统构成原理框图

3.1.4 工控机主要类型

按照所采用的总线标准类型可将工控机分成下列 4 类:

(1) PC 总线工控机。它有 ISA 总线、VESA 局部总线(VL－BUS)、PCI 总线、PC104 总线等几种类型工控机,主机 CPU 的类型有 80386、80486、Pentium 等。

(2) STD 总线工控机。它采用 STD 总线,主机 CPU 的类型有 80386、80486 等,另外与 STD 总线相类似的尚有 STE 总线工控机。

(3) VME 总线工控机。采用 VME 总线,主机 CPU 以 M68000,M68020 和 M68030 为主。

(4) 多总线工控机。采用 MuitiBus 总线,主机 CPU 的类型有 80386、80486 和 Pentium 等。

目前有一定市场规模和发展前景的产品主要有:IPC、PC104 或 PC104-plus、VME/VXI、AT96、CompactPCI 以及其他专用单板计算机(包括基于 RISC、DSP 和单片机的嵌入式专用计算机)等。

PC104 凭借小尺寸优势,在小型军事和医疗设备领域还有进一步扩大市场的可能,PC/104 通过 PC/104-plus 兼容 PCI 总线,向高性能应用拓展。

VME/VXI 总线继续在军事设备和大型测试系统方面占有很大的市场份额,但已经受到 CompactPCI/PXI 产品强有力的冲击。目前还不会在大范围内被 CompactPCI/PXI 产品所取代。

标准 AT96 总线工控机在军事装备和工业现场得到进一步应用。

随着 CompactPCI 总线冗余设计技术、热插拔技术、自诊断技术的成熟,构造高可用性系统的简化,CompactPCI 总线工控机技术将得到迅速普及和广泛应用,成为国内继 STD 总线工控机、IPC 工控机之后最具普及前景的新一代高性能工控机。

3.1.5 工控机主要品牌

(1) 台湾工控机厂商：主要有研华、威达、艾讯、磐仪、大众、博文等，市场定位高低不同。主要都是通过经销代理渠道，对最终用户的关怀不够，服务上由于备品、人员等因素，不是非常理想，但也在改进中。研华是世界三大工控机厂商之一，在大陆及台湾均有较高的市场占有率，同时也是基于 PC 的控制器的全球领袖厂商，产品品种多，市场定价适合中国国情。其他台湾工控机厂商主要有威达、艾讯、磐仪、大众、博文等，产品富有特色，市场定位也较研华低。

(2) 大陆工控机厂商：大陆老牌工控机厂商主要有康拓、华控、同维、华远等，机型及性能略显落后，市场定位低，基本沦为代理经销商。最突出的是研祥，1993 年成立，发展非常迅速，2003 年在香港上市；已经达到与台湾研华分庭抗礼的局面。艾雷斯、北京华北等是主流机型的市场追随者，发展也较迅速，产品市场定位中低挡，对某些新型行业(如监控 DVR、网络防火墙等)的反应比较快，有一定用户群。大陆台式机的老大联想也开始涉足工控机。

(3) 国外品牌：主要有美国 ICS、德国西门子、日本康泰克等，产品可靠性好、市场定位高。

3.2 工控机 I/O 板卡基础

3.2.1 数据采集与控制卡的基本任务

工业控制需要处理和控制的信号主要有开关量信号(数字量信号)和模拟量信号两大类。

对开关量信号来说，主要有两个特征：信号电平幅值和开关时变化的频度。开关信号通常有 TTL 电平和继电器触点信号等，为使计算机有效识别这些信号，必须对这些信号进行调理(变换)，包括把非 TTL 电平转换为 TTL 电平和隔离等。对于输出来说，则需根据外设所需信号情况附加输出驱动电路、隔离电路以使工业 PC 对其进行有效的控制。

模拟信号通常是非电物理量通过传感器变换而成的，由于传感器特性以及工业现场各种因素的影响，有时还需对传感器所变换的模拟信号进行放大、滤波、线性化补偿、隔离、保护等，然后才能送入模数转换器(A/D)，将模拟量转换成数字量，经 IPC 接收并处理后，根据控制策略的需要对工业外设进行控制，并需要把输出结果经数模(D/A)转换器将数字量变成模拟信号(电压或电流)送到执行机构以驱动工业外部设备，如电动阀门、电机、机械手、模拟记录仪表等设备。

数据采集与控制卡可以实现以上功能，它一般由 3 个部分组成：PC 总线接口部分、模板功能实现部分和信号调理部分。对于不同的工业现场信号和工业控制要求，接口模板的特点主要体现在模板功能实现部分和信号调理部分。对于模拟信号来说，模板功能实现部分主要包括采样、隔离、放大、A/D 和 D/A 电路的设计和接口控制逻辑，对于芯片的选择则应根据工业控制的精度和可靠性来选取；对于开关量来说，模板功能实现部分主要包括数据的输入缓冲和输出锁存器以及隔离电路等。它们的 PC 总线接口部分是相同的。

总之，数据采集与控制卡的基本任务是物理信号(电压/电流)的测量或产生。但是要使计算机系统能够测量物理信号，必须使用传感器把物理信号转换成电信号(电压或者电流信号)。有时不能把被测信号直接连接到数据采集卡上，而必须使用信号调理电路，先将信号进行一定的处理。数据采集与控制系统是在硬件板卡/远程采集模块的基础上借助软件来控制整个系统的工作——包括采集原始数据、分析数据、输出结果等。

3.2.2 输入输出信号的种类与接线方式

在工业控制中,不同的工业现场信号和工业控制要求,需要处理和控制的信号也不同,所以卡的输入输出信号的种类与接线方式也不同。通常必须将电压、电流限制在一定的范围内。下面介绍这方面的知识。

1. 开关量输入信号的种类与接线方式

开关量输入主要有 TTL 输入、光耦合器输入、CMOS 标准输入、PLC 开关量输入等。

1) TTL 输入

TTL 是 Transistor Transistor Logjc 的缩写,意为晶体管—晶体管逻辑。它是一般卡最常使用的输入/输出接线方式。在微机测控系统中,习惯用 TTL 电路作为基本电路元件。其他电路输入和输出的电平如与 TTL 不兼容的,必须进行相互间的电平转换。

(1) 信号范围。其额定电位是 0～5V。高电平的范围是 2～5V 之间,而低电平则是在 0～0.7V 之间。高低电平的信号范围的规定是考虑到芯片的可接受范围,例如 0～0.7V 表示"关闭",而以 2～5V 代表"打开"。

(2) 接线方式。输入时接线如图 3-4 所示。TTL 电平的电流范围必须落在 20mA 以内,超过范围可能会对设备接点后面的 TTL 电子元器件造成影响,为了保证电流的范围,通常会在线路上加上限流电阻,以保护 IC。330Ω 和 470Ω 都是经常使用的限流电阻,如果在电路中看到这两个电阻,通常就是用做限流电阻的。

通常适配卡上会提供 5V 的电源,利用此 5V 电源就可以连接相关的电路来做实验。可以在输出接点和 GND 之间连接一个发光二极管,通过发光二极管来验证输出操作是否成功。

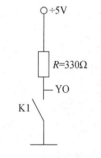

图 3-4　TTL 输入时的接线

输出时,由 TTL 数字输出的电流相当的小(最大 20mA),它不能推动其他设备,必须通过放大器去推动其他设备。

2) 光耦合器输入

光耦合的主要目的就在于隔离输入/输出之间的直接接触,以达到保护的作用,规格中的 Isolation Vokage 就说明了该零件在使用上可以达到的保护范围,通常这个数值都是 kV 级以上(通常在 3 000V 以上),一般情形下的输入信号应不易使得接收端受到损伤。

(1) 信号范围。光耦合器(Photo-Couple)通过光的传递将高低电位状态传送到另一端,即使输入端的电压过高,由于是通过光的方式作传送的,绝对不会对接点信号的一端造成损坏,因此两端被分开,仅通过光线传递,达到保护作用,这就是使用光耦合器的好处。图 3-5 是光耦合器的图标。

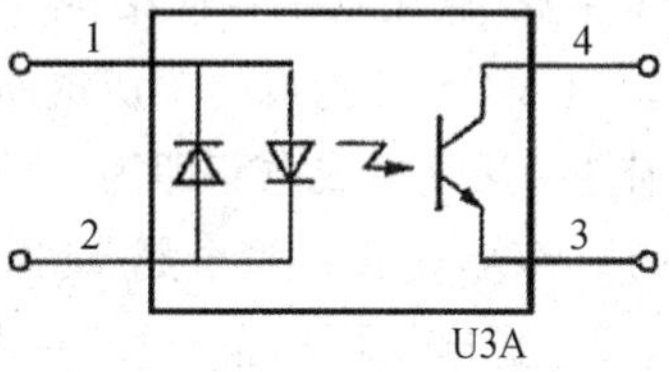

图 3-5　光耦合器图标

光耦合器可以看成是两个部分的组合,一端是发光二极管,它负责发出光线;另一端是光敏晶体管,它通过发光二极管的光对晶体管基极作一个触发的动作,只要达到晶体管的要求电位,该光敏晶体管的集电极、发射极之间就会导通。

一般光耦外界所输入的电压范围为＋5～＋30V,流过光耦合晶体管的电流约 3.2～

24mA,光耦合晶体管可在此电流范围内正常工作。

（2）接线方式。光耦合晶体管的内部包含了两个部分,一个是发光二极管;一个是光敏晶体管,两者合二为一。使用光耦合晶体管接入电路时,不能只接一个光耦合晶体管,还必须考虑到各元件的阻抗匹配再组合。

如果光耦合器用在输入信号的检测上,图 3-6 是其中的一种接法。如果用在数字信号的输出上,图 3-7 是其中的一种接法,这个部分则是将原来输入的电路反转过来,利用数字输出的电位直接驱动光耦合器的发光二极管,进而驱动光敏晶体管,使图右的电路导通而驱动。

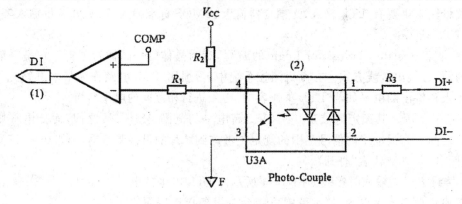

图 3-6　数字输入采用光耦合隔离

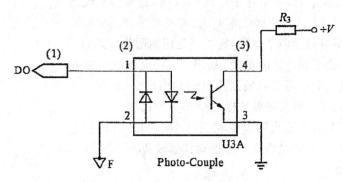

图 3-7　数字输出采用光耦合隔离

3) CMOS 标准输入

金属-氧化物半导体结构的晶体管简称 MOS 晶体管,有 P 型 MOS 管和 N 型 MOS 管之分。由 MOS 管构成的集成电路称为 MOS 集成电路,而由 PMOS 管和 NMOS 管共同构成的互补型 MOS 集成电路即为 CMOS。

CMOS 是互补型金属-氧化物半导体的简称,与 TTL 一样,它也是一种半导体的制造工艺,其电源电压可以是 +1.5～+18V 不等,对不同的电源电压其高电平和低电平的定义也有区别,高逻辑电平电压接近于电源电压,低逻辑电平接近于 0V,而且具有很宽的噪声容限。

CMOS 集成电路,单门静态功耗在毫微（nW）量级。CMOS 电路的噪声容限一般在 40% 电源电压以上。CMOS 电路的输入阻抗大于 $10^8\Omega$,一般可达 $10^{10}\Omega$。

TTL 的 $V_{oh}=2.4V$,$V_{ol}=0.4V$,而 CMOS 的 $V_{ih}=3.5V$,$V_{il}=1.5V$,在 TTL 输出低电平时匹配,输出高电平时不匹配。解决方法是在 TTL 的输出和 CMOS 输入连线处,通过上拉电

阻接到 V_{cc}。CMOS 输出低电平时,输出电流小,不能驱动 TTL,解决办法是 CMOS 门的并联(只有同一芯片的门才可以并联使用)或采用输入电流较大的 CMOS 缓冲芯片。

4) PLC 开关量输入

一般工业控制场合中,PLC 是经常使用的控制器,其所使用的工作电压几乎都是 24V,此种电压不能直接接到我们所用卡的输入接点上。为了工业应用,在此情形下通常使用光耦合器作为输入的中继器,让 24V 的电压信号通过耦合器传送至接点,就可以达到保护接点及其后适配卡的目的,也不需要为了适应卡而改变所使用的电压范围。

PLC 开关量输入信号种类:直流输入模块、交流输入模块、交直流输入模块。

直流输入模块输入信号的电源均可由用户提供,直流输入信号的 +24V 电源也可由 PLC 自身提供,一般 8 路输入共用一个公共端,现场的输入提供一对开关信号:"0"或"1"(有无触点均可);每路输入信号均经过光电隔离、滤波,然后送入输入缓冲器等待 CPU 采样。每路输入信号均有 LED 显示,以指明信号是否到达 PLC 的输入端子。

交流输入模块输入信号电压 100～240V(AC),价格较贵,应用少,可用中间继电器转换。

2. 开关量输出信号的种类与接线方式

用于控制的开关信号的电气接口形式又分为有源和无源两类。无源是指计算机测控系统只提供输出电路的通、断状态,负载电源由外电路提供。例如计算机测控系统控制继电器时,仪表控制继电器线圈的得电或失电,而继电器的触点则由用户安排,触点本身只是一个无源的开关。有源的开关量输出信号往往表示为电平的高低或电流的有无,由计算机测控系统为负载提供全部或部分电源。有源和无源各有利弊,无源的开关量输出容易实现测控系统与执行机构之间的电路隔离,两者既不共用电源也不共用接地,这有利于克服地电位差及电磁场干扰的不利影响。而对于有源的开关量输出,根据输出电压或电流的实际数值,计算机测控系统有可能判断出负载断线故障。

1) 集电极开路接线方式

OC 门是 Open Collector 的缩写,意为集电极开路式的接线方式,其利用晶体管的特性达到控制的目的,它是有源的开关量输出,必须外接上拉电阻和电源才能将开关电平作为高低电平用。所以又叫做驱动门电路。

(1) 信号范围。一般使用的晶体管有基极(B)、发射极(E)、集电极(C)三支引脚,依晶体管特性,只要在基极、发射极之间加正向电压,而在基极、集电极之间加反向电压即可达到放大的目的。由于晶体管属于双端口输入组件(在晶体管上同时具有输入端和输出端),而信号必须要有两支引脚才能形成,因此晶体管三支引脚的其中一支必须当成共享端;依不同的应用情形,分别有共基极、共集电极及共发射极 3 种情况。在我们使用的场合中,以共发射极最常用,以下的相关解释也以共发射极为主。它可控制的电流比 TTL 要大,一般可以达到 100mA。在实际应用中,OC 门电路常用来驱动微型继电器、LED 显示器等。

(2) 接线方式。OC 门电路的输出级是一个集电极开路的晶体三极管,如图 3-8 所示。组成电路时,OC 门输出端须外接一个接至正电源的负载才能正常工作,负载正电源可以比TTL 电路的 V_{cc}(一般为 +5V)高很多。例如,7406、7407 门输出级截止时耐压可高达 30V,输出低电平时吸收电流的能力也高达 40mA。因此,OC 门电路的输出是一种既有电流放大功能,又有电压放大功能的开关量驱动电路。

通过 OC 门的方式作数字输出控制也有其限制,每一个晶体管都有一定的电压规定,使用此晶体管时必须在此电压范围内,以免晶体管损坏。当所需要的电流比较大时,可使用达林顿晶体管,或采用门电路外加晶体管可以为直流执行器件提供更大的驱动电流,小功率管,其驱动能力大约为 10～50mA。对于中功率晶体管,驱动能力可达 50～500mA。如果采用大功率晶体管或达林顿复合管,驱动能力会更强。使用时应注意,门电路输出为高电平时,必须保证能提供给晶体管足够的基极电流使其饱和导通。若负载呈电感性,则在负载上并联续流保护二极管。图 3-9 中的晶体管也可以采用大功率场效应管,它的特点是输入电流很小(微安数量级),输出电流可以很大,而且可以工作在较高频率。

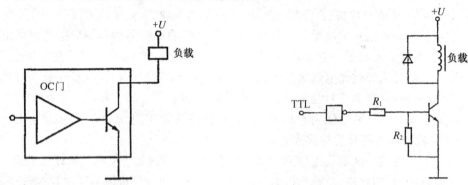

图 3-8　OC 门输出驱动电路　　　　　　图 3-9　晶体管输出驱动电路

2) 继电器输出

继电器使用电压有 6,9,12,24,48,100,110,200,220V,等等,每一种继电器也有使用上的电流限制,有 1A、3A,甚至到几十安培的也有,例如 0.5A/120V(AC) 或 1A/30V(DC) 表示该类继电器工作于 120V 交流电源、最大工作电流为 0.5A,或当继电器工作于 30V 直流时,最大工作电流为 1A。

如果要求开关的动作很快,通常不能使用继电器,而是使用电子式的开关(如晶体管或固态继电器)。

3) 固态继电器(SSR)输出

固态继电器(SSR)既有放大驱动作用,又有隔离作用,很适合于驱动大功率开关式执行器件,是一种全部由固态电子元件组成的新型无触点开关器件,它利用电子元件(如开关三极管、双向可控硅等半导体器件)的开关特性,可达到无触点无火花地接通和断开电路的目的,因此又被称为“无触点开关”。SSR 是一种四端有源器件,其中的两端为输入控制端,输入功耗很低,与 TTL、CMOS 电路兼容;另外两端是输出端,内部设有输出保护电路。单向直流固态继电器(DCSSR)的输出端与直流负载适配;双向交流固态继电器(ACSSR)的输出端与交流负载适配。输入电路与输出电路之间采用光电隔离,绝缘电压可达 2 500V 以上。

SSR 按使用场合可以分成交流型和直流型两大类,它们分别在交流或直流电源上做负载的开关,不能混淆。直流型的 SSR 与交流型的 SSR 相比,无过零控制电路,也不必设置吸收电路,开关器件一般用大功率开关三极管,其他工作原理相同。交流型 SSR 由于采用过零触发技术,因而可以使 SSR 安全地用在计算机输出接口上。

3. 模拟输入/输出信号的种类与接线方式

1) 模拟量输入/输出信号

(1) 直流电流信号。当计算机测控系统输出模拟信号需要传输较远的距离时,一般采用电流信号而不是电压信号,因为电流信号抗干扰能力强,信号线电阻不会导致信号损失。当把计算机与常规仪器仪表相配合组成显示或控制系统时,各个单元之间的信号应当规范化。

按照我国国家标准 GB3369-82 所规定的(工业自动化仪表用模拟直流电流信号)和国外 IEEE381 所规定的(过程控制系统用模拟直流电流信号)。直流电流信号分为两种:一种是 4~20mA(负载电阻 250~750Ω);另一种是 0~10mA(负载电阻 0~3 000Ω)。在采用 4~20mA 信号标准时,0 mA 表示信号电路或供电有故障。

(2) 直流电压信号。当计算机测控系统输出模拟信号需要传输给多个其他仪器仪表或控制对象时,一般采用直流电压信号而不是直流电流信号。这是因为,如果采用直流电流传导,为了保证多个接收信号的设备获得同样的信号,必须将它们的输入端互相串联起来。但这样就存在不可靠性,当任何一个接收设备发生断路故障时,其他接收设备也会失去信号。而且,互相串联的各个接收设备输入端对地电位不等,也会引起一些麻烦。在采用直流电压信号的情况下,多个接收信号设备的输入端互相并联起来便能获得同样的信号。为了避免导线电阻形成压降而使信号改变,接收设备的输入阻抗必须足够高。但是,太高的输入阻抗很容易引入电场干扰。因此,直流电压传导只适用于传输距离较近的场合。

对于采用 4~20mA 电流传导的系统,只需采用 250Ω 电阻就可将其变换为直流电压信号。所以 1~5V 直流电压信号也是常用的模拟信号形式之一。1V 以下的电压值表示信号电路或供电有故障。

直流电压信号可分为单极性信号和双极性信号,如果输入信号相对于模拟地电位来讲,只偏向一侧,如输入电压为 0~10V,称为单极性信号;输入信号相对于模拟地电位来讲,可正可负,如输入电压为 -5~+5V,称为双极性信号。

直流 4~20mA 电流信号及 1~5V 电压信号容易判别断线和电源故障,所以受到国际推荐和普遍采用。

一般模拟量输出通道为全长卡。每个通道的输出范围配置为以下值:0~+5V,0~+10V,±5V,±10V 和 4~20mA。软件可选择模拟量输入范围(V_{DC})双极性:±0.625V,±1.25V,±2.5V,±5V,±10V;单极性:0~1.25V,0~2.5V,0~5V,0~10V 和 4~20mA。

2) 接线方式

(1) 单端输入方式:各路输入信号共用一个参考电位,即各路输入信号共地,这是最常用的接线方式。使用单端输入方式时,地线比较稳定,抗干扰能力较强,建议用户尽可能使用此种方式,如图 3-10 所示。

由于单端输入以一个共同接地点为参考点。这种方式适用于输入信号为高电平(>1V),信号源与采集端之间的距离较短(<15ft)(1ft=0.304 8m),并且所有输入信号有一

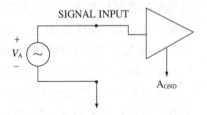

图 3-10　单端模拟信号输入连接

个公共接地端。如果不能满足上述条件,则需要使用差分输入。差分输入方式下,每个输入可以有不同的接地参考点。并且,由于消除了共模噪声的误差,所以差分输入的精度较高。

(2) 双端输入方式:即差分输入方式,各路输入信号使用各自的参考电位,即各路输入信号不共地。如果输入信号来自不同的信号源,而这些信号源的参考电位(地线)略有差异,可考虑使用这种接线方式。使用双端输入方式时,输入信号易受干扰,所以,应加强信号线的抗干扰处理,同时还应确保模拟地以及外接仪器机壳接地良好。而且特别注意的是,所有接入的差

分模拟信号,输入连接无论是高电位还是低电位,其电平相对于模拟地电位应不超过+12V及-5V,以避免电压过高造成器件损坏,如图 3-11 所示。

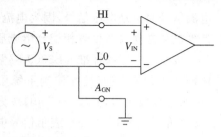

（3）模拟输出连接。以研华 PCL818 为例,可以使用内部提供的 5V/-10V 的基准电压产生 0～+5/+10V 的模拟量输出,也可以使用外部基准电压,范围是-10～+10V,输出的电压最大范围是-10～+10V。比如,外部参考电压是-7V,则输出 0～+7V 的输出电压。

图 3-11　差分模拟输入连接

PCL818HG 的 CN3 是模拟输出连接接口,基准电压输入、模拟输出、模拟接地等,如图 3-12 所示。

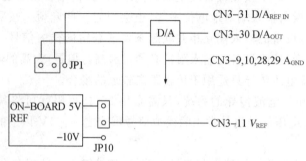

图 3-12　模拟输出连接

3.2.3　板卡选择参数与接口模板名词解释

1. 板卡选择参数

1) 采样频率

连续的信号若要通过数字来处理,以有限的数字组合表示无限的连续信号,这就是采样。如果采样频率（也就是每一秒钟的采样数）够高的话,还原为原始信号时可以清楚地表达出原始信号所代表的信息。采样频率越高还原后越接近原始信号。所以拥有无限高的采样频率是最完美的数据采集卡——当然这是不可能达到的。根据耐奎斯特采样理论,原始信号要被完整地表达出来,采样频率至少需要最高信号频率的两倍以上。例如,信号的最高频率为 1MHz,那么为了采集到的数据能够准确地反映原始信号的频率特性,要求数据采集频率（Sample Rate）至少应该为 2MHz。

在开始采样（起始触发信号）之后,采集卡按照程序的设置开始采样,将所取得的数据放入内存。在终止触发信号产生以前,采样操作会一直进行,而被记录下来的数据会以循环的方式记录在内存中。当设置的数据存储区域存满后,新数据就会将旧数据覆盖,一直检测到停止的信号后,采样才会停止。

数据采集卡使用每秒钟采样的数据点作为该采集卡所拥有的采样速率。例如卡上标明 100k/s,即表示该卡每秒钟可以采样 100k（10 万）个采样点,通常这个速率表示该卡在单一通道下的最高数据采集速率,所拥有的采集通道通常是 8 个或是 16 个以上,因此将采集频率平均分配到各个通道,每个通道可以分配到的采集速率自然就下降了。卡的采样速率较高时,其在同一个时间内可取得的数据量也较高,此卡的价格通常也较高。较高的数据量除了可以查看的信号频宽较大之外,还得考虑在编程中所隐含的内存需求量的问题。因为较大的数据量势必需要较大的内存空间来存储这些取得的数据。

2）输入信号的范围和增益

信号输入到采集卡的通道时,必须符合采集卡规定的电压范围才能被正确地采集。输入的电流不能太大,一般必须在 20mA 以内,太大的电流必须先经过特殊的处理才能进入采集通道,否则可能会对数据采集卡造成损害。

输入范围是指数据采集卡能够量化处理的最大、最小输入电压值。数据采集卡提供了可选择的输入范围,它与分辨率、增益等配合,以获得最佳的测量精度。

分辨率是 A/D 转换所使用的数字位数。分辨率越高,输入信号的细分程度就越高,能够识别的信号变化量就越小。增益表示输入信号被处理前放大或缩小的倍数。给信号设置一个增益值,就可以实际减小信号的输入范围,使模数转换能尽量地细分输入信号。

总之,输入范围、分辨率以及增益决定了输入信号可识别的最小模拟变化量。它对应于数字量的最小位上的变化,通常叫做转换宽度(Code width)。其算式为:

$$转换宽度＝输入范围/(增益×2^N),(N＝分辨率) \tag{3-1}$$

例如,16 位分辨率的板卡,那么该板卡能够分辨的最小单位为:分辨率＝最小分辨单位＝板卡选择的量程$/2^{16}$。实际上,这个分辨率是板卡上的 A/D 转换芯片的转换精度,并不代表板卡本身实际采集数据能够达到的精度,通常,板卡的采集精度会有另外的说明,如:0.03%×FSR±1LSB——满量程的百分比再加减一个最小分辨单位。板卡精度的标注实际上更值得工程师们注意。

让小范围变动的信号可以得到更高的准确度,采集卡就有增益(Gain)设置。通过增益值的设置,可以使所测量的小电压范围信号更准。由此可知,如果待测量的信号范围较小,可以通过设置增益值的方式将测量的电压范围缩小(从另一个角度来看,这也是将输入的信号做等比例放大),使得模拟信号转换为数值的分辨率可以更有效地被利用。

3）平均化

噪声将会引起输入信号畸变。噪声可以是计算机外部的或者内部的。要抑制外部噪声误差,可以使用适当的信号调理电路,也可以增加采样信号点数,再取这些信号的平均值以抑制噪声误差。

2. 接口模板名词解释

1）码制

模拟量信号转换为数字量后,形成一组由 0 开始的连续数字,每一个数字对应着一个特定的模拟量值,这种对应关系称为编码方法或码制。依据输入信号的不同分为单极性原码与双极性偏移码。单极性输入信号对应着单极性原码,双极性信号对应着双极性偏移码。

2）单极性原码

以 12 位 A/D 为例,输入单极性信号 0～10V,转换后得到 0～4095 的数字量,数字量 0 对应的模拟量为 0V,数字量 4095 对应的模拟量为 10V,这种编码方法称为单极性原码,其数字量值与模拟电压值的对应关系可描述为:

$$模拟电压值＝数码(12 位)×10(V)/4096 (V) \tag{3-2}$$

即 1LSB(1 个数码位)＝2.44mV。

3）双极性偏移码

仍以 12 位 A/D 为例，输入双极性信号－5～＋5V 转换后得到 0～4095 的数字量，数字量 0 对应的模拟量为－5V，数字量 4095 对应的模拟量为＋5V，这种编码方法称为双极性偏移码，其数字量值与模拟电压值的对应关系可描述为：

$$模拟电压值＝数码（12 位）×10（V）/4096－5（V） \tag{3-3}$$

即 1LSB（1 个数码位）＝2.44mV。

此时 12 位数码的最高位（DB11）为符号位，此位为 0 表示负，1 表示正。偏移码与补码仅在符号位上定义不同，如果反向运算，可以先求出补码再将符号位取反就可得到偏移码。

4）A/D 转换速率

表明 A/D 转换芯片的工作速率，如对 BB774 来讲，完成一次转换所需要的时间是 10μs，则它的转换速率为 100kHz。

5）通过率

指 A/D 采集卡对某一路信号连续采集时的最高采集速率。

6）初始地址

使用板卡时，需要对卡上的一组寄存器进行操作，这组寄存器占用数个连续的地址，一般将其中最低的地址值定为此卡的初始地址，这个地址值需要使用卡上的拨码开关来设置。

7）漏型逻辑和源型逻辑

漏型逻辑（Source 电流）在这种逻辑中，信号端子接通时，电流是从相应的输入端子流出，这种情形下，该卡片会有一个最大流出电流，此即为 Source 电流，是否可以推动其他的后端设备就视此 Source 电流而定。

源型逻辑（Sink 电流）在这种逻辑中，信号接通时，电流是流入相应的输入端子。这种情形下，该卡片会有一个可容许的最大流入电流，此即为 Sink 电流，超过此电流的限制，可能会对卡片造成损伤。

如果所接电路的电流流动方向是由外向内流至适配卡的，则需考虑此适配卡的 Sink 电流；反之，若是电流的流动方向是由适配卡流向外部的话，就必须考虑到 Source 的大小。在变频器控制回路，端子输入信号出厂时一般设置为漏型逻辑。

3.3 工控机的编程与组态

3.3.1 数据采集控制卡编程基本知识

1）硬件地址（Address）

计算机开始运行后，所有的数据必须在内存上进行运算，CPU 欲对内存进行操作时，必须要有地址才行，而数据采集卡是通过计算机的 I/O 口来控制的，CPU 对于所有的设备必须要有一定的方式才能存取其内容，计算机中的设备也必须要有一个地址，才能使信息交换得以进行，而且每一个设备所给的地址一定是独一无二的，否则将使得信息传递错误。每个 I/O 口各自都有一个独立的 I/O 存储空间以免相互之间发生地址冲突，计算机中的部分地址是开放的，并不特别指定给哪一种设备使用，用户自行决定所使用的卡地址。例如，PCI－818HD/HG/L 使用 32 个连续的 I/O 地址空间（当 FIFO 使能时）或使用 16 个连续的 I/O 地址空间

（当 FIFO 关闭时），地址的选择可通过面板上的 6 位 DIP 开关 SW1 的设置来设定。PCL－818HD/HG/L 的有效地址范围是 000 到 3F0(十六进制)，初始默认地址为 300，您可以根据系统的资源占用情况，给 PCL－818FID/HG/L 分配正确的地址。指定适配卡所使用的地址时，还要特别注意到该地址是否已经被其他的设备所占用，如果两个设备占用了同一个地址的话，将使得信息的传送出现问题。

ISA 卡地址由 00000H～0FFFFH 共有 65536 个输出/入的地址可以使用，扣除系统主板所保留使用的 0000H～01FFH，0200H～03FFH 可以由用户自行规划，从中找出一个还没有被使用的空间来作卡的地址。PCI 接口的卡，则可以突破最高 03FFH 地址的限制。

2) 寄存器

寄存器位于 CPU 的芯片中，暂时而快速存取的记忆存储空间，帮助 CPU 执行算术、逻辑或转移运算，只存储处理过程中的数据或指令，之后再把数据或指令送回随机存取内存(RAM)，这是计算机运行时最常使用的。

(1) 数据输入/输出缓冲寄存器。其作用是将外设送来的数据暂时存放以供 CPU 取用，或者是存放 CPU 送往外设的数据。它可以在高速工作的 CPU 和不同速率下工作的外设之间起协调缓冲作用，以保证两者之间的速率匹配。

(2) 控制寄存器。用来存放 CPU 发出的控制命令（即控制字）和其他信息。用这些控制命令可对接口电路的工作方式和功能进行控制，这是因为接口芯片功能较强，有若干种工作方式，且可由 CPU 通过控制字进行控制，以满足不同接口功能需要。

(3) 状态寄存器。是用来保存外设各种状态信息的寄存器，内容由 CPU 读取后即可知设备的工作状态，如"忙"、"闲"等。

以上 3 种寄存器是接口电路中最主要的部分，但为了保证接口正确地传送数据，接口电路还必须包括数据总线地址缓冲器、地址译码器、内部控制电路及中断控制电路。数据总线地址缓冲器是用来实现接口芯片内部总线与 CPU 的总线之间的连接的。地址译码器的接口芯片中有许多寄存器，为了区分，每一个寄存器必须分配一个端口地址。地址译码器的用途就是对输入地址进行译码，以指出是对芯片内某个具体寄存器的操作。内部控制电路及中断控制电路，产生一些接口芯片内部的控制信号、中断请求信号以及系统的控制和应答信号等。

3) 接口的控制方式

CPU 通过接口对外设控制实现信息传输的方式有几种。

(1) 程序查询方式。在这种方式 CPU 通过 I/O 指令询问指定外设当前的状态，如果外设准备就绪则进行数据的输入或输出，否则 CPU 等待，循环查询。这种方式的优点是结构简单，只需要少量的硬件电路即可，缺点是由于 CPU 的速率远远高于外设，因此通常处于等待状态，工作效率很低。

(2) 中断处理方式。在这种方式下，CPU 不再被动等待，而是可以执行其他程序。一旦外设的数据准备就绪就可以向 CPU 提出中断服务请求，CPU 如果响应该请求，便暂时停止当前程序的执行，转去执行与该请求对应的服务程序，完成后再继续执行原来被中断的程序。

中断处理方式的优点是显而易见的，它不但为 CPU 省去了查询外设状态和等待外设就绪所花费的时间，提高了 CPU 的工作效率，还满足了外设的实时要求，但需要为每个 I/O 设备分配一个中断请求号和编写相应的中断服务程序，此外还需要一个中断控制器(I/O 接口芯片)管理设备提出的中断请求，例如设置中断屏蔽、中断请求优先级等。此外，中断处理方式的缺点是每传送一个字符都要进行一次中断，在中断处理程序中还需保留和恢复现场以便能继续原程序的运行，工作量较大。如果需要大量数据交换，系统的性能会很低。

由于计算机的部分中断号码的使用是重复的，在使用 ISA 卡的情形下，这种情形是不允许的，在使用 PCI 卡的情形下，中断是可以共享的。只要是使用 PCI 接口的卡片，在引发中断的同时，都可以正确地得到应有的通知，而不必担心中断是否会被其他的设备夺去，这是因为 PCI 接口芯片会自动处理各设备的中断请求。ISA 卡在取得中断信号后，并不会马上释放此中断信号；而 PCI 卡取得中断信号后，马上将中断信号释放，故 PCI 卡在中断的使用上要比 ISA 适配卡灵活。

（3）DMA（直接存储器存取）传送方式。DMA 最明显的一个特点是采用一个专门的硬件电路——DMA 控制器来控制内存与外设之间的数据交换，无需 CPU 介入，大大提高了 CPU 的工作效率。在进行 DMA 数据传送之前，DMA 控制器会向 CPU 申请总线控制权，如果 CPU 允许则将总线控制权交出。因此，在数据交换时，总线控制权由 DMA 控制器掌握。传输结束后，DMA 控制器将总线控制权交还给 CPU。

使用 DMA 的时间不能太长，否则可能使得 CPU 无法处理内存，因为 DMA 在使用过程中占用了总线，CPU 在这时候不能对总线作其他操作，也就是说，此时的 CPU 无法存取数据；由于 DMA 的传输速率非常快，比 CPU 或软件的操作都还要快，在传输大量实时数据时（如音乐、语言），此种方式是相当适合的。

3.3.2 数据采集控制卡硬件 I/O 控制原理

卡的运作均是通过寄存器的帮助而进行的，寄存器分成控制寄存器、状态寄存器两种，负责不同的功能，一个为 Input，一个为 Output。寄存器在卡上就是某一个芯片的控制中心所在，当利用程序下达询问的指令时，某一个寄存器就会将数据传回（实际是放在总线上供 CPU 读取）；同样地，当程序欲控制芯片作某一个操作时（例如更改设置，或是输出信号），也是将指令写入某一个规定的寄存器，该寄存器的值一经改变，就反应到真实的硬件操作上。

卡的寄存器的存取一般都是从之前提到的地址开始存储的，称为基地址，寄存器的存储通常也是以一个字节为单位，如果卡上的寄存器较多的话，就会使用到比较多的字节，卡的功能越复杂，用到的寄存器就越多。同一台计算机上不同的卡片使用的基地址均不相同。所以实际的控制程序必须和寄存器打交道，要取得卡片的任何状态，必须读取寄存器中的数值；而要控制状态时，也是把控制的数值写到寄存器中，因此程序的对象就是寄存器。现在很多卡的生产厂商考虑到用户的方便将原本需要复杂的寄存器读写过程包装起来，变成所谓的函数，工程师只要知道调用某一个函数，就可以成功地控制或读取信息，其他的细节就由厂商的 DLL 或是 OCX 代劳了。函数没有看到寄存器的指定，最多也就只有地址和中断的设置，函数使用起来更精简。

当然硬件寄存器读写要有一定的方法，读写的方法与操作系统有关。在传统 DOS 环境下（不包含 Windows 中 DOS 虚拟机），程序运行于 CPU 的 Ring0 级，对硬件拥有完全的控制权，可以很容易地实现对时间的准确控制。而 Windows95/98 使用抢占式多任务机制，系统接管全部硬件资源，程序在 CPU 的 Ring3 级上运行，无法直接与硬件打交道。Windows98 下实现对硬件资源访问的方法有：

（1）利用 Windows 提供的各个段选择符标号可直接访问内存。

（2）可用 VC++提供的函数直接访问硬件上的内存和端口，如 int out p(unsigned,int)。

(3) 嵌入汇编访问硬件上的内存和端口。

但在较高级的系统中(如 WindowsNT, Windows2000)这样的做法也是不行的,这是由于 Windows 操作系统是一个受保护的系统,随便下达硬件控制指令的话,将会危害到整个系统的稳定性,硬件的操作通常是利用微软的 SDK (Software Development Kit)和 DDK (Device Development Kit)来完成。

在 WindowsNT 下,由于对 I/O 端口的直接操作被屏蔽,普通用户只能借助一定的驱动开发工具来开发设备的驱动程序,实现用户应用程序和硬件之间的通信。所以设备的驱动程序的作用函数供工程师使用来控制硬件,而不涉及操作系统底层编程。现在有各种设备驱动程序专用开发软件,如 Windriver 能在很短的时间内开发出高效的设备驱动。

程序语言例如 Visual Basic、Delphi、C++等等常用的语言,都可以开发应用程序。其中,Visual Basic 没有提供直接访问底层硬件的控件和方法,本身的程序无法直接控制到适配卡,必须通过 DLL 或是额外 OCX 控件的协助才行,通过 DLL 或是 OCX,控制程序代码就经过层层的转译,一直到卡片上的寄存器,而检测程序代码则经相反的管道将状态传回到我们所写的程序里。但如果由最基础的程序一直写到硬件卡片控制的话,将会使得工程师花费太多的时间而无法顺利完成任务。所以现在就出现了组态软件如 WINCC,控制硬件通信不需要涉及底层,只需要设置相应的参数就可以了,大大减轻了工程师的负担,使工程师主要精力花在界面和工艺上,特别适合于工程应用。

3.3.3 采集卡驱动程序及编程使用说明

32 位 DLL 驱动程序是研华为诸如 VC,VB,Delphi,BorlandC ++,C++Builder 等高级语言提供的接口,通过这个驱动程序,编程人员可以方便地对硬件进行编程控制。该驱动程序覆盖了每一款研华的数据采集卡以及 MIC2000、ADAM4000 和 ADAM5000 系列模块,应用极为广泛,是编制数据采集程序的基础。

1) 32 位驱动程序概览

32 位驱动程序主要包括 10 类函数及其相应的数据结构,这些函数和数据结构在 Adsapi32.lib 中实现。这 10 类函数分别是:

① Device Functions 设备函数;

② Analog Input Function Group 模拟输入函数组;

③ Analog Output Function Group 模拟输出函数组;

④ Digital Input/Output Function Group 数字输入输出函数组;

⑤ Counter Function Group 计数器函数组;

⑥ Temperature Measurement Function Group 温度测量函数组;

⑦ Alarm Function Group 报警函数组;

⑧ Port Function Group 端口函数组;

⑨ Communication Function Group 通信函数组;

⑩ Event Function Group 事件函数组。

可以把这 10 类函数分为两个部分:设备函数部分(只包括第一类函数)和操作函数部分(包括第一类函数外的所有函数)。设备函数部分负责获取硬件特征和开关硬件。而操作函数部分则在硬件设备就绪以后,进行具体的采集、通信、输出、报警等工作。具体工作结束后,调用设备函数关闭设备。这些函数的调用过程如图 3 - 13 所示。

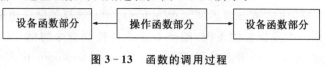

图 3 - 13　函数的调用过程

2）动态数据采集程序的实现流程

用 32 位 DLL 驱动程序实现动态数据采集程序时，传输方式可以有中断传输，DMA 传输和软件传输 3 种方式可选。软件传输速率最慢，DMA 传输和中断传输方式是最常用的触发方式。这里主要介绍中断传输方式，但 DMA 传输方式和中断方式在使用 32 位 DLL 驱动程序实现时流程基本一样，可以参考。

在各种高级语言下，驱动程序提供的函数形式相同，所以此处只给出驱动程序函数的调用流程，在具体的某种高级语言下，只要按照流程图就能实现动态数据采集。中断传输流程图如图 3 - 14 所示。

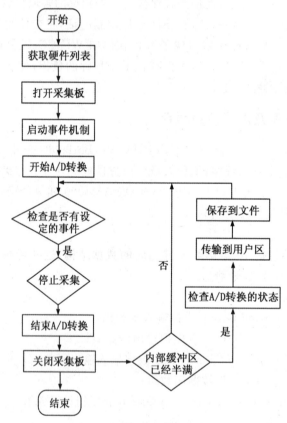

图 3 - 14　动态数据采集流程

3）动态采集程序涉及到的驱动程序中的部分概念

（1）缓冲区。在驱动程序进行 A/D 或 D/A 转换时，有 3 个相关的概念需要分清楚：采集板上的 FIFO、计算机内存中的内部缓冲区和用户缓冲区。

FIFO 为采集板卡上自带的，FIFO 缓冲区可以达到更高的采集频率，如 PCI1710 使用 4KB 的 FIFO 缓冲区后，最高采样频率可达到 l00kHz。但是有些型号的采集板不带 FIFO 缓冲区。

　　内部缓冲区和用户缓冲区是数据采集程序动态分配给驱动程序使用的两块内存区域。内部缓冲区主要由驱动程序使用,驱动程序从板卡 FIFO 中或寄存器中将数据通过中断方式或 DMA 方式传输到内部缓冲区。

　　用户缓冲区是用户自己用来存放数据的地方,用户可以根据需要开辟用户缓冲区的大小。例如开辟一个较大的用户缓冲区,在循环采集中将每次采集的数据依次存放其中,采集结束后统一处理。

　　中断触发方式的 A/D 转换中这 3 种缓冲区的使用如图 3-15 所示。

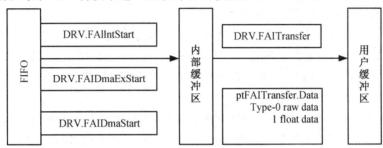

图 3-15　中断触发方式的 3 种缓冲区

　　(2)内部缓冲区的使用方式。驱动程序在操作内部缓冲区时将内部缓冲区分为上下两半缓冲区来分别操作。通过这样来保证高速连续采集时,数据不会丢失。在采集时驱动程序从板卡 FIFO 或寄存器中将数据传输到内部缓冲区中,当内部缓冲区半满时驱动程序发出 Buffer-Change 事件。用户通过执行 DRVFAICheck 函数返回的 HalfReady 来判断是上半部分还是下半部分缓冲满了,然后执行 DRVFAITransfer 来将相应的缓冲中的数据取走。

　　(3)设计 FIFO 的目的。为了防止在高速数据采集时丢失数据,通常板卡完成 A/D 转换后,将数据写入到数据输出寄存器中,接着使用 DMA 或中断服务功能将数据传输到 CPU 内存中。如果没有 FIFO 功能,每次硬件完成 A/D 转换后,会改写保存在数据寄存器中的值,如果上次 A/D 的数据在新数据到来之前没被传输到 CPUK 中,那么这个数据就丢失了。如果使用 F1FO 功能,新数据仅仅被添加到 FIFO 缓冲区的第二个位置上,而不会覆盖原先的数据。随后的数据会依次排列到缓冲区中,当你想从 FIFO 缓冲区中搬移数据时仅仅需要从数据寄存器中读取一个数据即可,这样将会把最初的数据取出,FIFO 中下一个位置的数据会取代数据寄存器中的值,你可以在任何时候传输来自 FIFO 缓冲区中的数据;当你在传输旧的数据时,硬件会将最新的数据保存在 FIFO 中,从而防止数据丢失。你也可以在 FIFO 半满或全满时,一次性地传输数据。由于这样减少了 CPU 的时间,因此非常适合于大量的高速数据传输。

　　(4)循环(cycle0)和非循环(no_cycle)。循环和非循环是指内部缓冲区的使用方式。非循环方式下,内部缓冲区作为一个整体使用。在非循环方式下执行一次 DRV_FAIIntScanStart/ DRV_FAIIntStart 函数只能进行有限次的 A/D 转换,DRVFAIIntScanStart 函数执行过程中将所有数据都放到内部缓冲区中;A/D 转换结束后,在 ADS_EVT_Terminated 事件的处理函数中再用 DRV_FAITransfer 函数将数据传送到用户缓冲区中。

　　循环方式下,内部缓冲区分为两个半区使用。执行一次 DRV_FAIIntScanStar/ RV_FAI- Int-Start 函数可以进行无限次的 A/D 转换,直到调用 DRV_FAI_Stop 函数。这种方式下有限的内部缓冲区不可能容纳无限多的采集数据。因此,将内部缓冲区分成前后对等的两个半区,当前半区填满后产生一个 ADS_EVT_Bufchange 事件,采集程序中的事件检查循环捕获这个事件,调用 DRV_FAI_Transfer 函数把数据传送到用户缓冲区;与此同时,DRV_FAI-IntScanStart/DRV_FAIIntStart 函数将新转换的数据放到内部缓冲区的后半部分。当后半区填满后再产生一个 ADS_EVT_Bufchange 事件,并用 DRV_FAIIntScanStart/IntStart 函数将新转换的数据放到数据传输完毕的前半缓冲区,如此循环。

(5) RawData(原始数据)和 Voltage(电压值)。以 PCL818 为倒,它的转换芯片是 12 位的,所以它可以把采集的电压量程分为 4096 段,这种方式称为量化,而 RawData 就是被采集量量化后的整数值。驱动程序将量化值用 3 位十六进制数表示,所以 RawData 的示数范围就是 000~fff,在内部缓冲区中的数值就是这种量化的原始数据。用户缓冲区中存放 Voltage(电压值),将 RawData 转化为电压值由 CRVFAITransfer 函数完成,当 PTFAITransfer 的 DataType=0 时,不进行 RawData 到电压值的转化,这时候在用户缓冲区中得到的就是量化的 12 位十六进制整数值。

(6) 增益列表起始地址。在编写数据采集程序时,都要考虑多通道同时采集,而且都要考虑开始通道的任意性,所以通常的做法是为增益列表开辟一块增益列表存储区,从 0 开始每个存储单元对应一个通道的增益值,但是要注意,在起始通道不为零时不能将这个存储区的起始地址直接赋给驱动函数的"增益列表起始地址"参数,如 PTFAIIntScanStart 结构的 Gain-List 域;因为驱动程序是直接从"增益列表起始地址"参数表示的起始地址去提取起始通道的增益值,而不会根据"起始通道"参数在增益列表中选取对应的增益值。

4) 数据采集板卡的编程使用

对数据采集板卡进行编程使用的方式主要有以下 3 种:软件触发方式,中断传输方式,DMA 数据传输方式。

(1) 软件触发方式。实际上就是采用系统提供的时钟在毫秒级的精确等级上。通过对寄存器的查询来实现数据采集,由于其采集速率比较慢,因此多用于低速数据采集场合。

(2) 中断传输方式。使用中断传输方式,你需要编写中断服务程序(ISR),将板卡上的数据传输到预先定义好的内存变量中,每次 A/D 转换结束后,EOC 信号都会产生一个硬件中断,然后由中断服务程序(ISR)完成数据传输。在使用中断传输方式时。必须制定中断级别。

(3) DMA 数据传输方式。尽管应用比较复杂,但由于不需要 CPU 的参与,DMA (Direct Memory Access)方式特别适合应用于大量数据的高速采集中。同中断方式一样,在使用 DMA 方式传输时必须指定 DMA 级别,需要对板卡上的 DMA 控制寄存器进行操作,并且对 INTEL8237DMA 其操作进行控制,因此建议使用驱动来实现这种方式。

DMA 方式将板卡上的数据不通过 CPU 数据就传输到内存中,一般板卡上会提供单 DMA (SinleChannel)或者双 DMA(DualChanneD 方式,双 DMA 方式允许你在传输数据的同时采集。双 DMA 方式使用两个缓冲区和两个 DMA 通道,板卡首先通过 DMA 通道 6 复制到两个缓冲区中。应用程序可以从第一个缓冲区传输数据,当第二个缓冲区变满时,硬件会切换到第一个缓冲区中。应用程序又可以从第二个缓冲区传输数据,然后不断循环下去。

3.3.4 工控机组态控制基本知识

1) 什么是组态?

组态(Configuration)就是采用应用软件中提供的工具、方法,使用户能根据自己的控制对象和目的,对计算机及软件的资源进行配置,对控制软件的功能进行模块化任意组合,完成最终的自动化控制工程的过程。

"组态软件"作为一个专业术语,到目前为止,并没有一个统一的定义。从组态软件的内涵上说,组态软件是指在软件领域内操作人员根据应用对象及控制任务的要求,配置(包括对象的定义、制作和编辑,对象状态特征属性参数的设定等)用户应用软件的过程,也就是把组态软件视为"应用程序生成器"。从应用角度讲,组态软件是完成系统硬件与软件沟通、建立现场与监控层沟通的人机界面的软件平台,它的应用领域不仅仅局限于工业自动化领域,而且工业控制领域也是组态软件应用的重要阵地。伴随着集散型控制系统 DCS(Distributed Control System)的出现,组态软件已引入工业控制系统。组态控制技术是计算机控制技术发展的结果,其最大特点是从硬件到软件开发都具有组态性,使系统的可靠性和开发速度提高,而开发难度却下降。

在工业过程控制系统中存在着两大类可变因素:一是操作人员需求的变化;二是被控对象状态的变化及被控对象所用硬件的变化。而组态软件正是在保持软件平台执行代码不变的基础上通过改变软件配置信息(包括图形文件、硬件配置文件、实时数据库等),适应两大不同系统对两大因素的要求,构建新的监控系统的平台软件。以这种方式构建系统既提高了系统的成套速度,又保证了系统软件的成熟性和可靠性,使用起来方便灵活,而且便于修改和维护。

20 世纪 80 年代,世界上第一个商品化监控组态软件是由美国的 Wonderware 公司研制的 Intouch,随后又出现了 Intellution 公司的 FIX 系统,通用电气的 Cimplicity,以及德国西门子的 WinCC 等;在国内主要有亚控公司的 KingView 组态王,昆仑公司的 MCGS,三维公司的力控,太力公司的 Synall 等组态软件。

现场总线技术的成熟更加促进了组态软件的应用。因为现场总线的网络系统具备 OSI 协议,因此可以认为它与普通网络系统具有相同的属性,这为组态软件的发展提供了更多机遇。组态软件的发展方向之一是能够兼容多操作系统平台。随着 UNIX、LINIX 操作系统越来越多地被公司采用,作为主机操作系统,可移植性成为组态软件的主要发展方向。

2) 组态软件的组成

无论是美国 Wonderware 公司推出的世界上第一个工控组态软件 Intouch 还是现在的各类组态软件,从总体结构上看一般都是由系统开发环境(或称组态环境)与系统运行环境两大部分组成。系统开发环境是自动化工程设计师为实施其控制方案,在组态软件的支持下进行应用程序的系统生成工作所必须依赖的工作环境,通过建立一系列用户数据文件,生成最终的图形目标应用

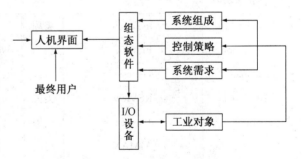

图 3 - 16　组态软件及其运行环境关系

系统,供系统运行环境运行时使用。系统运行环境是将目标应用程序装入计算机内存并投入实时运行时使用的,是直接针对现场操作使用的。系统开发环境和系统运行环境之间的联系纽带是实时数据库,它们三者之间的关系如图 3 - 16 所示。

3) 通用组态软件的特点

(1) 延续性和扩展性:用通用组态软件开发的应用程序,当现场或用户需求发生改变时,

不需做很多修改就能方便完成软件更新和升级。

（2）封装性：通用组态软件将所能完成的功能都用一种方便用户的方法包装起来，用户不需太多的编程语言技术就能完成复杂工程的功能设计。

（3）通用性：不同用户根据各自的工程实际情况，均可利用通用组态软件提供的低层设备的 I/O 驱动、开放式数据库和界面制作工具等，设计自己的控制软件。

（4）实时多任务：通用组态软件可实现数据采集与输出、数据处理与算法实现、实时通信等多个任务在同一台计算机上同时运行。

组态软件通常有以下几方面的功能：强大的界面显示组态功能；良好的开放性；丰富的功能模块；强大的数据库；可编程的命令语言；周密的系统安全防范；仿真功能。

4）使用组态软件的一般步骤

（1）建模。根据实际需要，为控制系统建立数学模型。

（2）设计图形界面。利用组态软件的图库，使用相应的图形对象模拟实际的控制系统和控制设备。

（3）构造数据库变量。创建实时数据库，用数据库中的变量反映控制对象的各种属性，变量描述控制对象的各种属性。

（4）建立动画连接。建立变量和图形画面中的图形对象的连接关系，画面上的图形对象通过动画的形式模拟实际控制系统的运行。

（5）运行、调试。

以上这五个步骤并不是完全独立的，事实上，这些步骤常常是交错进行的。

5）几种常用的组态软件

目前，世界上的组态软件有近百种，总装机量有几十万套。国内组态软件在我国研究始于80 年代末，到 1995 年以后，我国组态软件的应用逐渐得到了普及，广为自动化工程设计人员所喜爱。表 3-1 所示为几种常用的工控组态软件。

表 3-1　几种常用工控组态软件

公司名称	产品名称	产地	公司名称	产品名称	产地
Wonderware	InTouch	美国	西门子	WinCC	德国
Intellution	Fix iFix	美国	National Instruments	LabVIEW	美国
Iconics	Genesis	美国	CiT	Citech	澳大利亚
Rockwell	RSView	美国	PCSoft	Wizcon	以色列
西雷	Onspec	美国	GE	Cimplicity	美国
TAEngineering	AIMAX	美国	信肯通	Think&Do	美国
LabTech	LabTech	美国	A-B	ControlView	美国
USData	FactoryLink	美国	Grayhill	Paradym231	美国
研华	Genie	台湾	亚控	组态王	中国
康拓	Control2star Easy Control	中国	三维科技	力控	中国
华富	ControX	中国	昆仑通态	MCGS	中国

3.4 工控机数据采集控制系统

3.4.1 数据采集控制系统的组成与功能

基于 IPC 的数据采集控制系统已被广泛应用于工业现场及实验室,如检测控制数据采集及自动化测试等等,选择并构建一个能满足需要的数据采集及控制系统需要一定的电子及计算机工程知识。一般数据采集及控制系统配置包括:①变送器及执行器;②信号调理;③数据采集控制硬件;④计算机系统软件。

1) 变送器

变送器能够将温度、压力、长度、位置等物理信号转换成电压、电流、频率、脉冲或其它信号,热电偶电热调节器及电阻温度检测器都是常用的温度测量变送器。其他类型的变送器包括流量传感器、压力传感器、应力传感器、测压单元,它们可以用来测量流体的速率、应力变化、压力或者位移。执行器是一种通过使用气压、液压或电力来执行过程控制的设备,比如调节阀通过打开或关闭来控制流体的速率等。

2) 信号调理

变送器产生的信号通过数据采集硬件转换成数字信号之前,应采用信号调理电路来改善信号的质量,例如信号的定标、放大、线性化、冷端补偿、滤波衰减、共模抑制等常见的信号处理。为了获得最大的分辨率,输入电压的范围应与 A/D 转换器的最大输入范围相当。放大器的作用在于扩展了变送器信号的范围,这样它就能与 A/D 转换器的输入范围相匹配,比如一个 10 倍的放大器,能够将电压范围在 $0\sim 1V$ 的变送器信号,在其达到 A/D 转换器之前变成 $0\sim 10V$ 的信号。

3) 数据采集控制硬件

一般完成以下一个或多个功能:模拟量输入、模拟量输出、数字量输入、数字量输出及计数定时功能。

(1) 模拟量输入。模拟量到数字量的转换,将模拟电压或电流转换为数字信息,为了使计算机能够处理或存储信号,这种转换是必须的。选择 A/D 硬件的标准:①输入通道的个数;②单端或差分输入信号;③采样频率(每秒的采样次数);④分辨率(通常以 A/D 转换位数来衡量);⑤输入范围(由满量程电压决定);⑥噪声及非线性。

(2) 模拟输出。模拟量到数字量相反的变换是数字量到模拟量的变换(D/A)。该变换将数字信号转换为模拟的电压或电流。D/A 变换能够让计算机控制周围的世界。模拟量输出信号可以直接控制过程设备,而过程又可以模拟量信号的形式进行反馈,闭环 PID 控制系统采取的就是这种形式。模拟量输出还可用来产生波形,这种情况下,D/A 变换器就成了一个函数发生器。

(3) 数字量输入/输出。数字量输入/输出功能广泛应用在开关状态的检测、工业开/关控制及数字通信中。

(4) 计数器/定时器。计数器/定时器可以用于事件计数、流量计数、检测频率计数、脉冲宽度测量、时宽测量等方面。

3.4.2 关于信号调理

在许多工业控制场合,有些传感器输出的电信号不一定能满足 A/D 转换和数字量输入的要求,如信号为电流信号,而采集的是电压信号,那么就需要 I/V 变换;有些信号虽是电压信号,但由于其幅值较低(如毫伏级),那么就需对其进行放大,以达到标准电平;再如有些信号受到干扰较大,就需对其进行滤波处理等。为了将外部开关量信号输入到计算机,须将现场输入的状态信号经转换、放大、滤波、隔离等措施转换成计算机能接收到的逻辑信号。

控制系统的输出通道也存在同样的问题。如果输出驱动能力不足,输出信号形式不正确,需对其进行变换(如输出应为电流,而实际 D/A 输出为电压信号,因而需 V/I 转换),还有,为防止输出通道干扰影响控制系统本身,需增加隔离装置(如光电耦合器/隔离器等),同样需要对输出信号进行变换,使其能够满足工业现场的要求。对输入通道信号或输出通道信号的变换通称为信号的处理,也称信号调理。这是实际工业控制系统的重要环节,其处理机制设计的优劣会直接影响工控系统的质量。下面就开关信号和模拟信号的处理原理和方法进行讨论和说明。

通常,工业用输入、输出信号均为 $0\sim5V$,$+5V$,$\pm10V$,$\pm2.5V$ 等电压信号,而工业传感器、变送器分别采用 $0\sim10mA$($0\sim5V$)和 $4\sim20mA$($1\sim5V$)(标准信号),但有些传感器的输出值并不理想,如输出为毫伏级,为了对这些工业设备进行有效的监控,就必须对其信号进行处理。据估计,信号处理部分的成本占整个测控系统硬件总成本的 40% 左右。

在上述章节中给出了典型的工控系统结构,由此也可以看出处理的信号有两种类型:开关或数字量信号处理和模拟量信号处理。输出通道以驱动、隔离和保护为主要特征,而输入通道处理则以滤波、补偿、放大隔离、保护为主要特征。显然两者的目的不是完全相同的。从定义上来说,所谓的处理实际上就是对某种信号进行调整、变换以使其满足工业控制需求的方法。这些方法可以通过硬件也可以通过软件实现。下面按照信号种类分别加以说明。

1) 开关量处理

工业设备输出的开关量可能存在的问题主要有以下几种情况:

(1) 瞬时高电压干扰或者过电压。这些干扰信号极易损坏采集系统,甚至损坏生产设备,工业生产中常出现的现象有:芯片爆裂,电路短路以及非高温导线熔断脱皮等。因此,对这种情况的处理措施为隔离、过压保护、防爆保护等。

(2) 接口噪声。这是常见的干扰情况,可通过滤波,隔离等措施消除。

(3) 开关触点抖动。这可用 RS 触发器形式的双向消抖动电路等消除。

(4) 若工艺设备输出的是电流信号,可通过电流/电压变换。

(5) 若电压幅度过高、过低或反相等不符合 TTL 标准电平,则需采用电压变换电路使其降压、升压或反相以满足系统要求。

图 3-17 给出了消除这些干扰信号的典型调理电路。该电路具有过压、过流、反压保护和 RC 滤波等功能,稳压管 VD2 把过压或瞬态尖峰电压箝位在安全电压上,串联二极管 VD1 防止反相电压输入,由 $R1$、$C1$ 构成滤波器,$R1$ 也是输入限流电阻及过流熔断保护电阻。

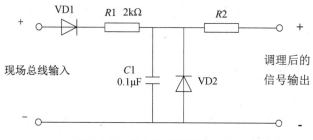

图 3 - 17　输入信号的调理电路

常见的隔离技术有:光电隔离和变压器隔离。目前,光电隔离应用比较广泛,它不仅可完成电气隔离,还可同时完成电压转换、整形等。光电隔离采用的器件是光电耦合器,其种类丰富,性能各异。

2) 模拟信号调理

常用的模拟信号处理电路包括信号放大电路(运算放大器和仪表放大器)、滤波限幅电路、浮空技术、共模电压抑制和隔离等。

(1) 电流-电压信号转换。信号转换电路有电流-电压信号转换、电阻-电压信号转换。图 3 - 18为一个电流-电压信号转换电路,它可把标准 $4\sim20\text{mA}$ 电流信号通过串接一个 250Ω 的电阻转换成 $1\sim5\text{V}$ 的电压信号。图中的 $R1,R2,C1$ 是对输入信号的滤波。

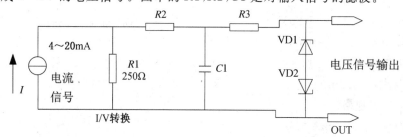

图 3 - 18　电流一电压信号转换

(2) 电阻-电压信号转换。电阻-电压信号转换主要用于标准热电阻,即将热电阻受温度影响而引起的电阻变换转换为电压信号。电阻-电压信号转换原理就是利用电流流过电阻来产生电压,常见的方法有两种:电桥法和恒电流法。

电桥法的特点是电路简单,能有效地抑制电源电压波动的影响,并且可用三线连接方法减弱长距离连接导线引入的误差。

恒电流法的特点是精度高,可使用四线连接方法减弱长距离连接导线引入的误差。

(3) 信号的放大。大部分传感器产生的信号都比较微弱,需经过放大才能满足 A/D 转换器输入信号的幅度要求。要完成这类信号放大功能的放大器,必须是低噪声、低漂移、高增益、高输入阻抗和高共模抑制比的直流放大器,这类放大器常用的有测量放大器,可编程放大器和隔离放大器。

(4) 模拟信号的隔离技术。由于输入通道存在干扰和噪声,造成来自生产现场的测量信号不准确、不稳定,特别是当存在强电干扰时,会直接影响系统的安全。为此,在输入通道中,常常采用信号隔离措施,放大器一般采用隔离放大器。

隔离放大器适宜用于:①消除由于信号源接地网络的干扰所引起的测量误差;②测量处于

高共模电压下的低电压信号;③不需要对偏置电流提供返回通路;④保护应用系统电路不致因大的共模电压造成损害。隔离放大器可分为光电隔离放大器和变压器隔离放大器。

3.4.3 研华 PCL724 数字量输入/输出板卡

1) 概述

PCL-724 是一款 24 路数字量输入/输出卡,如图 3-19 所示。该卡提供了 24 路并行数字输入/输出口。仿真可编程并行 I/O 接口芯片 8255 模式 0,带有一个 50 管脚接口,管脚定义与 Opto-22 模块完全兼容。PCL-724 特别适合于固态继电器(SSR) I/O 模式控制。一个端口的第 0 位可以产生一个中断 IRQ2~7。

2) 特点

(1) 24 路 TTL 数字量 I/O 接口。

(2) 仿真 8255 PPI 模式 0。

(3) 可编程中断处理。

(4) 50 管脚定义与 Opto-22 I/O 模块完全兼容。

图 3-19　研华 PCL724 数字量输入/输出卡

3) 规格

(1) 输入信号规格。

输入逻辑电平 1:2.0~5.25V

输入逻辑电平 0:0.0~0.80V

高输入电流:20.0μA

低输入电流:-0.2mA

(2) 输出信号规格。

高输出电流:-15.0mA

低输出电流:24.0mA

输出逻辑电平 1:2.4V(最小)

输出逻辑电平 0:0.4V(最大)

(3) 传输速率:300kB/s(典型值);500kB/s(最大值)。

4) 一般特性

(1) 功耗:+5V @ 0.5A(典型);+5V @ 0.8A(最大)。

(2) 工作温度:0°~60℃(32°~140°F)。

(3) 存储温度:-20°~70℃(-4°~158°F)。

(4) 工作湿度:5%~95%RH,无凝结。

(5) 接口:50 芯扁平电缆接口。

(6) 尺寸:125mm(L)(100mm(H)。

5) 基址的选择

PCL-724 数据采集卡是通过计算机的 I/O 口来控制的,每个 I/O 口各自都有一个独立的 I/O 存储空间以免相互之间发生地址冲突。表 3-2 给出了它的 I/O 地址选择,由此可知,PCL-724 需要 4 个连续的 I/O 地址空间。地址的选择可通过面板上的 8 位 DIP 开关 SW1 的设置来设定。PCL-724 的有效地址范围是 200 到 3FF(十六进制),初始默认地址为 2C3,您可以根据系统的资源占用情况,给 PCL-724 分配正确的地址,按照表 3-2 来设置它的地址。

表 3-2　基址的选择

I/O 口地址 (十六进制)	开关位置(SW1)							
	1	2	3	4	5	6	7	8
	A8	A7	A6	A5	A4	A3	A2	A1
200-203	0	0	0	0	0	0	0	X
...								
2C0-2C3*	0	1	1	0	0	0	0	X
...								
3FC-3FF	1	1	1	1	1	1	1	X

A2～A9 与计算机的地址线相对应。 * 表示默认设置。"X"表示 0 或 1 都可

3.4.4 研华 ISA 总线 PCL818L 多功能卡

　　PCL-818L 是 PCL-818 系列中的入门级板卡。该板卡可供要求低价位的用户使用。除了采样速率为 40kHz,以及只能接受双极性输入外,其他功能与 PCL-818HD 和 PCL-818HG 完全相同。这样就无需更改硬件或软件,可以将应用升级到高性能的数据采集卡,如图 3-20 所示。PCL-818HD 能确保在所有增益((1、2、4 或 8,可编程)及输入范围内可达到 100kHz 的采样速率。该卡带有一个 1kB 的采样 FIFO(先入先出)缓冲器,能够获得更快的数据传输和 Windows 下更好的性能。

　　PCL-818HG 提供了与 PCL-818HD 相同的功能,但它带有一个可编程的信号放大器,可用来读取微弱输入信号——(0.5,1,5,10,50,100,500 或 1000)。

　　1) 自动通道增益/扫描

　　PCL-818 系列有一个自动通道增益/扫描电路。该电路能替代软件,控制采样期间多路开关的切换。卡上的 SRAM 存储了不同通道的增益值。这种组合能够让您对每个通道使用不同的增益,并使用 DMA 数据传输功能来完成多通道的高速采样(速度可达 100kHz)。

图 3-20　PCL818 多功能卡

　　2) 板卡 ID

　　板卡 PCL-818 系列板(见图 3-20)上有一个 DIP 功能开关用来设置板卡 ID。当系统使用多个 PCL-818 系列板卡时,这个功能是非常有用的,可以很容易地在硬件组态、软件编程时区分和连接某个板卡。

　　3) 共有特点

　　(1) 16 路单端或 8 路差分模拟量输入。

　　(2) 12 位 A/D 转换器,可达 100kHz 采样速率,带 DMA 的自动通道/增益扫描。

　　(3) 每个输入通道的增益可编程,乘 0.5,1,2 ,4 或 8。

　　(4) 板上带有一个 1kB 的采样 FIFO(先入先出)缓冲器和可编程中断。

（5）软件可选择模拟量输入范围（VDC）：

双极性：$\pm 0.625V，\pm 1.25V，\pm 2.5，\pm 5V，\pm 10V，$

单极性：$0\sim 1.25V，0\sim 2.5V，0\sim 5V，0\sim 10V$。

4）一般特性

（1）功耗：$+5V$ @ 210mA（典型），500mA（最大）；

$+12V$ @20mA（典型），100mA（最大）；

$-12V$ @ 20mA（典型），40mA（最大）。

（2）I/O 端口：16 个连续字节。

（3）A/D、D/A 接口：DB-37。

（4）尺寸：155mm(L)×100mm(H)。

（5）卡上的 FIFO：1kB 用于 A/D 采样的 FIFO，当全满或半满时会产生一个中断。

5）开关和跳线设置

PCL－818HD/HG/L 卡面板上有两个功能开关 SW1 和 SW2；11 个跳线：JP1、JP2、JP3、JP4、JP5、JP6、JP7、JP8、JP9、JP10、JP11。如何使用它们将在下面介绍。

6）基址的选择

PCL-818HD/HG/L 数据采集卡是通过计算机的 I/O 口来控制的，每个 I/O 口各自都有一个独立的 I/O 存储空间以免相互之间发生地址冲突，PCL-818HD/HG/L 使用 32 个连续的 I/O 地址空间（当 FIFO 使能时）或 16 个连续的 I/O 地址空间（当 FIFO 关闭时），图 3－21 给出了它的 I/O 地址选择。地址的选择可通过面板上的 6 位 DIP 开关 SW1 的位置来设定。PCL-818HD/HG/L 的有效地址范围是 000 到 3F0（十六进制），初始默认地址为 300，您可以根据系统的资源占用情况，给 PCL-818HD/HG/L 分配正确的地址，按照图 3－21 来设置它的地址。

I/O 地址	FIFO 关闭 (SW1)					
范围（十六进制）	开关位置					
	1	2	3	4	5	6
000-00F	●	●	●	●	●	●
010-01F	●	●	●	●	●	○
...						
200-20F	○	●	●	●	●	●
210-21F	○	●	●	●	●	○
...						
*300-30F	○	●	●	●	●	●
...						
3F0-3FF	○	○	○	○	○	○

○=Off　●=On　*=默认

图 3－21　基地址的选择

7）通道设置

PCL-818HD/HG/L 提供 16 路单端模拟输入或 8 路差分式模拟量输入通道，用开关 SW2 可以设置通道输入方式。当开关在左边'DIFF'时，就是 8 路差分式模拟量输入；当在右边位置'S/E'处时，就是 16 路单端模拟量输入。默认设置是'DIEF'，如图 3－22 所示：

开关名称		功 能
SW₂		差分（默认）
		单端

图 3 - 22 通道的设置

8）DMA 通道选择

通过设置跳线 JP7 可以选择 DMA 通道 1 或是 3，如图 3 - 23 所示：

跳线名称		功 能
JP₇	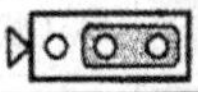	通道3（默认）
		通道1

图 3 - 23 DMA 通道的选择

9）定时器时钟选择

PCL-818HD/HG/L 提供两个输入时钟源频率，10MHz 和 1MHz 为板卡上的 8254 可编程定时器/计数器提供时钟脉冲源，用它产生频率可设置的输出脉冲来触发 A/D 转换（输出脉冲频率范围从 25MHz 到 0.00023Hz），输出脉冲频率计算式如下：

$$Pacer\ rate = F_{CLK}/(DIV1 \times DIV2)$$

式中，F_{CLK} 是时钟频率，DIV1、DIV2 分别是计数器 1、计数器 2 的分频数。时钟频率可由跳线 JP8 来设置。跳线在右边则选择 10MHz；跳线在左边则是 1MHz，如图 3 - 24 所示。默认时钟频率是 1MHz。

跳线名称		功 能
JP₈		1 MHz（默认）
		10 MHz

图 3 - 24 定时器时钟的选择

10）D/A 基准电压选择

可以通过设置 JP11 来选择 D/A 转换器的基准电压由内部提供还是有外部提供，如图 3 - 25 所示：

跳线名称		功 能
JP₁₁		外部
		内部（默认）

图 3 - 25 D/A 基准电压的选择

当跳线在左边'INT'时，选择基准电压由板卡内部提供；当跳线在右边'EXT'时，基准电压由外部提供。

板卡内部基准电压源可以通过设置 JP10 来选择用 −5V 或 −10V 基准源，D/A 转换输出的幅值就是 0～+5V 或 0～+10V。当选择外部基准源时，任何输入到 CN3 第 31 引脚，幅值在 −10～+10V 之间的电压可以作为 A/D 基准源。A/D 转换输出的幅值是 0～V_{ref}，外部电压基准源可以直流也可以交流（频率小于 100kHz）。

PCL-818HD/HG/L 的 D/A 转换器还可用做可编程的衰减器，衰减系数 = $G/4095$，G 是写到 D/A 寄存器的值，其值范围是 0～4095。默认 D/A 转换器的采用内部基准电压源。当用 JP11 选择 D/A 转换器采用内部基准电压源时，要用 JP10 来选择设置基准电压源的幅值。如图 3-26 所示。其默认值是 5V。

跳线名称	功　能	
JP10		5V(默认)
		10V

图 3-26　选择基准电压

11) EXE. trigger 和 GATE0 的选择

JP5 用来选择设置 EXE. trigger 和 GATE0，其设置如下说明：

(1) Upper Jumper：

① DI2 选择外部触发源为 DI2；

②G0 选择外部触发源为 TRIG0。

(2) Lower Jumper：

① DI0 选择 8254 计数器 0 的门限控制为 DI0；

② EXE 选择 8254 计数器 0 的门限控制为 GATE0。

默认设置为 DI0，DI2 如图 3-27 所示。

跳线名称	功　能	
JP5(上升沿)		G0(默认)
		DI2
JP5(下降沿)		Ext.(默认)
		DI0

图 3-27　选择 EXE. trigger 和 GATE0

12) FIFO 打开/关闭选择

用 JP6 可选择设置 FIFO 缓冲器的关闭或者打开，当打开时，每次 A/D 转换的数据既要存储到 A/D 输出寄存器又要存储到 FIFO 缓冲器。这时，PCL-818HD/HG 需要 32 个连续的 I/O 地址。

当关闭 FIFO 缓冲器时，A/D 转换器的数据只存储 A/D 输出寄存器，这时，PCL-818HD/HG 需要 16 个连续的 I/O 地址，如图 3-28 所示。

跳线名称		功　能
JP6		关
		开(默认)

图 3 - 28　FIFO 打开/关闭选择

13) FIFO 中断选择

用 JP9 来选择设置 FIFO 中断从 2 到 7,用 FIFO 控制寄存器设置中断的使能。跳线设置如图 3 - 29 所示,默认是 2,如图 3 - 29 所示。

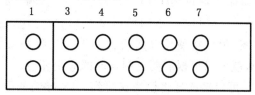

图 3 - 29　FIFO 中断选择

14) 数字输出 20 引脚或 37 引脚选择

PCL-818HD/L 用 JP1～JP4 来选择数字输出通道 0 到 3 为 20 或 37 引脚连接,当选择跳线在左边(D)时数字信号输出到 CN1(20 引脚);当选择跳线在右边(S)时数字信号输出到 CN3(37 引脚),如图 3 - 30 所示:

跳线名称		功　能
JP1(第一)		S0
		D0(默认)
JP1(第二)		S1
		D1(默认)
JP1(第三)		S2
		D2(默认)
JP1(第四)		S3
		D3(默认)

图 3 - 30　数字输出 20 引脚或 37 引脚选择

3.4.5　远程数据采集和控制模块 ADAM4000

1) ADAM-4000 系列远程模块

ADAM-4000 系列是通用传感器到计算机的便携式接口模块见图 3 - 31,专为恶劣环境下的可靠操作而设计。该系列产品具有内置的微处理器,坚固的工业级 ABS 塑料外壳,可以独立提供智能信号调理、模拟量 I/O、数字量 I/O、数据显示和 RS485 通信功能。

(1) 可远程选择输入范围。ADAM4000 系列在存取多种类型及多种范围的模拟量输入方面具有显著特点。通过在主计算机上输入指令,就可远程选择 I/O 类型和范围,对不同的任务可使用同一种模块。极大地简化了设计和维护的工作,仅用一种模块就可以处理整个工厂的测量数据。由于所有的模块均可由主机远程配置,因此不需要任何物理性调节。

(2)内置看门狗电路。看门狗定时器功能可以自动复位 ADAM4000 系列模块,减少维护需求。

(3)灵活的网络配置。ADAM4000 系列模块仅需要两根导线就可通过多点式的 RS485 网络与控制主机互相通信,基于 ASCII 的命令/响应协议可确保其与任何计算机系统兼容。

(4)可选的独立控制策略。通过基于 PC 的 ADAM4500 或

图 3－31　ADAM4000 模块

ADAM4501 通信控制器对 ADAM4000 系列模块进行控制。可以组成一个独立的解决方案,用户将使用高级语言所编写的程序安装到 ADAM4500 或 AD-AM4501 的 Flash Rom 中,就可以根据需要定制自己的应用环境。

(5)模块化工业设计。可以轻松地将模块安装到 DIN 导轨的面板上,或将它们堆叠在一起,通过使用插入式螺丝端子块进行信号连接,确保了模块的易于安装、更改和维护,满足工业环境的需求。

(6)ADAM4000 系列模块可以使用＋10～＋30V 的未调理的直流电源,能够避免意外的电源反接,并可以在不影响网络运行的情况下安全地接线或拆线。

2)ADAM4000 远程数据采集控制系统

ADAM4000 远程数据采集控制系统是一组全系列的产品,可集成人机界面(HMI)平台和大多数 I/O 模块,比如 DI/DO、AI/AO、继电器和计数器模块。ADAM400(又称亚当 400)系列是一套内置微处理器的智能的传感器接口模块。可以通过一套简单的命令语言(ASCII 格式)对它们进行远程控制并在 RS485 网上通信。它们提供信号调节、隔离、搜索、A/D、D/A、DI、DO、数据比较和数据通信。一些模块提供数字 I/O 线路,用来控制继电器和 TTL 电平装置。典型接线图如图 3－32 所示。

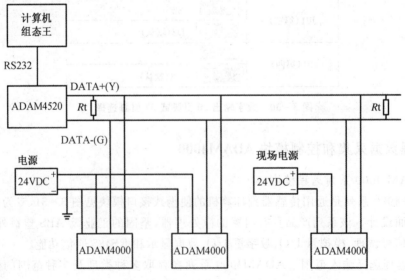

图 3－32　ADAM4000 典型接线图

此外,研华公司还提供多种通信方式用于数据传输,如无线以太网、Modbus、RS485 和光纤。用户可以为不同的应用场合灵活选择不同的通信方式,数据传输也可以通过以太网上传到 HMI 平台用于进行监测和控制所有模块,也可以在现有的数据总线上工作,从而大幅度地减少硬件投资。

ADAM4000 系列模块使用 EIA-RS485 通信协议,该协议是工业应用中广泛采用的双向平衡式,是专为工业应用而开发的通信协议。ADAM4000 模块具有远程高速收发数据的能力,所有的模块均使用了光隔离器,用于防止接地回路并降低了电源浪费对设备造成损害的可能性。

ADAM4000 系列模拟量输入模块使用微处理器控制的高精度 16 位 A/D 转换器,采集传感器信号,如电压、电流、热电偶或热电阻信号。这些模块能够将模拟量信号转换为以下格式:工程单位、满量程的百分比、二进制补码或热电阻的欧姆值。当模块接收到主机的请求信号后就将数据通过 RS485 网络按照所需的格式发送出去。ADAM4000 系列模拟量输入模块提供了 3000VDC 对地回路的隔离保护。

ADAM4011/4011D/4012 模块带有数字量输入和输出可用于报警和事件计数,模拟量输入模块上带有 2 路集电极开路的晶体管开关数字量输出,可由主机进行控制,通过固态继电器切换,输出通道可以用来控制加热器泵或其他动力设备。模块的数字量输入通道还可以用来检测远程数字量信号的状态。

3.5 工控机的应用和发展

自 20 世纪 90 年代初进军工业自动化领域以来,IPC 正以势不可挡的速度进入各个领域,获得广泛的应用。众多工控机生产厂家更是不断推陈出新,使工控市场越来越活跃。

作为一种具备特殊性能的计算机,工控机(IPC)能够在苛刻的外界环境下连续长时间地稳定运行,满足传统工业中过程控制与制造自动化对计算机高适应性和高可靠性的特殊需求。最初,IPC 主要应用于专业的工业控制现场。由于 IPC 具有抗恶劣环境、结构扩展性能好、电压适用范围宽、各种 I/O 设备配套齐全以及它对普通 PC 软件的完全兼容性等诸多优点,使得它的应用广泛性要远远高于普通 PC。

系统集成商可以根据需要,从市场上选择符合功能要求的系统平台和一定数量的 I/O 模板,组成应用系统。操作系统可以选择 Windows、VxWorks、QNX、Linux 以及其他的操作系统。在此基础上,基于组态软件,编制面向对象的应用程序。这样可以在很短的时间内完成一个典型应用系统的开发,达到产品起点高、开发时间短、投放市场快、见效快的目标。从开始选型,到最后调试完成,一般系统集成时间在 1~3 个月就可以完成。如果完全自主开发,一般至少需要 1 年以上的时间。例如,对电子制造业的许多用户来说,如果能组建一个既能符合现有功能需求又具有未来扩展性的测试系统是最理想和经济的。一般而言,电子制造测试系统的结构可分成几个部分:第一部分为硬件结构,包含系统平台(3U 或 6U)、系统控制器(外接式桌面机需搭配 PCI/PXI 延伸套件以与 PXI 系统机箱或嵌入式 PXI 控制器连接)、测试仪器(独立式仪器或 PXI 仪器模块)及切换器。第二部分为软件驱动程序,包含可支持 LabVIEW、VisualBasic(以下简称 VB)、VisualC++(以下简称 VC)、DAQBench、PnP 等的驱动程序。第三部分则为连接被测对象的测试工具。这样,一个典型的电子制造测试应用系统就组成了。

一方面国内工控机应用领域正在不断扩展,尤其最近几年,其应用更是突破了传统的过程控制、制造业自动化而向通信、电信、监控、金融、网络等许多新兴产业扩展,传统工业现场应用和过程控制应用所占比例已经下降,而通信、电信、电力、军事应用则飞速上升。同时,DVR、查询机、彩票机、综合仪表等 IPC 嵌入式应用正在迅速崛起,并占据了 IPC 应用市场越来越大的市场份额。也取代了部分通常由普通 PC 占领的市场领域。时至今日,IPC 已成为计算机应用的重要分支。

另一方面,随着工业控制要求的不断提高,需要新一代工控机替代第一代和第二代工控机。例如,随着铁路多次提速,原来应用于车站计算机的连锁系统、行车调度监督系统以及铁路红外热轴探测系统上的数千套第一代和第二代工控机已经不能满足要求,现在已经开始用新一代 CompactPCI 总线和 PXI 总线工控机替代;由于电力紧缺而正在加快建设的发电厂和电网系统,需要大量的新一代工控机产品来实现电力系统综合自动化;正在迅速发展的智能交通系统需要新一代工控机技术;纺织工业、制造业、食品加工、石油化工行业、车载信息系统等需要采用新一代工控机技术。海军舰载测控设备、陆军车载武器控制系统和指挥系统、新型的飞行模拟教练系统等需要高性能的新一代工控机;航空和航天器地面测控设备、雷达识别系统更需要高性能的新一代工控机。

思考题:

(1) 工控机与 PLC 各有哪些主要特点? 你觉得它们分别适用于哪些场合?

(2) 典型的工控机由哪几个部分组成?

(3) 可以使用家用型计算机取代工控机吗? 为什么?

(4) 工控机为什么采用无源底板结构?

(5) 简述远程数据采集和控制模块 ADAM4000 的用途和特点。

(6) 什么是组态? 组态软件的特点是什么?

(7) 谈谈 IPC 未来的发展。

第4章 PLC 控制技术

4.1 PLC 概述

4.1.1 PLC 的产生

继电接触器控制系统是靠硬件连线逻辑构成的系统,当生产工艺或对象需要改变时,原有的接线和控制柜就要更换,不利于产品的更新换代。

20 世纪 60 年代末期,美国汽车制造业竞争激烈,各生产厂家的汽车型号不断更新,这必然要求加工生产线随之改变,整个控制系统需重新配置。为了适应生产工艺不断更新的需要,寻求一种比继电器更可靠、功能更齐全、响应速度更快的新型工业控制器势在必行。

1968 年,美国通用汽车公司(GM)公开招标,并从用户角度提出了新一代控制器应具备的十大条件,引起了开发热潮。这十大条件是:

(1) 编程简单,可在现场修改程序。

(2) 维护方便,最好是插件式。

(3) 可靠性高于继电器控制柜。

(4) 体积小于继电器控制柜。

(5) 可将数据直接送入管理计算机。

(6) 在成本上可与继电器控制柜竞争。

(7) 电源输入可以是交流 115V。

(8) 在扩展对,原有系统只需作很小变更。

(9) 输出为交流 115V、2A 以上,能直接驱动电磁阀。

(10) 用户程序存储器容量至少能扩展到 4KB。

这些要求实际上将继电接触器的简单易懂、使用方便和价格低的优点,与计算机的功能完善、适用性和灵活性好的优点结合起来,将继电接触器控制的硬连线逻辑变为计算机操控的软件逻辑编程的设想,采取程序修改的方式改变控制功能。这是从接线逻辑向存储逻辑进步的重要标志,是由接线程序控制向存储程序控制的转变。

1969 年,美国数字设备公司(DEC)研制出了第一台 PLCPDP-14,并在 GM 公司汽车生产线上试用成功,取得了满意的效果,PLC 由此诞生。PLC 是生产力发展的必然产物。

1971 年,日本开始生产 PLC;1973 年,欧洲开始生产 PLC;我国从 1974 年开始研制,1977 年开始应用于工业中。到现在,世界各国的一些著名电器厂家几乎都在生产 PLC,PLC 已作为一个独立的工业设备进行生产,并成为当代电气控制装置的主导。

4.1.2 PLC 的定义

PLC一直处在发展之中,到目前为止,还未能对其下一个十分确切的定义。

国际电工委员会(IEC)曾于1982年11月颁发了PLC标准草案第一稿,1985年1月颁发了第二稿,1987年2月颁发了第三稿。草案中对PLC的定义是:"PLC是一种数字运算操作的电子系统,专为在工业环境下应用而设计。它采用了可编程序的存储器,用来在其内部存储执行逻辑运算、顺序控制、定时、计数和算术运算等操作指令,并通过数字式或模拟式的输入和输出,控制各种类型的机械或生产过程。PLC及其有关外围设备,都按易于与工业系统连成一个整体、易于扩充其功能的原则设计。"

早期的PLC主要由分立元件和中小规模集成电路组成。它采用了一些计算机技术,但简化了计算机的内部电路,对工业现场环境适应性较好,指令系统简单,一般只具有逻辑运算的功能,称之为可编程序逻辑控制器(ProgrammableLogicController,PLC)。随着微电子技术和集成电路的发展,特别是微处理器和微计算机的迅速发展,在20世纪70年代中期,美国、日本、联邦德国等的一些厂家在PLC中引入了微机技术、微处理器及其他大规模集成电路芯片等,构成其核心部件,使PLC具有了自诊断功能,可靠性有了大幅度提高。

4.1.3 PLC 的特点

1) 抗干扰能力强,可靠性高

继电接触器控制系统虽有较好的抗干扰能力,但其使用了大量的机械触点,使设备连线复杂,又因器件的老化、脱焊、触点的抖动及触点在开/闭时受电弧的损害等,大大降低了系统的可靠性。而PLC采用微电子技术,大量的开关动作由无触点的电子存储器件来完成,

大部分继电器和繁杂的连线被软件程序所取代,故寿命长,可靠性大大提高。微机虽然具有很强的动能,但抗干扰能力差,工业现场的电磁干扰、电源波动、机械振动、温度和湿度的变化,都可能使一般通用微机不能正常工作。而PLC在电子线路、机械结构以及软件结构上都吸取了生产控制经验,主要模块均采用了大规模与超大规模集成电路,I/O系统设计有完善的通道保护与信号调理电路;在结构上对耐热、防潮、防尘、抗振等都有精确考虑;在硬件上采用隔离、屏蔽、滤波、接地等抗干扰措施;在软件上采用数字滤波等抗干扰和故障诊断措施。所有这些使PLC具有较高的抗干扰能力。目前各生产厂家生产的PLC,平均无故障时间都大大超过了IEC规定的10万小时,有的甚至达到了几十万小时。

2) 控制系统结构简单、通用性强、应用灵活

PLC产品均为系列化生产,品种齐全,外围模块品种也多,可由各种组件灵活组合成大小和要求不同的控制系统。在PLC构成的控制系统中,只需在PLC的端子上接入相应的输入、输出信号线即可,不需要诸如继电器之类的物理电子器件和大量而又繁杂的硬接线电路。当控制要求改变、需要变更控制系统功能时,可以用编程器在线或离线修改程序,修改接线的工作量是很小的。同一个PLC装置可用于不同的控制对象,只是输入、输出组件和应用软件不同而已。

3) 编程方便,易于使用

PLC是面向用户的设备,PLC的设计者充分考虑到现场工程技术人员的技能和习惯,PLC程序的编制采用了梯形图或面向工业控制的简单指令形式。梯形图与继电器原理图相

类似,直观易懂,容易掌握,不需要专门的计算机知识和语言,深受现场电气技术人员的欢迎。近年来又发展了面向对象的顺控流程图语言,也称功能图,使编程更加简单方便。

4) 功能完善,扩展能力强

PLC 中含有数量巨大的用于开关量处理的继电器类软元件,可轻松地实现大规模的开关量逻辑控制,这是一般的继电器控制不能实现的。PLC 内部具有许多控制功能,能方便地实现 D/A、A/D 转换及 PID 运算,实现过程控制、数字控制等功能。PLC 具有通信连网功能,它不仅可以控制一台单机、一条生产线,还可以控制一个机群、许多条生产线。它不但可以进行现场控制,还可以用于远程控制。

5) PLC 控制系统设计、安装、调试方便

PLC 中相当于继电接触器系统中的中间继电器、时间继电器、计数器等"软元件"数量巨大,硬件为模块化积木式结构,并已商品化,故可按性能、容量(输入、输出点数,内存大小)等选用组装。又由于用软件编程取代了硬接线实现控制功能,使安装接线工作量大大减小,设计人员只要有一台 PLC 就可进行控制系统的设计,并可在实验室进行模拟调试。而继电接触器系统需在现场调试,工作量大且繁琐。

6) 维修方便,维修工作量小

PLC 具有完善的自诊断、履历情报存储及监视功能,对于其内部工作状态、通信状态、异常状态和 I/O 点的状态,均有显示。工作人员通过它可查出故障原因,便于迅速处理、及时排除。

7) 结构紧凑、体积小、重量轻,易于实现机电一体化

由于 PLC 具有上述特点,使得 PLC 获得了极为广泛的应用。

4.2 PLC 组成及工作原理

4.2.1 PLC 的基本组成

PLC 从结构上可分为整体式和模块式两种,但其内部组成都是相似的。PLC 的基本组成包括 CPU 单元、存储器、输入/输出(I/O)单元、电源单元及编程器,如图 4-1 所示。

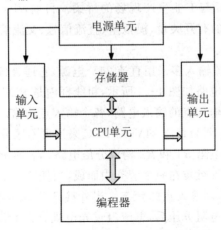

图 4-1 PLC 的基本组成

1. CPU 单元

CPU 是 PLC 的控制中枢，它是由运算器、控制器和寄存器等组成的。其中，运算器是执行算术、逻辑等运算的部件；控制器是用于控制 PLC 的工作部件。PLC 在 CPU 的控制下使整机有条不紊地协调工作，实现对现场各个设备的控制。在可编程序控制器中，CPU 主要完成下列工作：PLC 本身的自检；以扫描方式接收来自输入单元的数据和状态信息，并存入相应的数据存储区；执行监控程序和用户程序，进行数据和信息的处理；输出控制信号，完成用户指令规定的各种操作；响应外部设备（如编程器，可编程终端）的请求。

2. 存储器

可编程序控制器中的存储器主要用于存放系统程序、用户程序和工作状态数据。

1）系统程序存储区

系统程序存储区采用 PROM 或 EPROM 芯片存储器。由生产厂家直接存放的、永久存储的程序和指令，称为监控程序。监控程序与 PLC 的硬件组成及专用部件的特性有关，用户不能访问和随意修改这部分存储器的程序。

2）用户程序存储区

用户程序存储区用于存放用户经编程器输入的应用程序。如果用户程序放在随机存储器 RAM 中，为了防止电源掉电后程序丢失，PLC 中装有锂电池（在常温下锂电池的寿命可达 5 年），这样，PLC 掉电后，RAM 中的用户程序存储区就由锂电池供电。可将调试后无须再修改的用户程序写入 EPROM 或 EEPROM 可擦除只读存储器，这样用户程序可永久保存。用户程序存储器的容量一般代表 PLC 的标称容量，通常小型机小于 8KB，中型机小于 64KB，而大型机在 64KB 以上。

3）数据区

PLC 运行过程中工作数据是经常变化的，需要随机存取的一些数据一般不需要长久保存，因此采用随机存储器 RAM。数据区包括输入/输出数据映像区、内部工作区、定时器/计数器预置数和当前值等。

3. 输入/输出单元

PLC 的控制对象是工业生产设备，它与工业生产设备的联系是通过 I/O 单元实现的。生产过程中有许多控制变量，如开关量、继电器状态、温度、压力、液位、速度、电压等。因此，需要有相应的 I/O 单元作为 CPU 与工业生产现场的桥梁。目前，生产厂家已开发出各种型号的 I/O 单元供用户选择。常用的有开关量、模拟量、直流信号、交流信号等 I/O 单元。

1）PLC 的输入信号形式

（1）直流输入形式。直流输入多采用直流 24V 电源，它适合各种开关、继电器触点或直流供电的传感器等。直流输入电路如图 4-2 所示，粗线框内是 PLC 内的输入电路，粗线框外为外部接线。图中只画出一个输入点的输入电路，各个输入点的输入电路均相同。

图 4-2 中输入信号的电源为直流 24V，对 PLC 来说可不区分输入电源的极性，而由传感器来决定电源极性的接法。电阻 $R1$ 和 $R2$ 构成分压电路，V_1 是光电耦合器，是将两个反向并联的发光二极管与光敏三极管封装在一个管壳中而成，当任意一个发光二极管亮时，都可使光敏三极管导通。V_2 用于显示该输入点的状态。当外接开关 S 闭合时，24V 直流电压加在 IN（输入）和 COM（公共）端，经电阻分压后，电流流过光电耦合器的发光二极管，二极管亮，使光敏三极管导通，将信号送入内部电路，同时 V_2 亮，表示该输入点接通。当开关 S 断开时，没有

电流流过光电耦合器,无信号进入内部电路,此时 V₂ 暗,表示该输入点断开。这样,外部开关的通和断就转换成 PLC 内部的逻辑信号,供执行程序时使用。

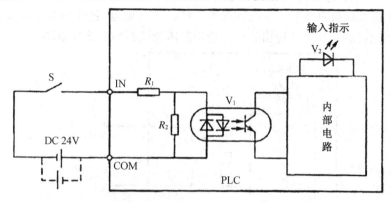

图 4 - 2　PLC 的直流输入电路

(2) 交流输入形式。交流输入大多采用交流 110V 或 220V 电源供电,适用于远距离的开关及强电开关等。交流输入电路如图 4 - 3 所示,粗线框内是 PLC 内的输入电路,粗线框外为外部接线。图中只画出一个输入点的输入电路,各个输入点的输入电路均相同。图中输入信号的电源为交流 110V,电容 C 用于隔直流(交流电可通过),电阻 R_1 和 R_2 构成分压电路,V₁是光电耦合器,V₂用于显示该输入点的状态。当外接开关 S 闭合时,110V 交流电压加在 IN和 COM 端,经过电容 C、电阻 R 降压后,电流流过光电耦合器,将信号送入内部电路。

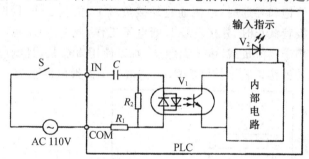

图 4 - 3　PLC 的交流输入电路

(3) 模拟量输入形式。在工业生产过程控制中,经常要对各种随时间连续变化的非电模拟量(如温度、压力、流量、液位等)进行检测和控制,而各种非电模拟量要先经过传感器或变送器转换成直流电流或电压模拟量,然后再输入 PLC。PLC 的模拟量输入电路一般要求:电流型的直流 4～20mA,电压型的直流 0～10V 或 1～5V 等。

2) PLC 的输出信号形式

PLC 的输出形式有开关量输出和模拟量输出两种,其中开关量输出又分为继电器输出、晶体管输出、晶闸管输出 3 种形式。

(1) 继电器输出电路。PLC 的继电器输出电路如图 4 - 4 所示,粗线框内是 PLC 的输出电路,粗线框外为外部接线。图中只画出一个输出点的输出电路,各个输出点的输出电路均相同。图中的输出元件采用小型直流继电器 K,发光二极管 VD 用做该输出点状态指示。当PLC 输出接口电路中的继电器 K 线圈得电时,其触点闭合,电流通过外接负载 L,负载工作,同时 VD 亮,表示该输出点接通。当继电器 K 失电时,其触点断开,外接负载 L 断电不工作,此时 VD 暗,表示该输出点断开。继电器输出电路无论对直流负载或交流负载都适用,使用方便,负载电流可达 2A,可直接驱动电磁阀线圈。但因为有触点,使用寿命不够长,所以在需要输出点频繁通断的场合(如脉冲输出等),应选用晶体管或晶闸管输出电路。

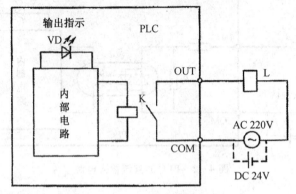

图 4-4　PLC 的继电器输出电路

(2) 晶体管输出电路。PLC 的晶体管输出电路如图 4-5 所示,粗线框内是 PLC 内的输出电路,粗线框外为外部接线。图中只画出一个输出点的输出电路,各个输出点的输出电路均相同。图中 PLC 内的输出元件采用晶体三极管 VT,VD_1 为保护二极管,FU 为快速熔断器,用于防止负载短路时损坏输出电路。发光二极管 V_3 用做该输出点状态指示。当 PLC 输出接口电路中的晶体三极管饱和导通时,电流通过外接负载 L,负载工作,同时 VD_2 亮,表示该输出点接通。当晶体三极管截止时,外接负载 L 断电不工作,此时 VD_2 暗,表示该输出点断开。晶体管输出电路仅适用于直流负载,由于无触点,所以使用寿命长,且响应速度快。但输出电流较小,约为 0.5A。若外接负载工作电流较大,需增加固态继电器驱动。

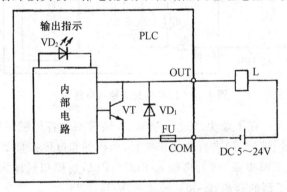

图 4-5　PLC 的晶体管输出电路

(3) 晶闸管输出电路。PLC 的晶闸管输出电路如图 4-6 所示,粗线框内是 PLC 内的输出电路,粗线框外为外部接线。图中只画出一个输出点的输出电路,各个输出点的输出电路均相同。图中 PLC 内的输出元件采用双向晶闸管 VT,R、C 构成阻容吸收保护电路,FU 为快速熔断器,用于防止负载短路时损坏输出电路。发光二极管 VD 用做该输出点状态指示。当 PLC 输出接口电路中的双向晶闸管导通时,电流通过外接负载 L,负载工作,同时 VD 亮,表示该输出点接通。当双向晶闸管截止时,外接负载 L 断电不工作,此时 VD 暗,表示该输出点断开。

晶闸管输出电路仅适用于交流负载,由于无触点,故使用寿命长。但 PLC 中的晶闸管输出电流不大,约 1A,可直接驱动电压 85～240V、工作电流 1A 以下的交流负载。若外接负载工作电流较大,需增加大功率晶闸管驱动。

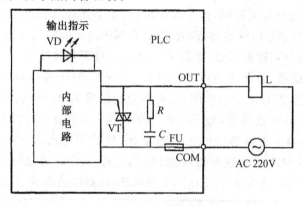

图 4－6　PLC 的晶闸管输出电路

(4) 模拟量信号输出。PLC 的模拟量信号输出用于控制工业生产过程控制仪表和模拟量的执行装置,如控制比例电磁阀阀门开度以控制流量。PLC 的模拟量输出方式可以是直流 4～20mA、直流 0～l0V 或 1～5V 等。

此外还有各种智能 I/O 单元,它本身带有 CPU,在 PLC 主 CPU 的协调管理下独立工作,使 PLC 的功能更加完善。智能 I/O 单元的种类很多,如温度控制单元、高速计数单元、运动控制单元、通信单元等。

4. 编程器

编程器是 PLC 的重要组成部分,可将用户编写的程序写入到 PLC 的用户程序存储区。因此,它的主要任务是输入、修改和调试程序,并可监视程序的执行过程。编程器还可以透过面板上的键盘和显示器测试 PLC 的内部状态和参数,实现人机对话。一编程器上有供编程用的各种功能键、显示器,以及编程、监控转换开关。编程器的键盘采用梯形图语言键盘符或指令语言助记符,也可采用软件指定的功能键符,通过对话方式编程。因此,编程器是 PLC 开发应用、检查维护不可缺少的部件。

编程器分为简易编程器和图形编程器两种。简易编程器体积小,携带方便,但只能用指令语句形式编程,且需联机编程,适合小型 PLC 的编程及现场调试。图形编程器功能强大,既可用于梯形图编程,又可用指令形式编程;可以联机编程,也可以脱机编程。

许多厂家对自己的 PLC 产品设计了计算机辅助编程支持软件。当个人计算机安装了 PLC 编程支持软件后;也可用做图形编程器,可以编辑、修改用户程序,进行计算机和 PLC 之间程序的相互传送,监控 PLC 的运行,并在屏幕上显示其运行状况,还可将程序储存在磁盘上,或打印出来。

5. 电源单元

PLC 的电源单元将交流电源转换成供 CPU、存储器等所需的直流电源,是整个 PLC 的能源供给中心。它的好坏直接影响到 PLC 的功能和可靠性。目前,大多数 PLC 采用高质量的开关稳压电源,其工作稳定性好,抗干扰能力也强。许多 PLC 的电源单元除了向 PLC 内部电路提供稳压电源外,还向外部提供直流 24V 的稳压电源,用于传感器的供电,从而简化外围配置。

4.2.2 PLC 的工作原理

1. 基本工作原理

PLC 工作原理虽与计算机相同,但在应用时,可不必用计算机的软硬件知识去作深入的分析,而只需将 PLC 看成是由继电器、定时器、计数器等组成的控制系统,从而将 PLC 等效成输入部分、程序控制部分和输出部分,如图 4-7 所示。按下外接按钮 SB1 或 SB2,输入继电器 00001 或 00003 线圈接通,其常开触点(图中用-‖-表示)00001 或 00003 闭合,使输出继电器 10000 接通并自锁,其常开触点 10000 闭合,外部的接触器 KM1 吸合。在 10000 线圈接通的伺时,定时器线圈 TIM000 也接通,经 5s(＃0050 表示 5s)延时后,定时时间到,其常开触点 TIM000 闭合。因此,输出继电器 10002 线圈接通,其常开触点 10002 闭合,外部的接触器 KM2 吸合。按下按钮 SB3,输入继电器 00005 线圈接通,其常闭触点(在图中用非表示)00005 断开,使输出继电器 10000 和定时器 TIM000 都断开,外部接触器 KM1 和 KM2 都断电。

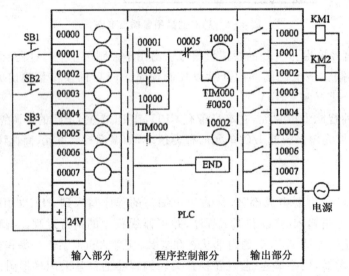

图 4-7　PLC 的等效工作电路

为了将不同的输入电压或电流信号转换成 PLC 内部 CPU 所能接收的电平信号,就要在输入部分加入变换器(即 PLC 的输入单元)。PLC 的程序控制部分由 CPU 和存储器等器件组成。为了使用方便,PLC 制造厂家为用户提供了适合于电器控制的逻辑部件,如软继电器、定时器、计数器等,同时也提供了描述这些逻辑器件之间关系的编程语言。

用户程序执行的结果提供了一系列需要的输出信号。要将程序部分输出的低电平信号转换成外部执行电器所需的电压或电流,输出部分也需要加入变换器(即 PLC 输出单元)。PLC 依照事先由编程器编制、输入的控制程序,扫描各输入端的状态,逐条扫描用户程序,最后输出驱动外部电器,从而达到控制的目的。

2. PLC 的循环扫描工作过程

PLC 采用循环扫描的方式工作。用户程序通过编程器输入并存放在 PLC 的用户程序存储区中,当 PLC 投入运行后,在系统程序的控制下,PLC 对用户程序进行逐条解释并加以执行,直到用户程序结束,然后返回程序的起始,又开始新一轮的执行。PLC 的这种工作方式称为循环扫描。PLC 循环扫描的工作过程按 4 个阶段进行,如图 4-8 所示。

　　1) 检查处理

　　检查处理以故障诊断为主,对 PLC 内部的存储器、I/O 部分、总线、电池等进行检查,如果发现故障,除了故障指示灯亮之外,还能判断故障性质:一般性故障,只报警不停机,等待处理;严重故障,停止运行用户程序,切断一切输出。

　　2) 执行用户程序

　　在这个阶段,PLC 逐条解释并执行存放在用户程序存储区中的用户程序。对用户以梯形图方式编写的程序,按照从左到右、从上到下的顺序逐一扫描,并从输入映像寄存器中取出上一次循环中读入的所有输入端的状态,从输出映像寄存器中取出各输出元件的状态,然后根据用户程序进行逻辑运算,并将结果再存入输出映像寄存器中,但这些结果在该阶段不会送到输出端。直到执行 END 指令才结束对用户程序的扫描。

　　3) 数据输入/输出

　　数据输入/输出操作也称为 I/O 刷新。在这个阶段,PLC 采集所有端子上的输入信号,并将这些信号存入输入映像寄存器中,供下一次循环执行用户程序时使用。在 PLC 扫描到其他阶段时,无论输入端信号如何变化,输入映像寄存器中的内容保持不变,直到下一个扫描周期的数据输入/输出阶段,才重新采集输入端的状态。该阶段 PLC 在采集输入信号的同时,还将输出映像寄存器中要输出的信号送到输出锁存器中,然后由锁存器驱动 PLC 的输出电路,最后成为 PLC 的实际输出,驱动外接电器。

　　4) 外设服务

　　如果有编程器、可编程终端等外部设备连接在 PLC 上,当这些外部设备有中断请求时,PLC 进入中断服务程序,服务外部设备命令的操作。如果没有外部设备命令,则系统会自动跳过该阶段,继续进行下一个循环扫描。

　　PLC 按上述 4 个阶段周期性地循环扫描,每扫描一次,用户程序就执行一次,且 I/O 数据刷新一次。PLC 完成一个循环的扫描过程称为一个扫描周期。由于 CPU 运行速度很快,所以 PLC 的扫描周期很短(约几毫秒),因此 PLC 对输入信号的采集是及时的,其输出信号可以满足控制要求。

图 4-8　PLC 循环扫描的工作过程

4.3 PLC 编程技术

4.3.1 PLC 编程语言

　　PLC 控制系统通常是以程序的形式来体现其控制功能的,所以在应用 PLC 时,必须按照用户所提供的控制要求进行程序设计,即使用某种 PLC 的编程语言将控制任务描述出来。目前,世界上各 PLC 生产厂家所采用的编程语言各不相同,但在表达方式上大体相似,基本上可分为梯形图语言、助记符语言、动能块图、顺序功能图(SFC)、结构文本(ST)等。其中,梯形图语言、指令助记符语言和功能块图是 PLC 最常用的编程语言。

PLC 编程语言,根据生产厂商和机型的不同而不同。由于目前没有统一的通用语言,所以在使用不同厂商的 PLC 时,同一种编程语言也有所不同。国际电工委员会(IEC)于 1994 年公布了 PLC 标准(IEC61131),标准定义了 5 种 PLC 编程语言:梯形图(Ladder Dia-gram,LAD)、语句表(StatementList,STL)、功能块图(Funchon Block Diagram,FBD)、结构化文本(Structured Text,ST)、顺序功能图(Sequentia lFunction Chart,SFC)。

1. 梯形图

梯形图(LAD)是在传统的电气控制系统电路图的基础上演变而来的,在形式上类似电气控制电路,由输入/输出触点、线圈或功能指令等组成。图 4-9 是典型的梯形示意图。

输入触点代表逻辑输入条件,输入触点有闭合、断开两种状态,它们表示输入变量。线圈一般是指输出继电器或 PLC 内部其他继电器的控制线圈,输出继电器线圈表示输出变量,输出触点会随着输出继电器线圈的状态变化而变化,从而控制 PLC 内部器件或外部用户负载电路的工作状态。梯形图中的功能指令可以大大增强用户程序的功能,使编程更容易。

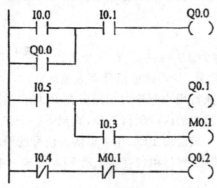

图 4-9 典型的梯形图

梯形图是用图形符号连接而成的,这些符号与继电器控制电路图中的常开触点、常闭触点、并联、串联、继电器线圈是相对应的,每个触点和线圈对应一个编号。由于梯形图具有形象、直观的特点,因此是目前用得最普通的一种 PLC 编程语言。

2. 语句表

语句是指令语句表(STL)编程语言的基本单元,每个控制功能由一个或多个语句组成的程序来执行。每条语句是规定 PLC 中 CPU 如何动作的指令,它是由操作码和操作数组成的。操作码用助记符表示,它表明 CPU 要完成的某种操作功能。操作数指出了为执行某种操作所用的元件或数据。

例如,图 4-9 的梯形图转换成语句表为:

LD I0.0

O Q0.0

A I0.1

```
 =   Q0.1
LD   I0.5
 =   Q0.1
 A   I0.3
 =   M0.1
LDN  I0.4
AN   M0.1
 =   Q0.2
```

　　PLC 语句表类似计算机的汇编语言,但是比汇编语言更容易掌握。语句表编程方法一般应用于不能配带图形显示器的简易编程器。

3. 功能块图

　　功能块图(FBD)编程语言实际上是以逻辑功能符号组成功能块来表达命令的图形语言,与数字电路中的逻辑图一样,它极易表现条件与结果之间的逻辑功能。

　　功能块图使用类似"与门"、"或门"的方框来表示逻辑运算关系。方框左侧为输入变量,右侧为输出变量,输入/输出端的小圆圈表示"非"运算,方框由导线连接,信号沿着导线自左向右流动,如图 4 - 10 所示。

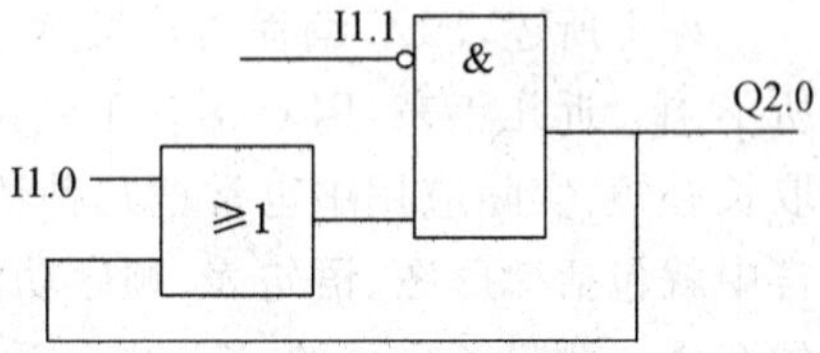

图 4 - 10　功能块

4. 顺序功能图

　　顺序功能图(SFC)又叫做状态转移图,是一种新颖的、按照工艺流程图进行编程的图形编程语言。这是一种 IEC 标准推荐的首选编程语言,近年来在 PLC 编程中已经得到了普及和推广,一个完整的 SFC 程序由初始状态步、方向线、转移条件和与状态对应的动作组成。

　　如图 4 - 11 所示,SFC 程序的运行从初始步开始,每次转换条件成立时执行下一步,在遇到 END 步时结束向下运行。

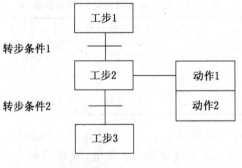

图 4 - 11　顺序功能

SFC 编程的优点如下:

　　(1) 在程序中可以很直观地看到设备的动作顺序。使用 SFC 比较容易读懂程序,因为程序按照设备的动作顺序进行编写,规律性较强。

　　(2) 在设备故障时能够很容易地查找出故障所在的位置。

　　(3) 不需要复杂的互锁电路,更容易设计和维护系统。

5. 结构化文本

结构化文本(ST)是一种高级的文本语言,可以用来描述功能,功能块和程序的行为,还可以在顺序功能流程图中描述步、动作和转变的行为。

结构化文本(ST)语言表面上与 PASCAL 语言很相似,但它是一个专门为工业控制应用开发的编程语言,具有很强的编程能力,用于对变量赋值、回调功能和功能块、创建表达式、编写条件语句和迭代程序等。结构化文本(ST)非常适合应用在有复杂的算术计算的应用中。比如,一个起保停梯形图,用语句表示为:

LDSTART
OLAMP
ANSTOP
＝LAMP

用 ST(结构化文本)表示就是:

LAMP:. ＝(STARtl'ORLAMP)ANDNOT(L}UVIP)

综上所述,PLC 编程语言虽然分为 5 类,但由于生产厂商不同,即便同一种编程语言也有所不同。近几年来,PLC 语言不断发展,发展的一个趋势是一种 PLC 支持多种编程语言,以便取长补短,实际应用中也常把几种语言结合起来使用。例如三菱公司的 Q 系列 PLC 编程语言中就包括梯形图、语句表、顺序功能图、结构化文本等多种编程方法,并能自动进行几种语言的互译。西门子公司的 S7－200 系列也支持多种编程语言。

当前,主要的 PLC 编程语言是梯形图和语句表。因此,本书将在后面的章节中详细介绍这两种编程语言。

4.3.2 PLC 编程基础

梯形图便是以图形符号及图形符号在图中的相互关系表示控制关系的编程语言,是从继电器电路图演变而来的。两者部分符号对应关系如表 4－1 所示。

表 4－1　继电器和梯形图符号对应关系

符号名称	继电器电路符号	梯形图符号
常开触点	─／─	─┤├─
常闭触点	─／─	─┤╱├─
线圈	─▭─	─◯─

根据输入输出接线圈可设计出异步电动机点动运行的梯形图,如图 4－12(a)所示。工作过程分析如下:当按下 SB1 时,输入继电器 X0 得电,其常开触点闭合,因为异步电动机未过热,热继电器常开触点不闭合,输入继电器 X2 不接通,其常闭触点保持闭合,则此时输出继电器 Y0 接通,进而接触器 KM 得电,其主触点接通电动机的电源,则电动机起动运行。当松开按钮 SB1 时,X0 失电,其触点断开,Y0 失电,接触点 KM 断电,电动机停止转动,即本梯形图可实现点动控制功能。

图 4－12(b)为电动机连续运行的梯形图,其工作过程分析如下:当 SB 1 被按下时 X0 接通,Y0 置 1,这时电动机连续运行。需要停车时,按下停车按钮 SB 2,串联于 Y0 线圈回路中的 X1 的常闭触点断开,Y0 置 0,电机失电停车。

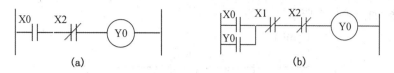

图 4 - 12　电机控制电路

梯形图 4 - 12(b)称为启-保-停电路。这个名称主要来源于图中的自保持触点 Y0。并联在 X0 常开触点上的 Y0 常开触点的作用是当钮 SB 1 松开,输入继电器 X0 断开时,线圈 Y0 仍然能保持接通状态。工程中把这个触点叫做"自保持触点"。启-保-停电路是梯形图(见图 4 - 13)中最典型的单元,它包含了梯形图程序的全部要素。它们是:

(1)事件:每一个梯形图支路都针对一个事件。事件输出线圈(或功能框)表示,本例中为 Y0 。

(2)事件发生的条件　梯形图支路中除了线圈外还有触点的组合,使线圈置 1 的条件即是事件发生的条件,本例中为起动按钮 X0 置 1 。

(3)事件得以延续的条件　触点组合中使线圈置 1 得以持久的条件。本例中为与 X0 并联的 Y0 的自保持触点。

(4)事件终止的条件　触点组合中使线圈置 1 中断的条件。本例为 X1 的常闭触点断开。

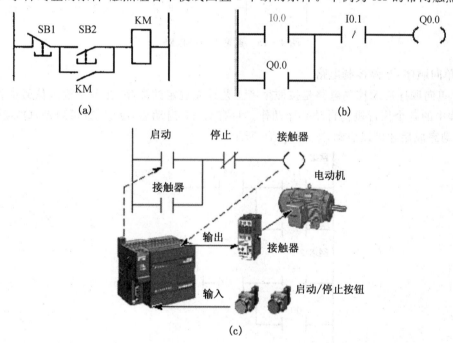

图 4 - 13　S7-200 所接输入/输出设备图与 S7-200 梯形图关系

(a) 电动机启、停控制电路;(b) 电动机启、停控制梯形图;(c) 电机控制实际电路连接;

4.3.3 PLC 基本电路编程

1. 单输出自锁控制电路

启动信号 I0.0 和停止信号 I0.1 持续为 ON 的时间一般都短。该电路最主要的特点是具有"记忆"功能,如图 4 – 14 所示。

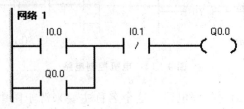

图 4 – 14 单输出自锁电路

2. 多输出自锁控制电路(置位、复位)

多输出自锁控制即多个负载自锁输出,有多种编程方法,可用置位、复位指令,如图 4 – 15 所示。

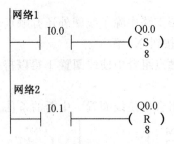

图 4 – 15 多输出自锁电路

3. 单向顺序启\停控制电路

(1)单向顺序启动控制电路是按照生产工艺预先规定的顺序,在各个输入信号的作用下,生产过程中的各个执行机构自动有序动作。只有 Q0.0 启动后,Q0.1 方可启动,Q0.2 必须在 Q0.1 启动完成后才可以启动,如图 4 – 16 所示。

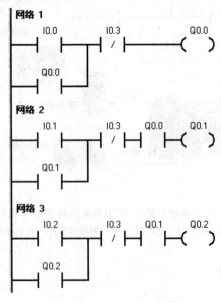

图 4 – 16 单向顺序启动电路

（2）单向顺序停止控制电路就是要求按一定顺序停止已经执行的各机构。只有 Q0.2 被停止后才可以停止 Q0.1,若想停止 Q0.0,则必须先停止 Q0.1。I0.4 为急停按钮,如图 4 - 17 所示。

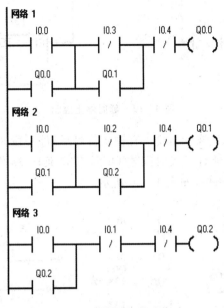

图 4 - 17　单向顺序停止电路

4. 延时启\停控制电路

（1）延时启动控制:设计延时启动程序,要利用中间继电器(内部存储器 M)的自锁状态使定时器能连续计时。定时时间到,其常开触点动作,使 Q0.0 动作,如图 4 - 18 所示。

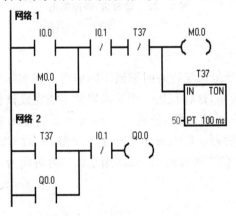

图 4 - 18　延时启动控制

（2）延时停止控制:定时时间到,延时停止。I0.0 为启动按钮、I0.1 为停止按钮,如图 4 - 19 所示。

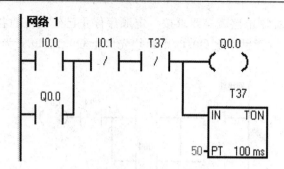

图 4-19 延时停止控制

(3) 延时启\停控制电路：该电路要求有输入信号后，停一段时间输出信号才为 ON；而输入信号 OFF 后，输出信号要延时一段时间才 OFF。T37 延时 3s 作为 Q0.0 的启动条件，T38 延时 5 s 作为 Q0.0 的关断条件，如图 4-20 所示。

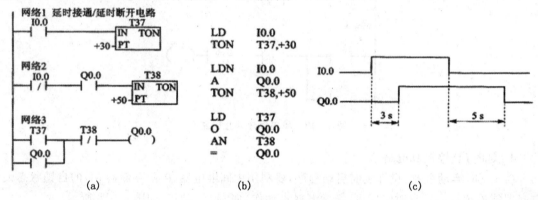

图 4-20 延时启\停控制电

(a) 梯形图；(b)语句表；(c) 时序图

5. 超长定时控制电路

S7-200 PLC 中的定时器最长定时时间不到 1 h，但在一些实际应用中，往往需要几小时甚至几天或更长时间的定时控制，这样仅用一个定时器就不能完成该任务。

下例表示在输入信号 I0.0 有效后，经过 10 h 30 min 后将输出 Q0.0 置位。T37 每分钟产生一个脉冲，所以是分钟计时器。C21 每小时产生一个脉冲，故 C21 为小时计时器。当 10 h 计时到时，C22 为 ON，这时 C23 再计时 30 min，则总的定时时间为 10 h 30 min，Q0.0 置位成 ON，如图 4-21 所示。

4.3.4 梯形图编程规则

(1)"输入继电器"的状态由外部输入设备的开关信号驱动，程序不能随意改变它。

(2)梯形图中同一编号的"继电器线圈"只能出现一次，通常不能出现，但是它的触点可以无限次地重复使用，如图 4-22 所示。

(3)几个串联支路相并联，应将触点多的支路安排在上面；几个并联回路的串联，应将并联支路数多的安排在左面。按此规则编制的梯形图可减少用户程序步数，缩短程序扫描时间，如图 4-23 所示。

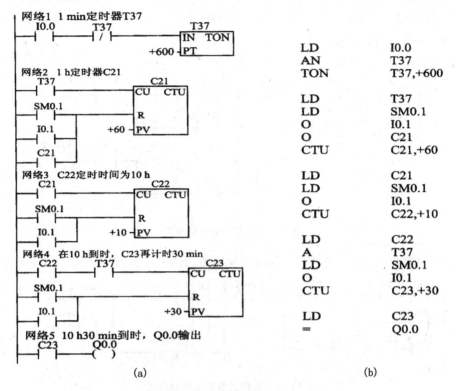

图 4 - 21　超长延时控制

(a) 梯形图；(b) 语句表

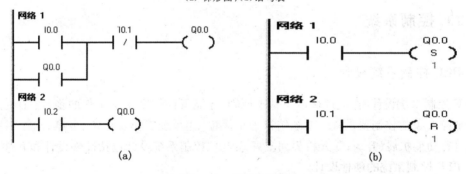

图 4 - 22　继电器线圈

(a) 不能双线圈输出；(b) 双线圈输出

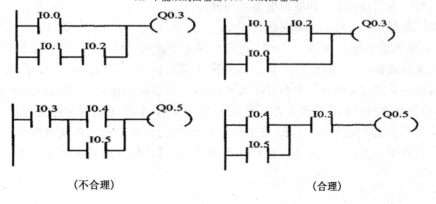

图 4 - 23　串联支路并联原则

（4）程序的编写按照从左至右、自上至下的顺序排列。一个梯级开始于左母线，终止于右母线，线圈与右母线直接相连。

① 桥式电路必须修改后才能画出梯形图，如图 4 - 24 所示。

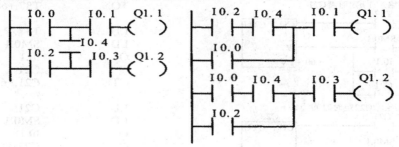

图 4 - 24　桥式电路梯形图

② 非桥式复杂电路必须修改后才能画出梯形图，如图 4 - 25 所示。

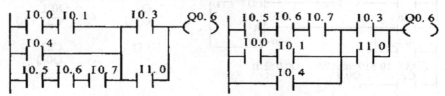

图 4 - 25　非桥式复杂电路梯形图

4.4 PLC 控制系统

4.4.1 PLC 控制系统设计

PLC 控制系统设计时，应遵循以下基本原则，才能保证控制系统工作的稳定：①最大限度地满足被控对象的控制要求；② 系统结构力求简单；③系统工作要稳定、可靠；④控制系统能方便地进行功能扩展、升级；⑤人机界面友好。PLC 控制系统设计包括硬件设计和软件设计。

1. PLC 控制系统的硬件设计

硬件设计是 PLC 控制系统至关重要的一个环节，关系着 PLC 控制系统运行的可靠性、安全性、稳定性。主要包括输入和输出电路两部分。

1) PLC 控制系统的输入电路设计

PLC 供电电源一般为 AC85~240V，适应电源范围较宽，但为了抗干扰，应加装电源净化元件（如电源滤波器、1∶1 隔离变压器等）；隔离变压器也可以采用双隔离技术，即变压器的初、次级线圈屏蔽层与初级电气中性点接大地，次级线圈屏蔽层接 PLC 输入电路的地，以减小高低频脉冲干扰。PLC 输入电路电源一般应采用 DC24V，其带负载时要注意容量，并作好防短路措施，这对系统供电安全和 PLC 安全至关重要，因为该电源的过载或短路都将影响 PLC 的运行，一般选用电源的容量为输入电路功率的两倍，PLC 输入电路电源支路加装适宜的熔丝，防止短路。

2）PLC 控制系统的输出电路设计

依据生产工艺要求,各种指示灯、变频器/数字直流调速器的启动停止应采用晶体管输出,它适应于高频动作,并且响应时间短;如果 PLC 系统输出频率为每分钟 6 次以下,应首选继电器输出,采用这种方法,输出电路的设计简单,抗干扰和带负载能力强。如果 PLC 输出带电磁线圈等感性负载,负载断电时会对 PLC 的输出造成浪涌电流的冲击,为此,对直流感性负载应在其旁边并接续流二极管,对交流感性负载应并接浪涌吸收电路,可有效保护 PLC。当 PLC 扫描频率为 10 次/min 以下时,既可以采用继电器输出方式,也可以采用 PLC 输出驱动中间继电器或者固态继电器(SSR),再驱动负载。对于两个重要输出量,不仅在 PLC 内部互锁,建议在 PLC 外部也进行硬件上的互锁,以加强 PLC 系统运行的安全性、可靠性。

3）PLC 控制系统的抗干扰设计

随着工业自动化技术的日新月异的发展,晶闸管可控整流和变频调速装置使用日益广泛,这带来了交流电网的污染,也给控制系统带来了许多干扰,防干扰是 PLC 控制系统设计时必须考虑的问题。

2. PLC 控制系统的软件设计

在进行硬件设计的同时可以着手软件的设计工作。软件设计的主要任务是根据控制要求将工艺流程图转换为梯形图,这是 PLC 应用的最关键的问题,程序的编写是软件设计的具体表现。在控制工程的应用中,良好的软件设计思想是关键,优秀的软件设计便于工程技术人员理解掌握、调试系统与日常系统维护。

1）PLC 控制系统的程序设计思想

由于生产过程控制要求的复杂程度不同,可将程序按结构形式分为基本程序和模块化程序。

基本程序:既可以作为独立程序控制简单的生产工艺过程,也可以作为组合模块结构中的单元程序。依据计算机程序的设计思想,基本程序的结构方式只有 3 种:顺序结构、条件分支结构和循环结构。

模块化程序:把一个总的控制目标程序分成多个具有明确子任务的程序模块,分别编写和调试,最后组合成一个完成总任务的完整程序。这种方法叫做模块化程序设计。建议经常采用这种程序设计思想,因为各模块具有相对独立性,相互连接关系简单,程序易于调试修改。特别是用于复杂控制要求的生产过程。

2）PLC 控制系统的程序设计要点

PLC 控制系统 I/O 分配,依据生产流水线从前至后,I/O 点数由小到大;尽可能把一个系统、设备或部件的 I/O 信号集中编址,以利于维护。定时器、计数器要统一编号,不可重复使用同一编号,以确保 PLC 工作运行的可靠性。

程序中大量使用的内部继电器或者中间标志位(不是 I/O 位),也要统一编号,进行分配。在地址分配完成后,应列出 I/O 分配表和内部继电器或者中间标志位分配表。彼此有关的输出器件,如电机的正/反转等,其输出地址应连续安排,如 Q2.0/Q2.1 等。

PLC 程序设计的原则是逻辑关系简单明了,易于编程输入,少占内存,减少扫描时间,这是 PLC 编程必须遵循的原则。

3）PLC 控制系统设计的几点技巧

PLC 各种触点可以多次重复使用,无需用复杂的程序来减少触点使用次数。同一个继电器线圈在同一个程序中使用两次称为双线圈输出,双线圈输出容易引起误动作,在程序中尽量要避免线圈重复使用。如果必须是双线圈输出,可以采用置位和复位操作。如果要使 PLC 多个输出为固定值 1(常闭),可以采用字传送指令完成,例如 Q2.0、Q2.3、Q2.5、Q2.7 同时都为 1,可以使用一条指令将十六进制的数据 0A9H 直接传送给 QW2 即可。对于非重要设备,可以通过硬件上多个触点串联后再接入 PLC 输入端,或者通过 PLC 编程来减少 I/O 点数,节约资源。例如:使用一个按钮来控制设备的启动/停止,就可以采用二分频来实现。模块化编程思想的应用:可以把正反自锁互锁转程序封装成为一个模块,正反转点动封装成为一个模块,在 PLC 程序中可以重复调用该模块,不但减少编程量,而且减少内存占用量,有利于大型 PLC 程序的编制。PLC 控制系统的设计是一个步骤有序的系统工程,要想做到熟练自如,需要反复设计和实践。

4.4.2 PLC 控制系统与继电器控制系统的比较

1) 组成的器件不同

继电器控制系统是由许多硬件继电器组成的,而 PLC 则是由许多"软继电器"组成的,这些"软继电器"实质上是存储器中的触发器,它们可以置"0"或置"1"。

2) 触点的数量不同

继电器的触点数较少,一般只有 4~8 对。触发器的状态可取用任意次,因此"软继电器"可供编程的触点有无限对。

3) 控制方法不同

继电器控制功能是通过元件间的硬接线来实现的,控制功能就固定在电路中,一旦改变生产工艺过程,就必须重新配线,适应性较差。而且其体积庞大,安装、维修均不方便。PLC 控制功能是通过软件编程来实现的,只要改变程序,功能即可改变,控制很灵活。

4) 工作方式不同

在继电器控制线路中,当电源接通时,线路中各继电器都处于受制约状态。在 PLC 梯形图中,各"软继电器"都处于周期性循环扫描接通中,受制约接通的时间短暂。也就是说,继电器控制的工作方式是并行的,而 PLC 的工作方式是串行的。PLC 控制系统与继电器控制系统的比较见表 4-2。

表 4-2　PLC 控制系统与继电器控制系统的比较

项　目	继电器控制	PLC 控制
控制功能的实现	继电器控制	程序控制
对工艺变更的适应性	改变继电器接线	修改程序
控制速度	触点机械工作较慢	电子器件速度快
安装调试	连线多、调试麻烦	安装容易,调试方便
可靠性	触点多、可靠性差	PLC 内部无触点、可靠性高
寿命	短	长
可扩展性	难	容易
维护	工作量大、故障不易查找	有 I/O 指示和自诊断、维护方便

4.4.3 PLC 控制系统与 IPC 控制系统的比较

　　IPC 是在以往计算机与大规模集成电路的基础上发展起来的,其硬件结构总线标准化程度高,品种兼容性强,软件资源丰富,有实时操作系统的支持;在要求快速、实时性强、模型复杂的工业控制中占有优势。但是,使用 IPC 的人员技术水平要高,一般应具有一定的计算机专业知识。另外,IPC 在整机结构上尚不能适应恶劣的工作环境,因此不如 PLC 那样容易推广。

　　PLC 结构上采用整体密封或插件组合型,并采用了一系列抗干扰措施,在工业现场有很高的可靠性。PLC 采用梯形图语言编程,使熟悉电器控制的技术人员易学易懂,易于推广。

　　但是,PLC 的工作方式不同于 IPC,计算机的很多软件还不能直接应用。此外,PLC 的标准化程度低,各厂家的产品不通用。PLC 控制系统与工业计算机控制系统的比较见表 4-3。

表 4-3　PLC 控制系统与计算机控制系统的比较

项　　目	工业计算机控制	PLC 控制
工作目的	科学计算、数据管理	工业控制
工作环境	空调房	工业现场
工作方式	中断方式	扫描方式
系统软件	需要强大的系统软件支持	只需简单的监控程序
采用的特殊措施	断电保护	抗干扰、掉电保护、自诊断等
编程语言	汇编语言、高级语言	梯形图、助记符
对使用者要求	具有一定的计算机基础	短期培训即可使用
对内存要求	容量大	容量小
其他		I/O 模块多,容易构成控制系统

　　随着 PLC 功能的不断增强并越来越多地采用计算机技术,工业计算机为了适应用户需要,向提高可靠性、耐用性与便于维修的方向发展,两者间相互渗透,差异越来越小。它们将继续共存,在一个控制系统中,使 PLC 集中在功能控制上,工业计算机集中在信息处理上,各显神通。

4.5　PLC 主要产品介绍

4.5.1　PLC 主流产品

　　世界上 PLC 产品可按地域分成三大流派:美国产品、欧洲产品和日本产品。美国和欧洲的 PLC 技术是在相互隔离情况下独立研究开发的,因此美国和欧洲的 PLC 产品有明显的差异性。而日本的 PLC 技术是由美国引进的,对美国的 PLC 产品有一定的继承性。美国和欧洲以大中型 PLC 而闻名,而日本则以小型 PLC 著称。

　　1) 美国 PLC 产品

　　美国是 PLC 生产大国,有 100 多家 PLC 厂商,著名的有 A-B 公司、通用电气(GE)公司、莫迪康(MODICON)公司、德州仪器(TI)公司、西屋公司等。其中,A-B 公司是美国最大的

PLC 制造商,其产品约占美国 PLC 市场的一半。

　　A-B 公司产品规格齐全、种类丰富,其主推的大、中型产品是 PLC-5 系列。该系列为模块式结构,当 CPU 模块为 PLC-5/10、PLC-5/12、PLC-5/15、PLC-5/25 时,属于中型 PLC,I/O 点配置范围为 256～1024 点;当 CPU 模块为 PLC-5/11、PLC-5/20、PLC-5/30、PLC-5/40、PLC-5/60、PLC-5/40L、PLC-5/60L 时,属于大型 PLC,I/O 点最多可配置到 3 072 点。该系列中,PLC-5/250 功能最强,最多可配置到 4 096 个 I/O 点,具有强大的控制和信息管理功能。大型机 PLC-3 最多可配置到 8 096 个 I/O 点。A-B 公司的小型 PLC 产品有 SLC500 系列等。

　　GE 公司的代表产品是:①小型机 GE-1、GE-1/J、CE-1/P 等,除 GE-1/J 外,均采用模块结构。GE-1 用于开关量控制系统,最多可配置到 112 个 I/O 点。GE-1/J 是更小型化的产品,其 I/O 点最多可配置到 96 点。GE-1/P 是 GE-1 的增强型产品,增加了部分功能指令(数据操作指令)、功能模块(A-D、D-A 等)、远程 I/O 功能等,其 I/O 点最多可配置到 168 点。②中型机 GE-Ⅲ,它比 GE-1/P 增加了中断、故障诊断等功能,最多可配置到 400 个 I/O 点。③大型机 GE-V,它比 GE-Ⅲ增加了部分数据处理、表格处理和子程序控制等功能,并具有较强的通信功能,最多可配置到 2 048 个 I/O 点。GE-Ⅵ/P 最多可配置到 4 000 个 I/O 点。

　　德州仪器(TI)公司的小型 PLC 产品有 510、520 和 TI100 等,中型 PLC 产品有 TI300 等,大型 PLC 产品有 PM550、530、560、565 等系列。除 TI100 和 TI300 无联网功能外,其他 PLC 都可实现通信,构成分布式控制系统。

　　莫迪康(MODICON)公司有 M84 系列 PLC。其中,M84 是小型机,具有模拟量控制、与上位机通信功能,最多可配置 112 个 I/O 点;M484 是中型机,其运算功能较强,可与上位机通信,也可与多台联网,最多可配置 512 个 I/O 点;M584 是大型机,其容量大、数据处理和网络能力强,最多可配置 8 192 个 I/O 点;M884 是增强型中型机,它具有小型机的结构、大型机的控制功能,主机模块配置两个 RS-232C 接口,可方便地进行连网通信。

　　2)欧洲 PLC 产品

　　德国的 SIEMENS 公司、AEG 公司、法国的 TE 公司都是欧洲著名的 PLC 制造商。SIEMENS 公司的产品以性能精良而久负盛名。在中、大型 PLC 产品领域与 A-B 公司齐名。

　　SIEMENS 公司 PLC 主要产品是 S7 系列,其中 S7-200 为小型机,采用整体式结构,内置最大 I/O 点数为 40,具有较强的通信能力,提供许多专用的特殊功能模块,可扩展 2～7 个模块,适合于机电一体化设备的控制或小规模的控制系统;S7-300 为中型机,采用模块式结构,各种单独的模块之间可进行组合,最多可扩展 32 个模块,常用于大型机电一体化设备的控制,能满足中等性能要求的应用;S7-400 为大型机,采用模块式结构,具有较强的网络通信功能,配有多种通用功能的模块,最多可扩展 300 多个模块,可组合成不同的专用系统,用于大型自动化生产过程、分布式控制系统等。

　　3)日本 PLC 产品

　　日本的小型 PLC 最具特色,在小型机领域中颇具盛名,有些用欧美的中型机或大型机才能实现的控制,日本的小型机就可以解决。在开发较复杂的控制系统方面明显优于欧美的小型机,所以格外受用户欢迎。日本有许多 PLC 制造商,如三菱、欧姆龙、松下、富士、日立、东芝等,在世界小型 PLC 市场上,日本产品约占有 70% 的份额。

　　三菱 PLC 是较早进入中国市场的产品。其小型机 F1/F2 系列是 F 系列的升级产品,早期在我国的销量也不小。F1/F2 系列加强了指令系统,增加了特殊功能单元和通信功能,比 F

系列有了更强的控制能力。继 Fl/F2 系列之后,20 世纪 80 年代未,三菱公司又推出 FX 系列,在容量、速度、特殊功能和网络功能等方面都有了全面的加强。FX2 系列是在 20 世纪 90 年代开发的整体式高功能小型机,它配有各种通信适配器和特殊功能单元。推出的 FX2N 高功能整体式小型机,是 FX2 的换代产品,各种功能都有了全面的提升。近年来,三菱公司还不断推出满足不同要求的微型 PLC,如 FXOS、FXIS、FXON、FXIN 及 A 系列等产品。三菱公司的大中型机有 A 系列、QnA 系列、Q 系列,具有丰富的网络功能,I/O 点数可达 8192 点。其中,Q 系列具有超小的体积、丰富的机型、灵活的安装方式、双 CPU 协同处理功能、多存储器和远程口令等特点,是三菱公司现有最高性能的 PLC。

欧姆龙(OMRON)公司的 PLC 产品,大、中、小、微型规格齐全。微型机以 SP 系列为代表,其体积极小、速度极快。小型机有 P 型、H 型、CPM1A 系列、CPM2A 系列、CPM2C 和 CQM1 等。P 型机现已被性价比更高的 CPM1A 系列所取代,CPM2A/2C、CQM1 系列内置 RS-232C 接口和实时实时时钟,并具有软 PID 功能,CQM1H 是 CQM1 的升级产品。中型机有 C200H、C200HS、C200HX、C200HG、C200HE 和 CS1 系列。C200H 是前些年畅销的高性能中型机,包括配置齐全的 I/O 模块和高功能模块,具有较强的通信和网络功能。C200HS 是 C200H 的升级产品,指令系统更丰富,网络功能更强。C200HX/HG/HE 是 C200HS 的升级产品,有 1 148 个 I/O 点,其容量是 C200HS 的 2 倍,速度是 C200HS 的 3.75 倍,有品种齐全的通信模块,是适应信息化的 PLC 产品。CS1 系列具有中型机的规模、大型机的功能,是一种极具推广价值的新机型。大型机有 C1000H、C2000H、CV(CV500/CV1000/ CV2000/CVM1)等。C1000H、C2000H 可单机或双机热备运行,安装带电插拔模块,C2000H 可在线更换 I/O 模块;CV 系列中除 CVM1 外,均可采用结构化编程,易读、易调试,并具有更强大的通信功能。.

松下公司的 PLC 产品中,FP0 为微型机,FP1 为整体式小型机,FP3 为中型机,FP5/ FP10、FP10S(FP10 的改进型)、FP20 为大型机,其中 FP20 是最新产品。松下公司近几年 PLC 产品的主要特点是:指令系统功能强;有的机型还提供可以用 FP-BASIC 语言编程的 CPU 及多种智能模块,为复杂系统的开发提供了软件手段;FP 系列各种 PLC 都配置通信机制,由于它们使用的应用层通信协议具有一致性,这给构成多级 PLC 网络和开发 PLC 网络应用程序带来方便。

4.5.2 西门子 PLC 简介

德国西门子公司生产的 PLC 在我国应用相当广泛,在冶金、化工、印刷生产线等领域都有应用。其产品可分为微型 PLC(S7-200 系列)、中型 PLC(S7-300 系列)和大型 PLC(S7-400 系列)三个系列。而前两个系列在我国的应用尤为广泛,因此,本单元将对前两个系列的 PLC,即 S7-200 系列和 S7-300 系列作一个简单的介绍,便于读者深入了解和应用。

1. S7-200 系列 PLC

1) S7-200 系列 PLC 的组成

S7-200PLC 包含了一个单独的 S7-200CPU 模块和各种可选择的扩展模块,并配以编程器和存储卡,可以十分方便地组成不同规模的控制器。其控制规模可以从几点到几百点。S7-200PLC 可以方便地组成 PLC-PLC 网络和微机-PLC 网络,从而完成规模更大的工程。S7-200 的编程软件 STEP7-Micro/WIN32 可以方便地在 Windows 环境下对 PLC 进行编程、调试、监控,使得 PLC 的编程更加方便、快捷,可以完美地满足各种小规模控制系统的要求。

(1)基本单元。S7-200 有 4 种型号的 CPU 基本单元,其性能差异很大。这些性能直接影响 PLC 的控制规模和 PLC 系统的配置。S7-200 系列 PLC 有 4 种不同的基本型号共 6 种 CPU 供选择使用,各种 CPU 基本单元的输入/输出点数的分配见表 4-4。

表 4-4 各种 CPU 基本单元的输入/输出点数的分配

CPU	系列描述	可带扩展模块数	选型型号
CPU221	DC/DC/DC;6 点输入/4 点输出		6ES7 211-0AA23-0XB0
	AC/DC/继电器;6 点输入/4 点输出		6ES7 211-0BA23-0XB0
CPU222	DC/DC/DC;8 点输入/6 点输出	2 个扩展模块 78 路数字量 I/O 点或 10 路模拟量 I/O 点	6ES7 212-1AB23-0XB0
	AC/DC/继电器;8 点输入/6 点输出		6ES7 212-1BB23-0XB0
CPU224	DC/DC/DC;14 点输入/10 点输出	7 个扩展模块 168 路数字量 I/O 点或 35 路模拟量 I/O 点	6ES7 214-1AD23-0XB0
	AC/DC/继电器;14 点输入/10 点输出		6ES7 214-1BD23-0XB0
CPU224XP	DC/DC/DC;14 点输入/10 点输出;2 输入/1 输出共 3 个模拟量 I/O 点		6ES7 214-2BD23-0XB0
	AC/DC/继电器;14 点输入/10 点输出;2 输入/1 输出共 3 个模拟量 I/O 点		6ES7 214-2AD23-0XB0
CPU226	DC/DC/DC;24 点输入/16 点晶体管输出	2 个扩展模块 248 路数字量 I/O 点或 35 路模拟量 I/O 点	6ES7 216-2AD23-0XB0
	AC/DC/继电器;24 点输入/16 点输出		6ES7 216-2BD23-0XB0
CPU226XP	DC/DC/DC;24 点输入/16 点晶体管输出		6ES7 216-2AF22-0XB0
	AC/DC/继电器;24 点输入/16 点输出		6ES7 216-2BF22-0XB0

表 4-4 中档次最低的是 CPU221,只有 6 点数字量输入和 4 点输出,是控制规模最小的 PLC;档次最高的是 CPU226,有 24 点输入、16 点输出,可连接 7 个扩展模块,最大扩展至 248 点数字量 I/O 和 35 路模拟量 I/O。表 4-5 列出了常用的 CPU224 的技术规范。

表 4-5 S7-200 系列 CPU224 技术规范

技术规范	CPU224	CPU224XP
集成的数字量输入/输出	14 入/10 出	14 入/10 出
可连续的扩展模块数量(最大)	7 个	7 个
最大可扩展的数字量输入/输出范围	168 点	168 点
最大可扩展的模拟量输入/输出范围	35 点	35 点
用户程序区	8KB	12KB
数据存储区	8KB	10KB
数据后备时间(电容)	100 小时	100 小时

（续表）

技术规范	CPU224	CPU224XP
后备电池（选件）	200 天	200 天
编程软件	STEP-MICRO/WIN	STEP-MICRO/WIN
布尔量运算执行时间	0.22μs	0.22μs
标志寄存器/计算器/定时器	256/256/256	256/256/256
高速计数器	6 个 30kHz	6 个 100kHz
高速脉冲输出	2 个 20kHz	2 个 100kHz
通信接口	1 个 RS-485	2 个 RS-485
外部硬件中断	4	4
支持的通信协议	PPI,MPI 自由口 PROFIBUS-DP	PPI,MPI 自由口 PROFIBUS-DP
模拟电位器	2 个 8 位分辨率	2 个 8 位分辨率
实时时钟	内置时钟	内置时钟
外形尺寸(长×宽×高,mm)	120.5×80×62	140×80×62

S7-200 系列 PLC 四种 CPU 基本单元的外形结构大致相同,如图 4 - 26 所示。

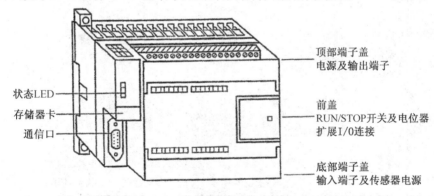

图 4 - 26　S7-200 系列 CPU 外部结构

在图 4 - 26 中,状态指示灯 LED 显示 CPU 的工作状态,存储卡接口可以插入存储卡,通信接口可以连接 RS-485 总线的通信电缆。

顶部端子盖下方为输出端子和 PLC 供电电源端子。输出端子的运行状态可以由顶部端子盖下方一排指示灯显示,ON 状态对应的指示灯亮。底部端子盖下方为输入端子和传感器电源端子。输入端子的运行状态可以由底部端子盖上方一排指示灯显示,ON 状态对应的指示灯亮。

前盖下面有运行、停止开关和接口模块插座。将开关拨向停止位置时,可编程序控制器处于停止状态,此时可以对其编写程序。将开关拨向运行位置时,可编程序控制器处于运行状态,此时不能对其编写程序。将开关拨向监控状态,可以运行程序,同时还可以监视程序运行的状态。接口插座用于连接扩展模块实现 I/O 扩展。

（2）扩展单元。S7-200 系列 PLC CPU 基本单元虽然是整体式结构，但可以通过配接各种扩展模块来达到扩展功能、扩大控制能力的目的。S7-200 主要有三大类扩展模块。

①I/O 扩展模块：S7-200CPU 基本单元上已经集成了一定数量的数字量 I/O 点，但如果用户需要更多的 I/O 点，可对系统做必要的扩展；CPU221 无 I/O 扩展能力，CPU222 最多可连接 2 个扩展模块（数字量或模拟量），而 CPU224 和 CPU226 最多再连接 7 个扩展模块。

S7-200PLC 系列目前总共提供 5 大类 I/O 扩展模块：数字量输入扩展模块 EM221（8 路扩展输入）；数字量输出扩展模块 EM222（8 路扩展输出）；数字量输入和输出混合扩展模块 EM223（8I/O,16I/O,32I/O）；模拟量输入扩展模块 EM231（每个 EM231 可扩展 3 路模拟量输入通道，A/D 转换时间为 $25\mu s$,12 位）；模拟量输入和输出混合扩展模块 EM235（每个 EM235 可同时扩展 3 路模拟输入和 1 路模拟量输出通道，其中 A/D 转换时间为 $25\mu s$,D/A 转换时间为 $100\mu S$,均为 12 位）。

表 4-6 所示为 S7-200 系列 PLC 输入/输出扩展模块的型号及其主要技术性能。

表 4-6　S7-200 系列 PLC 输入/输出扩展模块的主要技术性能

类型	数字量扩展模块			模拟量扩展模块		
型号	EM221	EM222	EM223	EM231	EM232	EM235
输入点	8	无	4/8/16	3	无	3
输出点	无	8	4/8/16	无	2	1
隔离组点数	8	2	4	无	无	无
输入电压	DC24V		DC24V			
输出电压						
A/D 转换时间		DC24V 或 AC24-230V	DC24V 或 AC24-230V	$<250\mu s$		$<250\mu s$
分辨率				12bi A/D 转换	电压:12bit 电流:12bit	12bit A/D 转换

②热电偶、热电阻扩展模块：热电偶、热电阻模块（EM231）是为 CPU222、CPU224、CPU226 设计的，S7-200 与多种热电偶、热电阻的连接备有隔离接口。用户通过模块上的 DIP 开关来选择热电偶或热电阻的类型、接线方式、测量单位和开路故障的方向。

③通信扩展模块：除了 CPU 基本模块上集成有通信口外，S7-200 还可以通过通信扩展模块连接成更大的网络。S7-200 系列目前有两种通信扩展模块：PROFIBUS-DP 扩展从站模块（EM277）和 AS-i 接口扩展模块（CP243-2）。

④编程器：主要用于进行用户程序的输入、存储和调试等，在调试过程中，利用编程器可方便地进行监控和故障检测。S7-200 系列 PLC 有多种编程器，大致可分为简易编程器和图形编程器。简易编程器为袖珍型，简单实用、价格低廉，是一种实用方便的现场编程及监测工具，但显示功能较差，只能用指令表方式输入，使用不够方便。图形编程器采用计算机进行编程操作，将专用的编程软件装入计算机内，可直接采用梯形图语言编程，实现在线监测，非常直观，

且功能强大,S7-200 系列 PLC 的专用编程软件为 STEP7-Micro/WIN。

⑤程序存储卡:为了保证程序及重要参数的安全,一般小型 PLC 设有外接 EEPROM 卡盒接口,通过该接口可以将卡盒的内容写入 PLC,也可将 PLC 内的程序及重要参数传到外接 EEPROM 卡盒内作为备份。EEPROM 卡盒按程序容量分为 8k(6ES7291-8GCOO-OXAO)和 16k(6ES7291-8GDOO-OXAO)两种。

2) S7-200 系列 PLC 的系统配置

(1) S7-200 的基本配置。S7-200PLC 有 4 种 CPU 基本单元,所以 S7-200 有 4 种基本配置。其地址分配见表 4-7。

表 4-7　S7-200 基本配置

CPU221 基本单元	CPU222 基本单元	CPU224 基本单元	CPU226 基本单元
		I0.0-I0.7 I1.0-I1.5	I0.0-I0.7 I1.0-I1.7 I2.0-I2.7
I0.0-I0.5	I0.0-I0.7		
Q0.0-Q0.3	Q0.0-Q0.5	Q0.0-Q0.7 Q1.0-Q1.1	Q0.0-Q0.7 Q1.0-Q1.7

(2) S7-200 的扩展配置。S7-200 的扩展配置由 S7-200 的基本单元(CPU222,CPU224 和 CPU226)和 S7-200 的扩展模块组成,最多可以扩展 7 个模块,如图 4-27 所示。其扩展模块的数量受两个条件约束:一个是基本单元能带扩展模块的数量,另一个是基本单元的电源承受模块消耗 5VDC 总线电流的能力。

S7-200基本 单元	扩展1	扩展2	扩展3	扩展4	扩展5	扩展6	扩展7

图 4-27　S7-200 系列 PLC 扩展配置

S7-200 扩展配置的地址分配原则有两点:一是数字量扩展模块和模拟量模块分别编址,数字量输入模块的地址要在前面加上字母 I,数字量输出模块的地址要在前面加上字母 Q,模拟量模块的地址要在前面加上字母 AI,模拟量模块的地址要在前面加上字母 AQ。二是数字量模块的编址是以字节为单位,模拟量模块的编址是以字为单位(即以双字节为单位)。地址分配是从最靠近 CPU 单元的模块开始从左到右按字节递增,输入地址按字节连续递增,输入字节和输出字节可以重号。模拟量模块的地址从最靠近 CPU 单元的模拟量模块开始从左到右按字递增,模拟量输入字和模拟量输出字可以重号。

例如,由 CPU224 组成的扩展配置可以由 CPU224 基本单元和最多 7 个扩展模块组成,CPU 可以为扩展单元提供 5VDC,电流为 660mA。如果扩展单元是由 4 个 16 点数字量输入/16 点数字量继电器输出的 EM223 和 2 个 8 点数字量输入的 EM221 模块构成,4 个 EM223 模块和 2 个 EM221 模块消耗 5VDC 总线电流为 660mA,可见扩展模块消耗的 DC 总电流等于 CPU222 可以提供的 5VDC 电流。所以这个扩展配置还是可行的。此系统共 94 点输入和 74 点输出。其地址分配表见表 4-8。

表 4 - 8　CPU224 的扩展配置

CPU224	EM223-1	EM223-2	EM223-3	EM223-4	EM221-1	EM221-2
I0.0-I0.7 I1.0-I1.5	I2.0-I2.7 I3.0-I3.7	I4.0-I4.7 I5.0-I5.7	I6.0-I6.7 I7.0-I7.7	I8.0-I8.7 I9.0-I9.7	I10.0-I10.7	I11.0-I11.7
Q0.0-Q0.7 Q1.0-Q1.1	Q2.0-Q2.7 Q3.0-Q3.7	Q4.-Q4.7 Q5.0-Q5.7	Q6.0-Q6.7 Q7.0-Q7.7	Q8.0-Q8.7 Q9.0-Q9.7		

2. S7-300 系列 PLC

S7-300 是模块化的 PLC 系统,能满足中等性能要求的应用。各种单独的模块之间可进行广泛组合构成不同要求的系统。与 S7-200 比较,S7-300 采用模块化结构,具备高速(0.1～0.6μs)的指令运算速度;用浮点数运算比较有效地实现了更为复杂的算术运算;一个带标准用户接口的软件工具方便用户给所有模块进行参数赋值;方便的人机界面服务已经集成在 S7-300 操作系统内,人机对话的编程要求大大减少。S7-300 的 CPU 智能化诊断系统可以连续监控系统的功能是否正常,记录错误和特殊系统事件(如超时、模块更换,等等)。S7-300 还具备强大的通信功能,可通过编程软件 STEP7 的用户界面提供通信组态功能,这使得组态非常容易、简单。它同时具有多种不同的通信接口,可通过多种通信处理器来连接 AS-I 总线接口和工业以太网总线系统,串行通信处理器用来连接点到点的通信系统,多点接口(MPI)集成在 CPU 中,用于同时连接编程器、PC、人机界面系统及其他 SIMATICS7/M7/C7 等自动化控制系统。S7-300 系列 CPU 大致可以分为紧凑型 CPU、标准型 CPU、户外型 CPU 和其他 CPU。紧凑型 CPU 带有集成的功能,有的具有集成的 DIM 和集成的 AI/AO,紧凑型 CPU 均有计数、频率测量和脉冲宽度调制功能、脉宽调制频率最高为 2.5kHz。

1) S7-300 系列 PLC 的组成

S7-300 系列 PLC 由电源模块(PS)、中央处理单元(CPU 模块)、接口模块(IM)和宿号模块(SM)等组成,其中信号模块(SM)插槽可以插入数字量 I/O 模块、模拟量 I/O 模块、特殊功能模块和通信模块等,其连接方式是通过背板连接器一个一个地叠装而成的,如图 4 - 28 所示。

图 4 - 28　S7 300 系列 PLC 的组成

(1) 中央处理单元 CPU。S7-300 系列 PLC 的 CPU 单元为塑料机壳,其面板上有状态与故障指示 LED、工作模式选择器和通信接口等。其结构与作用如下所述。图 4 - 29 所示为 CPU314 的外观图。

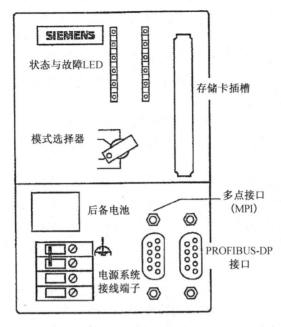

图 4 - 29　CPU314 外观

① 状态与故障指示 LED：

• SF(系统出错故障显示，红色)：CPU 硬件故障或软件错误时亮。

• BATF(电池故障，红色)：电池电压低或没有电池时亮。

• DC5V(＋5V 电源指示，绿灯)：CPU 和 S7-300 总线的 5V 电源正常时亮。

• FRCE(强制，黄色)：至少有一个 I/O 被强制时亮。

• RUN(运行方式，绿色)：CPU 处于运行状态(RUN)时亮；重新启动时以 2Hz 的频率闪亮；HOLD 状态时以 0.5Hz 的频率闪亮。

• STOP(停止方式，黄色)：CPU 处于 STOP 和 HOLD 状态，重新启动时长亮；请求存储器复位时以 0.5Hz 的频率闪亮；正在执行存储器复位时以 2Hz 的频率闪亮。

② CPU 的操作模式：S7-300 系列 PLC 的 CPU 有 4 种操作模式，即 STOP(停机)模式、RUN(运行)模式、STARTUP(启动)模式、HOLD(保持)模式。STOP(停机)模式即

CPU 模块通电后自动进入 STOP 模式，该模式下不执行用户程序，可以接收全局数据和检查系统。RUN(运行)模式下执行用户程序，刷新输入和输出数据，处理中断和故障信息服务，执行全局通信操作。STARTUP(启动)模式下可以用钥匙开关或编程软件启动 CPU，如果钥匙开关在 RUN 或 RUN-P 位置，通电后自动进入启动模式；HOLD(保持)模式是在启动和运行模式下执行程序时用到调试用的断点，用户程序的执行被挂起(暂停)，定时器被冻结，这种操作为保持模式。

③ 模式选择开关：模式选择开关(模式选择器)为 PLC 的运行方式提供了选择。有的 CPU 的模式选择开关是一种钥匙开关。操作时需要插入钥匙，用于设置 PLC 的运行方式。它主要有 RUN-P(运行—编程)位置、RUN(运行)位置、STOP(停止)位置、MRES(清除存储器)位置。在 RUN-P(运行—编程)位置上 CPU 不仅执行用户程序，还可以通过编程软件读出用户程序和修改用户程序，在这个位置不能取出钥匙。在 RUN(运行)位置上 CPU 执行用户

程序,可以通过编程软件读出用户程序,但不能修改用户程序,在这个位置可以取出钥匙。

在STOP(停止)位置上CPU不执行用户程序,可以通过编程软件读出用户程序,也能修改用户程序,在这个位置可以取出钥匙。在MRES(清除存储器)位置不能保持,在这个位置松手时开关将自动旋回STOP位置,将钥匙开关从STOP状态转到MRES位置,可以复位存储器,使CPU回到初始状态。

④ 微存储器卡:微存储器卡(MMC)用于断电时保护用户程序和某些数据,它可以扩展CPU的存储容量,也可以用做便携式保存媒体。只有在断电或CPU处于STOP状态时,才能取下存储卡。

⑤ 通信接口:所有的CPU都有一个多点接口,有的CPU有一个MPI接口和一个PRO-FIBUS-DP接口,有的CPU有一个MPI/DP接口和一个DP接口。MPI接口用于PLC和其他西门子PLC、PG/PC(编程器或个人计算机)和OP(操作面板)组成的MPI网络的通信。PROFIBUS-DP接口用于PLC和其他西门子带DP接口的PLC、PG/PC、OP以及其他DP主站与从站的通信。

⑥ 电池盒:电池盒用于安装锂电池。在CPU断电时,锂电池用于保证时钟的正常运行,并可以在RAM中保存用户程序和更多的数据,保存期为一年。

⑦ 电源接线端子:电源模块的Ll和N端子接AC220V电源,电源模块的接地端子和M端子一般用短路片短接后接地,机架的导轨也应接地。电源模块的L+和M端予分别是DC24V输出电压的正极和负极。用电源连接器或导线把CPU的电源接线端子与电源模块的对应端子连接。

⑧ CPU模块集成I/O:S7-300系列PLC中有些CPU模块上有集成I/O,可供用户使用。

(2)电源模块(PS)。电源模块安装在DIN导轨上的插槽1位置,紧靠在CPU模块或扩展机架上IM361的左侧,用电源连接器连接到CPU或IM361上。模块的输入和输出电压之间有可靠的隔离,输出正常电压DC24V时,绿色LED亮;输出过载时,LED闪烁。输出电流过大而严重超限时,电压跌落,跌落后自动恢复:输出短路时输出电压消失,短路消失后电压自动恢复.

电源模块除了给CPU模块提供电源外,还要给输入/输出模块提供DC24V电源。CPU模块上的M端子(系统的参考点)一般是接地的,接地端子与M端子用短接片连接。某些大型工厂(如化工厂和发电厂)为了监视对地的短路电流,可能采用浮动参考电位,这时应将M点与接地点之间的短接片去掉,可能存在的干扰电流集成在CPU中M点与接地点之间。电压选择开关提供了对交流输入电压的选择,24V通断开关可以控制DC24V电压的输出。系统电压接线端子和24VDC输出端子可以连接相应的电压。

(3)接口模块。S7-300是模块式结构的PLC,其近程扩展配置可以由主机(基本单元)和一台或多台(最多可以达到3台)扩展机组成。主机下面依次为1号扩展机、2号扩展机和3号扩展机。

S7-300的近程扩展需要由接口模块作为连接模块。一台主机和一台扩展机的连接需要用1对1接口模块IM365实现。一台主机和多台扩展机的连接需要用1对3接口模块IM360和IM361实现。IM365是1对1接口模块,插在机架0(含有CPU的主机)上的第3号槽位的IM365模块执行由CPU向机架1发送信息的功能;插在机架1上的第3号槽位的IM365模块执行接收由机架0的IM365发送来的信息的任务。IM365模块消耗总线电流100mA,同时向机架 1 提供 800mA 总线电流,功耗为 0.5W,允许的电缆长度为 1m。接口模块 IM360 是 1 对 3 接口模块,插入机架 0 上的第 3 号槽位,IM360 模块执行由机架 0 向机架 1、机架 2 和机架 3 发送信息的功能。IM360 模块消耗总线电流 350mA,同时向机架 1 提供 800mA 总线电流。IM360 功耗为 2W,允许的电缆长度为 10m。接口模块 IM361 是 1 对 3 接口模块,插在机架 1、机架 2、机架 3 的第 3 号槽位,IM361 模块执行接收由机架 0 或机架 1、机架 2 的 IM361 模块发送来的信息的任务。IM361 模块消耗总线电流 350mA,同时向机架 1 提供 800mA 总线电流。其功耗为 2W,允许的电缆长度为 10m。

(4) 信号模块。信号模块(SM)插槽可以插入数字量 I/O 模块、模拟量 I/O 模块、特殊功能模块和通信模块。其数字量模块有输入模块 SM321、输出模块 SM322 和输入/输出模块 SM323。模拟量模块有输入模块 SM331、输出模块 SM332 和模拟量输入、输出模块 SM334 和 SM335。另外,S7-300 还提供了很多为了完成某些特殊功能而设计的自带 CPU 的智能模块,如计数模块、位置控制模块、称重模块等。

2) S7-300 系列 PLC 的系统配置

S7-300 的配置(也叫做组态)可以分为基本单元配置(见图 4 - 30)、近程扩展配置和分布式配置 3 种。S7-300 配置的地址分配有两条原则:一是确定数字量信号地址,要求每个槽位最多只能占 4 个字节,每个字节的每个位号连续递增;二是确定模拟量信号地址,要求每个槽位最多只能占 8 个通道,每个通道以字为单位(1 个字占两个字节)递增。

(1) 基本配置。S7-300 的基本单元配置由一个机架 0 组成,如图 4 - 30 所示。其中,电源模块插入机架 0 的第 1 个槽位,CPU 模块插入第 2 个槽位,接口模块 IM 插入第 3 个槽位(如果需要),从第 4 个槽位开始插入各种信号模块,包括数字量 I/O 模块、模拟量 I/O 模块和各种特殊模块。S7-300 的基本配置编址见表 4 - 9。

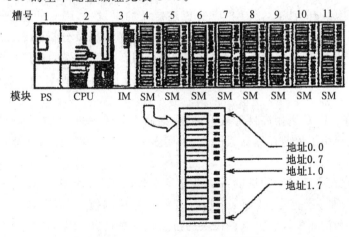

图 4 - 30   S7-300 的基本单元配置

(2) 近程扩展配置。S7-300 的近程扩展配置可以由两个机架组成,接口模块采用 IM365。它也可以由 3～4 个机架组成,机架 0 的接口模块采用 IM360,机架 1～3 的接口模块采用 IM361。其中,机架 0 含有 PS 电源模块和 CPU 模块,是扩展配置的基本单元(或者称为中央处理单元);机架 1～3 不含 CPU 模块,由电源模块(如果需要)和信号模块组成,叫做扩展单元。

表 4 - 9　　S7-300 基本配置地址表

槽位	1	2	3	4	5	6	7	8	9	10	11
模块	PS	CPU	IM	SM	SM	SM	SM	SM	SM	SM	SM
数字量 I/O 地址				0.0-3.7	4.0-7.7	8.8-11.7	12.0-15.7	16.0-19.7	20.0-23.7	24.0-27.7	28.0-31.7
模拟量 I/O 地址				256-270	272-286	288-302	304-318	320-334	336-350	352-366	368-382

4.6 PLC 现状和发展趋势

1) PLC 现状

PLC 自问世以来,发展极其迅速。进入 20 世纪 80 年代,PLC 都采用了微处理器(CPU)、只读存储器(ROM)、随机存储器(RAM)或单片机作为其核心,处理速度大大提高,增加了多种特殊功能,体积进一步减小。20 世纪 90 年代末,PLC 几乎完全计算机化,速度更快、功能更强,各种智能模块不断被开发出来,在各类工业控制过程中的作用不断扩展。目前,PLC 已具备以下优势:

(1) 功能更强。PLC 不仅具有逻辑运算、计数、定时等基本功能,还具有数值运算、模拟调节、监控、记录、显示、与计算机接口、通信等功能。

大、中型甚至小型 PLC 都配有 A-D、D-A 转换及算术运算功能,有的还具有 PID 功能。这些功能使 PLC 在模拟量闭环控制、运动控制和速度控制等方面具有了硬件基础;许多 PLC 具有输出和接收高速脉冲的功能,配合相应的传感器及伺服设备,PLC 可实现数字量的智能控制;PLC 配合可编程终端设备,可实时显示采集到的现场数据及分析结果,为系统分析、研究工作提供依据,利用 PLC 的自检信号实现系统监控;PLC 具有较强的通信功能,可以与计算机或其他智能装置进行通信及联网,从而方便地实现集散控制,实现整个企业的自动化控制和管理。

(2) 性能更高。PLC 采用高性能微处理器,提高了处理速度,加快了响应时间;扩大存储容量,有的公司已使用了磁泡存储器或硬盘;采用多处理器技术以提高性能,甚至进行冗余备份以提高可靠性。

为进一步简化在专用控制领域的系统设计及编程,专用智能输入/输出模块越来越多;如专用智能 PID 控制器、智能模拟量 I/O 模块、智能位置控制模块、语言处理模块、专用数控模块、智能通信模块和计算模块等。这些模块的特点是本身具有 CPU,能独立工作,它们与 PLC 主机并行操作,无论在速度、精度、适应性和可靠性各方面都对 PLC 进行了很好的补充。它们与 PLC 紧密结合,完成 PLC 本身无法完成的许多功能。这些模块的编程、接线都与 PLC 一致,使用非常方便。

(3) 编程语言的多样化。编程语言有主要适用于逻辑控制领域的梯形图语言;有面向顺序控制的步进顺序控制语句;有面向过程控制系统的功能块语言,能够表示过程中动态变量与信号的相互联接;还有与计算机兼容的高级语言,如 BASIC、C 及汇编语言。

2）PLC 的发展趋势

近年来，PLC 的发展更为迅速，更新换代的周期缩短为 3 年左右。展望未来，PLC 在规模和功能上将向两大方向发展：一是大型 PLC 向高速、大容量和高性能方向发展。如有的机型扫描速度高达 0.1ms/KB(0.1μs/步)，可处理几万个开关量 I/O 信号和多个模拟量 I//O 信号，用户程序存储器达十几兆字节；二是发展简易、经济、超小型 PLC，以适应单机控制和小型设备自动化的需要。

另外，不断增强 PLC 工业过程控制的功能，研制采用工业标准总线，使同一工业控制系统中能连接不同的控制设备，增强 PLC 的联网通信功能，便于分散控制与集中控制的实现。

思考题：

（1）PLC 由哪几部分组成？各有什么作用？

（2）请详细说明 PLC 的扫描工作原理？

（3）PLC 控制系统设计一般分为哪几个步骤？

（4）设计题：一个十字路口的交通灯分别用 G1、Y1、R1、G2、Y2、R2 表示，其中 G1、Y1、R1 代表东西方向的绿、黄、红灯，G2、Y2、R2 代表南北方向的绿、黄、红灯，两个方向绿灯和红灯的时间均为 30s，黄灯的时间为 3s，请用 PLC 设计一个十字路口红绿灯的控制系统，画出硬件控制原理图，列出 I/O 地址表，并写出梯形图程序。

第5章 信号的数字化采集

"数据采集"是指将温度、压力、流量、位移等模拟量采集转换成数字量后,再由计算机进行存储、处理、显示或打印的过程。相应的系统成为数据采集系统。

5.1 信号概述

5.1.1 什么是信号

信号广泛存在于自然界和我们的日常生活中,比如我们听到的声音、看到的图片、感受到的温度和压力等。信号究竟如何定义?所谓信号就是含有信息的载体。它可以是传载信号的函数,也可以是携带信息的任何物理量。信号可以是自然界客观存在的,也可以是人为有目的产生的。

根据载体的不同,信号可以是电的、磁的、光的、声的、机械的、热的,等等。在各种信号中,电信号是最便于传输、处理和重现的,因此也是应用最广泛的。许多非电信号,如温度、压力、位移等都可以通过适当的传感器变换成电信号,所以对电信号的研究具有普遍的意义。信号是一个或多个独立变量的函数,该函数含有物理系统的信息或表示物理系统的状态或行为。独立变量可以是时间、距离、速度、位置、温度、压力等。

对于信息,一般可理解为消息、情报或知识。例如,语言文字是社会信息;商品报道是经济信息;古代烽火是外敌入侵的信息等。从物理学观点出发来考虑,信息不是物质,也不具备能量,但它却是物质所固有的,是其客观存在或运动状态的特征。信息可以理解为是事物的运动的状态和方式。信息和物质、能量一样,是人类不可缺少的一种资源。信息本身不是物质,不具有能量,但信息的传输却依靠物质和能量。一般来说,传输信息的载体称为信号,信息蕴涵于信号之中。因此,信号是信息的载体,是信息的某种表现形式,其本质是物理性的,随时间而变化。信息通过信号来传递。为了有效地传播和利用信息,常常需将信息转换成便于传输和处理的信号。对信号我们并不陌生,如铃声(声信号)、交通灯(光信号)、电视(视频信号)、广告牌(图像信号)等等。下面是几个信息和信号关系的例子。

(1) 古代烽火和现代防空警笛。对古代烽火,人们观察到的是光信号,而它所蕴涵的信息则是"外敌入侵"。对防空警笛,人们感受到的是声信号,其携带的信息则是"敌机空袭"或"敌机溃逃"。

(2) 老师讲课和学生自学。老师讲课时口里发出的是声音信号,是以声波的形式发出的;而声音信号中所包含的信息就是老师正讲授的内容。而学生自学时,通过书上的文字或图像信号获取要学习的内容,这些内容就是这些文字或图像信号承载的信息。

信号具有能量,是某种具体的物理量。信号的变化则反映了所携带的信息的变化。信号测试的目的就是将未知的被测信号(位移、速度、加速度、力等)转化为可观察的信号(电量变化等),辨别并提取所研究对象的相关信息。常用的信号分析方法有时域分析法和频域分析法。时域分析法比较直观,可直接看出信号随时间的变化过程,但看不到信号的频率成分;而频域分析法虽然比较抽象,不能直接看出信号随时间的变化过程,但可看到信号的频率成分。在不同的场合可以采用不同的分析方法。

5.1.2 信号的分类

信号的分类主要是依据信号波形特征来划分的,在介绍信号分类前,先建立信号波形的概念。被测信号幅度随时间的变化历程称为信号的波形。用被测物理量的强度作为纵坐标,用时间做横坐标,建立信号波形图来记录被测物理量随时间的变化情况。如图 5-1 所示。

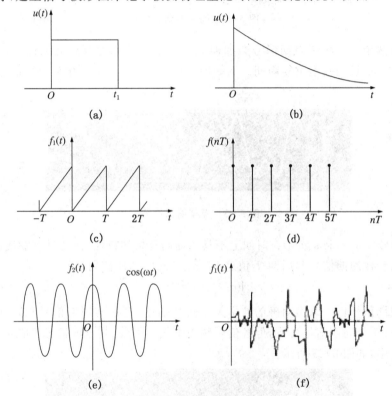

图 5-1　信号波形图

信号的分类有多种方法,从信号描述上可以划分为确定信号和非确定信号;从连续性上可以分为连续时间信号和离散时间信号;从信号能量上可以分为能量信号和非能量信号;从分析域上可以分为时域有限和频域有限信号;在可实现性上可以分为物理可实现信号与物理不可实现信号。

1) 确定信号和非确定信号

确定信号可以用确定的时间函数来描述。给定一个特定时刻,就有它相应确定的函数值。例如单自由度的无阻尼质量-弹簧振动系统。

对于确定信号它可以进一步分为周期信号和非周期信号。周期信号(periodic signal)可以定义为:

$$x(t)=x(t\pm nT) \quad n=0,\pm1,\pm2\cdots \tag{5-1}$$

即信号 $x(t)$ 按一定的时间间隔 T 周而复始、无始无终的变化。式中 T 称为周期信号 $x(t)$ 的周期。严格数学意义上的周期信号,是无始无终地重复着某一变化规律的信号。这种信号实际上是不存在的,所以实际应用中,周期信号只是指在较长时间内按照某一规律重复变化的信号。最简单的周期信号即简谐周期信号,即按正弦或余弦规律变化,且具有单一的频率,如图 5－2 所示。

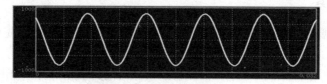

图 5－2　简单周期信号

　　由两个或两个以上简谐周期信号叠加而成的周期信号称为复杂周期信号,如图 5－3 所示。它具有一个最长的基本重复周期。例如周期性方波信号、周期性三角波信号等都属于复杂周期信号。

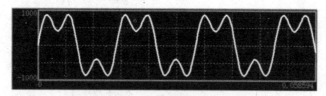

图 5－3　复杂周期信号

　　非周期信号(aperiodic signal)在时间上不具备周而复始的特性,往往具有瞬变性,如图 5－4 所示。也可以看作周期信号的周期 T 值趋向无限大时的周期信号,即:

$$\lim_{T \to \infty} f_T(t) = f(t) \tag{5-2}$$

　　对于非周期信号仍可以用明确的数学关系式来描述,包括准周期信号和瞬变信号。对于准周期信号,由多个周期信号合成,但各信号频率不成公倍数,其合成信号不满足周期条件,往往出现在通信中,如图 5－5 所示。

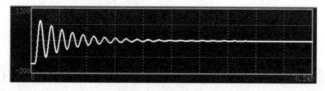

图 5－4　瞬态信号

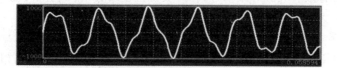

图 5－5　准周期信号

　　对于非周期信号,从其存在的时域来观察,不会重复出现,又可分为时限信号和非时限信号。若在有限时间区间内($t1 < t < t2$,$t1$ 与 $t2$ 为实常数),信号 $x(t)$ 存在,而在此时区间之外

$x(t)=0$,则此信号称为时限信号;否则称为非时限信号。例如,指数函数 $f(t)=e^{-3t}$, $t\geqslant 0$ 是一个非时限信号。非时限信号存在于一个无界的时域内,时限信号则存在于一个有界的时域内。

例如,脉冲信号,其表示式为:

$$f(t)=\begin{cases}5, & |t|\leqslant 3 \\ 0, & |t|>0\end{cases} \qquad (5-3)$$

该函数只在一定范围内有意义(见图 5-6)。

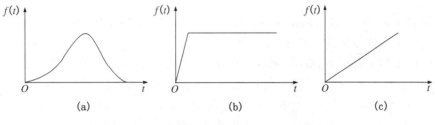

图 5-6 非周期信号

非确定性信号,如加工零件的尺寸、机械振动、环境的噪声等,这类信号不能给出确定的时间函数,其幅值、相位的变化不可预知,需要采用数理统计理论来描述,无法准确预见某一瞬时的信号幅值。根据是否满足平稳随机过程的条件又可以分成平稳随机信号和非平稳随机信号,但是这类信号在材料制造过程中是普遍存在的。图 5-7 所示为信号按上述分类方法总结而成的框图。

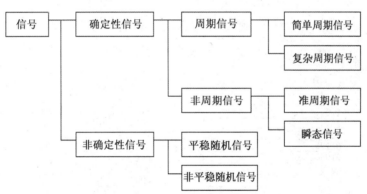

图 5-7 信号按确定和非确定性分类

2) 连续时间信号和离散时间信号

无论周期信号还是非周期信号,若从时间变量取值是否连续观察,可以分为连续时间信号和离散时间信号,简称连续信号和离散信号。

连续信号(continuous signal)指对每个实数 t(有限个间断点除外)都有定义的函数。连续信号的幅值可以是连续的,称为模拟信号(analog signal),如图 5-8(a)所示。也可以是离散的(信号含有不连续的间断点属于此类),如图 5-8(b)所示。自然界中的信号大多数是模拟信号。

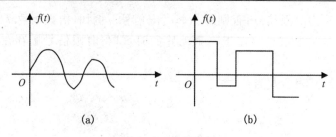

图 5-8　连续信号

离散信号(discrete signal)是指在所讨论的时间区间,只在某些不连续的时刻,如每个整数 n,给出函数值,而在其他时刻没有给出函数值,则称函数 $f(n)$ 为离散时间信号,由于它是一组按照时间顺序的观测值组成的,所有也称为时间序列或称离散序列。讲到离散信号,有必要说明数字信号的概念。通常将模拟信号变换为离散值称为离散化。离散化包括对变量的离散化和对数值的离散化。将变量在某一区间的值用一个数值来表示,但信号的幅值仍是连续的模拟量,则称为该信号为抽样信号。对测量值的离散化称为量化,时间和幅值均离散的信号为数字信号(digital signal),如图 5-9(d)所示。

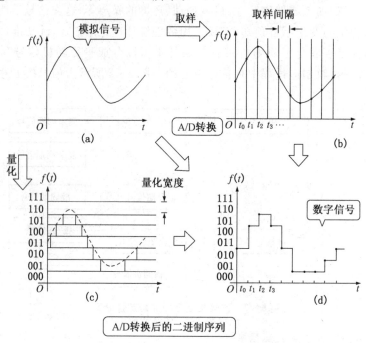

011. 101. 110. 101. 011. 001. 001. 001. 010. 011.

图 5-9　从模拟信号到数字信号

3) 能量信号和非能量信号

信号还可以用它的能量特点加以区分。在一定的时间间隔内,把信号施加在负载上,负载上就消耗一定的信号能量。把该能量值对于时间间隔取平均值,得到该时间内信号的平均功率。

在非电量测量中,常将被测信号转换为电压或电流信号来处理。显然,电压信号加在单位电阻($R=1$ 时)上的瞬时功率为 $P(t)=X^2(t)/R=X^2(t)$。瞬时功率对时间积分即是信号在该时间内的能量。通常不考虑量纲,而直接把信号的平方及其对时间的积分分别称为信号的功率和能量。当 $x(t)$ 满足下式时:

$$\int_{-\infty}^{\infty} x^2(t)\mathrm{d}t < \infty \tag{5-4}$$

则信号的能量有限,称为能量有限信号,简称能量信号。满足能量有限条件,实际上就满足了绝对可积条件。

若 $x(t)$ 在区间 $(-\infty, +\infty)$ 的能量无限,不满足式(5-2)条件,但在有限区间 $(-T/2, T/2)$ 满足平均功率有限的条件:

$$0 < \lim_{T\to\infty} \frac{1}{T}\int_{-T/2}^{T/2} x^2(t)\mathrm{d}t < \infty \tag{5-5}$$

则该信号为功率信号。一般持续时间无限的信号都属于功率信号,如周期信号。

4) 时限信号和频限信号

根据描述信号的自变量不同可分为时域信号和频域信号,其对应的信号分析方法为时域分析和频域分析。在时域和频域范围内,有着有界的信号。

时限信号则存在于一个有界的时域内,仅在时间段 (t_1, t_2) 内有定义,除此之外,其值恒等于零(前面已经提到)。

频限信号则是在 (f_1, f_2) 内有定义,之外的值等于零。设信号的频率上限为 A,下限为 B,则当 $A-B$ 与 $A+B$ 为同一数量级称为宽带信号,否则为窄带信号。

信号不可能在时域和频域均有限,但可以均无限。

对信号,可描述其幅值随时间的变化规律,并可直接检测或记录到,这就是通常比较熟悉的时域分析。以频率作为独立变量的方式,也就是所谓信号的频谱分析。频域分析可以反映信号的各频率成分的幅值和相位特征。时域表述和频域表述从不同的角度观察、分析信号提供了方便。运用傅里叶级数、傅里叶变换及其反变换,可以方便地实现信号的时、频域转换。

5) 物理可实现信号与物理不可实现信号

物理可实现信号又称为单边信号,满足条件 $t<0$ 时,$x(t) = 0$,即在时刻小于零的一侧全为零,信号完全由时刻大于零的一侧确定。在实际中出现的信号,大都是物理可实现的信号。因为这种信号反映了物理上的因果关系。对于物理不可实现的信号则是在事件发生前 $(t<0)$ 就预知的信号。常用于信号分析时定义的理想函数。

此外,还有其他的一些分类方法,如按信号载体的物理特性:电、光、声、磁、机械、热信号。按自变量的数目:一维信号、多维信号(二维信号、三维信号等)。

5.1.3 信号的特性

1) 确定信号的时间特性

信号的特征首先变现为它的时间特性,表示为信号的随时间变化的快慢、幅度变化的特性。例如,同一形状的波形重复出现的周期长短;脉冲信号的脉冲持续时间以及脉冲上升沿和下降沿的斜率等。以时间函数描述信号的图像称为时域图,在时域上分析信号称为时域分析。

2) 确定信号的频率特性

信号的频率是代表信号变化快慢的物理量,不同的信号频率不同,比如人类发出的语音信号频率在 4kHz 以下,频率超过 20kHz 的声音已超过人类的听觉范围,所以称为超声。由此可见,信号是具有频率特性的,可以用信号的频谱函数来表示。在频谱函数中,也包含了信号的全部信息量。频谱函数表征信号的各频率成分以及各频率成分的振幅和相位。对于一个复杂信号,可以用傅里叶变换分解为不同频率的正弦分量,每一个正弦分量由它的幅值和相位来表征。将各正弦分量的幅值和相位分别按照频率高低序列排列就是频谱。对于复杂信号的频谱其各个分量理论上可以扩展至无限,但是原始信号的能量一般集中在频率较低的范围内,在实际应用中通常忽略高于某一频率的分量。频谱中有效的频率范围称为信号的频带。以频谱描述信号的图像称为频谱图,在频域上分析信号称为频域分析,如图 5-10 所示。

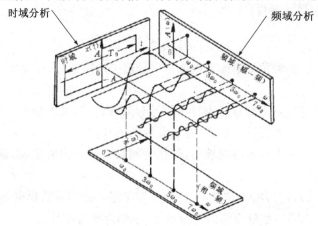

图 5-10　信号的时域、频域描述

5.1.4 材料制造过程中的信号

1) 温度信号

温度是很重要的一个物理量,物体的很多物理现象和化学性质都与温度有关;在很多生产过程中,温度都直接影响着生产的安全、产品质量、生产效率、能源的使用情况等,因而对温度的测量及测量的准确性提出了更高的要求。温度是表征物体冷热程度的物理量。从分子物理学角度来看,温度是物体内部分子无规则剧烈运动程度的标志;从能量角度来看,温度是描述系统不同自由度间能量分配状况的物理量;从热平衡观点来看,温度是描述热平衡系统冷热程度的物理量。

2) 电信号

由于非电的物理量可以通过各种传感器较容易地转换成电信号,而电信号又容易传送和控制,所以使其成为应用最广的信号。

电信号是指随着时间而变化的电压或电流,因此在数学描述上可将它表示为时间的函数,并可画出其波形。信息通过电信号进行传送、交换、存储、提取等。电子电路中的信号均为电信号,一般也简称为信号。

3) 金相图片

狭义的金相图片是将金属试样进行切割、镶嵌、磨光、抛光、腐蚀处理后,使金属显露出它的晶粒、晶界、缺陷、夹杂等微观晶体结构,并在光学显微镜下进行显微摄像得到的图片。它的放大倍数一般最高达到 2 000 倍。现在的很多金相也通过 SEM(扫描电子显微镜)、TEM(透射电子显微镜)来直接获得,放大倍数一般为 5 000 到 30 000 倍。

金相方法观察到的金属及合金的内部组织,利用数字图像处理的方法可以计算晶粒的尺寸以及不同组织的含量等,为进一步分析材料的性能等提供了依据。

　　4）硬度及粗糙度

　　材料的硬度指材料局部抵抗硬物压入其表面的能力。硬度是衡量金属材料软硬程度的一项重要的性能指标,它既可理解为是材料抵抗弹性变形、塑性变形或破坏的能力,也可表述为材料抵抗残余变形和反破坏的能力。硬度不是一个简单的物理概念,而是材料弹性、塑性、强度和韧性等力学性能的综合指标。硬度试验根据其测试方法的不同可分为静压法(如布氏硬度、洛氏硬度、维氏硬度等)、划痕法(如莫氏硬度)、回跳法(如肖氏硬度)及显微硬度、高温硬度等多种方法。

　　表面粗糙度,是指加工表面具有的较小间距和微小峰谷不平度。其两波峰或两波谷之间的距离(波距)很小(在 1mm 以下),用肉眼是难以区别的,因此它属于微观几何形状误差。表面粗糙度越小,则表面越光滑。表面粗糙度的大小,对机械零件的使用性能有很大的影响。如:耐磨性,表面越粗糙,配合表面间的有效接触面积越小,压强越大,磨损就越快;疲劳强度,粗糙零件的表面存在较大的波谷,它们像尖角缺口和裂纹一样,对应力集中很敏感,从而影响零件的疲劳强度;抗腐蚀性,粗糙的表面,易使腐蚀性气体或液体通过表面的微观凹谷渗入到金属内层,造成表面腐蚀;密封性,粗糙的表面之间无法严密地贴合,气体或液体通过接触面间的缝隙渗漏等。此外,表面粗糙度对材料的镀涂层、导热性和接触电阻、反射能力和辐射性能、液体和气体流动的阻力、导体表面电流的流通等都会有不同程度的影响。

　　5）压力信号

　　在测量上所称的“压力”就是物理学中的“压强”,它是反映物质状态的一个很重要的参数。在压力测量中,常有表压、绝对压力、负压或真空度之分。工业上所用的压力指示值多为表压,即压力表的指示值是绝对压力和大气压力之差,所以绝对压力为表压和大气压力之和。如果被测压力低于大气压,成为负压或真空度。

　　压力在工业自动化生产过程中是重要的工艺参数之一。因此,正确地测量和控制压力是保证生产过程良好运行、达到优质高产、低消耗和安全生产的重要环节。

　　6）光谱信号

　　由于每种元素都有自己的光谱,因此可以根据光谱来鉴别物质并确定其化学成分。光谱分析技术是指利用物质具有吸收、发散和散射光谱谱系的特点,对物质进行定性或定量的分析技术。基于吸收光谱分析的方法有紫外、可见光分光光度法、原子吸收分光光度法、红外光谱法;基于发射光谱分析的方法有火焰光度法、原子发射光谱法和荧光光谱法等。

　　7）声频信号

　　在材料制造的许多过程中都会伴随声音。声音是一种机械波,会随着制造过程的不同而发生变化,因此其中蕴含着丰富的信息。例如当材料受力的作用产生变形和断裂时,会以弹性波的形式释放出变形能,这是客观存在的物理现象。又如在焊接过程中,可以利用电弧声音信号判断工件的熔透情况等。

5.2 信号的传感

5.2.1 什么是传感技术

　　传感技术同计算机技术、通信技术一起被称为信息技术的三大支柱。从仿生学观点看,如果把计算机看成处理和识别信息的"大脑",把通信系统看成传递信息的"神经系统"的话,那么传感器就是"感觉器官"。传感技术是关于从自然信源获取信息,并对之进行处理(变换)和识别的一门多学科交叉的现代科学与工程技术,它涉及传感器(又称换能器)、信息处理和识别的规划设计、开发、制/建造、测试、应用及评价改进等活动。

获取信息依靠各类有着各种物理量、化学量或生物量的传感器。对这些量的信号能否准确"感知"是保证计算机信息采集系统能否从中提取有用信息的第一个关键。传感器的功能与品质决定了传感系统获取自然信息的信息量和信息质量,是高品质传感技术系统的构造的关键。传感技术包含了众多的高新技术、被众多的产业广泛采用。它也是现代科学技术发展的基础条件,应该受到足够地重视。

信息处理技术取得的进展以及微处理器和计算机技术的高速发展,都需要在传感器的开发方面有相应的进展。微处理器现在已经在测量和控制系统中得到了广泛的应用。随着这些系统能力的增强,作为信息采集系统的前端单元,传感器的作用越来越重要。传感器已成为自动化系统和机器人技术中的关键部件,作为系统中的一个结构组成,其重要性变得越来越明显。为了提高制造企业的生产率和产品质量、降低产品成本,工业界对传感技术的基本要求,是能可靠地应用于现场,完成规定的功能。

与计算机技术和数字控制技术相比,国内外传感技术的发展相对比较落后。我国从 20 世纪60 年代开始传感技术的研究与开发,经过从"六五"到"九五"计划的国家攻关,在传感器研究开发、设计、制造、可靠性改进等方面获得长足的进步,初步形成了传感器研究、开发、生产和应用的体系。但从总体上讲,它还不能适应我国经济与科技的迅速发展,我国不少传感器、信号处理和识别系统仍然依赖进口。同时,我国传感技术产品的市场竞争力优势尚未形成,产品的改进与革新速度慢,生产与应用系统的创新与改进少。从 80 年代起开始重视和投资传感技术的研究开发或列为重点攻关项目,但不少先进的成果仍停留在研究实验阶段,转化率比较低。

5.2.2 传感器的定义

广义地来说,传感器是一种能把物理量或化学量转变成便于利用的电信号的器件。国际电工委员会(International Electro－technical Committee,IEC)的定义为:传感器是测量系统中的一种前置部件,它将输入变量转换成可供测量的信号。传感器是被测量信号输入的第一道关口,它包括承载体和电路连接的敏感元件。传感器系统则是组合有某种信息处理(模拟或数字)能力的传感器复合器件,传感器是传感器系统的一个组成部分。传感器一般是由敏感元件、转换元件和其他辅助元件组成,有时也将信号调理与转换电路及辅助电源作为传感器的组成部分,如图 5－11 所示。

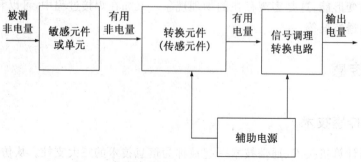

图 5－11　传感器的组成

敏感元件是直接感受被测量(一般为非电量)、并输出与被测量有确定关系的其他量(一般为电量)的元件。如应变式压力传感器的弹性膜片就是敏感元件,它的作用是将压力转换成膜片的变形。转换元件又称变换器,一般情况下它不直接感受被测量,而是将敏感元件输出的量转换成电量输出。如应变式压力传感器的应变片,它的作用是将弹性膜片的变形转换为电阻值的变化。这种划分并无严格的界限,如热电偶是直接感知温度变化的敏感元件,但它又直接将温度转换为电量;因而它同时又兼为转换元件了。热电阻式传感器就是将敏感元件热敏电阻与转换元件合为一体的传感器。许多光电转换器都是这种敏感、传感合为一体的传感器。由于传感器输出信号一般都很微弱,因此需要有信号调理和转换电路,进行放大、运算调制等。另外,对于某些传感器还需要有辅助电源才能工作。

5.2.3 传感器的分类

对传感器的分类方法有很多,可以从不同特点来分,有的传感器可以同时测量多种参数,而对同一物理量又可用多种不同类型的传感器来进行测量。因此同一传感器可分为不同类,有不同的名称。根据传感器工作原理,可分为物理传感器和化学传感器两大类。按照其用途,传感器可分为:压力敏和力敏传感器、位置传感器、液面传感器、能耗传感器等。按其将外界输入信号变换为电信号时采用的效应分类,有物理传感器、化学传感器、生物传感器。以其输出信号为标准可将传感器分为:

(1) 模拟传感器——将被测量的非电学量转换成模拟电信号;

(2) 数字传感器——将被测量的非电学量转换成数字输出信号(包括直接和间接转换);

(3) 膺数字传感器——将被测量的信号量转换成频率信号或短周期信号的输出(包括直接或间接转换);

(4) 开关传感器——当一个被测量的信号达到某个特定的阈值时,传感器相应地输出一个设定的低电平或高电平信号。

表 5-1 给出了与五官对应的传感器与效应。

表 5-1　与五官对应的传感器与效应

感　觉	传感器	效　应
视觉(眼睛)	光敏传感器	物理效应
听觉(耳)	声(压力)敏传感器	物理效应
触觉(皮肤)	热敏传感器	物理效应
嗅觉(鼻)	气敏传感器、生物热敏传感器	化学效应、生物效应
味觉(舌)	味觉传感器	化学效应、生物效应

数字式传感器(digital transducer)是把被测参量转换成数字量输出的传感器。它是测量技术、微电子技术和计算技术的综合产物,是传感器技术的发展方向之一。数字式传感器一般是指那些适于直接地把输入量转换成数字量输出的传感器,包括光栅式传感器、磁栅式传感器、码盘、谐振式传感器、转速传感器、感应同步器等。广义说,所有模拟式传感器的输出都可经过数字化(见模数转换器)而得到数字量输出,这种传感器可称为数字系统或广义数字式传感器。数字式传感器的优点是测量精度高、分辨率高、输出信号抗干扰能力强和可直接输入计

算机处理等。数字式传感器主要分为：直接以数字量形式输出的数字式传感器；以脉冲形式输出的数字式传感器；以频率形式输出的数字式传感器。

5.2.4 传感器的特性

选择传感器主要考虑灵敏度、响应特性、线性范围、稳定性、精确度、测量方式等 6 个方面的问题。此外，还应尽可能兼顾结构简单、体积小。重量轻、价格便宜、易于维修、易于更换等条件。

1）灵敏度

一般传感器灵敏度越高越好，灵敏度越高意味着传感器所能感知的变化量小，即只要被测量有一微小变化，传感器就有较大的输出。但确定灵敏度要考虑以下几个问题：当传感器的灵敏度很高时，外界噪声也会同时被检测到，并通过传感器输出，干扰被测信号。为使传感器既能检测到有用的微小信号，又使它受噪声干扰小，要求传感器的信噪比愈大愈好。即要求传感器本身的噪声小，且不易从外界引进干扰噪声。与灵敏度紧密相关的是量程范围。传感器的线性工作范围一定时，传感器的灵敏度越高，干扰噪声越大，则难以保证传感器的输入在线性区域内工作。不言而喻，过高的灵敏度会影响其适用的测量范围。当被测量是一个单向量，就要求传感器单向灵敏度愈高愈好；如被测量是二维或三维的向量，则还应要求传感器的交叉灵敏度愈小愈好。

2）响应特性

传感器的响应总不可避免地有一定延迟，但总希望延迟的时间越短越好。一般物性型传感器（如利用光电效应、压电效应等传感器）响应时间短，工作频率宽；结构型传感器，如电感、电容、磁电等传感器，由于受到结构特性的影响、机械系统惯性质量的限制，其固有频率低，工作频率范围窄。

3）线性范围

任何传感器都有一定的线性工作范围。在线性范围内输出与输入成比例关系，线性范围愈宽，则表明传感器的工作量程愈大。传感器工作在线性区域内，是保证测量精度的基本条件。例如，测力超出测力元件允许的弹性范围时，将产生非线性误差。任何传感器，保证其绝对工作在线性区域内是不易的，某些情况下，在许可限度内也可取其近似线性区域。例如，变间隙型的电容、电感式传感器，其工作区均选在初始间隙附近，而且必须考虑被测量变化范围，令其非线性误差在允许限度以内。

4）稳定性

稳定性是表示传感器经过长期使用以后，其输出特性不发生变化的性能。影响传感器稳定性的因素是时间与环境。为了保证稳定性，在选择传感器时，一般应注意两个问题：①根据环境条件选择传感器，例如选择电阻应变式传感器时，应考虑到湿度会影响其绝缘性，湿度会产生零漂，长期使用会产生蠕动现象等。②要创造或保持一个良好的环境，在要求传感器长期地工作而不需经常地更换或校准的情况下，应对传感器的稳定性有严格的要求。

5）精确度

传感器的精确度是表示传感器的输出与被测量的对应程度。传感器处于测试系统的输入端，其能否真实地反映被测量，对整个测试系统具有直接的影响。实际测量中并非要求传感器的精确度愈高愈好，需考虑测量目的，同时还需考虑经济性。因传感器精度越高价格越贵，应从实际出发选择传感器。首先应了解测试目的,判断是定性还是定量分析。若只需获得相对比较值,则要求传感器重复精度高,而不要求测试的绝对量值准确。若是定量分析,则必须获得精确量值。在某些情况下,要求传感器的精确度愈高愈好。如对现代超精密切削机床,测量其运动部件的定位精度,主轴的回转运动误差、振动及热形变等时,往往要求测量精确度在0.1～0.01m 范围内,这样的精确量值须有高精度的传感器。

　　6) 测量方式

　　传感器在实际条件下的工作方式,也是选择传感器时应考虑的重要因素。例如,接触与非接触测量、破坏与非破坏性测量、在线与非在线测量等,条件不同,对测量方式的要求亦不同。在机械系统中,对运动部件的被测参数(例如回转轴的误差、振动、扭力矩),往往采用非接触测量方式。因为对运动部件采用接触测量时,有许多实际困难,诸如测量头的磨损、接触状态的变动、信号的采集等问题,都不易妥善解决,容易造成测量误差。这种情况下应采用电容式、涡流式、光电式等非接触式传感器,若选用电阻应变片,则需配以遥测应变仪。某些条件下,可运用试件进行模拟实验,这时可进行破坏性检验。然而有时无法用试件模拟,因被测对象本身就是产品或构件,这时宜采用非破坏性检验方法。例如,涡流探伤、超声波探伤、核辐射探伤以及声发射检测等。非破坏性检验可以直接获得经济效益。在线测试是与实际情况保持一致的测试方法。特别是对自动化过程的控制与检测系统,往往要求信号真实与可靠,必须在现场条件下才能达到检测要求。实现在线检测是比较困难的,对传感器与测试系统都有一定的特殊要求。研制在线检测的新型传感器,也是当前测试技术发展的一个方面。

5.3 信号的采集

　　实际系统中存在的绝大多数物理过程或物理量,都是在时间上和幅值上连续的量,即模拟信号。将模拟信号按一定时间间隔循环进行取值,从而得到按时间顺序排列的一串离散信号的过程称为采样。把连续信号变换成一串脉冲序列的部件,称为采样器。采样器是以一定周期 T 重复开闭动作的采样开关。采样开关的输出,称为采样信号。

　　在实际工程中,为保证不损失信息,采样周期 T 不能取得过大,它与对象的最大时间常数相比应是很小的;但取得过小实现上会有困难。后面将叙述的采样定理,是确定 T 的原则。

5.3.1 采样过程

　　一个在时间和幅值上连续的模拟信号 $x(t)$,通过一个周期性开闭(周期为 T_s,开关闭合时间为 τ)的采样开关 K 之后,在输出端输出一串在时间上离散的脉冲信号 $x_s(nT_s)$。这一过程称为采样过程,如图 5-12 所示。其中,$x_s(nT_s)$ 为采样信号;$0,T_s,2T_s,\cdots$ 为采样时刻;τ 为采样时间;T_s 为采样周期。

　　从数学的角度看,采样过程可认为是模拟信号 $x(t)$ 与一串幅度为1,宽度为 τ),周期为 T 的脉冲信号的乘积。

　　当 $T \gg \tau, \tau \to 0$ 时,

　　脉冲信号:
$$P_\delta(t) = \sum_{n=-\infty}^{\infty} \delta(t - nT) \tag{5-6}$$

　　采样后信号为模拟信号与一串冲激序列的乘积:

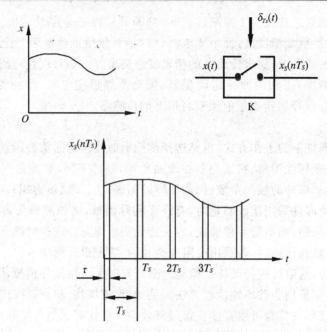

图 5 - 12　采样开关与采样过程

$$\hat{x}(t) = x(t) \cdot P_\delta(t) = \sum_{n=-\infty}^{\infty} x(t)\delta(t-nT) \tag{5-7}$$

由于脉冲信号 $\delta(t-nT)$ 只有在 $t=nT$ 时才有非零值,因此只有当 $t=nT$ 时上式中才有意义(见图 5 - 13),有:

$$\hat{x}(t) = \sum_{n=-\infty}^{\infty} x(nT)\delta(t-nT) \tag{5-8}$$

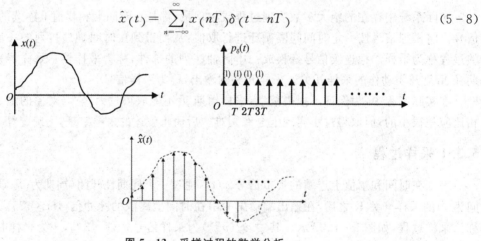

图 5 - 13　采样过程的数学分析

应该指出,在实际应用中,$\tau \ll T_s$,采样周期 T_s 决定了采样信号的质量和数量。如采样周期过长,将引起有用信号的丢失,使系统品质变差。反之,如采样周期过短,则两次实测值的变化量太小,同时采样结果数量显著增加,占用大量内存空间,亦不相宜。因此必须按照某个定理来选择。

5.3.2 采样定理

采样定理，又称香农采样定理、奈奎斯特采样定理。

设有连续信号 $x(t)$，其频谱 $X(f)$，以采样周期 T_s 采得的信号为 $x_s(nT_s)$。如果频谱和采样周期满足下列条件：

(1) 频谱 $X(f)$ 为有限频谱，即当时 $|f| \geqslant f_c$，$X(f)=0$；

(2) $\dfrac{1}{T_s} \geqslant 2f_c$，$\dfrac{1}{T_2}=f_s$ 为采样频率；f_c 为信号的截止频率，其单位为样本/秒，即赫兹（Hz）。

采样定理指出，如果信号的频率是有限的（$0 \sim f_c$），并且采样频率高于信号带宽的两倍，那么，原来的连续信号可以从采样样本中完全重建出来，即：当采样频率为 $f_s \geqslant 2f_c$ 时，由采样信号 $X_s(nT_s)$ 能无失真地恢复为原来信号 $x(t)$。采样定理的证明，请参考有关书籍，这里从略。从信号处理的角度来看，此采样定理描述了两个过程：其一是采样，这一过程将连续时间信号转换为离散时间信号；其二是信号的重建，这一过程离散信号还原成连续信号。

从图 5-14 可知，待采样的模拟信号 $x(t)$ 的频率范围是有限的，只包含低于 f_c 的频率部分。采样周期 T_s 不能大于信号截止周期 T_c 的一半。如果已知信号的最高频率为 f_H，则采样定理给出了保证完全重建信号的最低采样频率。这一最低采样频率称为临界频率或奈奎斯特（Nyquist）频率，通常表示为 f_H。相反，如果已知采样频率，采样定理给出了保证完全重建信号所允许的最高信号频率。

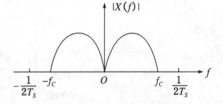

图 5-14　f_c 与 T_s 的关系

下面来看如果采样频率低于奈奎斯特频率时会发生什么现象。当采样信号的频率低于被采样信号的最高频率时，采样所得的信号中混入了虚假的低频分量，这种现象叫做频率混叠，如图 5-15 所示。

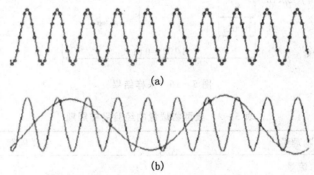

(a)

(b)

图 5-15　频率混叠

(a) 足够采样率下的采样结果；(b) 过低采样率下的采样结果

例如，某模拟信号中含有频率为 900Hz，400Hz 及 100Hz 的成分。若以 500Hz 的频率进行采样。采样结果如图 5-16 所示。对于 100Hz 的信号，采样后的信号波形能真实反映原信号。而对于 900Hz 和 400Hz 的信号，则采样后完全失真了，也变成了 100Hz 的信号。于是，原来 3 种不同频率信号的采样值相互混淆了。其原因就是所选的采样频率 500Hz 对于

900Hz 和 400Hz 的信号来说太低了。

首先要保证 $f_s = 2f_c$，这是不发生频率混叠的临界条件。消除频率混叠的方法有以下几种，一是减小采样周期 T_s，提高采样频率。但采用这种方法会增加内存占用量，以及数据的计算量；二是在采样前加入低通滤波器，将信号中高于奈奎斯特频率的信号成分滤去，称为抗混叠滤波器。

需要注意的是，在对信号进行采样时，满足了采样定理，只能保证不发生频率混叠，可以完全变换为原时域采样信号，而不能保证此时的采样信号能真实地反映原信号。一般实际应用中保证采样频率为信号最高频率的 5～10 倍。表 5－2 列出了典型物理量的经验采样周期值。

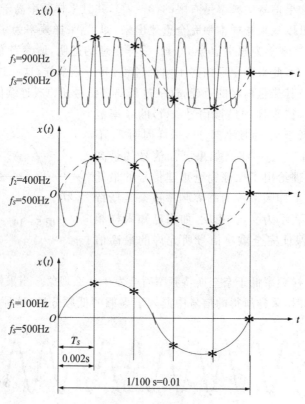

图 5－16　采样结果

表 5－2　典型物理量的经验采样周期

物理量	采样周期/s
流量	1～2
压力	3～5
液位	6～8
温度	10～15
成分	15～20

5.4 数字化数据采集系统

5.4.1 数据采集系统的定义

数据采集技术(Data Acquisition)是信息科学的一个重要分支,它研究信息数据的采集、存储、处理、显示以及控制等问题。在智能仪器、信号处理以及工业自动控制等领域,都存在着数据的测量与控制问题。将外部世界存在的温度、压力、流量、位移以及角度等模拟量(analog signal)转换成数字信号(digital signal),再收集到计算机中并进一步予以显示、处理、传输与记录这一过程,即称为"数据采集"。相应的系统即为数据采集系统(Data Acquisition System,DAS)。数据采集系统是结合基于计算机或者其他专用测试平台的测量软硬件产品来实现灵活的、用户自定义的测量系统。通常,必须在数据采集设备采集之前调制传感器信号,包括对其进行增益或衰减、隔离、放大、滤波等。对待某些传感器,还需要提供激励信号。图 5-17 为典型的数据采集系统。

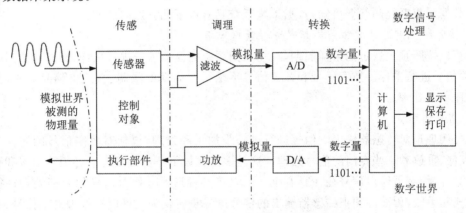

图 5-17　数据采集系统

数据采集系统追求的目标主要有两个:一是精度,二是速度。对任何测量值的测试都要有一定的精确度要求,否则将失去采集的意义。提高数据采集的速度不仅可以提高工作效率,更重要的是可以扩大数据采集系统的适用范围,以便于实现动态测试。

现代数据采集系统具有以下几个特点:

(1)采集系统一般都内含计算机系统,这使得数据采集的质量和效率等大为提高,同时显著节省了硬件投资。

(2)软件在数据采集系统中的作用越来越大,增加了系统设计的灵活性。

(3)数据采集与数据处理的相互结合日益紧密,形成了数据采集预处理相互融合的系统,可实现从数据采集、处理到控制的全部工作。

(4)速度快,数据采集系统一般都具有"实时"特性。对于数据采集系统一般希望有尽可能快的速度,以满足更多的应用环境。

(5)随着微电子技术的发展,电路集成度不断提高,数据采集系统的体积越来越小,可靠性越来越高,甚至出现了单片数据采集系统。

（6）总线在数据采集系统中的应用越来越广泛，总线技术对数据采集系统结构的发展发挥着越来越重要的作用。

5.4.2 数据采集系统的功能

从严格意义上说，数据采集系统应该是用计算机控制的多路数据自动检测或巡回检测，并且能够对数据实行存储、处理、分析计算，以及从检测的数据中提取可用的信息，供显示、记录、打印或描绘的系统。总之，不论在哪个应用领域中，数据的采集与处理越及时，工作效率就越高，取得的经济效益就越大。

数据采集系统的任务，具体地说，就是传感器从被测对象处获取有用信息，并将其输出信号转换为计算机能识别的数字信号，然后送入计算机进行相应的处理，得出所需的数据。同时，将计算得到的数据进行显示、储存或打印，以便实现对某些物理量的监视，其中一部分数据还将被生产过程中的计算机控制系统用来进行某些物理量的控制。

数据采集系统性能的好坏，主要取决于它的精度和速度。在保证精度的条件下，应有尽可能高的采样速度，以满足实时采集、实时处理和实时控制的要求。

由数据采集系统的任务可知，数据采集系统具有以下几方面的功能：

1）按系统规定的精度和采样频率进行数据采集

计算机按照预先选定的采样周期，对输入到系统的模拟信号进行采样，有时还要对数字信号、开关信号进行采样。数字信号和开关信号不受采样周期的限制，当这类信号到来时，有相应的程序负责处理。

2）信号调理

信号调理是对传感器输出的信号进行进一步加工和处理，包括对数字信号的转换、放大、滤波、存储、重放和一些专门的信号处理。这是因为在做下一步处理之前必须将干扰和噪声去除掉。另外，传感器输出信号往往具有机、光、电等多种形式。而对信号的后期处理往往采取电的方式和手段，因而必须把传感器输出的信号进一步转化为某种电路处理的电信号，其中包括电信号放大。通过信号的调理，最终获得希望的便于传输、显示和记录以及可做进一步后续处理的信号。

3）二次数据处理

通常把直接由传感器采集的数据称为一次数据，把通过对一次数据进行某种数字运算而获得的数据称为二次数据。二次数据计算主要有求和、最大值、最小值、平均数、累计值、变化率，等等。

4）屏幕显示

屏幕显示装置可把各种数据以方便观察者操作的方式显示出来，屏幕上显示的内容一般称为画面。常见的画面有实时监控的画面、报表数据、模拟仿真、一览表等。

5）数据存储

数据存储就是按照一定的时间间隔，如一小时、一天、一月等，定期将某些重要的数据存储在外存储器上。

6）打印输出

打印输出就是按照一定的时间间隔，如分钟、小时、月的要求，定期将各种数据以表格或图形的形式打印出来。

　　7) 人机交互

　　人机交互是指操作人员通过键出盘、鼠标等与数据采集系统对话,完成对系统的运行方式、采集周期等的控制。此外,还可以通过它选择系统功能,选择输出需要的画面等。

5.4.3 数据采集系统的结构

　　数据采集系统随着新型传感技术、微电子技术和计算机技术的发展而迅速发展。由于目前数据采集系统一般都是采用计算机进行控制,因此数据采集系统通常又叫做计算机数据采集系统。

　　计算机数据采集系统包括硬件和软件两个部分,其中硬件部分又可分为模拟部分和数字部分。计算机数据采集系统的硬件部分基本组成如图 5-18 所示。从图可以看出,计算机数据采集系统一般有传感器、多路模拟开关、采样/保持器、模/数转换器和计算机系统组成。

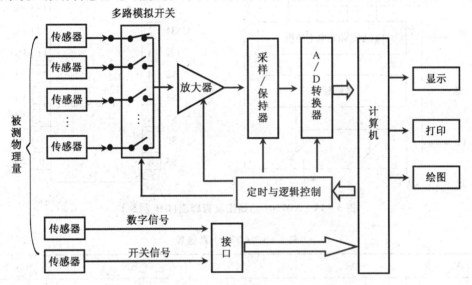

图 5-18　数据采集(分析与控制)系统的典型结构

　　1) 传感器

　　传感器的主要作用是把非电的物理量(如速度、温度、压力等)转换成模拟电量(如电压、电流、或频率)。例如,使用热电偶或热电阻可以获得随着温度变化而变化的电压,转速传感器可以把转速转化为电脉冲。通常把传感器输出到 A/D 转换器输出这一段信号的通道称为模拟通道。

　　2) 多路模拟开关

　　在数据采集系统中,往往要对多个物理量进行采集,即所谓多路巡回检测,这可以通过多路模拟开关来实现,这样可以简化设计,降低成本。多路模拟开关可以分时选通多个输入通道中的某一路通道。因此,在多路模拟开关后的单元电路,如采样/保持电路、模/数转换通用电路以及处理器电路等,只需要一套即可,这样可以节省成本和体积。但这仅限于物理量变化比较缓慢、变化周期在数十至数百毫秒之间的情况下。因为这时可以使用普通的微秒级 A/D 转换器从容地分时处理信号。但当分时通道较多时,必须注意泄露及逻辑安排等问题。当频率信号较高时,使用多路分路开关后,对 A/D 的转换速率要求也随之提高了。在数据通道率超过 40～50kHz 时，一般不宜使用分时的多路模拟开关技术。多路模拟开关有时可以安排在放大器之前，但当输入的信号电平较低时，需注意选择多路模拟开关的类型。多路模拟开关分为两类：一类是机电式，适用于大电流、高电压、低速切换场所；另一类是电子式，适用于小电流、低电压、高速场所。多路模拟转换开关的性能指标有：开关导通电阻小，断开电阻无穷大，转换速度快等。

下面以 AD7501 来说明多路模拟转换开关的工作原理。AD7501 是具有 8 路输入 1 路公共输出的多路模拟开关 CMOS 集成芯片，8 个输入通道（S1～S8）、3 个地址选择线（A0/A1/A2）、控制端 EN、一个输出端（OUT）以及电源（V_{SS}/V_{DD}）接地（GND）。通过对地址进行译码来选择 8 个通道中的一路，其功能如图 5-19 所示，真值表见表 5-3。

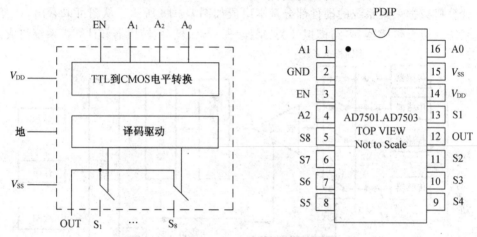

图 5 - 19　AD7501 功能图及管脚图（DIP 封装）

表 5 - 3　AD7501 真值表

A2	A1	A0	EN	"ON"
0	0	0	1	1
0	0	1	1	2
0	1	0	1	3
0	1	1	1	4
1	0	0	1	5
1	0	1	1	6
1	1	0	1	7
1	1	1	1	8
X	X	X	0	None

3）采样保持器

A/D 转换器在对模拟信号进行转换的过程中，需要一定的稳定时间（孔径时间），尤其是当输入信号频率较高时，会造成很大的误差。因此为保证 A/D 转换器的精度，应在它前面加入采样保持器。采样保持器（sample hold devices）简称 S/H，其作用是采集模拟输入电压在某一时刻的瞬时值,并在 A/D 转换器转换期间保持输出电压不变,以保证转换结果输出稳定。

　　采样保持器(S/H)有采样和保持两种工作状态:在采样期间,其输出能跟随输入的变化而变化;而在保持状态,能使其输出值保持不变。因此利用采样保持器在 A/D 转换启动时,保持住输入信号不变,从而可避免孔径时间带来的转换误差。在 A/D 转换结束后,又能跟踪输入信号的变化。在进行多路瞬态采集时,可给多个采样保持器在同一时刻发出一个保持信号,则能得到各路信号某一时刻的瞬时值,然后可以依次对各路保持信号进行模/数转换。

　　图 5 - 20 中 T 为模拟开关,$S(t)$ 是确定采样或保持状态的模拟开关的控制信号,C_b 为保持电容。采样/保持器的工作原理为:当 $S(t)=1$ 时,采样电平,开关 T 导通,模拟信号 V_i 通过 T 向 C_b 充电,输出电压 V_o 跟踪输入模拟信号的变化。当 $S(t)=0$ 时,保持电平,开关 T 断开,输出电压 V_o 保持在模拟开关断开瞬间的输入信号值。高输入阻抗的缓冲放大器 A 的作用是把 C_b 和负载隔离,否则,保持阶段在 C_b 上的电荷会通过负载放电,无法实现保持功能。

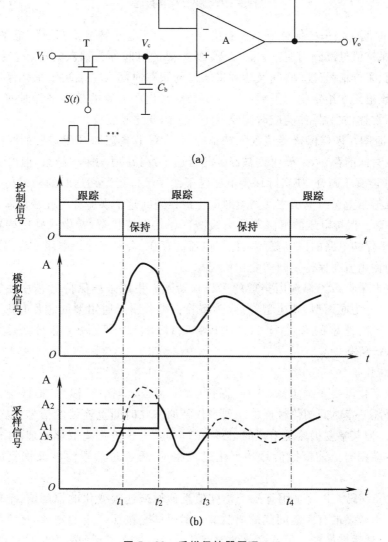

(a)

(b)

图 5 - 20　采样保持器原理

(a) 采样保持器结构;(b) 采样保持过程对应的波形图

采样保持器的主要参数有：捕获时间、孔径时间和衰减率等。如图 5－21 所示。

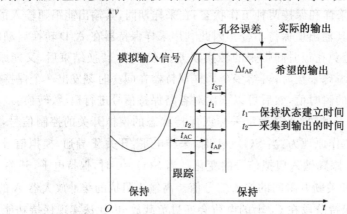

图 5－21　采样保持过程

（1）捕获时间。当采样保持器的控制信号从"保持"电平转换到"采样"电平后，输出电压 V_0 从原来的保持值过渡到当前输入信号 V_i 所需要的时间称为捕获时间。它包括开关 T 的导通延时时间、采样信号建立时间及达到采样值的跟踪时间。它反映了采样保持器的采样速度，它限定了该电路在给定精度下截取输入信号瞬时值所需要的最小采样时间。它与保持电路的充电时间常数、放大器的响应时间及保持电压的变化幅度有关。

（2）孔径时间。采样保持器接到保持命令到开关 T 真正断开所需要的时间称为孔径时间。由于孔径时间的存在，采样时刻被额外的延迟了，在 t_1 时刻采样结束，但由于开关 T 要延时到 t_2 时刻才能真正断开，使实际保持电压已不代表保持指令到达时的输入信号瞬时值。使实际保持电压与希望保持电压之间产生时间上的误差。这个误差称为孔径误差。

（3）衰减率。保持电压的下降率称为衰减率。在保持状态，希望采样保持器输出电压保持恒定，但由于保持电路的漏电流和其他漏电流的存在，会引起保持电压下降。衰减率反映了采样保持器的输出值在保持期间的变化情况。

如今的数据采集系统都选用集成的采样保持器。集成采样保持器芯片种类和型号有很多，按其功能可分为通用型、高速型、高分辨型等三类。属于通用型的芯片有 LF398、AD598、AD593 等；属于高速型的有：AD9110、SHC605、HTS0025 等；属于高分辨率的有 AD389、SHA114、SHA－6 等。

4）A/D 转换器

信号的数字化需要 3 个步骤：采样/保持（数字信号处理中被称为"抽样"）、量化和编码。采样是指用每隔一定时间的信号样值序列来代替原来在时间上连续的信号，也就是在"时间"上离散的信号，但其幅度仍然是模拟的，必须在"空间"上也进行离散化处理，才能最终用数码表示。在接收端则与上述模拟信号数字化过程相反，再经过后置滤波又恢复成原来的模拟信号。

（1）量化和编码。量化是用有限个幅度值近似原来连续变化的幅度值，把模拟信号的连续幅度变为有限数量的有一定间隔的离散值。编码则是按照一定的规律，把量化后的值用二进制数字表示，然后转换成二值或多值的数字信号流。这样得到的数字信号可以通过电缆、微波干线、卫星通道等数字线路传输。

　　量化的最小单位称为量化单位 q，它等于输入信号的最大值/数字量的最大值，对应于数字量 1。输入信号的最大值一般为所使用的参考电压 V_{REF}。量化就是把采样值取整为最小单位 q 的整数倍。量化有两种方式，一是取整数时只舍不入，即 $0\sim1V$ 间的所有输入电压都输出 0V，$1\sim2V$ 间所有输入电压都输出 1V 等。采用这种量化方式，输入电压总是大于输出电压，因此产生的量化误差总是正的，最大量化误差等于两个相邻量化级的间隔 Δ。另一种是取整数时有舍有入，即 $0\sim0.5V$ 间的输入电压都输出 0V，$0.5\sim1.5V$ 间的输出电压都输出 1V，等等。采用这种量化方式量化误差有正有负，量化误差的绝对值最大为 $\Delta/2$。因此，采用有舍有入法进行的量化误差较小。

　　实际信号可以看成量化输出信号与量化误差之和，因此只用量化输出信号来代替原信号就会有失真。一般说来，可以把量化误差的幅度概率分布看成在 $-\Delta/2\sim+\Delta/2$ 之间的均匀分布。最小量化间隔越小，失真就越小。最小量化间隔越小，用来表示一定幅度的模拟信号时所需的量化级数就越多，因此处理和传输就越复杂。所以，量化既要尽量减少量化级数，又要使量化失真看不出来。一般都用一个二进制数来表示某一量化级数，经过传输在接收端再按照这个二进制数来恢复原信号的幅值。所谓量化比特数是指要区分所有量化级所需几位二进制数。例如，有 8 个量化级，那么可用三位二进制数来区分，称 8 个量化级的量化为 3 比特量化。8 比特量化则是指共有 256 个量化级的量化（见图 5 - 22）。

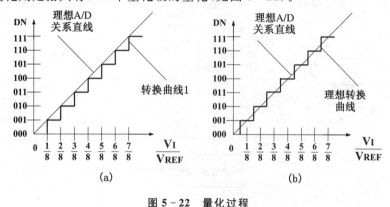

图 5 - 22　量化过程

（a）转换曲线 1 量化误差 1LSB；（b）理想转换曲线量化误差：$\pm(1/2)$LSB

　　量化误差与噪声是有本质区别的。因为任一时刻的量化误差是可以从输入信号求出，而噪声与信号之间就没有这种关系。

　　上面所述的采用均匀间隔量化级进行量化的方法称为均匀量化或线性量化，这种量化方式会造成大信号时信噪比有余而小信号时信噪比不足的缺点。如果使小信号时量化级间宽度小些，而大信号时量化级间宽度大些，就可以使小信号时和大信号时的信噪比趋于一致。这种非均匀量化级的安排称为非均匀量化或非线性量化。数字电视信号大多采用非均匀量化方式，这是由于模拟视频信号要经过校正，而校正类似于非线性量化特性，可减轻小信号时误差的影响。对于音频信号的非均匀量化也是采用压缩、扩张的方法，即在发送端对输入的信号进行压缩处理再均匀量化，在接收端再进行相应的扩张处理。

　　采样、量化后的信号还不是数字信号，需要把它转换成数字编码脉冲，这一过程称为编码。最简单的编码方式是二进制编码。具体说来，就是用 n 比特二进制码来表示已经量化了的样值,每个二进制数对应一个量化值,然后把它们排列,得到由二值脉冲组成的数字信息流。编码过程在接收端,可以按所收到的信息重新组成原来的样值,再经过低通滤波器恢复原信号。除了上述的自然二进制码,还有其他形式的二进制码,如格雷码和折叠二进制码等以及 BCD 码等。

　　(2) A/D 转换原理。采样保持电路输出的信号送至 A/D 转换器,A/D 转换器是模拟输入通道的关键电路。由于输入信号变化的速度不同,系统对分辨率、精度、转换速率及成本的要求也不同,因此 A/D 转换器的种类也越多。早期的采样/保持电路和 A/D 转换器需要数据采集系统设计人员自行设计,目前普遍采用单片集成电路,有的单片 A/D 转换器还包含有采样/保持电路、基准电源和接口电路,这为系统设计提供了较大方便。A/D 转换器的结果输出给计算机,有的采用并行码输出,有的则采用串行码输出。使用串行输出结果的方式对长距离传输和需要光电隔离的场合较为有利。

　　下面分别介绍使用间接法的双积分型 A/D 转换和使用直接法的逐次逼近型 A/D 转换的工作原理。

　　(1) 双积分 A/D 转换器。双积分 A/D 转换器使用间接转换法。它利用输入电压和基准电压对积分电路充放电时间的比较得到输入电压的数字量。双积分 A/D 转换器电路原理图如图 5-23 所示。它主要由电子开关、积分电路、比较器、逻辑控制器和计数器等部分组成。

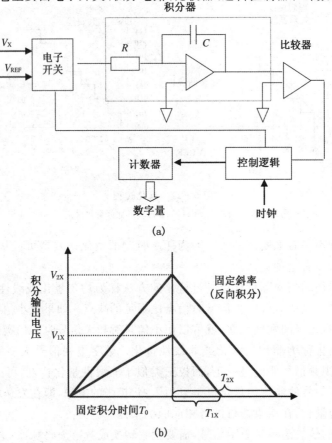

图 5-23　双积分 A/D 转换器工作原理

(a) 双积分 A/D 转换器电路;(b) 双积分过程波形

双积分 A/D 转换器的工作过程为:开关先把 V_x 采样输入到积分器,积分器从零开始进行固定时间 T_0 的正向积分,时间 T 到后,开关将与 V_x 极性相反的基准电压 V_{REF} 输入到积分器进行反相积分,到输出为 0V 时停止反相积分。从积分波形可见:反相积分器的斜率是固定的,采样输入电压 V_x 越大,积分器的输出电压就越大,反相积分时间越长。计数器在反相积分时间内所计的数值就是与输入电压 V_x 在时间 T_0 内的平均值对应的数字量。

双积分 A/D 转换器具有以下特点:①双积分 A/D 转换器的转换与积分电路的时间常数无关,消除了电路参数对转换精度的影响;②由于使用积分电路,增加电路的抗干扰能力;③转换过程中时钟的稳定性越高,转换精度越高;④完成一次 A/D 转换要经历正、反两次积分,需要的时间 $T = T_0 + T_1$。因此,双积分 A/D 转换器转换速度较慢的工作速度较低。双积分 ADC 广泛用于精度要求较高、而速度要求不高的仪表中,例如数字万用表等。

(2) 逐次逼近型 A/D 转换器。逐次逼近型 A/D 转换器采用直接比较法进行模/数转换。其逻辑图如图 5-24 所示。逐次逼近型 A/D 转换器主要由数据寄存器组、数/模转换器、电压比较器和控制逻辑几个部分组成。转换前,数据寄存器预置一个初值,经 DAC 转换输出与数据寄存器中数据对应的模拟电压。采样电压 u_i 加在电压比较器上与 U_c 比较。根据比较的结果,由控制逻辑增减数据寄存器中的数据使其逐渐接近采样电压 u_i 的数值,最后从数据寄存器输出。

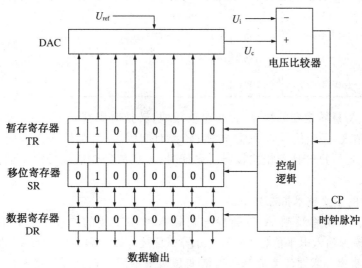

图 5-24　逐次逼近型 A/D 转换器逻辑

逐次逼近型 A/D 转换器的转换过程与使用天平称东西的过程相似。将被称得物体放在左边的盘中,取一个砝码置于右盘中。若砝码的质量大于物体的质量,取下该砝码,取一个较小的砝码称量。若砝码的质量不够,再加一个较小的砝码称量。如此不断地做下去,最后全部砝码的质量就会逐渐接近物体的质量。

逐次逼近型 A/D 转换工作在时钟脉冲的控制下按下列步骤进行。

(1) 初始化。转换开始时,数据寄存器 DR 和暂存寄存器 TR 全部置 0,移位寄存器 SR 最高位置 1,其余置 0。在图 5-24 中,寄存器都是 8 位的,SR 中的数值为 80Hz。

(2) 比较开始,对 DR 和 SR 作或运算,并将结果置于 TR 之中。TR 的输出作为 DAC 的输入,经转换输出对应的模拟电压 U_c。

(3) 被转换的采样电压 u_i 与 Uc 比较。若 $u_i > Uc$，则先将 TR 中的数据写入 DR 中，SR 右移一位，然后将 SR 和 TR 或运算的结果置入 TR 中继续比较，如图 5-24 所示。如果两者相等，同样将 TR 写入 DR 停止比较，并输出。

(4) 若 $u_i < Uc$，在 SR 右移一位后，将 SR 和 DR 的或运算的结果置入 TR 再比较。

(5) 在时钟脉冲的控制下，依照上述的步骤一步步进行下去。当 SR 右移到最后一位并进行比较后，从 DR 输出的数据就是 u_i 对应的数字量了。

例如：$u_i = 6V$，$U_{ref} = 10V$，8 位数字量。u_i 的理论数字量为 1001 1001，即十进制的 $255 \times 0.6 = 153$。3 个寄存器中的数据的变化过程如表 5-4 所示。

表 5-4　逐次逼近型 A/D 转换器的转换过程

次数	初始化	1	2	3	4
比较	u_i　Uc	>	<	<	>
TR	0000 0000	1000 0000	1100 0000	1010 0000	1001 0000
SR	/	1000 0000	0100 0000	0010 0000	0001 0000
DR	0000 0000	1000 0000	1000 0000	1000 0000	1000 0000

次数	5	6	7	结果	输出
比较	>	<	<	=	
TR	1001 1000	1001 1100	1001 1010	1001 1001	
SR	0000 1000	0000 0100	0000 0010	0000 0001	
DR	1001 1000	1001 1000	1001 1000	1001 1001	1001 1001

逐次逼近式 A/D 转换器的特点：转换速度较快，转换时间在 $1 \sim 100 \mu s$ 以内，分辨率可达 18 位，适用于高精度、高频信号的 A/D 转换；转换时间固定，不随输入信号的大小而变化；抗干扰能力与双积分 A/D 转换器相比较弱。采样时，干扰信号会造成较大的误差，需要采取适当的滤波措施。

A/D 转换器的主要技术指标如下：

(1) 分辨率。分辨率反映 A/D 转换器对输入微小变化的响应能力，用数字量最低位 (LSB) 所对应的模拟输入电平值 (Δ) 表示。分辨率直接与转换器的位数有关，也可以用数字量的位数来表示分辨率。需要注意分辨率与精度是两个不同的概念。分辨率高的转换器，精度不一定高。

(2) 精度 (有绝对精度和相对精度两种)。绝对误差等于实际转换结果与理论转换结果之差，可以用数字量的最小有效位 (LSB) 的分数值表示。例如：$\pm 1LSB$，$\pm 1/2\ LSB$，$\pm 1/4\ LSB$ 等。相对误差是指数字量所对应的模拟输入量的实际值与理论值之差，用模拟电压满量程的百分比表示。例：10 位 A/D 芯片，输入满量程 10V，绝对精度 $\pm 1/2LSB$ ($\Delta = 9.77mV$)；绝对精度为：$1/2\Delta$ ($= 4.88mV$)；相对精度为：$4.88mV/10V = 0.048\%$。

(3) 转换时间。完成一次 A/D 转换所需要的时间。(发出转换命令信号到转换结束的时间) 转换时间的倒数称为转换速率。例：AD574 的转换时间为 $25\mu s$，转换速率为 $40kHz$ ($= 1/25us$)。

(4) 量程。被转换的模拟输入电压范围，分单极性、双极性两种类型。单极性常见量程为

0～5V,0～10V,0～20V;双极性量程常为−5V～+5V,−10V～+10V。

　　(5) 逻辑电平与输出方式。多数 A/D 转换器输出的数字信号与 TTL 电平兼容,以并行方式输出。Σ−Δ 型 A/D 转换芯片以串行方式输出数据,这对单片机类 CPU 连接是很方便的。

　　(6) 工作温度范围。温度会对比较器、运算放大器、电阻网络等部件的工作产生影响。A/D 转换器的工作温度范围一般为 0～70℃。军用品为−55℃～+125℃。

　　5) D/A 转换器

　　D/A 转换器将成数字量转换成模拟量输出。按照转换方法的不同,D/A 转换电路可分直接法和间接法。直接法是将采样保持信号与一组基准电压进行比较,直接获得数字量。间接法则先将采用保持信号转换为与模拟量成正比的时间或频率的中间量,然后通过对时间计数获得数字量。前一种方法工作速度快,精度高。后一种方法工作速度慢,但抗干扰能力强。该部分内容将在第 4 章详细介绍。

　　6) 计算机系统

　　计算机系统是整个计算机数据采集系统的核心。计算机控制整个计算机数据采集系统的正常工作,并且把 A/D 转换器输出的结果读入到内存,进行必要的数据分析和数据处理。计算机还需要把数据分析和数据处理的结果写入存储器以备将来分析和使用,通常还需要把结果显示出来。计算机系统包括计算机硬件和计算机软件,其中计算机硬件是计算机系统的基础,而计算机软件是计算机系统的灵魂。计算机软件技术在计算机数据采集系统中发挥着越来越重要的作用。

5.5 数据采集系统举例

5.5.1 基于单片机的数据采集系统

　　微型计算机不断地更新换代,新产品层出不穷。在微型计算机的大家庭中多了很多成员。单片计算机(Single-Chip Microcomputer)简称单片机。它是在一片芯片上集成了中央处理器、随机存储器、只读存储器、定时/计数器及 I/O 电路等的部件,构成一个完整的微型计算机。它的特点是:高性能、高速度、价格低廉、稳定可靠,应用广泛。单片机的应用领域很广,其中之一就是在测控系统中的应用。用单片机可以构成各种工业测控系统、自适应系统和数据采集系统等。下面以一种基于单片机的数据采集系统的设计为例,说明单片机在数据采集系统中的应用。

　　1) 数据采集系统的设计

　　基于单片机的数据采集系统由单片机、高速 A/D 转换器、高速静态 RAM 及 LED 显示等部分组成,如图 5-25 所示。高速静态 RAM 用作单片机与 A/D 转换器之间的数据缓冲。高速静态 RAM 的数据线和地址线由总线切换电路来控制,选择连接单片机总线或连接到 A/D 转换器的数据输出和地址发生器输出地址。高速静态 RAM 的读写由读写控制电路实现。在数据采集期间,存储器的写入地址由可预置的 16 位地址发生器产生,其溢出信号作为数据采集结束控制和单片机的结束标志。

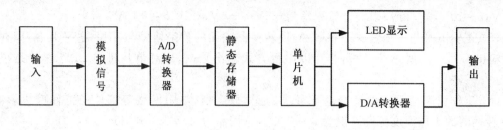

图 5 - 25　硬件电路原理框图

(1) 单片机 。本系统采用 MCS- 51 系列中的 8051。它是 8 位的单片机,价格便宜,适合大批量的生产。8051 是标准的 40 引脚双列直插式集成电路芯片,使用的是 5V 电源,有两个定时器/计数器 T0 和 T1。T0/T1 是 16 位的计数器/定时器,通过编程的方式可以用来设定为定时器或者为计数器。在单片机控制系统中,常要求一些外部实时时钟,以实现定时或延时;也常要求有一些外部计数器,以实现对外部事件进行计数。MCS-51 是指由美国 INTEL 公司生产的一系列单片机的总称,如 8031、8051、8751、8032、8052、8752 等。其中 8051 是最早最典型的产品,该系列其他单片机都是在 8051 的基础上进行功能的增减、改变而来的。所以人们习惯于用 8051 来称呼 MCS-51 系列单片机。

(2) 高速 A/ D 转换器。采用 MAXIM 公司的流水线型高速 A/D 转换器 MAX1426,转换精度 10bits (在使用过程中仅取高 8 位),并行输出,最大采集频率 l0MHz,内置 S/H,采用循环采集方式。

MAX1426 采用了十级流水线结构。每一级流水线包括一个采样/保持放大器、一个低分辨率 ADC 和 DAC 及一个求和电路,其中求和电路还可提供固定的增益。在进行数据采集时,第一级流水线的采样/保持放大器对输入信号采样后先由第一级的 ADC 对输入进行量化,接着用 DAC 产生一个对应于量化结果的模拟电平送至求和电路,求和电路从输入信号中扣除此模拟电平,并将差值精确放大(固定增益)后送至下一级电路处理。

(3) 高速静态 RAM 。高速静态 RAM 采用 CYPRESS 公司的高速静态存储器 CY7Cl99220,单片容量 32kB,典型读写时间 20ns。由两片 CY7Cl99220 构成一个 64kB 的外部存储器。

(4) 地址发生器 。地址发生器是一可预置数的 16 位二进制计数器,电路采用 4 片 4 位可预置计数 74F163 级联组成。可以预置 16 位地址的初值,也就是传输数据块的起始地址。一片 74F163 的典型传输时间是 6.5ns,所以地址发生器的延时时间为 26ns。

(5) 总线切换 。总线切换采用 74F245 三态总线收发器并联,分别选通单片机系统总线和地址发生器地址输出与 A/D 转换器数据输出构成的外部总线,如图 5 - 26 所示。74F245 的典型传输时间为 6.5ns。

2) 串行数据采集及实现

以一片单片机为核心,加上简单的外围电路,配合相应的系统程序就可实现串行数据采集及控制。

(1) 串行通信:单片机的串口输入输出电平是 TTL 电平,利用一片 MAX232 芯片可实现 RS232 电平转换,接口电路十分简单。

(2) 系统结构简单,功耗低,系统充分利用了单片机的软硬件资源(A/D 转换器、串行口、定时器等),外围电路简单,所需组件少,且采用 CMOS 芯片,系统功耗低,如图 5-26 所示。

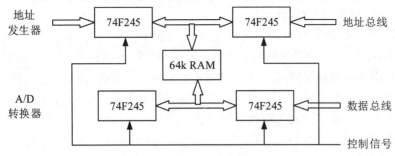

图 5-26　总线切换电路

(3) 智慧化、可程控:通过系统程序的编写,使之具有计算和判断能力,有一定的信号处理能力,使得数据采集及控制模块具有智能化的特点,优于不含 CPU 的同类模块。易实现有关数据采集的参数控制,一方面,设计时可按要求通过对单片机编程确定系统参数;另一方面在使用过程中单片机通过键盘接受指令,进一步设置系统的功能及参数。

(4) 多功能:单片机具有多个输入输出口,外接简单的电路,可输出多道信号用于控制前端的检测,如程控放大器的增益、滤波器的带宽等。利用脉冲调制输出 PWM 可产生脉冲信号,单片机输出的时钟信号也可供系统使用。通过灵活配置和使用单片机的资源,可设计出多功能的数据采集及控制系统。配备液晶显示器,可构成一个相对独立的数据采集系统,采集的数据可暂存于 EEPROM 中供单片机读取。

3) 程序设计

软件由主程序、子程序组成。子程序主要有显示刷新子程序、定量计算子程序、键命令处理子程序、显示状态计算子程序、出错处理子程序、A/D 转换子程序、数字滤波子程序、数据通信子程序、时钟定时子程序等。

5.5.2 基于 LabVIEW 的数据采集系统

LabVIEW 提供了一种图形化编程语言,被称为 G 语言。通常把利用 LabVIEW 编写的程序称为虚拟仪器(VI,Virtual Instrument)。虚拟仪器是仪器技术与计算机技术深层次结合的产物,它是全新概念的仪器,是对传统仪器概念的重大突破,是基于计算机的仪器,简单地说,就是在通用计算机上加上软件和硬件,使得使用者在操作这台计算机时就像操作一台他自己设计的专用的电子仪器。硬件仅仅是为了解决信号的输入输出,软件才是整个仪器系统的关键,即"软件就是仪器"。它使测量仪器与计算机之间的界限消失。

虚拟仪器具有以下的特点:可以通过改写软件的方法,方便地改变和增减仪器系统的功能;突破传统仪器在数据处理、显示、传送、处理等方面的限制,用户可以方便地对其进行维护、扩展和升级。

虚拟仪器以计算机为核心,是仪器系统与计算机软件技术的结合。这种结合有两种方式:

(1) 将计算机装入仪器即智能仪器;

(2) 将仪器装入计算机,以通用计算机硬件及操作系统为依托,实现各种仪器功能。虚拟仪器一般指这种方式。

虚拟仪器的发展主要经过了三个阶段:

第一阶段:利用计算机增强传统仪器的功能。GPIB 总线标准的建立使仪器与计算机连接成为可能,计算机可以控制仪器。

第二阶段:开发式的仪器构成。在仪器硬件上出现了两大进步,插入式计算机处理卡(PLUG－IN DAQ);VXI 仪器总线标准的建立。这些新技术使仪器的构成得以开放。

第三阶段:虚拟仪器框架得到广泛认同和采用。两大突出标志:a VXI 总线标准的建立和推广,从仪器硬件框架上实现了设计先进的分析与测量仪器所必需的总线结构;b 图形化编程语言的出现和发展,实现了面向工程师的图形化而非程序代码的编程方式。

LabVIEW 是由美国国家仪器(NI,National Instruments)公司开发的、优秀的商用图形化编程开发平台,是 Laboratory Virtual Instrument Engineering Workbench 的缩写,意为实验室虚拟仪器集成环境。LabVIEW 软件组成主要有两个部分,a 编程设计图形化软件模块,b 提供图形化编程环境,通过调用控件、库函数原码模块进行仪器面板设计和数据分析处理。仪器驱动程序(instrument drivers)与用户接口开发工具(user interface development)标准软件模块。图 5－27 所示为典型的基于 LabVIEW 的数据采集与对象测控虚拟仪器系统的构成方式。由图可知,构成数据采集虚拟仪器系统的硬件接口可以有多种形式,它们解决的是信号的输入问题,这与图 5－18 的计算机数据采集与控制系统的典型结构是相同的,所不同的在于计算机对输入数据进行分析和处理所用的软件是基于图形化编程的 LabVIEW,从而大大简化了系统开发的难度,减轻了开发者工作强度,提高了系统的工作效率和可靠性。

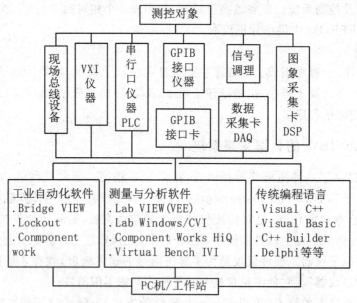

图 5－27   基于 LabView 的虚拟仪器

5.5.3 焊接数据采集系统典型案例

在加工过程中对被加工对象的质量进行有效监控是提高产品质量、降低废品率及提高产品竞争力的重要方面,产品质量在很大程度上决定于过程质量,这已成为加工过程所公认的事实。随着自动化水平的提高和加工过程流水线的实施,对流水线上各个工位加工质量的监控是保证产品质量的必要手段。从质量管理角度而言,一方面通过对整个流水线上各个工位生产质量的监控,可实现过程的动态调度及宏观质量管理,并实现每个被加工对象的质量状况存储,实现严格的国际质量标准中所要求的对产品质量的可记录性和可追溯性;另一方面,通过获取的大量的存储数据,可为专业人员提供发现过程中的隐藏信息,是研究质量与信息关系模型的基础。

　　焊接过程信息检测是焊接过程研究与质量控制的基础,国内外学者针对焊接过程中存在的声、光、电、热、磁等诸多物理和化学现象,采用各种传感技术如声学传感、光学传感、温度场测定、熔池振荡信息等来监测焊接过程质量。根据工作原理和检测方法的不同,可分为力学质量信息采集法,声、光质量信息采集法,焊接过程电参量信号采集法和视觉质量信息采集法。其中,电信号采集法和视觉信息采集法是目前在焊接过程质量监控中应用较为普遍的方法。

　　焊接质量主要包括焊缝成形、焊缝组织性能、焊缝力学性能等方面。自 20 世纪 80 年代以来,国内外焊接研究者在焊接质量的在线预测与控制方面做了大量的工作,取得了可喜的成果。20 世纪 80 年代至 90 年代初主要是进行质量信息的检测与建模,侧重于电弧传感器的研究。进入 1990 年代,开始将电弧传感器、视觉传感器与新的控制决策方法结合起来,使得焊接质量的在线控制与预测得到了长足发展。在一些发达国家的汽车制造业中,已在焊接生产线上实现了焊接过程质量的在线监测。

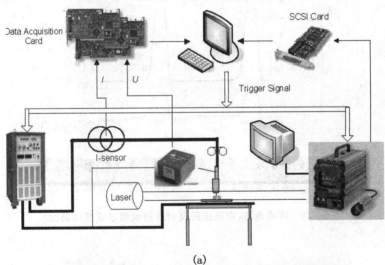

(a)

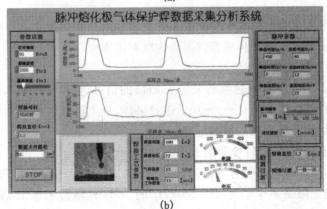

(b)

图 5 - 28　焊接数据采集测试分析系统软件主界面

(a) 硬件组成;(b) 主界面

图 5-28 为上海交通大学开发的焊接过程电信号与数字图像信号同步数据采集分析系统，电信号采集及调理由霍尔电流电压传感器以及信号调理单元和数据采集卡组成。选用美国 NI 公司 DAQ PCI 6023E 数据采集卡，支持模拟输入、模拟输出、数字信号 I/O、实时 I/O，其采样频率最高可达 200kHz；采用 RTSI（Real Time System Integration）总线，解决了触发的同步问题；数字高速摄像系统选用 Fastcam Super10 KC 高速数字摄像机，有外部触发功能，拍摄速度 30～10 000 帧/秒；采用激光为背光光源，通过 SCSI 采集卡，利用通用计算机总线，可将拍摄到的图片传输到 PC 机中。利用同步触发开关信号，保证电信号和图像信号的同步。系统软件基于 LabVIEW 的图形化语言（graphics language）环境下开发。测试系统软件主要由信号采集模块、数据计算分析模块、结果显示模块等组成。其中，数据计算分析模块的主要功能是计算电信号的特征参数以及与熔滴相关的特征参数。结果显示模块主要显示焊接条件、焊接电流、电压波形以及熔滴过渡的图片等。图 5-29 为脉冲 GMAW 焊接电信号和数字图像信号同步采集的结果。此系统可用于焊接质量过程的监控和焊接数据的管理。

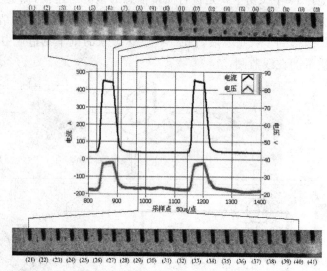

图 5-29　焊接电流、电压波形及对应的熔滴过渡高速摄像

思考题：

（1）什么是信号？信号与信息是什么关系？材料制造过程中通常有哪些信号？

（2）什么是传感技术？选择传感器需要考虑哪些因素？

（3）能否用 A/D 转换器采集脉冲信号？

（4）假如用 100kHz 的 A/D 转换器采集 75kHz 的信号，会得到什么样的结果？

（5）用 12 位的 A/D 转换器对 +/-10V 进行采样，最小可分辨多少电压？

（6）对于 mV 级信号采用高增益的好处是什么？

（7）简述逐次逼近式 A/D 转换器的工作原理？

（8）若 ADC 输入模拟电压信号的最高频率为 100kHz，采样频率的下限是多少？完成一次 A/D 转换时间的上限是多少？假如用 100kHz 的 A/D 转换器采集 75kHz 的信号，会得到什么样的结果？

第6章　数字化信号的处理

信号处理是指系统对信号进行某种加工变换的过程。数字信号处理（Digital Signal Processing，DSP）就是用数字方式和手段对数字信号所进行的各种运算、加工、变换等过程。数字信号处理需要利用计算机（PC）或专用处理设备如数字信号处理器（DSP）和专用集成电路（ASIC）等，以数值计算的方法对信号进行滤波、变换、检测、谱分析、综合、估值、压缩、识别等一系列的加工处理，以获得人们所希望得到的信号。数字信号处理要对真实世界的连续模拟信号进行测量或滤波，因此在进行数字信号处理之前需要将信号从模拟域转换到数字域，这通常通过模数转换器实现。而数字信号处理的输出经常也要变换到模拟域，这是通过数模转换器实现的。多数科学研究和工程中遇到的是模拟信号，以前都是研究模拟信号处理的理论，但模拟信号处理难以做到高精度，受环境影响较大，可靠性差，且不灵活等。随着大规模集成电路以及数字计算机的飞速发展，加之20世纪60年代末以来数字信号处理理论和技术的成熟和完善，用数字方法来处理信号，即数字信号处理，已逐渐取代模拟信号处理。随着信息时代、数字世界的到来，数字信号处理已成为一门极其重要的学科和技术领域。

6.1 数字信号基本概念

数字信号处理的目的是实现对信号中有用信息的提取，认识信号，并将其用于实际需要。首先我们从时间以及幅值的角度来对信号进行区分。对于数字信号处理而言，信号的划分关键是看其在时间上如何描述，再次看其的幅值允许如何变化。对于数字化的信号，在时间上是离散的，其幅度的取值也是离散的，并且仅表现为有限个数值之内。数字化的信号其所蕴含的信息各不相同，分为以下三类：

1）数据信息

数据信息是指由键盘、磁盘驱动器、卡片机等读入的信息，或者主机送给打印机、磁盘驱动器、显示器及绘图仪的信息，它们是二进制形式的数据或是以 ASCII 码表示的数据以及字符。如果一个微型计算机是用于控制的，那么，多数情况下的输入信息就是现场的连续变化的物理量，如温度、湿度、位移、压力、流量等，这些物理量一般通过传感器先变成电压或电流，再经过放大。这样的电压和电流仍然是连续变化的模拟量，而计算机无法直接接收和处理模拟量，要经过模拟量向数字量转换，变成数字量，才能送入计算机。反过来，计算机输出的数字量要经过数字量向模拟量的转换，变成模拟量，才能控制现场。开关量可表示两个状态，如开关的闭合和断开，电机的运转和停止，阀门的打开和关闭等，这些量都是用1位二进制数表示就可以了。

2）状态信息

状态信息反映了当前外设所处的工作状态，是外设通过接口往 CPU 传送的。对于输入设备来说，通常用准备好的（READY）信号来表明输入的数据是否准备就绪；对于输出设备来说,通常用忙(BUSY)信号表示输出设备是否处于空闲状态,如为空闲状态,则可接受 CPU 送来的信息,否则 CPU 就要等待。

　　3)控制信息

控制信息是 CPU 通过接口传送给外设的,CPU 通过发送控制信号控制外设的工作,外设的启动信号和停止信号就是常见的控制信号。实际上,控制信号往往随着外设的具体工作原理不同而含义不同。

从含义上说,数据信息、状态信息和控制信息各不相同,应该分别传送。但在微型计算机系统中,CPU 通过接口和外设交换信息时,只有输入指令(IN)和输出指令(OUT),所以状态信息、控制信息也被广义地视为一种数据信息,即状态信息作为一种输入数据,而控制信息作为一种输出数据。这样,状态信息和控制信息也通过数据总线来传送。但在接口中,这 3 种信息进入不同的寄存器。具体地说,CPU 送往外设的数据或者外设送往 CPU 的数据放在接口的数据缓冲器中,从外设送往 CPU 的状态信息则放在接口的状态寄存器中,而 CPU 送往外设的控制信息要送到控制寄存器中。

6.2 数字信号处理的特点

6.2.1 数字信号处理的优点

数字信号处理技术及设备具有灵活、精确、抗干扰强、设备尺寸小、造价低、速度快等突出优点,这些都是模拟信号处理技术与设备所无法比拟的。具体来说,数字信号处理具有以下一些优点:

(1)处理精度高。在模拟系统的电路中,信号处理的精度主要由系统元件决定,元器件精度要达到 10^{-3} 以上已经不容易了,而且模拟电路的噪声、外部干扰以及环境温度等都会影响处理精度。数字系统由字长决定,例如普通 17 位字长可以达到 10^{-5} 的精度。所以在高精度系统中,有时只能采用数字系统。

(2)可靠性强。数字系统中所有的信号和参数都是用"0"、"1"表达,这两个数字电平受环境和噪声影响而导致电平状态改变的可能性较小,系统工作稳定,而且数字系统采用大规模集成电路,其故障率远远小于采用众多分立元件构成的模拟系统。而模拟系统各参数都有一定的温度系数,易受环境条件,如温度、振动、电磁感应等影响,产生杂散效应甚至振荡等;另一方面,各级数字系统之间是通过数据进行耦合和传递信号的,所以不存在模拟电路中阻抗匹配的问题。

(3)灵活性好。数字信号处理采用了专用或通用的数字系统,其性能取决于运算程序和乘法器的各系数,这些均存储在数字系统中,只要改变运算程序或系数,即可改变系统的特性参数。然而要改变模拟系统,必须改变构成模拟系统的元器件,需要重新设计和制作,难度较大。因此,改变数字系统比改变模拟系统方便得多。

(4)具有模拟系统难以实现的功能。例如:有限长单位脉冲响应数字滤波器可以实现严格的线性相位;在数字信号处理中可以将信号存储起来,用延迟的方法实现非因果系统,从而提高了系统的性能指标;数据压缩方法可以大大地减少信息传输中的信道容量。对于几 Hz 至几十 Hz 的低频信号的滤波用模拟系统需要体积和重量庞大的电感器和电容器,且性能亦不一定能达到要求,而数字系统处理这个频率信号却非常优越,显示出体积、重量和性能的优点。

（5）可以实现多维信号处理。利用庞大的存储单元,可以存储二维的图像信号或多维的阵列信号,实现二维或多维的滤波及谱分析等,可以时分复用,共享处理器;

（6）易于大规模集成。数字部件高度规范性,便于大规模集成,大规模生产,对电路参数要求不严,故产品的成品率高。

6.2.2 数字信号处理的缺点

数字信号处理也存在一些缺点,具体表现为:

（1）数字信号处理需要增加预处理和后处理设备,从而增加了系统的复杂性。由于实际工程应用中的信号多数是模拟信号,计算机进行数字信号处理前必须经过信号调理、采样、模数转换等一系列预处理过程;经过计算机处理和加工的信息如果需要输出去控制外设,还需要经过数模转换、滤波等一系列后处理过程,这些过程都需要增加相应的设备来完成,从而增加系统的复杂性。

（2）由于受到采样频率的限制,因此所能处理的信号频率范围有限。系统的采样频率一方面来自采样和模数转换器件速度性能的限制;对于实时性要求高的一些控制系统,采样频率也来自计算机及其软件对庞大的数据量处理速度的限制。采样频率的进一步提升需要相关预处理器件性能的提高和高性能 DSP 处理器的推出。

（3）由于数字信号处理系统由耗电的有源器件构成,一旦这些有源器件中的某个器件出现问题,将使整个系统处于瘫痪状态。相对而言,没有无源设备可靠。

当然,上述这些缺点难以掩盖数字化技术所带来的优势,而且这些缺点正随着微处理器性能的不断提高、预处理及后处理器件性能的不断改进而逐步改善,使数字信号处理的速度不断加快、能够处理的信号频率不断提高,可靠性不断增强,使数字化技术在工业控制领域替代模拟控制方式而成为一种主流技术。

6.3 数字信号处理基本方法

6.3.1 数字滤波(Digital Filter)

滤波(filtering)就是让某些频率分量无失真地通过系统,阻止其他的频率分量,是抑制和防止干扰的一项重要措施。完成滤波功能的系统被称为滤波器(滤波示意图见图 6-1)。根据选择的频率成分的不同,滤波器分为。

（1）低通滤波器 (low pass filter):允许信号中较低的频率成分通过。

（2）高通滤波器 (high pass filter):与低通滤波器相反,允许信号中较高的频率成分通过。

（3）带通滤波器 (band pass filter):允许一定频带内的频率通过。

（4）带阻滤波器 (band stop filter):允许一定频带以外的所有频率通过。

（5）多带滤波器 (multiband filter):多个通带和阻带。

（6）梳状滤波器 (comb filter):滤除某一频率的整数倍频率。

滤波器的主要参数有:通带(pass band)、阻带(stop band)和截止频率(cut-off frequency)。

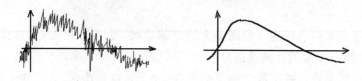

图 6-1　滤波示意

所谓数字滤波,就是在计算机中用某种计算方法对输入的信号进行数学处理,以便减少干扰在有用信号中的比重,提高信号的真实性。数字滤波只是一个计算过程,无需硬件,因此可靠性高,并且不存在阻抗匹配、特性波动、非一致性等问题。模拟滤波器在频率很低时较难实现的问题,不会出现在数字滤波器的实现过程中。只要适当改变与数字滤波程序有关参数,就能方便地改变滤波特性,因此数字滤波使用时方便灵活。

6.3.2　常用的数字滤波算法

1) 克服大脉冲干扰的数字滤波法

克服由仪器外部环境偶然因素引起的突变性扰动或仪器内部不稳定引起误码等造成的尖脉冲干扰,通常采用简单的非线性滤波法。消除脉冲干扰是数据处理的第一步。

(1) 限幅滤波法。限幅滤波法,又称为程序判别法、增量判别法。通过程序判读被测信号的变化幅度,从而消除缓变信号中的尖脉冲信号干扰。具体的方法如下:

根据经验判断,确定相邻两次采样允许的最大偏差值(设为 a);根据每次检测到新值时判断:如果本次值与上次值之差≤a,则本次值有效;如果本次值与上次值之差>a,则本次值无效,放弃本次值,用上次值代替本次值。

已滤波的采样结果:$\bar{y}_1, \bar{y}_2 \cdots \bar{y}_{n-2}, \bar{y}_{n-1}$,若本次采样值为 y_n,则本次滤波的结果由下式确定:

$$\Delta y_n = |y_n - \bar{y}_{n-1}| \begin{cases} \leq a, \bar{y}_n = y_n \\ > a, \bar{y}_n = \bar{y}_{n-1} \text{ 或 } \bar{y}_n = 2\bar{y}_{n-1} - \bar{y}_{n-2} \end{cases} \tag{6-1}$$

a 的数值可根据 y 的最大变化速率 V_{max} 及采样间隔 T_s 确定,即 $a = V_{max} * T_s$。实现本算法的关键是设定被测参量相邻两次采样值的最大允许误差 a,要求准确估计 V_{max} 和采样间隔 T_s。其优点是能有效克服因偶然因素引起的脉冲干扰但是无法抑制那种周期性的干扰,平滑度差,所以这种滤波法适合对温度、压力等变化较慢的测控系统。

下面是 C 语言的编程示例:

```
/*A 值可根据实际情况调整
value 为有效值,new_value 为当前采样值
滤波程序返回有效的实际值 */
#define A 10
char value;
char filter()
{
char new_value;
new_value=get_ad();
```

```
if ( ( new_value- value ＞ A ) || ( value-new_value ＞ A ) ) return value;
else return new_value;
    }
```

（2）中值滤波法。中值滤波是一种典型的非线性滤波器，它运算简单，在滤除脉冲噪声的同时可以很好地保护信号的细节信息。对某一被测参数连续采样 n 次（一般 n 应为奇数），然后将这些采样值进行排序，选取中间值为本次采样值。对温度、液位等缓慢变化（呈现单调变化）的被测参数，采用中值滤波法一般能收到良好的滤波效果。

设滤波器窗口的宽度为 $n=2k+1$，离散时间信号 $x(i)$ 的长度为 $N,(i=1, 2, \cdots, N; N \gg n)$，则当窗口在信号序列上滑动时，一维中值滤波器的输出：$med[x(i)]=\hat{x}((k))$，表示窗口 $2k+1$ 内排序的第 k 个值，即排序后的中间值（见图 6 - 2）。

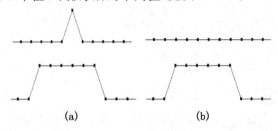

(a)　　　　　　　　(b)

图 6 - 2　对不同宽度中值的滤波效果图

（a）原始信号；（b）中值滤波后的信号

这种滤波方法能有效克服因偶然因素引起的波动干扰，尤其对温度、液位的变化缓慢的被测参数有良好的滤波效果；对流量、速度等快速变化的参数不宜。

下面是 C 语言的编程示例：

```
/ * N 值可根据实际情况调整
排序采用冒泡法 * /
＃define N 11
char filter()
{
char value_buf[N];
char count,i,j,temp;
for ( count＝0;count {
            value_buf[count] = get_ad();
            delay();
        }
for (j＝0;j {
        for (i＝0;i {
                if ( value_buf[i]＞value_buf[i+1] )
                {
                    temp = value_buf[i];
                    value_buf[i] = value_buf[i+1];
```

$$value\_buf[i+1] = temp;$$
$$\}$$
$$\}$$
$$\}$$

return value_buf[(N-1)/2];

$$\}$$

（3）基于拉依达准则的奇异数据滤波法（剔除粗大误差）。拉依达准则：当测量次数 N 足够多且测量服从正态分布时，在各次测量值中，若某次测量值 X_i 所对应的剩余误差 $V_i > 3\sigma$（σ 为标准偏差），则认为该 X_i 为坏值，予以剔除。拉依达准则法的应用场合与程序判别法类似，但是能够更准确地剔除严重失真的奇异数据。具体的步骤如下：

首先，求 N 次测量值 X_1 到 X_N 的算术平均值：$\overline{X} = \dfrac{1}{N}\sum\limits_{i=1}^{N} X_i$　　　　　　　　（6-2）

其次，求各项的剩余误差：$V_i = X_i - \overline{X}$　　　　　　　　　　　　　　（6-3）

第三步，计算标准偏差：$\sigma = \sqrt{(\sum\limits_{i=1}^{N} V_i^2)/(N-1)}$　　　　　　　　（6-4）

最后，判断并剔除奇异项：若 $V_i > 3\sigma$，则认为 X_i 为坏值，予以剔除。

采用拉依达准则滤波会存在一些局限性，如果当样本的数值少于 10 个时就无法判别任何奇异数据。此外，3σ 准则建立在正态分布的等精度重复测量的基础上，而造成奇异数据的干扰或噪声难以满足正态分布。

（4）基于中值数绝对偏差的决策滤波器。中值绝对偏差估计的决策滤波器能够判别出奇异数据，并以有效性的数值来取代。其方法是采用一个移动窗口 $X_0(k),X_1(k),\cdots,X_{m-1}(k)$，利用 m 个数据来确定有效性。如果滤波器判定该数据有效，则输出，否则，如果判定该数据为奇异数据，用中值来取代。一个序列的中值对奇异数据的灵敏度远小于序列的平均值，用中值构造一个尺度序列，设 $\{Xi(k)\}$ 中值为 Z，则 $\{d(k)\} = \{|X_0(k)-Z|,|X_1(k)-Z|,\cdots|X_{m-1}(k)-Z|\}$，以此作为每个数据点偏离参照值的尺度。令 $\{d(k)\}$ 的中值为 d，著名统计学家 FR. Hampel 提出并证明了中值数绝对偏差 MAD $= 1.4826 * d$，MAD 可以代替标准偏差 σ。对 3σ 法则的这一修正有时称为"Hampel 标识符"。具体的步骤如下：

首先，建立移动数据窗口（宽度 m）：

$$\{w_0(k),w_1(k),\cdots,w_{m-1}(k) = x_0(k),x_1(k),\cdots,x_{m-1}(k)\} \qquad (6-5)$$

第二步，依据排序法计算出窗口序列的中值 Z；

第三步，计算尺度序列的中值：$d_i(k) = |w_i(k) - Z|$　　　　　　　　（6-6）

第四步，令 Q $= 1.4826 * d =$ MAD，计算 $q = |x_i(k) - Z|$　　　　　（6-7）

如果 $q < L * Q$，则 $y_m(k) = x_m(k)$，否则 $y_m(k) = Z$。

可以用窗口宽度 m 和门限 L 调整滤波器的特性。m 影响滤波器的总一致性，m 值至少为 7。门限参数 L 直接决定滤波器主动进取程度，该非线性滤波器具有比例不变性、因果性、算法快捷等特点，实时地完成数据净化。

2）抑制小幅度高频噪声的平均滤波法

对于小幅度高频电子噪声，如电子器件热噪声、A/D 量化噪声等，通常采用具有低通特性的线性滤波器如算术平均滤波法、滑动平均滤波法、加权滑动平均滤波法等。

（1）算术平均滤波法。N 个连续采样值（分别为 X_1 至 X_N）相加，然后取其算术平均值作为本次测量的滤波值。即：$\overline{X} = \dfrac{1}{N}\sum\limits_{i=1}^{N} X_i$，$X_i = S_i + n_i$。式中，$S_i$ 为采样值中的信号，n_i 为随机误差。

$$\overline{X} = \frac{1}{N}\sum_{i=1}^{N} S_i + \frac{1}{N}\sum_{i=1}^{N} n_i \tag{6-8}$$

对一般具有随机干扰的信号，此类信号有一个平均值，信号在某一数值范围附近上下波动，采用此方法有较好的效果，滤波效果主要取决于采样次数 N，N 越大，滤波效果越好，但系统的灵敏度要下降。因此这种方法只适用于慢变信号，并且占用较多内存。

C 语言编程示例：

```
#define N 12
char filter();
{
    int sum = 0;
    char count;
    for ( count=0;count {
                    sum+=get_ad();
                    delay();
                    }
return (char)(sum/N);
}
```

（2）滑动平均滤波法。对于采样速度较慢或要求数据更新率较高的实时系统，算术平均滤法无法使用，而滑动平均滤波法就可以解决此问题。滑动平均滤波法把 N 个测量数据看成一个队列，队列的长度固定为 N，每进行一次新的采样，把测量结果放入队尾，而去掉原来队首的一个数据，这样在队列中始终有 N 个"最新"的数据。一般 N 值的选取：流量：$N=12$；压力：$N=4$；液面：$N=4\sim12$；温度：$N=1\sim4$。

$$\overline{X_n} = \frac{1}{N}\sum_{i=0}^{N-1} X_{n-i} \tag{6-9}$$

式中，$\overline{X_n}$ 为第 n 次采样经滤波后的输出；X_{n-i} 为未经滤波的第 $n-i$ 次采样值；N 为滑动平均项数，平滑度高，灵敏度低。实际应用时，通过观察不同 N 值下滑动平均的输出响应来选取 N 值以便少占用计算机时间，又能达到最好的滤波效果。对周期性干扰有良好的抑制作用，平滑度高，适用于高频振荡的系统；缺点是灵敏度低；对偶然出现的脉冲性干扰的抑制作用较差；不易消除由于脉冲干扰所引起的采样值偏差，不适用于脉冲干扰比较严重的场合，也会浪费内存。

C 语言编程示例：

```
#define N 12
char value_buf[N];
char i=0;
char filter()
```

```
{
    char count;
    int sum=0;
    value_buf[i++]=get_ad();
    if (i = = N) i=0;
    for ( count=0;count sum = value_buf[count];
    return (char)(sum/N);
}
```

（3）加权递推平均滤波法。增加新的采样数据在滑动平均中的比重，以提高系统对当前采样值的灵敏度，即对不同时刻的数据加以不同的权。通常越接近现时刻的数据，权取得越大。该方法是对递推平均滤波法的改进，即不同时刻的数据加以不同的权，给予新采样值的权系数越大，则灵敏度越高，但信号平滑度越低。

$$\overline{X_n} = \frac{1}{N}\sum_{i=0}^{N-1}C_i X_{n-i} \tag{6-10}$$

$$C_0 + C_1 + \cdots + C_{N-1} = 1 \tag{6-11}$$

$$C_0 > C_1 > \cdots > C_{N-1} > 0 \tag{6-12}$$

其优点是适用于有较大纯滞后时间常数的对象和采样周期较短的系统。但是对于纯滞后时间常数较小、采样周期较长、变化缓慢的信号不能迅速反应系统当前所受干扰的严重程度，滤波效果差。

C 语言编程示例：

```
/ * coe 数组为加权系数表,存在程序存储区。 * /
#define N 12
char coe[N] = {1,2,3,4,5,6,7,8,9,10,11,12};
char sum_coe = 1+2+3+4+5+6+7+8+9+10+11+12;
char filter()
{
char count;
char value_buf[N];
int sum=0;
for (count=0;count {
                value_buf[count] = get_ad();
                delay();
                }
for (count=0;count sum += value_buf[count] * coe[count];
return (char)(sum/sum_coe);
}
```

3) 复合滤波法

在实际应用中,有时既要消除大幅度的脉冲干扰,又要做数据平滑。因此常把前面介绍的两种以上的方法结合起来使用,形成复合滤波。

（1）去极值平均滤波算法。先用中值滤波算法滤除采样值中的脉冲性干扰,然后把剩余的各采样值进行平均滤波。连续采样 N 次,剔除其最大值和最小值,再求余下 $N-2$ 个采样的平均值。显然,这种方法既能抑制随机干扰,又能滤除明显的脉冲干扰。为使计算更方便, $N-2$ 应为 $2,4,8,16$;常取 N 为 $4,6,10,18$。

C 语言编程示例:

```
#define N 12
char filter()
{
char count,i,j,temp;
char value_buf[N];
int sum=0;
for (count=0;count {
                value_buf[count] = get_ad();
                delay();
                }
for (j=0;j {for (i=0;i {
                if ( value_buf[i]>value_buf[i+1] )
                    {
                    temp = value_buf[i];
                    value_buf[i] = value_buf[i+1];
                    value_buf[i+1] = temp;
                    }
                }
            }
for(count=1;count sum += value_buf[count];
return (char)(sum/(N-2));
}
```

（2）其他滤波算法。限幅平均滤波法:相当于"限幅滤波法"+"递推平均滤波法"。每次采样到的新数据先进行限幅处理,再送入队列进行递推平均滤波处理。对于偶然出现的脉冲性干扰,可消除由于脉冲干扰所引起的采样值偏差,缺点是比较浪费 RAM。

一阶滞后滤波法:取 $a=0\sim1$,本次滤波结果=$(1-a)*$本次采样值+$a*$上次滤波结果。对周期性干扰具有良好的抑制作用,并且适用于波动频率较高的场合。但是相位滞后,灵敏度低,滞后程度取决于 a 值大小,不能消除滤波频率高于采样频率的 1/2 的干扰信号。

消抖滤波法:设置一个滤波计数器,将每次采样值与当前有效值比较:如果采样值=当前有效值,则计数器清零;如果采样值<>当前有效值,则计数器为+1,并判断计数器是否>=上限 N（溢出）;如果计数器溢出,则将本次值替换当前有效值,并清计数器。其优点对于变化缓慢的被测参数有较好的滤波效果,可避免在临界值附近控制器的反复开/关跳动或显示器上数值抖动。缺点是对于快速变化的参数不宜,如果在计数器溢出的那一次采样到的值恰好是干扰值,则会将干扰值当作有效值导入系统。

限幅消抖滤波法：相当于"限幅滤波法"＋"消抖滤波法"，先限幅，后消抖。继承了"限幅"和"消抖"的优点，改进了"消抖滤波法"中的某些缺陷，避免将干扰值导入系统，但仍然无法适应参数的快速变化。

6.3.3 数字滤波器

数字滤波器由加法器、乘法器、存储延迟单元、时钟脉冲发生器和逻辑单元等数字电路构成。设计数字滤波器，就是要确定其传递函数。通常所希望的系统是无失真传输系统，从时域来说，就是要求系统输出响应的波形应当与系统输入激励信号的波形完全相同，而幅度大小可以不同，时间前后有所差异，即 $y(t) = kx(t-\tau)$，式中 k 为与 t 无关的实常数，称为波形幅度衰减的比例系数；τ 为延迟时间。从频域分析角度，无失真传输系统的传递函数为：

$$H(e^{jw}) = k e^{-jw\tau} \tag{6-13}$$

$$\begin{cases} |H(e^{jw})| = k \\ \varPhi(w) = -w\tau \end{cases} \tag{6-14}$$

上式中，幅频特性为常数，信号通过系统后各频率分量的相对大小保持不变，没有幅度失真。相位特性为线性，使对应的时域方程的时延量为常数；，即系统对各频率分量的延迟时间相同，保证了各频率分量的相对位置不变，没有相位失真。

数字滤波器的设计是确定其系统函数并实现的过程，一般要经过如下步骤：

(1) 根据任务，确定性能指标。

(2) 用因果稳定的线性移不变离散系统函数去逼近。

(3) 用有限精度算法实现这个系统函数。

(4) 利用适当的软、硬件技术实现。

数字滤波器系统函数的逼近过程包括无限长冲激响应(IIR)数字滤波器和有限长冲激响应(FIR)数字滤波器系统函数的逼近。由于此部分内容涉及较多的数学知识，如傅立叶变换、傅里叶级数等，本书中不再详细展开，请读者自行查阅相关书籍。

下面以低通滤波器的设计进行简要说明。在进行滤波器设计时，需要确定其性能指标。一般滤波器的性能指标是以频率响应的幅度响应特性的允许误差来表征，如图 6-3 所示。

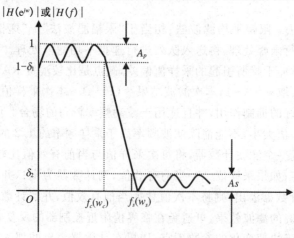

图 6-3　低通滤波器的性能指标

在图 6-3 中,低通滤波器的性能指标如下:

δ_1:通带允许的误差,又称为通带容限。

δ_2:阻带允许的误差,又称为阻带容限。

$f_c(w_c)$:通带截止频率,又称为通带上限频率。

A_p:通带允许的最大衰减。

$f_s(w_s)$:阻带截止频率,又称阻带下限截止频率。

A_s:阻带应达到的最小衰减。

用最大衰减和最小衰减(dB)的形式来表示,则通带允许的最大衰减定义为:

$$\delta_1 = 20\lg \frac{\left| H(\mathrm{e}^{j0}) \right|}{\left| H(\mathrm{e}^{jw_c}) \right|} = -20\lg \left| H(\mathrm{e}^{jw_c}) \right| = -20\lg(1-\alpha_1) \tag{6-15}$$

阻带允许的最小衰减定义为:

$$\delta_2 = 20\lg \frac{\left| H(\mathrm{e}^{j0}) \right|}{\left| H(\mathrm{e}^{jw_{st}}) \right|} = -20\lg \left| H(\mathrm{e}^{jw_{st}}) \right| = -20\lg\alpha_2 \tag{6-16}$$

例如,若 $\left| H(\mathrm{e}^{jw_c}) \right| = 0.707$,则 $\delta_1 = 3\mathrm{dB}$;若 $\left| H(\mathrm{e}^{jw_{st}}) \right| = 0.001$,$\delta_2 = 60\mathrm{dB}$。

设计模拟滤波器是根据一组规范来设计模拟系统函数 $H_a(s)$ 的,使其逼近某个理想滤波器特性。

6.3.4 数据处理

通过数字滤波得到比较真实的被测参数,有时还不能直接使用,需做某些处理后才能使用。

1) 线性化处理

例如热电偶与被测温度之间的关系曲线就需要进行线性化处理。如铁-康铜热电偶在 0~400℃ 范围内,当允许误差小于 ±1℃,温度 $T = a_4 E^4 + a_3 E^3 + a_2 E^2 + a_1 E^1$ 时,是非线性的。其中,E 为热电势(mV),T 为温度(℃),系数 $a_1 = 1.975\,095\,3 \times 10$,$a_2 = -1.854\,2600 \times 10^{-1}$,$a_3 = 8.368\,395\,8 \times 10^{-3}$,$a_4 = -1.328\,056\,8 \times 10^{-4}$。已知热电偶的热电势,按上述公式计算温度,对于小型系统而言计算量较大。为简单起见,可分段进行线性化,即用多段折线代替曲线。

线性化的过程是:首先判断测量数据处于哪一段折线内,然后按相应段的线性化公式计算出线性值。折线段的分法可依实际情况而定,折线段越多,线性化精度就越高,软件的开销也相应增加

2) 中间运算

例:用孔板测量气体的流量,差压变送器输出的孔板差压信号 ΔP 与实际流量 F 之间成平方根关系,即 $F = k\sqrt{\Delta P}$。式中,k 为流量系数。但当被测气体的温度和压力与设计孔板的基准温度和基准压力不同时,采用该公式计算出的流量 F 必须进行温度、压力补偿。

一种简单的补偿公式为:

$$F_0 = F\sqrt{\frac{T_0 P_1}{T_1 P_0}}$$

式中,T_0 为设计孔板的基准绝对温度(K);P_0 为设计孔板的基准绝对压力;T_1 为被测气体的实际绝对温度;P_1 为被测气体的实际绝对压力。对于某些参数无法直接测量的,必须先检测

与其有关的参数,再依照某种计算公式,才能间接求出其真实数值。

3) 自动误差校正

在有些情况下,对自动检测的模拟输入来说,在放大器、滤波器、模拟多路开关、A/D 转换器等各环节上,难免会引入一些误差。为保证测量的精度,有必要对系统进行自动校准,并根据校准结果对测量值进行误差补偿。自动检测系统的系统误差主要体现在零点误差和增益误差上,应分别对其进行自动校正。

(1) 零点误差的自动校正。为测出系统的零点误差,须增加一路模拟输入通道用于输入零电平信号,即接到干扰尽可能小的信号上。在信号测量前,先对零电平信号进行一次测量,确定零点误差值,然后再对被测信号测量,用零点误差修正信号测量值。

(2) 增益误差的自动校正。增益误差的自动校正,是通过增加高精度直流基准信号源的方法实现的。在信号测量前,先对本量程的基准信号源进行一次测量,再对被测信号进行测量,用基准信号源的测量值修正信号测量值。

6.3.5 运算控制

计算机控制系统采集信号并进行一系列处理的目的是为了获取有用信息,然后通过运算,以一定的方式去控制外部设备,因而运算控制是计算机数据采集与控制系统的主要功能之一,包括连续控制、逻辑控制、顺序控制、批量控制和智能控制,等等。

这些控制功能都有专门的算法语言编制的软件来完成,限于课时,这里不介绍具体的算法编程,只简要介绍几种常用的算法:

1) 连续运算控制算法

(1) 数字 PID 控制算法。PID 控制是应用最广泛的一种自动控制方法,它按偏差的比例(P)、积分(I)、微分(D)对生产过程进行控制。用计算机实现 PID 控制,已不仅仅简单地把 PID 控制规律数字化,而是与计算机的逻辑判断和运算功能进一步结合起来,使 PID 控制更加灵活多样,更能满足生产过程中各式各样的要求。具体的 PID 控制原理与算法将在第 6 章介绍。

(2) 其他控制算法。除 PID 控制算法外,系统还必须有其他相关运算配合,才能构成复杂回路。常用的运算算法如表 6 - 1 所示。

表 6 - 1　　数字信号处理系统常用的控制算法

(1)	加减法	(8)	选最大值	(15)	变化率报警	(22)	一阶超前
(2)	乘法	(9)	选最小值	(16)	偏差报警	(23)	超前滞后
(3)	除法	(10)	平滑切换	(17)	温度压力补偿	(24)	一阶惯性
(4)	绝对值	(11)	高/低限制	(18)	折线函数	(25)	纯迟延一阶惯性
(5)	开平方	(12)	变化率限制	(19)	设定值曲线	(26)	纯迟延补偿
(6)	选常数	(13)	偏差限制	(20)	非线性曲线		
(7)	选信号	(14)	高/低限报警	(21)	工程量变换		

2) 逻辑运算控制算法

数字信号处理系统中还常用一些逻辑运算,如:与(AND)、或(OR)、非(NOT)、异或(XOR)、双稳态触发器(FLIPFLOP)、单稳态触发器(SFF)、计数器(COUNT)、计时器(TIM-

ER)等。

6.3.6 数字信号处理的实现方法

数字信号处理的实现方法目前主要通过以下几种途径：

(1) 采用大、中小型计算机和微机工作站和微机上各厂家的数字信号软件,如各种图像处理、压缩和解压软件。

(2) 采用单片机。可根据不同环境和信号处理速度要求配不同单片机,使其能达到实时控制要求,但数据运算量不能太大。

(3) 利用特殊用途的 DSP 芯片。市场上推出专门用于 FFT,FIR 滤波器的卷积和相关专用数字芯片。其软件算法已在芯片内部用硬件电路实现,使用者只需给出输入数据,就可在输出端直接得到数据。

(4) 利用通用的可编程 DSP 芯片。DSP 芯片较之单片机有着更为突出的优点,如内部带有乘法器、累加器,采用流水线工作方式及并行结构、多总线,速度快,配有适于信号处理的指令(如 FFT 指令)等。它既有硬件实现法的实时性优点,又具有软件实现法的灵活性优点,是目前重要的数字信号处理实现方法。美国 Texas Instrument,Analog Devices,Lucent,Motorola,AT&T 等都有生产。

6.4 数字化信号的输出

6.4.1 数字量输出

1) 数字量输出

计算机处理的结果需要输出,对于数字量及开关量的输出,可以简单地经过映射部件,将计算机的 TTL 电平输出信号转换成所需要的数字量或开关量进行输出,这类输出通常由数字量输出通道完成。

数字量输出通道的任务是把计算机输出的数字信号(或开关信号)传送到开关器件(如继电器或指示灯),控制它们的通、断或亮、灭,简称 DO(Digital Output)通道。数字量输出通道一般由输出接口电路和输出驱动电路组成,其核心是输出接口电路。

2) DO 接口

DO 接口包括输出锁存器和接口地址译码(见图 6-4)。数据线接到输出锁存器输入端,当 CPU 执行输出指令 OUT 时,接口地址译码电路产生写数据信号 WD,将 $D_0 \sim$ D_7 状态信号送到锁存器的输出端 $Q_0 \sim Q_7$ 上,再经输出驱动电路送到开关器件,如图 6-4 所示。

3) DO 通道

数字量输出(DO)通道的构成如图 6-5 所示,输出驱动

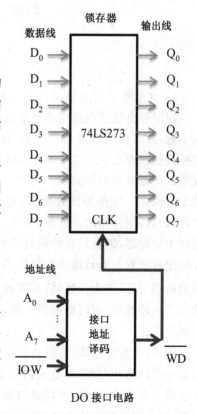

图 6-4　数字量输出接口电路

电路的功能有两个:一是进行信号隔离,二是驱动开关器件。为了信号隔离,可以采用光电耦合器;驱动电路(见图 6-6)取决于开关器件,一般继电器采用晶体管驱动电路;负载较大时,用达林顿晶体管能提供较大"灌电流"驱动,需外部或内部电源;若为感性负载,必须使用外部电源。

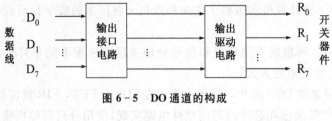

图 6-5　DO 通道的构成

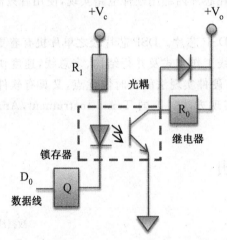

图 6-6　继电器驱动电路

4) 定时器/计数器及其基本用法

定时器由数字电路中的计数电路构成,记录输入脉冲的个数,故又称为计数器。计数:通过脉冲的个数可以获知外设的状态变化次数。定时:脉冲信号的周期固定,个数乘以周期就是时间间隔。计数器/定时器的功能体现在两个方面。一是作为计数器,即在设置好计数初值(即定时常数)后,便开始减 1 计数,减为 0 时,输出一个信号;二是作为定时器,即在设置好定时常数后,便进行减 1 计数,并按定时常数不断地输出为时钟周期整数倍的定时间隔。

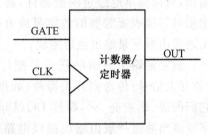

图 6-7　计数器/定时器基本结构

两者的差别是,作为计数器,在减到 0 以后,输出一个信号便结束;而作为定时器,则不断产生信号。从计数器/定时器内部来说,这两种情况下的工作过程没有根本差别,都是基于计数器的减 1 工作。

图 6-7 为计数器/定时器基本结构。输入信号中有一个时钟 CLK,它决定了计数速率。还有一个门脉冲 GATE,它是由设备送来的,作为对时钟的控制信号。门脉冲对时钟的控制方法可以有多种,比如,可以在门脉冲为高电平时使时钟有效,而在门脉冲为低电平时使时钟无效,并且当计数到达 0 时,输出端 OUT 有信号。计数器/定时器的输出可以连到系统控制

总线的中断请求线上,这样,当计数到达 0 时,或者其他情况下使 OUT 端有输出时,就产生中断;也可以将计数器/定时器的输出连接到一个输入输出设备上,去启动一个输入输出操作。

6.4.2 模拟量输出

1) 模拟量输出通道的任务

模拟量输出通道简称 AO (Analog-Signal output)通道,其主要任务是把计算机处理后输出的数字量信号转换成模拟量电压或电流信号,以便去驱动相应的执行机构,达到控制的目的。

2) 模拟量输出通道的组成

一般由接口电路、数/模转换器、滤波器、输出保持器、电压/电流变换器等构成,其核心是数/模转换器,简称 D/A 转换器,所以 AO 通道也经常称为 D/A 通道。D/A 转换后模拟信号中往往含有许多高频成分,需要通过滤波器滤除去这些高频信号,以获得平滑的模拟输出信号。有时输出的模拟信号还有电压、电流、功率等要求,D/A 转换后的模拟信号需要经过一定的模拟转换电路来满足这些要求。

AO 通道通常有两种结构形式:多 D/A 结构和共享 D/A 结构。

(1) 多 D/A 结构(见图 6-8)。其主要特点为:一路输出通道使用一个 D/A 转换器;D/A 转换器芯片内部一般都带有数据锁存器;D/A 转换器具有数字信号转换模拟信号、信号保持作用;结构简单,转换速度快,工作可靠,精度较高、通道独立。缺点是所需 D/A 转换器芯片较多。

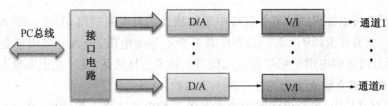

图 6-8 多 D/A 结构

(2) 共享 D/A 结构(见图 6-9)。其主要特点为:多路输出通道共用一个 D/A 转换器;输出保持器实现模拟信号保持功能;节省 D/A 转换器,但电路复杂,精度差,可靠低、需分时工作(占用主机时间、速度慢)。

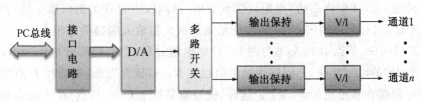

图 6-9 共享 D/A 结构

3) D/A 转换方法与原理

利用运算放大器各输入电流相加的原理,可以构成一个简单的 D/A 转换器,如图 6-10 所示:由电阻网络和运算放大器组成的、最简单的 4 位 D/A 转换器。在图图 6-10 中,V_{REF} 是一个有足够精度的标准电源。运算放大器输入端的各支路对应待转换资料的 $D0,D1,\cdots,$

Dn−1 位。各输入支路中的开关由对应的数字元值控制,如果数字元为 1,则对应的开关闭合;如果数字为 0,则对应的开关断开。各输入支路中的电阻分别为 $R,2R,4R,\cdots$这些电阻称为权电阻。

假设,输入端有 4 条支路。4 条支路的开关从全部断开到全部闭合,运算放大器可以得到 16 种不同的电流输入。这就是说,通过电阻网络,可以把 0000B～1111B 转换成大小不等的电流,从而可以在运算放大器的输出端得到相应不同大小的电压。如果数字 0000B 每次增 1,一直变化到 1111B,那么,在输出端就可得到一个 0～V_{REF} 电压幅度的阶梯波形。

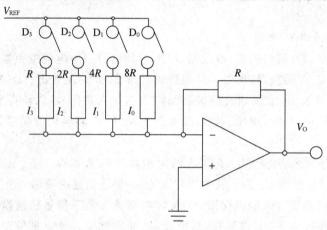

图 6-10　最简单的 D/A 转换器——4 位 D/A 转换器

从图 6-10 中可以看出,在 D/A 转换中采用独立的权电阻网络,对于一个 8 位二进制数的 D/A 转换器,就需要 $R,2R,4R,\cdots,128R$ 共 8 个不等的电阻,最大电阻阻值是最小电阻阻值的 128 倍,而且对这些电阻的精度要求比较高。如果这样的话,从工艺上实现起来是很困难的。所以,n 个如此独立输入支路的方案是不实用的。

在 DAC 电路结构中,最简单而实用的是采用 T 型电阻网络来代替单一的权电阻网络,整个电阻网络只需要 R 和 $2R$ 两种电阻。在集成电路中,由于所有的组件都做在同一芯片上,电阻的特性可以做得很相近,而且精度与误差问题也可以得到解决。

图 6-11 是采用 T 型电阻网络的 4 位 D/A 转换器。4 位元待转换资料分别控制 4 条支路中开关的倒向。在每一条支路中,如果(资料为 0)开头倒向左边,支路中的电阻就接到实地;如果(资料为 1)开关倒向右边,电阻就接到虚地。所以,不管开关倒向哪一边,都可以认为是接"地"。不过,只有开关倒向右边时,才能给运算放大器输入端提供电流。

T 型电阻网络中,节点 A 的左边为两个 $2R$ 的电阻并联,它们的等效电阻为 R,节点 B 的左边也是两个 $2R$ 的电阻并联,它们的等效电阻也是 R,$\cdots$,依次类推,最后在 D 点等效于一个数值为 R 的电阻接在参考电压 V_{REF} 上。这样,就很容易算出 C 点、B 点、A 点的电位分别为 −$V_{REF}/2$,−$V_{REF}/4$,−$V_{REF}/8$。

在清楚了电阻网络的特点和各节点的电压之后,再来分析一下各支路的电流值。开关 S_3,S_2,S_1,S_0 分别代表对应的 1 位二进制数。任一资料位 $D_i=1$,表示开关 S_i 倒向右边;$D_i=0$,表示开关 S_i 倒向左边,接虚地,无电流。当右边第一条支路的开关 S_3 倒向右边时,运算放大器得到的输入电流为 −$V_{REF}/(2R)$。同理,开关 S_2,S_1,S_0 倒向右边时,输入电压分别为 −

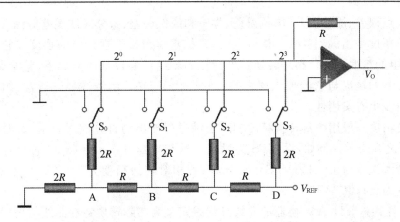

图 6 - 11 采用 T 型电阻网络的 D/A 转换器

$V_{REF}/(4R)$，$-V_{REF}/(8R)$，$-V_{REF}/(16R)$。

如果一个二进制数据为 1111，运算放大器的输入电流为

$$I = -V_{REF}/(2R) - V_{REF}/(4R) - V_{REF}/(8R) - V_{REF}/(16R)$$
$$= -V_{REF}/(2R)(2^0 + 2^{-1} + 2^{-2} + 2^{-3})$$
$$= -V_{REF}/(2^4 R)(2^3 + 2^2 + 2^1 + 2^0)$$

相应的输出电压：

$$V_0 = IR_0 = -V_{REF} R_0 (2^4 R)(2^3 + 2^2 + 2^1 + 2^0)$$

将资料推广到 n 位，输出模拟量与输入数字量之间关系的一般表达式为：

$$V_0 = -V_{REF} R_0/(2^n R)(D_{n-1} 2^{n-1} + D_{n-2} 2^{n-2} + \cdots + D_1 2^1 + D_0 2^0) \qquad (D_i = 1 \text{ 或 } 0)$$

上式表明，输出电压 $V0$ 除了和待转换的二进制数成比例外，还和网络电阻 R、运算放大器反馈电阻 $R0$、标准参考电压 V_{REF} 有关。

4) D/A 转换性能指标

DAC 的主要参数反映其性能的优劣，主要参数有分辨率、转换精度、转换时间和线性误差等。

(1) 分辨率。分辨率是指最小输出电压(对应于输入数字量最低位增 1 所引起的输出电压增量)和最大输出电压(对应于输入数字量所有有效位全为 1 时的输出电压)之比，它与转换器的二进制数的位数和参考电压有关，其分辨率与二进制位数 n 呈如下的关系：

$$分辨率 = \frac{满刻度值}{2^n - 1} = \frac{V_{REF}}{2^n - 1} \qquad (6 - 17)$$

例如，4 位 DAC 的分辨率为 $1/(2^{4-1}) = 1/15 = 6.67\%$(分辨率也常用百分比来表示)；即当参考电压 $=10V$ 时，输出的分辨率为 $10/(2^{4-1}) = 10/15 = 0.667V$。8 位 DAC 的分辨率为 $1/255 = 0.39\%$。显然，位数越多，分辨率越高。

(2) 转换精度。如果不考虑 D/A 转换的误差，DAC 转换精度就是分辨率的大小，因此，要获得高精度的 D/A 转换结果，首先要选择有足够高分辨率的 DAC。

转换精度是指在整个输出范围内，实际的输出电压与理想输出电压之间的偏差。实际上，最大偏差不会大于最低输入位输出电压的一半，即 $\pm 1/2 LSB$。对于 n 位输入而言，相对偏差不大于 $1/2^{n+1}$。对 8 位 DAC，转换精度大于 $1/2^9 = 0.195\%$。

D/A 转换精度分为绝对转换精度和相对转换精度，一般是用误差大小表示。DAC 的转

换误差包括零点误差、漂移误差、增益误差、噪声和线性误差、微分线性误差等综合误差。

绝对转换精度是指满刻度数字量输入时，模拟量输出接近理论值的程度。它和标准电源的精度、权电阻的精度有关。相对转换精度指在满刻度已经校准的前提下，整个刻度范围内，对应任一模拟量的输出与它的理论值之差。它反映了 DAC 的线性度。通常，相对转换精度比绝对转换精度更有实用性。

相对转换精度一般用绝对转换精度相对于满量程输出的百分数来表示，有时也用最低位（LSB）的几分之几表示。例如，设 VFS 为满量程输出电压 5V，n 位 DAC 的相对转换精度为 $\pm 0.1\%$，则最大误差为 $\pm 0.1\%$ VFS $= \pm 5$mV；若相对转换精度为 $\pm 1/2$LSB，LSB $= 1/2^n$，则最大相对误差为 $\pm 1/2^{n+1}$ VFS。

（3）非线性误差。D/A 转换器的非线性误差定义为实际转换特性曲线与理想特性曲线之间的最大偏差，并以该偏差相对于满量程的百分数度量。转换器电路设计一般要求非线性误差不大于 $\pm 1/2$LSB。

线性误差：DAC 的输出应与输入数据呈直线关系，实际输出偏离直线的误差称为线性误差。

（4）转换速率/建立时间。转换速率实际是由建立时间来反映的。建立时间是指数字量为满刻度值（各位全为 1）时，DAC 的模拟输出电压达到某个规定值（比如 90% 满量程或 $\pm 1/2$LSB 满量程）时所需要的时间。

建立时间是 D/A 转换速率快慢的一个重要参数，转换时间是指从数据输入到输出稳定所经历的时间，它反映 DAC 的工作速度。。很显然，建立时间越大，转换速率越低。不同型号 DAC 的建立时间一般从几个毫微秒到几个微秒不等。若输出形式是电流，DAC 的建立时间是很短的；若输出形式是电压，DAC 的建立时间主要是输出运算放大器所需要的响应时间。

（5）其他误差指标。失调误差（零点误差）：数字输入全为 0 码时，其模拟输出值与理想输出值之偏差值。增益误差（标度误差）：D/A 转换器的输入与输出传递特性曲线的斜率称为 D/A 转换增益，实际转换的增益与理想增益之间的偏差称为增益误差。量化误差：有限数字对模拟值进行离散取值（量化）而引起的误差，理论值为 $\pm 1/2$LSB。

5）典型的 D/A 转换器

D/A 转换器的品种很多，既有中分辨率的，也有高分辨率的；有电流输出的，也有电压输出的。无论哪一种型号的 D/A 转换器，其基本功能相同，所以引脚也类似，主要有数字量输入端、模拟量输出端、信号控制端和电源端等。D/A 转换器采用并行数据输入，芯片内一般有输入数据寄存器，个别芯片内无输入数据寄存器的须外部设置。D/A 转换器的输出有电压和电流两种，电流输出的必须外加运算放大器。

下面介绍一下带有数据输入寄存器的 D/A 芯片的使用情况：

DAC0832 是美国资料公司研制的 8 位双缓冲器 D/A 转换器。芯片内带有资料锁存器，可与数据总线直接相连。电路有极好的温度跟随性，使用了 COMS 电流开关和控制逻辑而获得低功耗、低输出的泄漏电流误差。芯片采用 R－2R T 型电阻网络，对参考电流进行分流完成 D/A 转换。转换结果以一组差动电流 I_{OUT1} 和 I_{OUT2} 输出。

DAC0832 主要性能参数：①分辨率 8 位；②转换时间 $1\mu s$；③参考电压 ± 10V；④单电源 $+5$V$\sim +15$V；⑤功耗 20mW。

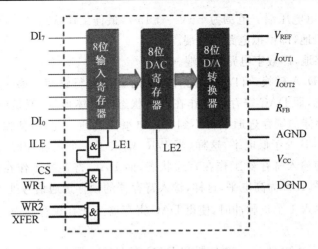

图 6 - 12　DAC0832 内部结构

DAC0832 的内部结构如图 6 - 12 所示。DAC0832 中有两级锁存器,第一级锁存器称为输入寄存器,它的锁存信号为 ILE;第二级锁存器称为 DAC 寄存器,它的锁存信号为传输控制信号 $\overline{\text{XFER}}$。因为有两级锁存器,DAC0832 可以工作在双缓冲器方式下,即在输出模拟信号的同时采集下一个数字量,这样能有效地提高转换速度。此外,两级锁存器还可以在多个 D/A 转换器同时工作时,利用第二级锁存信号来实现多个转换器同步输出。

图 6 - 12 中 LE 为高电平、$\overline{\text{CS}}$ 和 $\overline{\text{WR}}_1$ 为低电平时,$\overline{\text{LE}}_1$ 为高电平,输入寄存器的输出跟随输入而变化;此后,当 $\overline{\text{WR}}_1$ 由低变高时,$\overline{\text{LE}}_1$ 为低电平,资料被锁存到输入寄存器中,这时的输入寄存器的输出端不再跟随输入资料的变化而变化。对第二级锁存器来说,$\overline{\text{XFER}}$ 和 $\overline{\text{WR}}_2$ 同时为低电平时,$\overline{\text{LE}}_2$ 为高电平,DAC 寄存器的输出跟随其输入而变化;此后,当 $\overline{\text{WR}}_2$ 由低变高时,$\overline{\text{LE}}_2$ 变为低电平,将输入寄存器的资料锁存到 DAC 寄存器中。

DAC0832 是 20 引脚的双列直插式芯片。各引脚的特性如下:

$\overline{\text{CS}}$——片选信号,和允许锁存信号 ILE 组合来决定 $\overline{\text{WR}}_1$ 是否起作用。

ILE——允许锁存信号。

$\overline{\text{WR}}_1$——写信号 1,作为第一级锁存信号,将输入资料锁存到输入寄存器中(此时,$\overline{\text{WR}}_1$ 必须和 $\overline{\text{CS}}$、ILE 同时有效)。

$\overline{\text{WR}}_2$——写信号 2,将锁存在输入寄存器中的资料送到 DAC 寄存器中进行锁存(此时,传输控制信号 $\overline{\text{XFER}}$ 须有效)。

$\overline{\text{XFER}}$——传输控制信号,用来控制 $\overline{\text{WR}}_2$。

$\text{DI}_7 \sim \text{DI}_0$——8 位数据输入端。

I_{OUT1}——模拟电流输出端 1。当 DAC 寄存器中全为 1 时,输出电流最大,当 DAC 寄存器中全为 0 时,输出电流为 0。

I_{OUT2}——模拟电流输出端 2。$I_{\text{OUT1}} + I_{\text{OUT2}} =$ 常数。

R_{FB}——反馈电阻引出端。DAC0832 内部已经有反馈电阻,所以,R_{FB} 端可以直接接到外部运算放大器的输出端。相当于将反馈电阻接在运算放大器的输入端和输出端之间。

V_{REF}——参考电压输入端。可接电压范围为 ±10V。外部标准电压通过 V_{REF} 与 T 型电阻网络相连。

V_{CC}——芯片供电电压端。范围为+5V~+15V,最佳工作状态是+15V。

AGND——模拟地,即模拟电路接地端。

DGND——数字地,即数字电路接地端。

DAC0832 进行 D/A 转换,可以采用两种方法对数据进行锁存。第一种方法是使输入寄存器工作在锁存状态,而 DAC 寄存器工作在直通状态。具体地说,就是使 $\overline{WR_2}$ 和 $\overline{XFER}$ 都为低电平,DAC 寄存器的锁存选通端得不到有效电平而直通。此外,使输入寄存器的控制信号 ILE 处于高电平、$\overline{CS}$ 处于低电平,这样,当 $\overline{WR_1}$ 端来了一个负脉冲时,就可以完成 1 次转换。第二种方法是使输入寄存器工作在直通状态,而 DAC 寄存器工作在锁存状态。就是使 $\overline{WR_1}$ 和 $\overline{CS}$ 为低电平,ILE 为高电平,这样,输入寄存器的锁存选通信号处于无效状态而直通;当 $\overline{WR_2}$ 和 $\overline{XFER}$ 端输入 1 个负脉冲时,使得 DAC 寄存器工作在锁存状态,提供锁存数据进行转换。

根据上述对 DAC0832 的输入寄存器和 DAC 寄存器不同的控制方法,DAC0832 有如下 3 种工作方式:

(1) 单缓冲方式。单缓冲方式是控制输入寄存器和 DAC 寄存器同时接收资料,或者只用输入寄存器而把 DAC 寄存器接成直通方式。此方式适用于只有一路模拟量输出或几路模拟量异步输出的情形。

(2) 双缓冲方式。双缓冲方式是先使输入寄存器接收资料,再控制输入寄存器的输出资料到 DAC 寄存器,即分两次锁存输入资料。此方式适用于多个 D/A 转换同步输出的情节。

(3) 直通方式。直通方式是资料不经两级锁存器锁存,即 $\overline{WR_1}$,$\overline{WR_2}$,$\overline{XFER}$,$\overline{CS}$ 均接地,ILE 接高电平。此方式适用于连续反馈控制线路,不过在使用时,必须通过另加 I/O 接口与 CPU 连接,以匹配 CPU 与 D/A 转换。

DAC0832 输出电路如图 6-13 所示。

DAC0832 输出电流经运放 A1 和 A2 变换成输出电压 V2 后,再经三极管 T1 和 T2 变换成输出电流 I_O,如图 6-13(a)所示。通常采用 0~10mA DC 或 4~20mA DC 电流输出。W1 和 W2 分别为调零点和调量程电位器,当 KA 的 1—2 短接时,为外接负载 RL 输出 0~10mA DC 电流;当 KA 的 1—3 短接时,为外接负载 RL 输出 4~20mA DC 电流。

如图 6-13(b)所示,DAC0832 电压输出又分为单极性和双极性两种,图中当 KB 的 1-2 短接时,为单极性电压输出 0~10V DC;当 KB 的 1-4 和 2-3 短接时,则为双极性电压输出:-10V~0~+10V DC。

由于 D/A 转换器输出直接与被控对象相连,易通过公共地线而引入干扰,须采取隔离措施。常采用光电耦合器,使两者之间只有光的联系。光耦具有普通三极管的输入输出特性,利用其线性区,可使 D/A 转换器的输出电压经光耦变换成输出电流,实现模拟信号的隔离。图 6-14 中 D/A 转换器的输出电压 V2 经两级光耦变换成输出电流 I_L,既满足 D/A 转换的隔离,又实现了电压/电流变换。使用中应挑选线性好、传输比相同的两个光耦,并始终工作在线性区,才有良好的变换线性度和精度。

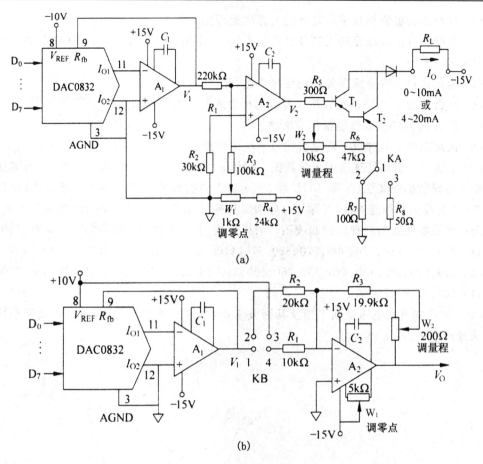

(a)

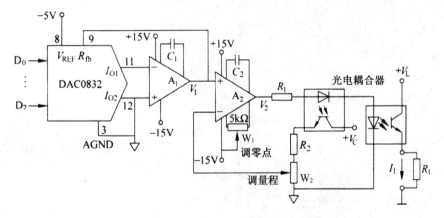

(b)

图 6 - 13　DAC0832 的输出电路

(a) 电流输出；(b) 电压输出

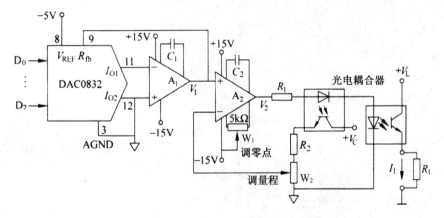

图 6 - 14　DAC0832 输出的隔离电路

思考题：

(1) 数字信号处理的特点有哪些？

(2) 什么是数字滤波？常用的有哪些方法？各适用哪些场合？

（3）试画出去极值加权平均复合滤波算法流程图。

（4）测量的直流电压受到工频及其谐波干扰，如果用平均滤波算法，怎样确定平均点数 N 和采样间隔 TS？

（5）为什么对一些非线性关系的信号要进行线性化处理？

（6）什么是数字 PID 控制算法？有哪两种方式？各有什么特点？

（7）D/A 转换的主要性能指标有哪些？

（8）试画出去极值加权平均复合滤波算法流程图。

（9）下面是一组热处理温度采集数据。请用 a 中值滤波法（窗口宽度 N 取 5）、b 基于拉依达准则的奇异数据滤波法（N 取 10，L 取 3）、c 基于中值数绝对偏差的决策滤波法（窗口宽度 m 取 5）、d 去极值平均滤波法（N 取 5），分别对其进行滤波处理，并将处理结果分列于表中，并且分别画出原始曲线与处理后的曲线图。采样数据为（按采样时间排序）：25、50、80、110、150、190、310、300、360、430、520、800、770、870、970、1100、1150、1150、1120、1080、1100、1000、940、800、820、720、800、560、480、420、380、360、300、310、280、250、230、250、190、175、160、200、130、120、110、100、90、80、75、65。

（10）测量的直流电压受到工频及其谐波干扰，如果用平均滤波算法，怎样确定平均点数 N 和采样间隔 T_s？

第7章　数字化信号的传输

7.1 数据通信概述

7.1.1 数据通信系统

通信的目的就是信息传输与交换。通信水平的高低对社会成员之间的合作程度有直接的影响,与社会生产力的发展有着密切的联系。人与人之间最古老的通信方式是面对面的语言交流,文字的产生使人们可以通过写信的方式与远方的亲朋好友互通音信,电话和电视的相继出现使"顺风耳和千里眼"神话变为现实。当今的信息社会,高度发展的通信技术使人们视天涯如咫尺,而四通八达的宽带网络能把你的视野带到世界上任何一个角落,这一切都得益于数字化通信技术的高速发展。从通信技术的发展过程看,经历了从简单到复杂、从有线到无线、从电缆到光缆、从模拟到数字、从窄带到宽带的发展过程。如今,通信技术不仅渗透到人们的生活中,也早已渗透到工业生产领域的各行各业中。在制造业的生产过程控制中,通信技术已经与传感技术、计算机技术、网络技术等相结合,成为工业制造过程中的高级"神经中枢"。

一个基本的点对点通信系统可由图7-1中的模型进行描述,其作用是将源系统的信息通过某种信道传递到目的系统。源系统包括信源和发送器,其中信源的作用是将各种需要传输的信息转换成原始电信号;发送器的作用是对原始电信号做某种变换,使其能够适合在信道中传输。信道是指信号传输的通道。目的系统包括信宿和接收器,接收器能够从接收的信号中恢复出相应的原始信号;而信宿则负责将复原的原始信号转换成相应的信息。噪声源是信道中的噪声级分散在通信系统其他各处的噪声的集中表示。

图7-1　一种通信系统的简化模型

上述模型是对一般通信系统的简化描述,仅考虑了系统的某些共性。针对具体的研究对象及所关心的问题,上述通信系统模型可以用更为具体的形式进行表达。例如,信道中传输的如果是模拟信号,则需要调制器将原始信号转换为频带适合信道传输的信号,并在接收端通过解调器进行相应的反变换,则上述模型中的发送器和接收器可分别改为调制器和解调器。如果信道中传输的是数字信号,则在信号传输过程中还要采用编码/解码、加密/解密、调制/解调、同步、数字复接、差错控制等一系列的技术。

7.1.2 通信系统的分类

根据信号的形式、特点以及关注的角度不同,通信系统可以有多种不同的分类方法,这里介绍几种比较常见的分类。

1) 按信息的物理特征分类

根据通信所传递的信息内容的物理特征不同,通信系统可分为语音通信、数据通信、可视图文、视频通信或多媒体通信等等。我们日常生活中的电话、传真、广播电视、多媒体网络等就属于上述不同类型的通信,有的通信则综合了多种特征类型,如多媒体网络通信。

2) 按调制方式分类

信源发出的信号由于种种原因,有时并不能直接通过信道进行传输。这时就需要对原始信号的频带进行变换,使其变为适于信道传输的形式,这个过程就叫调制。根据是否采用调制,通信系统可以分为基带传输和频带传输。基带传输,就是不需要通过调制,信号可以直接在信道上进行传输的一种方式,主要应用于数字信号的传输。频带传输是对各种信号调制传输的总称。另外,随着信息传送量的剧增,原来的频带传输速度已无法满足要求,需要通过提高信道的载波频率来提高信息的传输速度,通信领域中把信道的最高频率与最低频率之差称之为频带的宽度,即"带宽",带宽越大,表示信息传输的能力越强,速度越快。通常把信道带宽为 100MHz 以上的称为宽带,相应的传输方式即称为宽带传输。

3) 按传输媒质分类

根据信息传输时所采用媒质的不同,通信系统可以分为有线通信和无线通信。有线通信主要包括明线通信、电缆通信、光缆通信等,其特点是媒质看得见、摸得着。无线通信主要包括微波通信、短波通信、卫星通信、散射通信等,其特点是媒质看不见、摸不着。

4) 按信号复用方式分类

为了提高信道的利用率,在数据的传输中组合多个低速的数据终端共同使用一条高速的信道,这种方法称为"多路复用",常用的复用技术包括"频分复用"、"时分复用"和"码分复用"3 种。频分复用是用频谱搬移的方法使不同信号占据不同的频率范围;时分复用是用抽样或脉冲调制方法使不同信号占据不同的时间区间;码分复用则是用一组包含互相正交的码字的码组携带多路信号。

5) 按信号特征分类

根据信道中传输的是模拟信号还是数字信号,可以相应地把通信系统分为模拟通信系统与数字通信系统两类。

模拟通信系统的信源发出的基带信号具有频率较低的频谱分量,一般不宜直接传输,通常需要通过调制变换成频带信号再传输,并在接收端通过解调反变换,还原成基带信号。

数字通信系统是利用数字信号来传递信息的通信系统,由于数字信号中只含有 0 和 1 两种状态,抗干扰能力较强。根据传输距离的长短和介质条件,可以通过基带传输,也可以通过频带传输,还可以通过宽带传输。数字通信中涉及的技术问题很多,主要有编码/解码、调制/解调、数字复接、同步、差错控制以及加密/解密等等。后续章节将作详细介绍。

7.1.3 模拟通信与数字通信

从图 7-1 通信系统的简化模型可以看出,一个通信系统的主要功能是从信源把一种信息

(或数据)通过某种方法转换成可以承载这种信息的信号,然后通过适合传递这种信号的信道传送到接收端,接受端则把接收到的信号再通过反变换,从中提取所蕴含的原有信息(或数据),传送给信宿,从而完成一次信息(或数据)传送。从这个过程中我们可以看到信息传送涉及 3 个要素:信息、信号和信道。收发器等其他一些设备的功能都是为这 3 个要素服务的。就目前的通信技术而言,信息、信号和信道都存在模拟和数字的区别。而区别一个通信系统是模拟通信还是数字通信的主要标志是系统中是否采用数字信号编码技术并通过数字信道来实现信息的传输。

7.1.3.1 模拟信息与数字信息

通信系统中需要传送的信息通常有两类,即模拟信息和数字信息。

(1)模拟信息。是在时间或空间上以连续的方式存在的信息,比如,当我们需要传送一段美妙音乐或一幅美丽图像的时候,对于通信系统而言,声音和图像本身是作为一种信息来传递的(尽管对于人而言,可能更关注的是声音和图像中所蕴含的内容和意义),声音的大小、音色的高低、图像的明暗变化和色彩变化等在时间或空间上都是连续变化的,传输过程中任何声音和图像信息的丢失都会造成音乐的不和谐和图像的变形。因此,通信过程就是要保证这些模拟信息的完好无损。模拟信息也叫模拟数据,主要是因为在计算机和数字化通信中,这些模拟信息必须通过数字化转换成二进制数据编码,才能在计算机中对其进行处理、编辑、拷贝、存储、传输等等。

(2)数字信息。是本身以数字形式存在的各种信息,包括各种数码设备和计算机中已经数字化的各类数据信息,比如,以 ASCII 码或汉字编码方式存在的各种文字信息和资料、各类科学实验数据等。数字信息也叫数字数据,因为它们实际上是以数据的形式存在于计算机系统中的。这些数字信息在数字化通信过程中不需要再进行数字化转换。

7.1.3.2 模拟信号与数字信号

信号是信息的载体,信息通过信号来传递。通信系统中为了能有效地传播和利用信息,常常需要将信息转换成便于传输和处理的信号。信号在形式上可以是电的、磁的、光的、声的、机械的、热的等等。在各种信号中,电信号是最便于传输、处理和重现的,因此也是应用最广泛的。许多非电信号都可以通过适当的传感器变换成电信号。在通信系统中,信息被传送以前往往也是先转换成电信号(可直接用于电缆传输),如果需要通过其他介质传输(如光纤传输、无线传输等),则还需将电信号再转换成光信号、无线电波信号,等等。信号的本质是物理性的,随时间而变化。根据信号的变化特征不同,可以分为模拟信号和数字信号。

(1)模拟信号。是指在时间上连续的信号,在任何一个时间段里包含无穷多个信号值,如图 7-2(a)所示。

(2)数字信号。是指在时间上离散的信号,在一个时间段中仅包含有限数目的信号值,图 7-2(b)所示的是只有 4 种电平的离散信号,可以用来表示 4 种不同的状态。而在数字信号中最常见的是二值信号,即只有 0 和 1 两种状态的信号。

7.1.3.3 模拟信道与数字信道

(1)模拟信道。以连续的模拟信号形式传输数据的信道称之为模拟信道。模拟信号的电平随时间连续变化,语音信号是典型的模拟信号。如果利用模拟信道传送数字信号,则必须将数字信号通过调制的方式转换成模拟信号再进行传输。

(2)数字信道。以离散的数字脉冲形式传输数据的信道称之为数字信道。

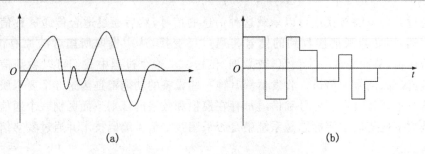

图 7 - 2　典型的模拟信号与数字

不同类型的信道具有不同的特性和使用方式,模拟信道传输的是连续变化的、具有周期性的正弦波信号;而数字信道传输的是不连续的、离散的二进制脉冲信号(对称的方波波形)。在通信网的发展初期,所有的通信信道都是模拟信道。但由于数字技术的高速发展,数字信道可提供更高的通信服务质量。因此,过去建造的模拟信道正在被数字信道所代替。现在计算机通信所使用的通信信道在主干线路上已基本是数字信道。

7.1.3.4 信息的传输方式

根据信息在传输过程中是否需要调制及调制方式的不同,信息的传输可以分为基带传输、频带传输和宽带传输;按传输的信号特征不同可以分为模拟传输和数字传输。通常,基带传输为数字传输,而频带传输和宽带传输均为模拟传输方式。

1) 基带传输

基带传输又叫数字传输,是指把要传输的数据转换为数字脉冲信号,用其固有的频率在信道上传输。在数字传输系统中,其传输对象通常是二进制数字信息,这些信息可用一组有限的离散的波形来表示。这些离散波形可以是未经调制的不同电平信号(通常用高低电平分别代表 1 和 0),也可以是调制后的信号形式。由于未经调制的脉冲电信号所占据的频带通常从直流(即零频)开始,人们把方波脉冲固有的频带称为基带(理论上基带信号的频谱是从 0 到无穷大),因而方波电信号称为数字基带信号。在某些有线信道中,特别是传输距离不太远的情况下,数字基带信号可以直接传送,我们称之为数字信号的基带传输。

在基带传输中,整个信道只传输一种信号,信道利用率低。一般来说,要将信源的数据经过变换变为直接传输的数字基带信号,这项工作由编码器完成。在发送端,由编码器实现编码;在接收端由解码器进行解码,恢复原发送的数据。基带传输是一种最简单最基本的传输方式。其传输的信号是典型的矩形脉冲信号,其频谱包括直流、低频和高频等多种成分。由于在近距离范围内,基带信号的功率衰减不大,从而信道容量也不会发生变化。因此,在局域网中通常使用基带传输技术。

2) 频带传输

基带传输适用于一个单位内部的局域网传输,但长途线路是无法传送近似于 0 的分量的,也就是说,在计算机的远程通信中,是不能直接传输原始的电脉冲基带信号的。因此,需要利用频带传输。

频带传输又叫模拟传输,是指信号在模拟信道上,以正弦波形式传播信号的方式。传统的电话、模拟电视信号等,都属于频带传输。在计算机远程通信中,可用基带脉冲信号对模拟信道的载波波形的某些参量(如幅值、频率和相位等)进行控制,使这些参量随基带脉冲变化,这个过程就是调制。调制后的信号可通过模拟线路传输到接收端,再通过解调恢复为原始基带脉冲。早期计算机的远程通信经常采用这种调制技术,借助于电话网络的频带传输来实现联网。

信号调制的目的是为了更好地适应信号传输通道的频率特性,传输信号经过调制处理也能克服基带传输和频带过宽的缺点,不仅解决了数字信号可利用电话系统传输的问题,而且可实现多路复用,提高传输信道的利用率。但调制后的信号在接收端需要解调还原,所以传输的收发端都需要专门的信号调制和解调设备。

3) 宽带传输

在通信和网络领域,信道能够传输信号的最高频率和最低频率之差称之为带宽,通常电话线路传输的音频信号为 $300 \sim 3\,400\,\mathrm{Hz}$,频带比较窄,所以又叫窄带。所谓宽带,其实就是比音频带宽更宽的频带,它包括大部分电磁波频谱。所谓宽带传输,实际上也是频带传输的一种,所不同的是宽带传输系统的频带较宽,可将其分解成多个子信道,每个子信道可以携带不同的信号,分别传送音频、视频和数字信号,实现多路复用,信道容量大大增加。

宽带传输的是模拟信号,需要对传输的数字信号进行调制和解调。数据传输速率范围为 $0 \sim 400\,\mathrm{Mb/s}$,而通常使用的传输速率是 $5 \sim 10\,\mathrm{Mb/s}$。它可以容纳全部广播,并可进行高速数据传输。宽带传输中的所有信道都可以同时发送信号,如 CATV、ISDN 等,使系统具有多种用途。另外,宽带传输的距离比基带远,因为基带传输直接传送数字信号,传输的速率越高,能够传输的距离越短。

根据信息(或数据)、信号和信道类型的不同及其在通信系统中的作用,数据在不同类型的信道上传输可有以下 4 种情况。其中,模拟数据和数字数据都可以分别转化为模拟信号或数字信号,而模拟信号必须通过模拟信道传输,数字信号则必须通过数字信道传输,如图 7 - 3 所示。

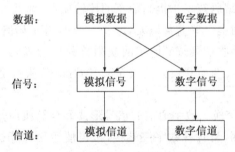

图 7 - 3 不同数据类型在不同信道上的传输

模拟数据在模拟信道上的传输,需要通过移频、调制技术,使模拟信号成为模拟信息的一种载波,在模拟信道上传输;数字数据在模拟信道上的传输,也同样需要调制成模拟信号,然后在模拟信道上传输。这两种情况都属于模拟通信,如图 7 - 4(a)所示。

模拟数据在数字信道上的传输,需要通过脉码调制(PCM)技术对模拟数据进行采样和编码,使其成为一种脉冲序列在数字信道上传输;数字数据在数字信道上的传输,可对其直接进行数字编码,然后在数字信道上传输。这两种情况都属于数字通信,如图 7 - 4(b)所示。

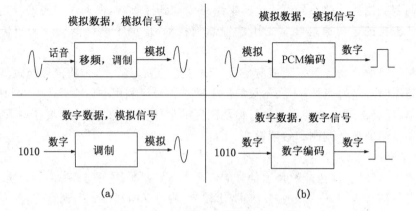

图 7-4　通信系统中数据的转换过程

(a) 模拟通信;(b) 数字通信

7.1.3.5 数字通信的特点

1) 数字通信的主要优点

(1) 抗干扰能力强、远距离传输可消除噪声积累。在模拟通信中,为了提高信噪比,需要在信号传输过程中及时对衰减的传输信号进行放大,信号在传输过程中不可避免地使叠加上的噪声也被同时放大。随着传输距离的增加,噪声累积越来越多,以致使传输质量严重恶化。对于数字通信,由于数字信号的幅值为有限个离散值(通常取两个幅值),在传输过程中虽然也受到噪声的干扰,但当信噪比恶化到一定程度时,即在适当的距离采用判决再生的方法,再生成没有噪声干扰的和原发送端一样的数字信号,实现长距离高保真的传输。

(2) 信息传输质量高,差错率低。数字通信中针对传输信道中常见的随机错误、突发错误和混合错误,采用差错控制编码技术来提高信息的传输质量,降低误码率。其基本实现方法是在发送端将被传输的信息附上一些监督码元,这些多余的码元与信息码元之间以某种确定的规则相互关联(或约束)。接收端则按照既定的规则校验信息码元与监督码元之间的关系,一旦传输发生差错,则信息码元与监督码元的关系就受到破坏,从而使接收端可以发现错误乃至纠正错误。

(3) 便于存储、处理和交换。数字通信的信号形式和计算机所用信号一致,都是二进制代码,因此便于与计算机联网,与各种数字终端接口,也便于用计算机对数字信号进行存储、处理和交换,可使通信网的管理、维护实现自动化、智能化。

(4) 便于构成综合数字网和综合业务数字网。采用数字传输方式,可以通过程控数字交换设备进行数字交换,以实现传输和交换的综合。另外,电话业务和各种非话业务都可以实现数字化,构成综合业务数字网。

(5) 设备便于集成化、微型化。数字通信采用时分多路复用,不需要体积较大的滤波器。设备中大部分电路是数字电路,可用大规模和超大规模集成电路实现,因此体积小、功耗低。

(6) 易于加密处理,且保密强度高。信息传输的安全性和保密性越来越重要,数字通信的加密处理的比模拟通信容易得多,以话音信号为例,经过数字变换后的信号可用简单的数字逻辑运算进行加密、解密处理。

(7) 可以传输语音、数据、影像等多种信息,通用、灵活。计算机通信仅在不得已的情况下,才会采用模拟通信,如通过电话线拨号上网。

2)数字通信的缺点

(1)占用信道频带较宽,因此数字通信的频带利用率不高。

(2)数字通信对同步要求高,因而系统设备比较复杂。

一路模拟电话的频带为 4kHz 带宽,一路数字电话约占 64kHz,这是模拟通信目前仍有生命力的主要原因。不过,随着宽频带信道(光缆、数字微波)的大量利用(一对光缆可开通几千路电话)以及数字信号处理技术的发展(可将一路数字电话的数码率由 64kb/s 压缩到 32kb/s 甚至更低的数码率),数字电话的带宽问题已不是主要问题了。而超大规模集成电路的发展,数字通信的这些缺点已经弱化,数字通信将占主导地位。

7.1.4 传输介质

传输介质是通信过程中发送方与接收方之间的物理通路,它对通信系统的信息传输速度和质量具有一定的影响。常用的传输介质有:双绞线、同轴电缆、光纤、无线传输媒介。无线传输媒介包括:无线电波、微波、红外线等。

7.1.4.1 双绞线

双绞线是螺旋绞合的双导线,简称 TP(Twisted-Pair),导线的典型直径为 1mm,为了降低信号的干扰程度,电缆中通常将两根导线相互扭绕成一对,这就是双绞线的由来。通常将一对以上的双绞线封装在一个绝缘外套中。双绞线分为非屏蔽双绞线(UTP)和屏蔽双绞线。非屏蔽双绞线电缆是由多对双绞线和一个塑料外套构成,价格便宜,传输速度偏低,抗干扰能力较差。屏蔽双绞线又分为两类,即 STP(Shielded Twisted-Pair)和 FTP(Foil Twisted-Pair)。STP 是指每条线都有各自屏蔽层的屏蔽双绞线,如图 7-5 所示;而 FTP 则是采用整体屏蔽的屏蔽双绞线,具有较好的屏蔽层,抗干扰能力较好,具有更高的传输速度,但价格相对较贵。

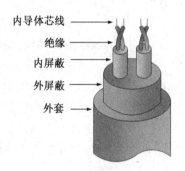

内导体芯线
绝缘
内屏蔽
外屏蔽
外套

图 7-5 STP 双绞线的内部结构

按电气性能划分,双绞线可以分为 1 类、2 类、3 类、4 类、5 类、超 5 类、6 类、超 6 类、7 类共 9 种类型。类型数字越大,版本越新、技术越先进、带宽也越宽,当然价格也越贵。这些不同类型的双绞线标注方法是这样规定的:如果是标准类型则按"catx"方式标注,如常用的 5 类线,则在线的外包皮上标注为"cat5",注意字母通常是小写,而不是大写。而如果是改进版,就按"xe"进行标注,如超 5 类线就标注为"5e",同样,字母是小写,而不是大写。目前计算机网络中常用的是 3 类、5 类、超 5 类以及目前的 6 类非屏蔽双绞线电缆。其中,3 类双绞线适用于大部分计算机局域网络,而 5、6 类双绞线利用增加缠绕密度、高质量绝缘材料,极大地改善了传输介质的性质。

双绞线技术标准是由美国通信工业协会(TIA)制定的,其标准是 EIA/TIA-568B,具体如下。

(1) 1 类(category 1)线。是最原始的非屏蔽双绞铜线电缆,它开发之初的目的不是用于计算机网络数据通信的,而是用于电话语音通信。

(2) 2 类(category 2)线。第一个可用于计算机网络数据传输的非屏蔽双绞线电缆,传输频率为 1MHz,传输速率达 4Mb/s,主要用于旧的令牌网。

(3) 3 类(category 3)线。专用于 10BASE-T 以太网络的非屏蔽双绞线电缆,传输频率为 16MHz,传输速率可达 10Mb/s。

(4) 4 类(category 4)线。用于令牌环网络的非屏蔽双绞线电缆,传输频率为 20MHz,传输速率达 16Mb/s。主要用于基于令牌的局域网和 10BASE-T/100BASE-T。

(5) 5 类(category 5)线。用于运行 CDDI(CDDI 是基于双绞铜线的 FDDI 网络)和快速以太网的非屏蔽双绞线电缆,传输频率为 100MHz,传输速率达 100Mb/s。

(6) 超 5 类(category excess 5)线。用于运行快速以太网的非屏蔽双绞线电缆,传输频率也为 100MHz,传输速率也可达到 100Mb/s。与 5 类线缆相比,超 5 类在近端串扰、串扰总和、衰减和信噪比 4 个主要指标上都有较大的改进。

(7) 6 类(category 6)线。是标准中规定的一种非屏蔽双绞线电缆,它主要应用在百兆位快速以太网和千兆位以太网中。因为它的传输频率可达 200~250MHz,是超 5 类线带宽的 2 倍,最大速率可达到 1 000Mb/s,满足千兆位以太网需求。

(8) 超 6 类(category excess 6)线。6 类线的改进版,主要应用于千兆网络中。在传输频率方面与 6 类线一样,也是 200~250MHz,最大传输速率也可达到 1 000Mb/s,只是在串扰、衰减和信噪比等方面有较大改善。

(9) 7 类(category 7)线。最新的一种双绞线,主要为了适应万兆位以太网技术的应用和发展。但它不再是一种非屏蔽双绞线了,而是一种屏蔽双绞线,所以它的传输频率至少可达 500MHz,是 6 类线和超 6 类线的 2 倍,甚至以上,传输速率可达 10Gb/s。

双绞线一般用于星型网的布线连接,两端安装有 RJ-45 接插头(水晶头),连接网卡与集线器,最大网线长度为 100m,如果要加大网络的范围,在两段双绞线之间可安装中继器,最多可安装 4 个中继器,如安装 4 个中继器连 5 个网段,最大传输范围可达 500m。

7.1.4.2 同轴电缆

同轴电缆(Coaxial Cable)由里到外分为四层:中心铜线(单股的实心线或多股绞合线),塑料绝缘体,网状导电层和外层保护套,中心铜线和网状导电层形成电流回路。因为中心铜线和网状导电层为同轴关系而得名,如图 7-6 所示。同轴电缆传导交流电而非直流电,如果使用一般电线传输高频率电流,这种电线就会相当于一根向外发射无线电的天线,这种效应损耗了信号的功率,使得接收到的信号强度减小。同轴电缆的设计正是为了解决这个问题。中心电线发射出来的无线电被网状导电层所隔离,网状导电层可以通过接地的方式来控制发射出来的无线电。同

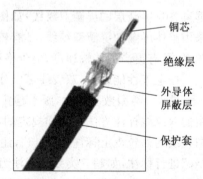

铜芯

绝缘层

外导体屏蔽层

保护套

图 7-6　同轴电缆的内部结构

轴电缆也存在一个问题,即如果电缆某一段发生比较大的挤压或者扭曲变形,那么中心电线和网状导电层之间的距离就不是始终如一的,这会造成内部的无线电波会被反射回信号发送源。这种效应减低了可接收的信号功率。为了克服这个问题,中心电线和网状导电层之间被加入一层塑料绝缘体来保证它们之间的距离始终如一,这也造成了这种电缆比较僵直而不容易弯曲的特性。

同轴电缆的这种结构,使它具有较高的带宽和极好的噪声抑制特性。目前,最常用的同轴

电缆型号有下列几种：50Ω（RG-8、RG-11、RG-58），75Ω（RG-59），93Ω（RG-62）等。其中，50Ω 的主要用于计算机以太网，75Ω 的主要用于电视系统，93Ω 的应用较少，主要用于 ARCnet 网络和 IBM3270 网络。如果按传输的信号特征分类，同轴电缆也可分为基带同轴电缆和宽带同轴电缆两种基本类型。

1）基带同轴电缆

基带同轴电缆的屏蔽层采用铜做成的网状导电层，特征阻抗为 50Ω，主要用于传输基带信号，传输带宽为 $1\sim20\text{MHz}$，总线型以太网使用的就是基带同轴电缆。基带同轴电缆又分细缆和粗缆。

细缆的直径为 0.26cm，最大传输距离 185m，使用时与 50Ω 终端电阻、T 型连接器、BNC 接头与网卡相连，线材价格和连接头成本都比较便宜，而且不需要购置集线器等设备，十分适合架设终端设备较为集中的小型以太网络。线缆总长不要超过 185m，否则信号将严重衰减。

粗缆的直径为 1.27cm，最大传输距离达 500m。由于直径较粗，因此它的弹性较差，不适合在室内狭窄的环境内架设，粗缆连接头的制作方式也相对比较复杂，且不能直接与电脑连接，它需要通过一个转接器转成 AUI（Attachment Unit Interface）接头，然后再接到电脑上。由于粗缆强度较高，最大传输距离也比细缆长，因此可用于主干网络，用来连接数个由细缆所结成的网络。

无论是粗缆还是细缆，其以太网均为总线拓扑结构，即一根线缆上接多部机器，这种拓扑适用于机器密集的环境，但当一触点发生故障时，会串联影响到整根缆上的所有机器，且故障的诊断和修复都很麻烦，因此，将逐步被非屏蔽双绞线或光缆所取代。

2）宽带同轴电缆

宽带同轴电缆的屏蔽导电层通常是用铝冲压成的，特征阻抗为 75Ω（如 RG-59 等）。宽带同轴电缆是有线电视（CATV）系统中使用的标准，故也称为 CATV 电缆，传输带宽可达 1GHz，目前常用 CATV 电缆的传输带宽为 750MHz。可用频分多路复用技术分为多个信道。电视广播通常占用 6MHz 信道。每个信道可用于模拟电视、CD 质量声音（1.4Mb/s）或 3Mb/s 的数字比特流，电视模拟信号和数据可在一条电缆上混合传输。

"宽带"这个词来源于电话业，指比 4kHz 宽的频带。然而在计算机网络中，"宽带电缆"是指任何使用模拟信号进行传输的电缆网。宽带同轴电缆中传输的是模拟信号，因此通常需要在接口处安放一个电子设备，用于把进入网络的比特流数字信号转换为模拟信号，并把网络输出的模拟信号再转换成比特流数字信号。

基带系统和宽带系统的主要区别：(a)基带系统传输的是数字信号，信号占据整个信道，同一时间内只能传送一种信号；而宽带系统传输的是模拟信号，且可分为多个信道，不同频率的信号可同时传输。(b)基带系统传输距离比较短；而宽带系统传输距离比较长，覆盖的区域比较广。

3）同轴电缆主要参数

(1) 同轴电缆的特性阻抗：同轴电缆的平均特性阻抗为 $50\pm2\Omega$，沿单根同轴电缆的阻抗的周期性变化为正弦波，中心平均值 $\pm3\Omega$，其长度小于 2m。

(2) 同轴电缆的衰减：一般指 500m 长的电缆段的衰减值。当用 10MHz 的正弦波进行测量时，它的值不超过 8.5dB（17dB/km）；而用 5MHz 的正弦波进行测量时，它的值不超过 6.0dB（12dB/km）。

（3）同轴电缆的传播速度：需要的最低传播速度为 $0.77C$（C 为光速）。

（4）同轴电缆直流回路电阻：电缆的中心导体的电阻与屏蔽层的电阻之和不超过 $10\text{m}\Omega/\text{m}$（在 $20℃$ 下测量）。

7.1.4.3 光纤

光纤（fiber）又称为光缆或光导纤维，由光导纤维纤芯、玻璃包层和能吸收光线的涂层外壳等组成，是由一组光导纤维组成的用来传播光束的、细小而柔韧的传输介质。其基本结构如图 7-7 所示。

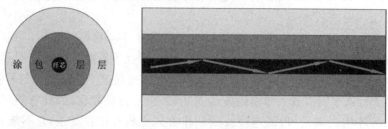

图 7-7　光纤的基本结构示意图

应用光学原理，由光发送机产生光束，将电信号变为光信号，再把光信号导入光纤，在另一端由光接收机接收光纤上传来的光信号，并把它变为电信号，经解码后再处理。

与其他传输介质比较，光纤的电磁绝缘性能好、信号衰小、频带宽、传输速度快、传输距离大。主要用于要求传输距离较长、布线条件特殊的主干网连接。具有不受外界电磁场的影响、无限制的带宽等特点，可以实现每秒几十兆位的数据传送，尺寸小、重量轻，数据可传送几百千米，但价格昂贵。

光纤分为单模光纤和多模光（见图 7-8）：单模光纤由激光作光源，仅有一条光通路，传输距离长，可达 2km 以上。多模光纤由二极管发光，低速短距离，2km 以内。光纤需用 ST 型头连接器连接。

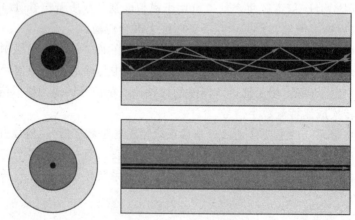

图 7-8　单模光纤与多模光纤

光纤通信是利用光波作载波，以光纤作为传输媒质将信息从一处传至另一处的通信方式。1966 年英籍华人高锟博士发表了一篇划时代的论文，他提出利用带有包层材料的石英玻璃光学纤维作为通信媒质。从此，开创了光纤通信领域的研究工作。

光纤通信分为"模拟光纤通信"和"数字光纤通信"两大类

（1）模拟光纤通信系统。模拟光纤通信系统是一种通过光纤信道传输模拟信号的通信系统，它采用参数取值连续变化的信号来代表信息，要求在电/光转换过程中信号和信息存在线性对应关系。因此，对光源功率特性的线性要求和对系统信噪比的要求都比较高。模拟光纤通信最主要的优点是占用带宽较窄，电路简单，不需要数字系统中的模-数和数-模转换，所以价格便宜。目前，电视传输广泛采用模拟通信系统，采用调频（FM）或调幅（AM）及频分复用（FDM）技术，实现了一根光纤传输 100 多路电视节目的优势，在有线电视（CATV）网络中，具有巨大的竞争能力。避免了电视数字传输中复杂的编码和解码技术、设备价格昂贵等问题。这种系统的缺点是光电变换时噪声较大。在长距离传输时，采用中继站将使噪声积累，故只能应用在短距离传输线路上。如果希望在较长距离上传输，则要先采取脉冲频率调制，然后再送到光发送机进行光强调制。由于采用 FPM 调制后，改善了传输信噪比，故中继距离可达 20km 以上，而且可以加装中间再生中继器。其传输总长度可达 50～100km。

（2）数字光纤通信系统。数字光纤通信系统是一种通过光纤信道传输数字信号的通信系统，也是目前光纤通信的主要方式。输入采用脉冲编码（PCM）信号，信息由脉冲的"有"和"无"表示，所以噪声不影响传输的质量。而且，数字光纤通信系统采用数字电路，易于集成以减少设备的体积和功耗，转接交换方便，便于与计算机结合等，有利于降低成本。由于数字信号只取有限个离散值，可以通过取样、判决而再生，所以这种通信系统对信道的非线性失真不敏感，抗干扰性强，传输质量好。在通信全程中，即使有多次中继、失真（包括线性失真和非线性失真）和噪声也并不会积累。与模拟光纤通信系统相比，数字光纤通信系统对光源特性的线性要求与对接收信噪比的要求都不高，更能充分发挥光纤的优势，很适合于长距离、大容量和高质量的信息传输。数字通信的缺点是所占的频带宽，语音电话占用 4kHz 的带宽，而数字电话占用 20～64kHz 的带宽。而光纤的带宽比金属传输线要宽许多，弥补了数字通信所占频带宽的缺点。

21 世纪以来，光通信技术取得了长足的进步，这些进步的取得，是包括光传输媒质、光电器件、光通信系统，以及网络应用等多方面技术共同进步的结果。随着光通信技术进一步发展，必将对 21 世纪通信行业的进步，乃至整个社会经济的发展产生巨大影响。

7.1.4.4 无线传输媒介

无线传输媒介包括：无线电波、微波、红外线等。

1）无线电波

无线电波（Radio or Wireless）是指在自由空间（包括空气和真空）传播的射频频段的电磁波。无线电技术是通过无线电波传播声音或其他信号的技术，其原理在于，导体中电流强弱的改变会产生无线电波。利用这一现象，通过调制可将信息加载于无线电波之上，当电波通过空间传播到达收信端时，电波引起的电磁场变化又会在导体中产生电流。通过解调将信息从电流变化中提取出来，就达到了信息传递的目的。通过调制和解调技术，无线电波能传输声音、文字、数据和图像等。与有线通信相比，无线通信不需要架设传输线路，不受通信距离限制，机动性好，建立迅速；但无线通信传输质量不稳定，信号易受干扰或易被截获，易受自然因素影响，保密性差。

根据频率和波长的差异，无线电通信大致可分为长波通信、中波通信、短波通信、超短波通信和微波通信。

长波通信(3～30kHz)。长波主要沿地球表面进行传播(又称地波),也可在地面与电离层之间形成的波导中传播,传播距离可达几千千米甚至上万千米。长波能穿透海水和土壤,因此多用于海上、水下、地下的通信与导航业务。

中波通信(30～3MHz)。中波在白天主要依靠地面传播,夜间可由电离层反射传播。中波通信主要用于广播和导航业务。

短波通信(3～30MHz)。短波主要靠电离层发射的天波传播,可经电离层一次或几次反射,传播距离可达几千千米甚至上万千米。短波通信适用于应急、抗灾通信和远距离越洋通信。

超短波通信(30～300MHz)。超短波对电离层的穿透力强,主要以直线视距方式传播,比短波天波传播方式稳定性高,受季节和昼夜变化的影响小。由于频带较宽,超短波通信被广泛应用于传送电视、调频广播、雷达、导航、移动通信等业务。

2) 微波

微波(microwave)是指频率为300MHz～300GHz的电磁波,是无线电波中一个有限频带的简称,即波长在1m(不含1m)到1mn之间的电磁波,是分米波、厘米波、毫米波和亚毫米波的统称。微波频率比一般的无线电波频率高,通常也称为"超高频电磁波"。微波作为一种电磁波也具有波粒二象性。微波的基本性质通常呈现为穿透、反射、吸收3个特性。对于玻璃、塑料和瓷器,微波几乎是穿越而不被吸收。对于水和食物等就会吸收微波而使自身发热。而对金属类东西,则会反射微波。

微波主要是以直线视距传播,但受地形、地物以及雨雪雾影响大。其传播性能稳定,传输带宽更宽,地面传播距离一般在几十千米。能穿透电离层,对空传播可达数万千米。微波通信主要用于干线或支线无线通信、移动通信和卫星通信。

3) 红外线

红外线(Infrared)又称为红外热辐射,是太阳光线中众多不可见光线中的一种。1800年德国科学家霍胥尔发现,太阳光谱中红光的外侧必定存在看不见的光线,这就是红外线。太阳光谱上红外线的波长大于可见光线,波长为 $0.75～1\,000\mu m$。红外线可分为三部分,即近红外线,波长为 $0.75～1.50\mu m$ 之间;中红外线,波长为 $1.50～6.0\mu m$ 之间;远红外线,波长为 $6.0～1\,000\mu m$ 之间。红外线也可以当作传输媒介。

红外通信是利用950nm近红外波段的红外线作为传递信息的媒体,即通信信道。发送端将基带二进制信号调制为一系列的脉冲串信号,通过红外发射管发射红外信号。接收端将接收到的光脉转换成电信号,再经过放大、滤波等处理后送给解调电路进行解调,还原为二进制数字信号后输出。常用的有通过脉冲宽度来实现信号调制的脉宽调制(PWM)和通过脉冲串之间的时间间隔来实现信号调制的脉冲调制(PPM)两种方法。

简而言之,红外通信的实质就是对二进制数字信号进行调制与解调,以便利用红外信道进行传输;红外通信接口就是针对红外信道的调制解调器的。

7.1.5 通信方式

对于点对点之间的通信,根据信息传输的方向和时间关系,通信方式可以分为单工通信、半双工通信及全双工通信3种。

所谓单工通信,是指信息只能单方向传输的工作方式。例如无线电广播、遥控、遥测等就是单工通信方式,发送端只能发送信息,不能接收信息;接收端只能接收信息,不能发送信息,数据信号仅从一端传送到另一端,如图 7-9(a)所示。

　　所谓半双工通信,是指通信双方都能收发信息,但不能在两个方向上同时进行,必须轮流交替地进行,如图 7-9(b)所示,对讲机就是按照这种方式工作的。

　　所谓全双工通信,是指在通信的任意时刻,通信双方都可以同时接收和发送信息,因此又称为双向同时通信,如图 7-9(c),电话就是这种通信方式。全双工通信无须进行方向的切换,因此没有切换操作所产生的时间延迟,这对那些不能有时间延误的交互式应用(如远程监测和控制系统)十分有利。这种通信方式要求通信双方均有发送器和接收器,同时,需要两根数据线传送数据信号。

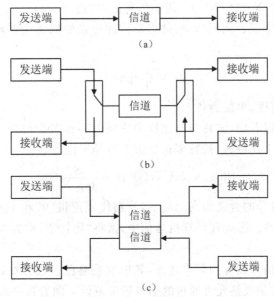

图 7-9　通信方式
(a) 单工通信 ;(b) 半双工通信;(c) 全双工通信

　　在数字通信中,按照数字信号码元排列方法的不同,还有串行传输与并行传输之分。所谓串行传输,是将数字信号码元序列按时间顺序一个接一个地在信道中传输,如图 7-10(a)所示。如果将数字信号码元序列分割成两路或两路以上的数字信号码元同时在信道中传输,则称为并行传输,如图 7-10(b)所示。

　　一般的远距离数字通信大都采用串行传输方式,因为这种方式只需占用一条通路。并行传输在近距离数字通信中有时也会遇到,它需要占用两条或两条以上的通路,比如,使用多条导线传输。

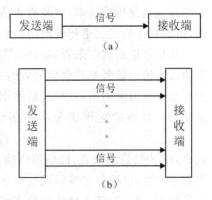

图 7-10 串行和并行方式传输
(a) 串行传输;(b) 并行传输

7.1.6 主要通信技术指标

　　在对通信系统进行设计和评价时,往往要涉及通信系统的主要性能指标,否则就无法衡量其质量的优劣。在数据通信过程中,有 4 个指标是非常重要的,它们就是信息传输速率、信息传输带宽(也称"信道容量")、传输时延和误码率。

7.1.6.1 信息传输速率

信息传输速率是指单位时间内传输的信息量,可用比特率和波特率表示。比特率是每秒钟传输二进制信息的位数,单位为"位/秒",通常记作 bit/s,主要单位为 kbit/s,Mbit/s,Gbit/s。信息传输速率的计算公式如下:

$$S = \frac{1}{T}\log_2 N(\text{bit/s}) \tag{7-1}$$

式中,T 为一个数字脉冲信号的宽度(全宽码)或重复周期(归零码),单位为秒;N 为一个码元所取的离散值个数,通常 $N = 2^K$(K 为二进制信息的位数)。

波特率也称码元速率或者调制速率,是指每秒钟传输的码元(符号)数,单位为波特,记作 Baud,计算公式如下:

$$B = \frac{1}{T}(\text{Baud}) \tag{7-2}$$

式中,T 为信号码元的宽度,单位为秒。

由以上两个公式可以看出,波特率与比特率之间的转换关系可以用下式表示。特别当每个码元所含的信息量为 1 比特时,波特率在数值上就等于比特率。

$$S = B\log_2 N(\text{bit/s}),\text{或} B = \frac{S}{\log_2 N}(\text{Baud}) \tag{7-3}$$

在计算机中,一个符号的含义为高低电平,分别代表逻辑"0"和逻辑"1",所以每个符号所含的信息量刚好为 1 比特。因此在计算机通信中,常将"比特率"称为"波特率"。

7.1.6.2 信息传输带宽

带宽本来是指某个信号具有的频带宽度,其单位是赫兹。过去在通信线路上传递的主要是模拟信号,带宽表示的是线路允许通过的信号频带范围。随着数字通信的日益兴旺,目前已经出现了数字通信替代模拟通信的某种趋势。当通信线路上传递的是数字信号时,信息传输速率成为数字信道的重要指标,带宽被用来指信道中每秒所能传输的最大字节数,也即一个信道的最大信息传输速率,也被称为信道容量,单位为"位/秒"(bit/s)。与信息传输速率不同的是,带宽描述的是信道传输数据能力的极限,是衡量信道的一个重要指标。

从信息论的观点来看,各种信道可概括为两大类:离散信道和连续信道。所谓离散信道就是输入与输出信号都是取值离散的时间函数;而连续信道是指输入和输出信号都是取值连续的。如果是离散的信道容量,则根据奈奎斯特(Nyquist)公式可以得到,无噪声下的码元极限速率 B 与信道带宽 W 的关系为:$B = 2W(\text{Baud})$;无噪信道传输能力公式为:

$$C = 2W \cdot \log_2 N(\text{bit/s}) \tag{7-4}$$

式中,W 为信道的带宽,即信道传输上、下限频率的差值,单位为 Hz;N 为一个码元所取得的离散值个数,也称信号编码级数。奈奎斯特公式为估算已知带宽信道的最高数据传输速率提供了依据。例如,话音级线路的带宽为 3 100 Hz,根据上式计算的信道最大数据率如表 7-1 所示。

表 7 - 1　理想话音信道的最大数据传输率

信号编码级数 N	最大数据率 C/(bit/s)
2	6 200
4	12 400
8	18 600
16	24 800
32	31 000

如果是连续的信道容量,信道上存在损耗、延迟、噪声。损耗引起信号强度减弱,导致信噪比 S/N 降低,延迟会使接收端的信号产生畸变,噪声会破坏信号,产生误码。持续时间 0.01s 的干扰会破坏约 560 个比特(56kbit/s)。这时可根据香农公式计算带有限带宽高斯噪声的信道容量:

$$C = W \cdot \log_2(1 + S/N)(\text{bit/s}) \tag{7-5}$$

式中,W 仍为信道的带宽,S 为平均信号功率,N 为平均噪声功率,S/N 为信噪比。信噪比通常用 dB(分贝)表示,公式为 10lg(S/N)。例如,信道带宽 W=3.1kHz,S/N=2 000,则 C=3 100×log2(1+2 000)≈34kbit/s,即该信道上的最大数据传输率不会大于 34kbit/s。香农公式表明了在频带宽度 W 给定、信道传输存在噪声的情况下,理论上能达到信息传输速率的极限值。由此可见,在信道为非理想的情况下,无论采样频率多高,信号编码分多少级,信道能达到的最高传输速率不会随之而增加,因为噪声的存在将使编码级数不可能无限增加。

7.1.6.3 传输时延

时延就是信息从网络的一端传递到另一端所需的时间,可以用下式表示:

$$时延 = 发送时延 + 传播时延 + 处理时延 \tag{7-6}$$

发送时延:是发送端发送数据块所需要的时间,也就是从数据块的第一个比特开始发送算起,到最后一比特发送完毕所需的时间,又称传输时延。

$$发送时延(s) = 数据块长度(\text{bit}) / 信道带宽(\text{bit/s}) \tag{7-7}$$

传播时延:是指数据在信道中传播所花费的时间。

$$传播时延位(s) = 信道长度(m) / 信号在信道媒质中的传播速率(\text{m/s}) \tag{7-8}$$

处理时延:是数据在交换节点为存储转发而进行一些必要的数据处理所需的时间。在节点缓存队列中分组队列所经历的时延是处理时延中的重要组成部分。处理时延的长短取决于当时的通信量,但当网络的通信量很大时,还会产生队列溢出,这相当于处理时延为无穷大。有时可用排队时延作为处理时延。

从上述公式可以看出,信道带宽描述的是发送速率,而不是人们通常理解的传播速率。我们常说的光纤速度快于电缆,实际上是从发送速率的角度讲的。如果单纯从传播速率的角度来看,光纤通信反而不如铜线传播。这是因为在真空介质中,电磁波的速度与光速一样都是 30 万 km/s。但由于光在光纤中是通过全反射来传播的,因此会增加光在光缆中传播的路径(走折线路径比走直线路径要长),从而使其在传播速率上反而不如铜线。

时延带宽乘积:为某一信道所能容纳的比特数,如图 7 - 11 所示。例如,某链路的时延带宽乘积为 100 万 bit,这意味着第一比特到达接收端时,发送端已发送了 100 万 bit。计算公式如下：

$$时延带宽乘积 = 带宽×传播时延 \tag{7-9}$$

根据以上公式可以得出，链路的时延带宽积就是以比特为单位的链路长度。如设某段链路的传播时延为 30ms，带宽为 1Mbit/s，则时延带宽积 $= 30×10^{-3}×10^{6} = 3×10^{4} bit$。这表示，若发送端连续发送数据，则在发送的第一比特即将到达终点时，发送端就已经发送了 3 万 bit，而这 3 万 bit 都正在链路上传输。

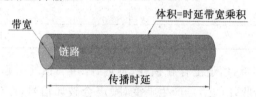

图 7-11　时延带宽乘积的含义

往返时延（Round-Trip Time，RTT）：表示从信源发送数据开始，到信源收到信宿确认所经历的时间，往返时延一般约为传播时延的 2 倍，即：

$$RTT ≈ 2×传播时延 \tag{7-10}$$

往返时延代表了数据传输的可靠性，它有两个含义：一是表示在确定的时间内数据能正确送达；二是表示当采用分组交换时，数据能有序送达。

7.1.6.4 误码率

误码率（Pe）是指二进制数据位传输时出错的概率。它是衡量数据通信系统在正常工作情况下的传输可靠性的指标。在计算机网络中，一般要求误码率低于 10^{-6}，若误码率达不到这个指标，可通过差错控制方法检错和纠错。误码率的计算公式如下：

$$Pe = \frac{Ne}{N} \tag{7-11}$$

式中，Ne 为数据传输中出错的位数，N 为数据传输的总位数。

7.2 数字化信息传输技术

数据通信的基本过程包含两项内容，即数据传输和通信控制。如果把这个过程与打电话的过程相比，如表 7-2 所示，我们可以发现具有很多相似之处。

表 7-2 数据通信与打电话过程对比

数据通信过程	打电话过程
建立物理连接	拨号，拨通对方
建立逻辑连接	互相确认身份
数据传送	互相通话
断开逻辑连接	互相确认要结束通话
断开物理连接	双方挂机

数据通信的过程就是在通信的双方之间建立通路和对数据进行传输的过程。为了保证发送的数据能正确无误的送达接受方，在数据通信过程中，涉及到许多具体的技术，如数据的编

码技术、调制技术、同步控制、多路复用、差错控制和信息加密技术等,本单元将逐一介绍它们的基本原理和技术特点。

图 7 - 12　数据通信过程简化模型

图 7-12 所示是一个数据通信过程的简化模型,从这个模型中我们可以看到,任何信息如果需要通过一个数字化数据通信系统传送到另一方,首先都必须转化为数字化的数据,然后通过数据编码技术转变成适合传输的数字信号,在数字编码过程中数字信号被添加了便于同步、识别和纠错的代码,甚至还可以根据某种运算规则,对数字信号进行加密处理。如果经过编码的数字脉冲信号不能直接在介质上传输,而需要通过模拟信道传输,则还要把该信号通过调制技术转换成适合传输的模拟信号形式。信号通过信道传输至接受方以后,则需要经过一个反向变换的过程,即调制的模拟信号需要通过解调技术还原成调制前的数字信号,经过数据编码和加密的数字信号需要通过解码技术和解密算法还原成原始的数据,最后,原始数据再还原成它所代表的数字信息或模拟信息,从而完成通信中的一次数据传输过程。

7.2.1 数据编码技术

基带数字通信系统的任务是传输数字信息,数字信息可能来自数据终端设备的原始数据信号,也可能来自模拟信号经数字化处理后的脉冲编码信号。为了使数字信息适合在信道上传输,需要对信号进行码型变换,这个过程即为数据编码,其反过程则为数据的解码,如图 7-13 所示。

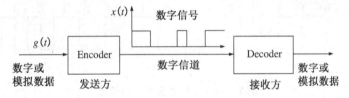

图 7 - 13　通信中的数据编码和解码

常用的基带数字编码方式有:单极性不归零码、双极性不归零码、单极性归零码、双极性归零码、曼彻斯特码和差分曼彻斯特码。

1) 单极性不归零码

单极性不归零码波形的零电平和高电平分别与二进制符号 0 与 1 相对应。这种信号在一个码元的时间内,不是高电平就是零电平,电脉冲之间无间隔,极性单一,其波形如图 7 - 14 (a)所示。该波形经常在近距离传输时被采用。

2) 双极性不归零码

在双极性不归零码波形中,二进制符号 0 与 1 分别与正、负电平相对应,如图 7-14 (b)所示。与单极性不归零码相同,它的电脉冲之间也无间隔。该编码方式的优点是有正负信号可以互相抵消其直流成分。

3) 单极性归零码

单极性归零码以高电平和零电平表示二进制码 1 和 0。其中,高电平的持续时间要小于码元宽度,在一个码元中总有零电平存在,如图7-14(c)所示。单极性归零码的主要优点是可以直接提取同步信号,常在近距离内实行波形变换时采用。

4)双极性归零码

双极性归零码是双极性不归零码的归零形式,如图7-14(d)所示。在这种波形中,对应每一个符号都有零电平的间隙产生,即相邻脉冲之间必定有零点评的间隔。

5)曼彻斯特编码

在曼彻斯特编码中,每一个码元的中间有一次跳变,用电平的正跳变来表示"0",电平的负跳变来表示"1",如图7-14(e)所示。由于跳变都发生在每一个码元的中间位置,因此也可以用来作为时钟信号。

6)差分曼彻斯特编码

在差分曼彻斯特编码中,码元中间的跳变仅提供时钟定时,不作为数据信号。而通过每位开始有无跳变来表示"0"或"1",有跳变为"0",无跳变为"1"。差分曼彻斯特编码的波形如图7-14(f)所示。

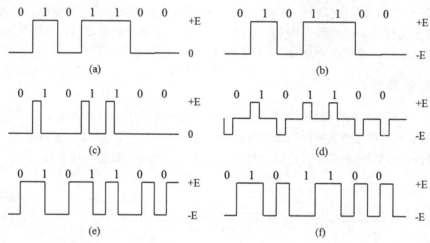

图 7-14　几种最基本的码形图

(a) 单极性不归零码;(b) 双极性不归零码 ;(c) 单极性归零码;

(d) 双极性归零码;(e) 曼彻斯特编码;(f) 差分曼彻斯特编码

7.2.2 数据调制技术

与数据编码类似,数据调制的目的也是为了让信号能够在通道及相应的设备上传输。但两者不同之处在于,编码使用数字信号承载数字或模拟数据,而调制则使用模拟信号承载数字或模拟数据,调制的反过程即为解调,如图7-15。

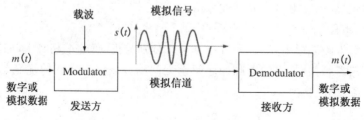

图 7-15　通信中的数据调制和解调

　　模拟通信中可采用调幅、调频和调相等多种调制方式来调制信号。在数字通信中,数据通常采用幅移键控(Amplitude Shift Keying,ASK),相移键控(Phase Shift Keying,PSK)和频移键控(Frequency Shift Keying,FSK)这 3 种调制方式。

　　1) 幅移键控

　　幅移键控把频率和相位作为常量,振幅作为变量,通过改变载波的振幅大小来表示数字信号"1"和"0",输出波形如图 7 - 16(b)所示。

　　2) 频移键控

　　频移键控把振幅、相位作为常量,频率作为变量,通过改变载波的频率来表示信号"1"和"0",输出波形如图 7 - 16(c)所示。这种方式实现起来比较容易,抗噪声和抗衰碱性好,稳定可靠,是中低速数据传输的最佳选择。

　　3) 相移键控

　　如果两个频率相同的载波同时开始震荡,这两个频率同时达到最大值,同时达到零值,同时达到负最大值,此时它们就处于同相状态;如果一个达到正最大值时,另一个达到负最大值,则称为"反相"。相移键控就是把相位作为变量,通过改变载波的相位来表示信号"1"和"0"的调制方式,输出波形如图 7 - 16(d)。这种方式在中速和高速的数据传输中得到了广泛的应用。相移健控有很好的抗干扰性,在有衰减的新稻种也能获得很好的效果

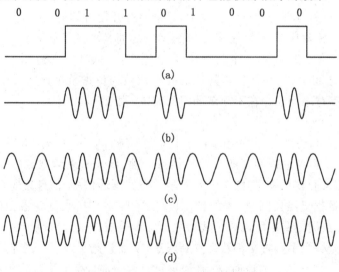

图 7 - 16　调制输出波形

(a) 原始数字信号;(b) 幅移键控;(c) 频移键控;(d) 相移键控

7.2.3 同步控制技术

　　在进行数据通信时,发送端与接收端的计算机通常具有不同的时钟频率,这就导致它们的时钟周期会存在微小误差。尽管这种误差很小,但在大数据传输时,这种误差的积累足以引起传输的错误。因此,为了保证传输过程的准确性,一般要求发送端除了发送数据之外,还要提供数据的起止时间和时钟频率,以便接收端校正自己的时间基准和时钟频率,确保两者时钟频率的一致性,这个过程叫同步。同步的目的是使接收端与发送端在时间基准上一致(包括开始时间、位边界、重复频率等)。目前同步的方式基本上有 3 种:位同步、字符同步和帧同步。

1) 位同步

位同步的目的是使接收端接收的每一位信息都与发送端保持同步,目前实现位同步的方法主要有外同步法和自同步法两种:

(1) 外同步法:发送端发送数据之前先发送同步时钟信号,接收方根据这一同步信号来锁定自己的时钟脉冲频率,从而达到收发双发位同步的目的;

(2) 自同步法:通过一些特殊编码(如曼彻斯特编码),本身就含有同步信号。接收方就从信号自身提取同步信号来锁定自己的时钟脉冲频率,达到同步目的。

2) 字符同步

以字符为边界实现字符的同步接收,也称为起止式或异步制。每个字符的传输需要:1 个起始位、5～8 个数据位、1,1.5,2 个停止位,如图 7 - 17 所示。

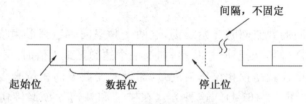

图 7 - 17　字符同步原理

字符同步的特点是频率的漂移不会积累,每个字符开始时都会重新同步,每两个字符之间的间隔时间不固定,传输比较灵活;但由于每个字符之间都增加了辅助位,所以效率较低。例如,如果传输中采用 1 个起始位、8 个数据位、2 个停止位时,其效率为 8/11＜72.7%,也就是说,即使每个字符之间没有时间间隔,其传输的有效数据位占整个比特流位数的比例不超过72.7%,如果每个字符之间还存在不固定的时间间隔,则效率将更低。

3) 帧同步

帧同步是指收发双方约定用特定的字符或位序列来标识一个帧的起始和结束,从而使接受方能够从接受的数据流中识别帧的开始和结束。帧(frame)是数据链路中的传输单位——包含数据和控制信息的数据块,如图 7 - 18 所示。在数据通信中,信息流通常被划分成报文分组或 HDLC(高级数据链路控制)规程的帧。因此,接收端在接收这些数据时,还必须知道每一帧的起止时刻。数据链路层所以要把比特数据流组合成以帧为单位传送,是为了在出错时,可只将有错的帧重发,而不必将全部数据重新发送,从而提高了效率。通常为每个帧计算校验和(checksum),当一帧到达目的地时,校验和再被计算一遍,若与原校验和不同,就可发现差错了,以便及时纠正重发。因此,帧同步指的是接收方应当能从接收到的二进制比特数据流中区分出帧的起始与终止。帧同步的方式可以分为"面向字符的帧同步方式"和"面向比特的帧同步方式"两种,下面介绍几种常见的帧同步方法。

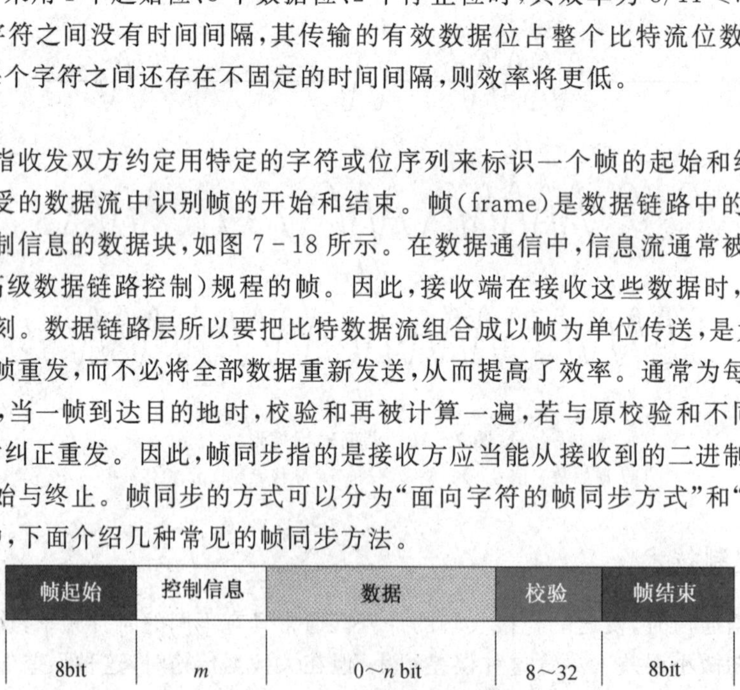

帧起始	控制信息	数据	校验	帧结束
8bit	m	0～n bit	8～32	8bit

图 7 - 18　一个数据帧包含的内容

面向字符的帧同步方式——以特定的字符(如 SYN,STX,ETX)来标识一个帧的开始和结束,这种方式适用于数据为字符类型的帧。

面向比特的帧同步方式——以一组特定的比特模式或特殊的位序列（如 7EH，即01111110)来标识一个帧的开始和结束,这种方法适用于任意数据类型的帧。

用于实现帧同步的方法主要包括以下几种:

(1) 字节计数法。这种方法首先用一个特殊字段(如 Start Of Header SOH)来标明一帧的开始,然后用一个字段来标示该帧内的字节数。当接收端获得字节计数值时,就知道该帧中后面跟随的字节数,从而就可以确定帧结束的位置。这种方法的最大问题在于,如果标示帧大小的字段出错,就意味着接收端会失去帧同步的可能,从而无法找到下一帧正确的起始位置。在这种情况下,虽然接收端知道该帧存在差错,但却无法获得下一帧正确的起始位置。此时,即使请求发送端重新发送出错的信息都无济于事,因为接收端根本不知道应该跳过多少个字符才能到达重传的开始位置。

(2) 使用字符填充的首尾定界符方法。这种方法用一些特定的字符来定界一帧的开始和结束,充分解决了错误发生之后重新同步的问题。为了避免信息位中出现的特殊字符被误判为一帧的首尾定界符,可以在这种数据帧的起始位置填充一个转义控制字符 DLE STX(Data Link Escape-Start of Text),在帧的结束位置填充 DLE ETX(Data Link Escape-End of Text),以示区别,从而达到数据的透明性。

(3) 使用比特填充的首尾定界符法。这种方法用一组特定的比特模式(如 01111110)来标志一帧的开始和结束。为了防止信息位中出现的该特定模式被误判为帧的首尾标志,可以采用比特填充的方法来解决。以上述比特模式为例,当发送端发送的数据中有 5 个连续的"1"时,就自动在其后填加一个"0"。在接收端,当收到连续 5 个"1",并且后面一位是"0"时,则自动删除该"0"位。例如数据帧为"0110111110011111001",采用比特填充后,其在传输时该数据帧实际表示为"01111110011011111010111110000101111110"。

(4) 违例编码法。这在物理层采用特定的比特编码方法时采用。例如,采用曼彻斯特编码法时,"高-低电平对"表示数据比特"1","低-高电平对"表示数据比特"0"。而"高-高电平对"或"低-低电平对"在数据比特的编码中都是违例的,可以借用这些违例编码的序列来定界帧的开始和结束。

7.2.4 多路复用技术

在数据通信系统中,信道的带宽或容量往往超过传输单一信号的需求。为了提高信道的利用率,可以把多个信号组合起来共享同一条信道,这就是所谓的多路复用技术。如前所述,常用的复用技术有"频分复用"、"时分复用"和"码分复用",另外,在光纤通信中,作为"频分复用"技术的一个变例,采用不同光波的复用技术又称为"波分复用"。

1) 频分复用

频分复用(Frequency Division Multiplexing,FDM)是指将一个传输信道划分成若干不同频段的子信道,并利用每个子信道单独传输一路信号的一种技术,如图 7-19 所示。使用频分复用的条件是传输信道的总带宽大于各子信道带宽之和,同时为了防止各子信道中所传输信号的互相干扰,还需要选择合适的载波频率,并在各子信道之间设立隔离带。频分复用技术的特点是所有子信道传输的信号以并行的方式工作,每一路信号传输时可不考虑传输时延,因而频分复用技术取得了非常广泛的应用。频分复用技术除了传统意义上的频分复用(FDM)外,还有正交频分复用(Orthogonal Frequency Division Multiplexing,OFDM)。

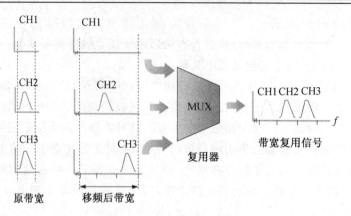

图 7 - 19 频分复用技术原理

正交频分复用属于多载波调制，它将调制信号分成多路，对多个在频率上等间隔分布且相互正交的子载波进行调制，然后经频分复用组合在一起。OFDM 有许多非常引人注目的优点。第一，OFDM 具有非常高的频谱利用率。如上所述，传统的 FDM 系统为了分离各子信道，需要在相邻信道间设置一定的保护间隔（频带），造成了频谱资源的浪费。在 OFDM 中，各子信道信号的分离是依靠它们彼此间的正交性来完成的，这使得各子信道间不但无需保护频带，而且相邻信道间信号频谱的主瓣还可以相互重叠，提高了频谱的使用效率；第二，实现比较简单。OFDM 的调制过程可以用 IFFT（快速傅里叶反变换）完成，解调过程可以用 FFT（快速傅里叶变换）完成，既不用多组震荡源，又不用带通滤波器组分离信号；第三，抗多径干扰能力强。多径干扰是指在地面无线电广播中，由于电波在传输路径中的反射引起的干扰。在地面无线电广播中，由于障碍物的影响，到达接收机的电波不仅有直射波，而且还有一次或多次反射波。这些经不同路径到达接收天线的电波之间会有较大的时延差，从而导致符号间的干扰，引起误码。在 OFDM 中，由于调制信号被分成多路，因此每一路的数据传输率很低，符号周期相应延长。如果符号周期远大于反射波和直射波之间的时间间隔，则由反射波引起的符号间干扰对符号判决的影响就会大为降低。

2）波分复用

波分复用（Wavelenth Division Multiplexing，WDM）是将一系列载有信息、但波长不同的光信号合成一束，沿着单根光纤传输；在接收端再用某种方法，将各个不同波长的光信号分开的通信技术。这种技术可以同时在一根光纤上传输多路信号，每一路信号都由某种特定波长的光来传送，这就是一个波长一个信道，多个波长就有多个信道，多个信道共享一路光纤。

在光学系统中可利用衍射光栅来实现多路不同频率光波信号的合成与分解。整个波长频带被划分为若干个波长范围，每路信号占用一个波长范围来进行传输，如图 7 - 20 所示。光波分复用一般应用波长分割复用器和解复用器（也称合波/分波器）分别置于光纤两端，实现不同光波的耦合与分离，这两个器件的原理是相同的。

因为光波是电磁波的一部分，光的频率与波长具有单一对应关系。因此 WDM 技术本质上就是光域上的频分复用（FDM）技术，WDM 系统的每个信道通过频域的分割来实现。每个信道占用一段光纤的带宽，与过去同轴电缆 FDM 技术不同的是：

（1）传输媒介不同。WDM 系统是光信号的频率分割，而同轴系统是电信号的频率分割。

（2）在每个通路上，同轴电缆系统传输的是模拟的 4KHZ 语音信号，而 WDM 系统目前每

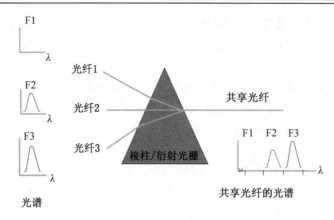

图 7 - 20　波分复用技术原理

个通路上传输的是数字信号 SDH2.5Gbit/s 或更高速率的数字信号。

3）时分复用

时分复用（Time-Devision Multiplexing,TDM）是将一条信道按传输时间分成若干个时间片（又称为时隙），然后轮流分配给多个信号使用，每个时间片被一路信号占用。这样，利用每个信号在时间上的交叉，就可以实现一条信道传送多路信号的目的，如图 7 - 21 所示。

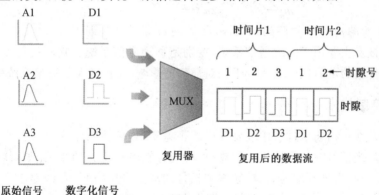

图 7 - 21　时分复用技术原理

使用时分复用技术的条件是媒质能达到的传输速率超过传输数据所需的数据传输速率，与频分复用类似，各路时隙间也要有防护时隙。其中，时分复用技术根据是否能够确定线路使用的时刻又可以分为"同步时分复用"和"异步时分复用"。

同步时分复用（Synchronous Time Division Multiplexing,STDM）采用固定时间片分配方式，即将传输信号的时间按特定长度连续地划分成特定的时间段（一个周期），再将一个时间段划分成等长的多个时隙，每个时隙以固定的方式分配给各路数字信号，每路数字信号在一个时间段内都会顺序分配到一个时隙。

由于在同步时分复用方式中，时隙预先分配且固定不变，无论时隙拥有者是否传输数据都占有一定时隙，这就造成了时隙的浪费，降低了时隙的利用率。为了克服同步时分复用的这种浪费，引入了异步时分复用技术。

异步时分复用（Asynchronous Time Division Multiplexing,ATDM）又被称为统计时分复用技术（Statistical Time Division Multiplexing），它只有当某一路用户有数据要发送时才把时

隙分配给他；当用户停止发送数据时，就不给他分配时隙。此时信道的空闲时隙就可以用于其它用户的数据传输，提高时隙的利用率。

4) 码分复用

码分复用(Code Division Multiple Access，CDMA)与频分复用以及时分复用不同，它既共享信道的频率，也共享时间，是一种真正的动态复用技术。在码分复用中，每比特时间被分成 m 个更短的时间槽，称为码片(chip)，通常情况下每比特有 64 或 128 个码片。每个站点被赋给一个唯一的码片序列(chip sequence)。当发送比特 1 时，站点就发送其码片序列；发送比特 0 时，站点就发送其码片序列的补码。例如，假定站点 A 的码片序列为 00101001，发送 00101001 就表示发送比特 1，发送 11010110 就表示发送比特 0。当一个信道上有多个站点同时发送信号时，最终的信号由这些独立的信号线性叠加而成。为了使接收端能够从这个合成信号中提取出站点信号的分量，需要满足一定的条件，即各个站点的码片序列需要互相正交，如 7-12 式所示。此时，通过计算收到的码片序列(所有站点发送的信号的线性总和)以及欲还原站点的码片序列的内标积，就可以还原出原比特流。

$$\begin{cases} S \cdot T = \dfrac{1}{m}\sum_{i=1}^{m} S_i T_i = 0 \\ S \cdot S = \dfrac{1}{m}\sum_{i=1}^{m} S_i S_i = \dfrac{1}{m}\sum_{i=1}^{m}(S_i)^2 = \dfrac{1}{m}\sum_{i=1}^{m}(\pm 1)^2 = 1 \end{cases} \tag{7-12}$$

式中，S 为站点 S 的 m 维码片序列；T 为站点 T 的 m 维码片序列。

码分复用技术主要用于无线通信系统，特别是移动通信系统。它不仅可以提高通信的话音质量和数据传输的可靠性以及减少干扰对通信的影响，而且增大了通信系统的容量。

7.2.5 差错控制技术

差错控制是在数据通信过程中能发现或纠正差错，把差错限制在尽可能小的允许范围内的技术和方法。当信号在物理信道中传输时，可能存在各种干扰因素，比如，线路本身电气特性造成的随机噪声、信号幅度的衰减、频率和相位的畸变、电气信号在线路上产生反射造成的回音效应、相邻线路间的干扰以及各种外界因素都会造成信号的失真。由此可能造成数据通信中码元波形的破坏，导致数据通信错误。但另一方面，与语音、图像传输不同，数据通信要求信息传输过程具有高度的可靠性，即误码率足够低。误码率是用来衡量数据通信系统可靠性的重要指标。数据通信中差错的表现形式主要有 4 种，即失真(distortion)、丢失(deletion)、重复(duplication)和失序(reordering)。

为了确保数据通信正常，可以从两方面着手解决：一是通过采用先进的物理设备改善传输信道的电气特性，提高传输可靠性，但这种方法往往需要付出昂贵的成本；另一种办法是在相应的物理设备条件下采用计算机技术进行差错编码和控制，自动检测错误并在可能情况下纠正错误，这就是所谓的差错控制技术。

信道根据差错分布规律的不同，可以分为三类：随机信道、突发信道和混合信道。在随机信道中，差错的出现是随机的，且差错之间是统计独立的，这种随机出现的差错称为随机差错。在突发信道中，大量差错在一定的时间区间内集中出现，而在这些区间之间又存在较多的无差错区间，这种成串出现的差错称为突发差错。产生突发差错的主要原因之一是脉冲干扰，而信道中的衰落现象，如传输媒质老化、接触不良等现象也是引起突发差错的一个主要原因。在混合信道中,随机差错与突发差错同时存在。对于不同类型的信道,应采用不同的差错控制技术。常用的差错控制技术主要包括:检错重发法、前向纠错法和反馈校验法。

1) 检错重发法

发送端在发送数据的同时,附带一定的校验信息。接收端根据这些信息能够判断当前接收到的数据是否存在差错,但却不能知道具体的差错位置。接收端通过传送错误确认信息给发送端,使发送端重新发送数据,一直到正确接收为止。由于这种方法需要双向通信,因此需要具备双向信道。在检错重发法中,常见的检错码方案包括奇偶校验码(Parity Check Code,PCC)和循环冗余编码(Cyclic Redundancy Code,CRC)。

(1) 奇偶校验(Parity Checking)。奇偶校验的基本原理是在原始数据字节的最高位增加一个奇偶校验位,使结果中 1 的个数为奇数(奇校验)或偶数(偶校验)。例如:1100010 增加偶校验位后为 11100010,而 1100011 增加偶校验位后为 01100011。若接收方收到的字节奇偶校验结果不正确,就可以知道传输中发生了错误。这种方法只能用于面向字符的通信协议中,而且只能检测出奇数个比特位可能出现的差错。也就是说,如果字符中同时有偶数个比特位出现差错,则奇偶校验位无法检测出错误。

(2) 循环冗余校验 (Cyclic Redundancy Check CRC)。循环冗余校验是目前计算机网络和数据通信中用得最广泛的检错码,是一种漏检率较低且便于实现的循环冗余码。其基本原理是将传输的位串看成系数为 0 或 1 的多项式,收发双方约定一个生成多项式 $G(x)$,发送方在帧的末尾加上校验和,使带校验和的帧的多项式能被 $G(x)$ 整除。接收方收到后,用 $G(x)$ 除多项式,若有余数,则传输有错。CRC 校验的关键是如何计算校验和。

k 位要发送的信息位可对应于一个 $(k-1)$ 次多项式 $K(X)$,r 位冗余位则对应于一个 $(r-1)$ 次多项式 $R(X)$,由 k 位信息位后面加上 r 位冗余位组成的 $n=k+r$ 位码字则对应于一个 $(n-1)$ 次多项式 $T(X)=X'K(X)+R(X)$。例如:

$$\text{信息位 } 1011001 \quad \rightarrow K(X)=X^6+X^4+X^3+1 \tag{7-13}$$

$$\text{冗余位 } 1010 \quad \rightarrow R(X) =X^3+X \tag{7-14}$$

$$\text{码字 } 10110011010 \quad \rightarrow T(X) =X^4K(X)+R(X) = X^{10}+X^8+X^7+X^4+X^3+X \tag{7-15}$$

由信息位产生冗余位的编码过程,就是已知 $K(X)$ 求 $R(X)$ 的过程。在 CRC 码中可以通过找到一个特定的 r 次多项式 $G(X)$(其最高项 X' 的系数恒为 1),然后用 $X^{r}K(X)$ 去除以 $G(X)$,得到的余式就是 $R(X)$。特别要强调的是,这些多项式中的“+”都是模 2 加(即异或运算)。此外,这里的除法用的也是模 2 除法,即除法过程中用到的减法是模 2 减法,它和模 2 加法的运算规则一样,都是异或运算,这是一种不考虑加法进位和减法借位的运算。

理论上可以证明循环冗余校验码的检错能力有以下特点:

① 可检测出所有奇数位错;

② 可检测出所有双比特的错;

③ 可检测出所有小于、等于校验位长度的突发错。

CRC 码是由 $r-K(X)$ 除以某个选定的多项式后产生的,因此该多项式称为生成多项式。通常,生成多项式位数越多校验能力越强。但并不是任何一个 $r+1$ 位的二进制数都可以做生成多项式,目前广泛使用的生成多项式主要有以下 4 种:

$$① \ CRC12 = X^{12}+X^{11}+X^3+X^2+1; \tag{7-16}$$

$$② \ CRC16 = X^{16}+X^{15}+X^2+1 \ (IBM \text{ 公司}); \tag{7-17}$$

③ $CRC16 = X^{16} + X^{12} + X^5 + 1$ (CCITT)；　　　　　　　　　　　　　　　　(7-18)

④ $CRC32 = X^{32} + X^{26} + X^{23} + X^{22} + X^{16} + X^{11} + X^{10} + X^8 + X^7 + X^5 + X^4 + X^2 + X + 1$。

(7-19)

（3）确认与重传机制。在检错重发技术中,如果仅用循环冗余检验 CRC 差错检测技术只能做到无差错接受。所谓"无差错接受"是指:凡是接受的帧（即不包括丢弃的帧）,都能以非常接近于 1 的概率认为这些帧在传输过程中没有产生差错。也就是说,凡是接收端数据链路层接受的帧都没有传输差错（有差错的帧就丢弃而不接受）。

要做到"可靠传输"（即发送什么就收到什么）就必须再加上确认和重传机制。确认（ACK）的类型一般有 3 种,即肯定确认（即确认传输的数据正确）、否定确认（即确认传输的数据有错或有丢失）、选择确认（即确认哪些帧号的数字是正确收到的,哪些帧号的数据未正确收到）。

传输的数据被确认以后,对于未正确接受的数据,需要通知发送端重传。数据重传（Repeat）的方式有两种:回退 N 帧（Go-back-N）和选择重传（selective repeat）。

回退 N 帧的重传方式是指接收方从出错帧起丢弃所有后继帧,并通知发送端从出错帧开始全部重传,接受端只有一个接收窗口,所有数据均从这个窗口接收。这种方式对于出错率较高的信道,常常会因为频繁的重发而降低效率,浪费带宽,其原理如图 7-22(a)所示。

选择重传方式是指接收方发现某帧数据出错以后,先暂存出错帧的后继帧,然后通知发送端只重传出错的那帧数据,等接收到重发的数据帧以后,再把缓冲区暂存的数据帧补上。另外对暂存数据帧的最高帧号要进行确认,以便发送端发送完出错的数据帧以后,接着最高序号数据帧的后面再继续发送。采用这个方式,接收端的接收窗口可以大于 1,传输效率比较高,但接收窗口较大时,需要较大的缓冲区,其原理如图 7-22(b)所示。

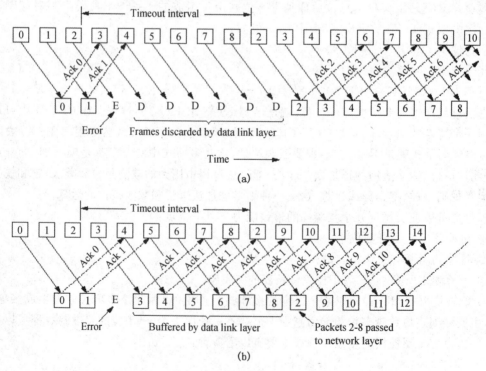

图 7-22　数据传输中的确认和重发类型

2) 前向纠错法

发送端在发送数据中加入冗余纠错码。在一定条件下,接收端根据纠错码不仅能发现数据中的差错,还能够纠正差错。对于二进制系统,一旦确定了差错的位置,就能够纠正它。这种方法不需要反向信道,也不存在由于反复重发而引起的时间延误,实时性好,但纠错设备比较复杂。在前向纠错法中,常见的纠错码方案包括海明码和正反码。

(1) 海明码。海明码是由 R. Hamming 在 1950 年首次提出的,它是一种可以纠正一位差错的编码。用简单奇偶校验码的生成原理来说明海明码的构造方法,若 $k(=n-1)$ 位信息位 $a_{n-1}, a_{n-2}, \cdots, a_1$ 加上一位偶校验位 a_0,构成一个 n 位的码字 $a_{n-1}, a_{n-2}, \cdots, a_1, a_0$,则在接收端校验时,可按关系式 $S = a_{n-1} + a_{n-2} + \cdots + a_1 + a_0$ 来计算。若求得 $S = 0$,则表示无错;若 $S = 1$,则有错。上式可称为监督关系式,S 称为校正因子。在奇偶校验情况下,只有一个监督关系式和一个校正因子,其取值只有 0 或 1 两种情况,分别代表无错和有错两种结果,还不能指出差错所在的位置。不难设想,若增加冗余位,也即相应地增加了监督关系式和校正因子,就能区分更多的情况。

设信息位为 k 位,增加 r 位冗余位,构成一个 $n = k + r$ 位的码字。若用 r 个监督关系式产生的 r 个校正因子来区分无错和在码字中的 n 个不同位置的一位错,则要求满足以下关系式:

$$2^r > n + 1 \text{ 或 } 2^r \geqslant k + r + 1 \tag{7-20}$$

例如,若 $k = 4$,则要满足上述不等式,必须 $r > 3$,取 $r = 3$,则 $n = k + r = 7$,即在 4 位信息位 $a_6 a_5 a_4 a_3$ 后面加上 3 位冗余位 $a_2 a_1 a_0$,构成 7 位码字 $a_6 a_5 a_4 a_3 a_2 a_1 a_0$,其中 a_2、a_1 和 a_0 分别由 4 位信息位中某几位半加得到,在校验时,a_2、a_1 和 a_0 就分别和这几位半加构成 3 个不同的监督关系式。在无错时,这 3 个关系式的值 S_2、S_1 和 S_0 全为"0",若 a_2 错,则 $S_2 = 1$,而 $S_1 = S_0 = 0$;其他依次类推。S_2、S_1 和 S_0 这 3 个校正因子的其他 4 种编码值可用来区分 a_3、a_4、a_5、a_6 中的一位错,其对应关系如表 7-3 所示。当然,也可以建立其他任何一种不同的对应关系(即不同组合的监督关系式),这并不影响其普遍性和一般性。

表 7-3　$S_2 S_1 S_0$ 值与错码位置的对应关系

$S_2 S_1 S_0$	000	001	010	100	101	011	111	110
错码位置	无错	a_0	a_1	a_2	a_3	a_4	a_5	a_6

由表 7-3 可见,a_2、a_3、a_5 或 a_6 的一位错都应使 $S_2 = 1$,由此可以得到监督关系式:

$$S_2 = a_2 + a_3 + a_5 + a_6 \tag{7-21}$$

同理可得:

$$S_1 = a_1 + a_4 + a_5 + a_6 \tag{7-22}$$

$$S_0 = a_0 + a_3 + a_4 + a_5 \tag{7-23}$$

在发送端编码时,信息位 a_6、a_5、a_4 和 a_3 的值取决于输入信号,它们在具体的应用中有确定的值。冗余位 a_2、a_1 和 a_0 的值应根据信息位的取值按监督关系式来确定,把 $S_2 = S_1 = S_0 = 0$ 代入式(7-21)、式(7-22)、式(7-23)三式,用模 2 加可得:

$$a_2 = a_3 + a_5 + a_6 \tag{7-24}$$

$$a_1 = a_4 + a_5 + a_6 \tag{7-25}$$

$$a_0 = a_3 + a_4 + a_5 \tag{7-26}$$

根据已知信息位($a_6 a_5 a_4 a_3$)的值,代入(7-24)、式(7-25)、式(7-26)三式可以计算出各冗余位,如表7-4所示。

在接收端收到每个码字后,按监督关系式算出S_2、S_1和S_0,若它们全为"0",则认为无错;若不全为"0",在一位错的情况下,可查表74来判定是哪一位错,从而纠正之。

表7-4　由信息位计算出海明码的冗余位(当$S_2 = S_1 = S_0 = 0$时)

信息位 $a_6 a_5 a_4 a_3$	冗余位 $a_2 a_1 a_0$	信息位 $a_6 a_5 a_4 a_3$	冗余位 $a_2 a_1 a_0$
0000	000	1000	110
0001	101	1001	011
0010	011	1010	101
0011	110	1011	000
0100	111	1100	001
0101	010	1101	100
1110	100	1110	010
0111	001	1111	111

(2)正反码。正反码是一种简单的能够纠正差错的编码,其中冗余位的个数与信息位个数相同。冗余位与信息位或者完全相同或者完全相反,由信息位中"1"的个数来决定。

例如,电报通信中常用五单位电码编成正反码的规则如下:$k=5$, $r=k=5$, $n=r+k=10$,当信息位有奇数个1时,冗余位就是信息位的简单重复;当信息位中有偶数个1时,冗余位是信息位的反码。具体说来,若信息位为01011,则码字为0101101011;若信息位为10010,则码字为1001001101。

接收端的校验方法为:先将接收码字中信息位和冗余位按位半加(即异或),得到一个k位的合成码组(对上述码长为10的正反码来说,就是得到一个5位的合成码组)。若接收码字中的信息位中有奇数个"1",则就取合成码组为校验码组;若接收码字中信息位中有偶数个"1",则取合成码组的反码作为校验码组。

正反码的编码效率较低,只有1/2。但其差错控制能力还是较强,如上述长度为10的正反码,能检测出全部两位差错和大部分两位以上的差错,并且还具有纠正一位差错的能力。由于正反码的编码效率较低,只能用于信息位较短的场合。

3)反馈校验法

接收端在接收到信息之后,再原封不动地传送回发送端,并与原发送信码相比较。如果发送错误,则发送端重新发送。这种方法原理和设备都较简单,但需要有双向信息。此外,由于每一信码都相当于至少传送了两次,因此传输效率较低。

7.2.6 信息加密技术

信息加密技术是对信息进行重新编码,从而达到隐藏信息内容,使非法用户无法获得信息真实内容的一种技术手段。网络中的信息加密则是对网络中传输的数据进行加密,满足网络安全中数据保密性、完整性等要求,而基于数据加密技术的数字签名技术则可满足防抵赖等安全要求。可见,信息加密技术是实现网络安全的关键技术。

　　加密简单地说就是一个变换 E,这个变换将需要保密的明文消息 m 转换成密文 C,如果用一个公式表示就是:

$$C = E_k(m) \qquad\qquad (7-27)$$

式中,参数 k 是加密过程中使用的密钥。从密文 C 恢复明文的过程称之为解密。解密算法 D 是加密算法 E 的逆运算。

　　密码学作为保护信息的手段,经历了 3 个发展时期:手工阶段、机器时代和电子时代。作为机器时代的典型,ENIGMA 是德国在 1919 年发明的一种加密电子器,被证明是有史以来最可靠的加密系统之一。如今,密码学已步入电子时代,计算机的出现使密码进行高度复杂的运算成为可能。近代密码学改变了古典密码学单一的加密手法,融入了大量的数论、几何、代数等丰富知识,使密码学得到更蓬勃的发展。

　　利用现代密码技术可以实现信息加密和身份认证。信息加密技术用于对所传输的信息加密,而身份认证技术则用于鉴别消息的来源真伪。数据加密算法有很多种,每种加密算法的加密强度各不相同。目前存在两种基本的加密体制:对称密钥加密和非对称密钥加密。

　　1) 对称密钥加密

　　对称密钥加密体制又被称为私钥加密体制,它使用同一组钥匙对消息进行加密和解密。因此,消息的接收者和发送者必须拥有一组相同的密钥。在私钥加密体制中,比较有名的加密算法是 DES (Data Encryption Standard,数据加密标准)。

　　DES 于 1977 年由美国标准局公布,用于非国家保密机关。该加密算法是由 IBM 公司研究提出的,使用 64 比特的密钥对 64 比特的数据进行加密和脱密。DES 可以采取多种操作方式,下面的 ECB、CBC 是两种最为通用的操作方式:

　　(1) 电子密码本型(ECB)。

　　该操作方式用同一把钥匙独立地加密每个 64-bit 明文组,其操作特点如下:

　　① 可加密 64bits;

　　② 加密与代码组的顺序无关;

　　③ 对同一组密钥,相同明文组将产生相同密文组,因此易受'字典攻击'的破译;

　　④ 错误只影响当前的密文组,不会扩散传播。

　　(2) 密码分组链接型(CBC)。每组明文在加密前先与前一个密文组进行异或运算,然后再加密,其操作特点如下:

　　① 可加密 64bits 的整数倍;

　　② 对相同的密钥和初始向量、相同的明文将生成相同的密文;

　　③ 链接操作使密文组依赖于当前及其前面所有的明文组,密文组的顺序不能被打乱;

　　④ 可用不同的初始向量来防止相同的明文产生相同的密文;

　　⑤ 错误将影响从当前开始的两个密文组。

　　DES 在密码学发展历史上具有重要的地位。在 DES 加密标准公布以前,密码设计者出于安全性考虑,总是掩盖算法的实现细节,而 DES 开历史之先河,首次公开了全部算法。同时,DES 作为一种数据加密标准,推动了保密通信在各种领域的广泛应用。

　　2) 非对称密钥加密

　　非对称密钥加密又被称为公开密钥加密体制,是由 Whitfield Diffie 和 Martin Hellman 在

1976 年提出的。其加密机制是：每个人拥有一对密钥，一个为公开密钥（PK），另一个为秘密密钥（SK），这两个密钥是数学相关的。公开密钥是公开信息，秘密密钥由用户自己保存。在这种体制中，加密和解密使用不同的密钥，因此，发送者和接收者不再需要共享一个秘钥，即在通信的全部过程中不需要传送秘密密钥。

为了说明问题，我们用一个简单的数学模型来解释：如果一个大数由两个素数相乘得到，那么可以生成一对密钥，比如 $10＝2×5$，那么 2 和 5 就是一对密钥，5 作为公钥，2 作为私钥。每个参与加密系统的人都有一对密钥，公钥告诉所有人，私钥自己保密。如果 A 和 B 两人通信，A 和 B 各自保护好自己的私钥，公开自己的公钥。A 发信给 B，A 用 B 的公钥加密信息，并将信息发给 B。B 可以用自己的私钥解密这个信息，但 B 的公钥不能解密自己加密的信息，所以称之为非对称密钥加密。如果 C 得到的是 B 的公钥，也是无法解密信息的。

因此，非对称密钥加密的主要特点如下：

（1）用加密密钥 PK 对明文 M 加密后得到密文，再用解密密钥 SK 对密文解密，即可恢复出明文 M，即 $D_{SK}(E_{PK}(M))＝M$。

（2）加密密钥不能用来解密，即 $D_{PK}(E_{PK}(M)) \neq M, D_{SK}(E_{SK}(M)) \neq M$。

（3）用 SK 加密的信息只能用 PK 解密；用 PK 加密的信息只能用 SK 解密。

（4）从已知的 PK 不可能推导出 SK。或者说，由 PK 推导出 SK 在计算上是不可能的。

（5）加密和解密的运算可以对调，即 $E_{PK}(D_{SK}(M))＝M$。

由此可见，要进行保密通信，发送方可使用接收方的公钥对明文进行加密，接受方使用自己的私钥对密文进行解密。由于只有接收方才能对由自己的公钥加密的信息解密，因此可以实现保密通信，如图 7-23 所示。

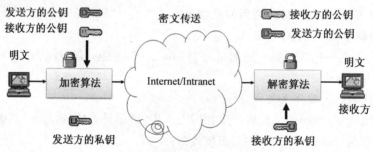

图 7-23　非对称密钥加密的保密通信原理

如果要进行鉴别通信，发送方使用自己的私钥对明文进行加密，接收方使用发送方的公钥对密文进行解密，可以确信信息是由发送方加密的，也就可以鉴别了发送方的身份，如图 7-24 所示。

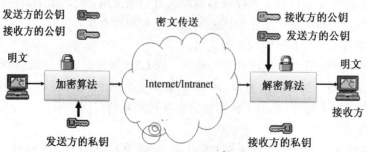

图 7-24　非对称密钥加密的鉴别通信原理

公开密钥算法在运算速度上较对称密钥加密算法慢一些,因此在实际应用中,对称密钥算法主要用于产生数字签名、数字信封,而并不直接对大量的应用数据进行加密。

在公开密钥体制中,最为通用的是 RSA 公钥加密体制,它已被推荐为公开密钥数据加密标准。RSA 是由 Rivet、Shamir 和 Adleman 提出的,它的安全性是基于大数因子分解,由于大数因子分解在数学上没有行之有效的算法,因此该加密技术的破译是相当困难的。

7.3 基于现场总线的信息传输技术

7.3.1 现场总线概述

现场总线是近年来迅速发展起来的一种工业数据总线,它主要解决工业现场的智能化仪器仪表、控制器、执行机构等现场设备间的数字通信以及这些现场控制设备和高级控制系统之间的信息传递问题,所以现场总线既是通信网络,又是自控网络。

现场总线控制系统(Fieldbus Control System,FCS)是由现场总线和现场设备组成的控制系统,这是继基地式气动仪表控制系统、电动单元组合式模拟仪表控制系统、集中式数字控制系统、集散控制系统 DCS 以后的新一代控制系统。

7.3.1.1 现场总线的定义

现场总线的标准目前并未统一,不同的机构对现场总线有着不同的定义。下面给出两种具有代表性的现场总线的定义。

(1) ISA SP50(美国仪表协会标准)对现场总线的定义:现场总线是一种串行的数字数据通信链路,它沟通了过程控制领域的基本控制设备(即场地级设备)之间以及与更高层次自动控制领域的自动化控制设备(即车间级设备)之间的联系。

(2) 国际电工委员会 IEC 标准和现场总线基金会 FF 对现场总线的定义:现场总线是链接智能现场设备和自动化系统的数字式、双向传输、多分支结构的通信网络。

7.3.1.2 现场总线的网络结构

现场总线的网络结构是按照国际标准化组织指定的开放系统互联(Open System Inter-connection OSI)参考模型建立的。OSI 参考模型共分 7 层,即物理层、数据链路层、网络层、传送层、会话层、表示层和应用层,该标准规定了每一层的功能以及对上一层所提供的服务。现场总线将以上 7 层简化为 3 层,分别由 OSI 参考模型的第一层物理层、第二层数据链路层和

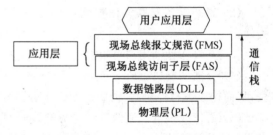

图 7-25　现场总线的网络结构模型

第七层应用层组成,并增加了用户层,如图 7-25 所示。

1) 物理层

物理层(PL)规定了现场总线的传输介质可为导线(屏蔽双绞线)、光纤和无线电介质,传输速率和相应的最大传输距离可分别为 31.25kbit/s(1 900m,加中继)、1Mbit/s(750m)、2.5Mbit/s(750m);可采用总线型、树型或点对点型网络拓扑;一个通信段可连接 32 台设备,使用中断器可接 240 台设备;支持总线供电,总线上既传送数字信号,又要为现场设备提供电

源能量;数字信号以 7.8~39kHz 的频率调制到 9~32V 的直流供电电压上。

　　2) 数据链路层

数据链路层(DLL)规定了物理层与应用层之间的接口,并控制对传输介质的访问。现场总线网络存取控制方式可以有 3 种:

　　(1) 令牌传送。一个站须持有令牌,才能开始一次对话,完成信息传送后即将令牌交还链路活动调度器,调度器根据预先的组态或调度算法将令牌送交给下一个申请者。

　　(2) 立即响应。主战给一站一个机会来应答一次信息;

　　(3) 申请令牌:一个站在回答响应中允许立即发给令牌。

　　3) 应用层

应用层提供设备之间及网络要求的数据服务,对现场过程控制进行支持,为用户提供一个简单的接口。应用层由现场总线访问子层 FAS 和现场总线报文规范 FMS 组成。

FAS 有 3 种功能:

　　(1) 对象字典服务(读、写及修改对象描述)。

　　(2) 变量访问服务(通过子索引访问每个对象中数组或记录变量)。

　　(3) 时间服务(发布事件及报警的通知)。

FMS 也有 3 种服务:

　　(1) 出版广播数据,用户侦听广播并将其放入内部缓冲区。

　　(2) 客户端发出请求,服务器发出应答。

　　(3) 报告分发(源设备广播事件报告,接收设备侦听广播并将其放入内部队列。

　　4) 用户层

用户层规定了标准的功能块供用户组态成系统。有 10 个基本功能块如 AI、AO、DI、DO、PID 等,19 个附加的算术功能块。

　　5) 现场总线的本质

根据现场总线的定义和网络结构模型,可知现场总线的本质主要体现在以下 6 个方面:

　　(1) 现场通信网络。用于自动化制造过程的现场设备或现场仪表互连的现场通信网络。

　　(2) 现场设备互联。依据实际需要可用不同传输介质把不同的现场设备或仪表相互关联。

　　(3) 互操作性。用户可根据自身需求选择不同厂家或不同型号的产品自由集成 FCS。

　　(4) 分散功能块。FCS 废弃了 DCS 的 I/O 单元和控制站,把其功能分散地分配给现场仪表,从而构成虚拟控制站,彻底地实现了分散控制。

　　(5) 通信线供电。通信线供电方式允许现场仪表直接从通信线上摄取能量,这种方式提供用于本质安全环境的低功耗现场仪表,与其配套的还有安全栅。

　　(6) 开放式互联网络。现场总线为开放式互联网络,既可以与同层网络互联,也可与不同层网络互联,还可以实现网络数据库的共享。

7.3.1.3 现场总线的技术特点

由此可以看到,现场总线的技术特点主要体现在以下几个方面:

　　1) 系统的开放性

开放系统是指通信协议公开,各不同厂家的设备之间可进行互连并实现信息交换。现场总线开发者致力于建立统一的工厂底层网络的开放系统,使它可以与任何遵守相同标准的其他设备或系统相连。现场总线网络系统必须是开放的,开放系统把系统集成的权利交给了用户,用户可按自己的需要和对象把来自不同供应商的产品组成大小随意的系统。

2) 互可操作性与互用性

这里的互可操作性,是指实现互连设备间、系统间的信息传送与沟通,可实行点对点,一点对多点的数字通信。而互用性则意味着不同生产厂家的性能类似的设备可进行互换而实现互用。

3) 智能化与功能自治性

它将传感测量、补偿计算、工程量处理与控制等功能分散到现场设备中完成,仅靠现场设备即可完成自动控制的基本功能,并可随时诊断设备的运行状态。

4) 系统结构的高度分散性

由于现场设备本身已可完成自动控制的基本功能,使得现场总线已构成一种新的全分布式控制系统的体系结构,从根本上改变了现有 DCS 集中与分散相结合的集散控制系统体系,简化了系统结构,提高了可靠性。

5) 对现场环境的适应性

工作在现场设备前端,作为工厂网络底层的现场总线,是专为在现场环境工作而设计的,它可支持双绞线、同轴电缆、光缆、射频、红外线、电力线等,具有较强的抗干扰能力,能采用两线制实现送电与通信,并可满足本质安全防爆要求等。

正是由于 FCS 的以上特点使得其在设计、安装以及实际应用中都具有巨大的优势。在设计上可以简化系统的结构,减少控制设备的数量和占地面积,节省大量的硬件投资;在安装调试时又可以大大减少线缆,降低布线的复杂性,缩短安装调试的周期;在实际使用中由于系统的准确性、可靠性和智能化特点,可以大大减少系统维护的工作量,同时由于系统设备的标准化、功能模块化和易重构特点,企业可以掌握系统集成的主动权。

7.3.1.4 现场总线的发展现状

由于各个国家各个公司的利益之争,虽然早在 1984 年国际电工技术委员会/国际标准协会(IEC/ISA)就着手开始制定现场总线的标准,但至今统一的标准仍未完成。很多公司也推出其各自的现场总线技术,但彼此的开放性和互操作性还难以统一。目前,现场总线市场有着以下的特点:

1) 多种现场总线并存

目前,世界上的现场总线大约有 40 余种,如法国的 FIP,英国的 ERA,德国西门子公司的 ProfiBus,挪威的 FINT,Echelon 公司的 LonWorks,Robert Bosch 公司的 CAN,Rosemount 公司的 HART,国际标准组织-基金会总线的 FF,WorldFIP,BitBus,美国的 DeviceNet 与 ControlNet,等等。这些现场总线大都用于过程自动化、医药领域、加工制造、交通运输、国防、航天、农业和楼宇领域,大概不到 10 种的总线占有 80% 左右的市场。

2) 各种总线都有其应用的领域

每种总线大都有其应用的领域,比如 FF、ProfiBus-PA 适用于石油、化工、医药、冶金等行业的过程控制领域;LonWorks、ProfiBus-FMS、DevieceNet 适用于楼宇、交通运输、农业等领域;DeviceNet、PROFIBUS-DP 适用于加工制造业,而这些划分也不是绝对的,每种现场总线都力图将其应用领域扩大,彼此渗透。

3) 每种现场总线都有其国际组织和支持背景

大多数的现场总线都有一个或几个大型跨国公司为背景并成立相应的国际组织,力图扩大自己的影响、得到更多的市场份额。比如 ProfiBus 以 Siemens 公司为主要支持、ControlNet 以 Rockwell 公司为主要背景，World FIP 以 Alstom 公司为主要后台。

4) 多种总线成为国家和地区标准

为了加强自己的竞争能力，很多总线都争取成为国家或者地区的标准，比如 ProfiBus 已成为德国标准，WorldFIP 已成为法国标准等。

5) 设备制造商参与多个总线组织

为了扩大自己产品的使用范围，很多设备制造商往往参与不止一个甚至多个总线组织。

6) 各个总线彼此协调共存

由于竞争激烈，而且现在还没有哪一种或几种总线能一统市场，很多重要企业都力图开发接口技术，使自己的总线能和其他总线相连，在国际标准中也出现了协调共存的局面。

工业自动化技术应用于各行各业，要求也千变万化，仅使用一种现场总线技术很难满足所有行业的技术要求。人们将会面对一个多种总线技术标准共存的现实世界。技术标准不仅是一个技术规范，也是一个商业利益的妥协产物。而现场总线的关键技术之一是彼此的互操作性，实现现场总线技术的统一是所有用户的愿望。

7.3.2 几种典型的现场总线

7.3.2.1 CAN 总线

CAN(Controller Area Network)最早是由 Robert Bosch 公司为汽车制造工业而开发的。在汽车工业中，存在着各种各样的电子控制系统，这些系统之间通信所用的数据类型及对可靠性的要求不尽相同，由多条总线构成的情况很多，线束的数量也随之增加。开发 CAN 通信的最初目的就是为了减少线束的数量，同时实现通过多个 LAN 进行大量数据的高速通信。此后，CAN 通过标准化，在欧洲成为汽车网络的标准协议。现在，CAN 的高性能和可靠性已被认同，并被广泛地应用于工业自动化、船舶、医疗设备、工业设备等方面。

CAN 控制器根据两根线上的电位差来判断总线电平。总线电平分为显性电平和隐性电平。一般来说，CAN 总线为"显性"（逻辑 0）时，CAN_H 和 CAN_L 的电平分别为 3.5V 和 1.5V（电位差为 2V）；CAN 总线为"隐性"（逻辑 1）时，CAN_H 和 CAN_L 的电平均为 2.5V（电位差为 0V）。图 7-26 是 CAN 的连接示意图。

1) CAN 协议的分层结构

CAN 总线也是建立在 ISO 参考模型基础上的，不过只采用了其中最关键的两层，即物理层和数据链路层，其具体定义如图 7-27 所示。其中，物理层定义了信号实际的发送方式、位时序、位的编码方式及同步的步骤。但信号电平、通信速度、采样点、驱动器和总线的电气特性、连接器的形态等均未定义。这些须由用户根据系统需求自行确定。

数据链路层定义了不同的信息类型、总线访问的仲裁规则及故障检测与故障处理的方式。其主要功能是将物理层收到的信号组织成有意义的信息，并提供差错控制等传输控制的流程。具体地说，就是将要发送的数据进行包装，加上差错校验位、数据链路协议的控制信息、头尾标记等附加信息组成数据帧，从物理信道上发送出去，在接收到数据帧后，再把附加信息去掉，得到通信数据消息。数据链路层的功能通常在 CAN 控制器的硬件中执行。数据链路层分为逻辑链路控制（Logical Link Control，LLC）子层和媒介访问控制（Medium Access Control，MAC）子层。其中，MAC 子层是 CAN 协议的核心部分如图 7-26 所示。

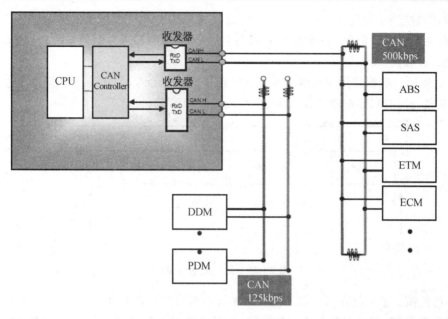

图 7-26　CAN 连接

逻辑链路控制子层主要负责报文的滤波和报文的处理。CAN 总线以报文为单位进行信息传送。报文中包含标识符,它标志了报文的优先权。CAN 总线上各个节点都可主动发送。如同时有两个或更多节点开始发送报文,采用标识符 ID 来进行仲裁,具有最高优先权报文节点赢得总线使用权,而其他节点自动停止发送。在总线再次空闲后,这些节点将自动重发原报文。报文中的标识符并不指出报文的目的地址,而是描述数据的含义。网络中的所有节点都可由标识符来自动决定是否接收该报文。每个节点都有标识符寄存器和屏蔽寄存器,接收到的报文只有与该屏蔽的功能相同时,该节点才开始正式接收报文,否则它将不理睬标识符后面的报文如图 7-27 所示。

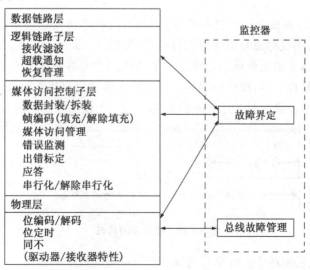

图 7-27　CAN 协议的分层结构

　　媒体访问控制子层规定了报文的传输规则,CAN 基于下列 5 条基本规则进行通信协调:总线访问、仲裁、编码/解码、出错标注、超载标注。支持 5 种不同类型的报文帧:数据帧、遥控帧、错误帧、过载帧、帧间隔。

　　(1)数据帧。数据帧用于在各个节点之间传送数据或命令,它由 7 个不同的字段构成:帧起始、仲裁段、控制段、数据段、CRC 段、ACK 段以及帧结束,如图 7-28 所示。

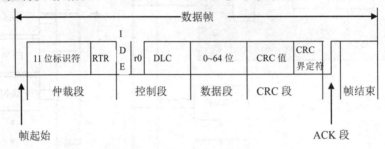

图 7-28　数据帧的构成

　　(2)遥控帧。遥控帧在接收单元向发送单元请求发送数据时使用,由 6 个段组成,其基本结构与数据帧类似,但没有数据帧的数据段,数据长度码以所请求数据帧的数据长度码表示,结构如图 7-29 所示。

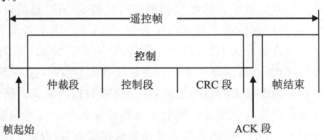

图 7-29　遥控帧的构成

　　(3)错误帧。当接收或发送信息时检测出错误,接收端或发送端就会发送一个错误帧来通知对方。错误帧由错误标志和错误界定符构成,如图 7-30 所示。错误标志包括主动错误标志和被动错误标志,主动错误标志是指处于主动错误状态的单元检测出错误时输出的错误标志,由 6 个位的显性位表示;被动错误标志是指处于被动错误状态的单元检测出错误时输出的错误标志,由 6 个位的隐性位表示。错误界定符由 8 个位的隐性位构成。

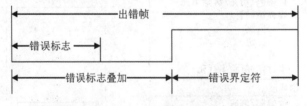

图 7-30　错误帧的构成

　　(4)过载帧。过载帧用于接收单元通知其尚未完成接收准备的帧。过载帧由过载标志和过载界定符构成,如图 7-31 所示。过载标志包括 6 个位的显性位,过载界定符包括 8 个位的隐性位。

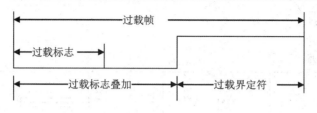

图 7 - 31　过载帧的构成

（5）帧间隔。帧间隔用于分隔数据帧和遥控帧。数据帧和遥控帧可通过插入帧间隔将本帧与前面的任何帧（数据帧、遥控帧、错误帧、过载帧）分开。过载帧和错误帧前不能插入帧间隔。

2）CAN 总线的主要特点

（1）通信介质可采用双绞线、同轴电缆和光纤，一般采用廉价的双绞线即可，无特殊要求，通信距离最远可达 10km(5kbit/s)，最高速率可达 1Mbit/s(40m)。

（2）用数据块编码方式代替传统的站地址编码方式，用一个 11 位或 29 位二进制数组成的标识码来定义 211 或 1129 个不同的数据块，让各节点通过滤波的方法分别接收指定标识码的数据。

（3）多主机方式工作，网络上任意一个节点均可在任意时刻主动向其他节点发送数据，而不分主从，是一种多主总线，通信方式灵活，可以方便地构成多机备份系统。

（4）网络上的节点可定义成不同的优先级，采用非破坏性仲裁总线结构机制，当两个节点同时向网络上传送信息时，优先级低的节点主动停止数据发送，而优先级高的节点可不受影响地继续传输数据，满足不同的实时要求。

（5）可以点对点、一点对多点（成组）及全局广播几种传送方式接收数据。

（6）采用短帧结构，数据帧中的数据字段长度最多为 8Byte，每帧中都有 CRC 校验及其他检错措施，数据出错率极低。

（7）网络上的节点在错误严重的情况下，具有自动关闭总线的功能，切断它与总线的联系，以使总线上的其他操作不受影响。

7.3.2.2 DeviceNet

DeviceNet 是 20 世纪 90 年代中期发展起来的一种基于 CAN 技术的开放型、符合全球工业标准的低成本、高性能的通信网络，最初由 Rockwell 公司设计，目前由 ODVA(Open DeviceNet Vendors Association)致力于 DeviceNet 产品和规范的进一步开发。

DeviceNet 通过一根电缆将 PLC、传感器、光电开关、操作员终端、电动机、轴承座、变频器和软启动器等现场智能设备连接起来，是分布式控制系统减少现场 I/O 接口和布线数量、将控制功能下载到现场设备的理想解决方案。

DeviceNet 也是一种串行通信链接，可减少昂贵的硬接线。DeviceNet 提供的直接互连性不仅改善了设备间的通信，而且提供了相当重要的设备级诊断功能，这是通过硬接线 I/O 接口很难实现的。图 7 - 32 为一个典型的 DeviceNet 通信连接。

DeviceNet 不仅可以作为设备级的网络，还可以作为控制级的网络，通过 DeviceNet 提供的服务还可以实现以太网上的实时控制。较之其他的一些现场总线，DeviceNet 不仅可以接入更多、更复杂的设备，还可以为上层提供更多的信息和服务。

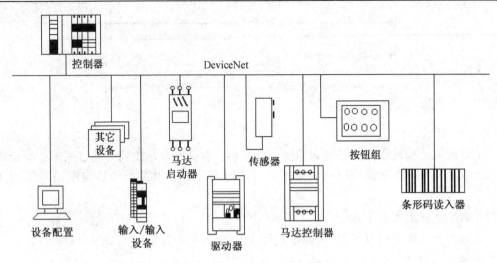

图 7 - 32　DeviceNet 的典型通信连接

1）DeiceNet 协议的分层结构

DeviceNet 协议除了提供 OSI 模型的第 7 层（应用层）定义之外，还定义了部分第 1 层（物理收发器）和第 0 层（传输介质）。图 7 - 33 为 DeviceNet 在 ISO 模型中的相关层。

DeviceNet 协议对节点的物理连接做了清楚的规定，如连接器、电缆类型和电缆长度，以及与通信相关的指示器、开关、相关的室内铭牌等。DeviceNet 最大可以操作 64 个节点，每个节点支持的 I/O 数量无限制，其可用的通信波特率分别为 125kbps、250kbps 和 500kbps3 种。设备可由 DeviceNet 总线供电（最大总电流 8A）或使用独立电源供电。

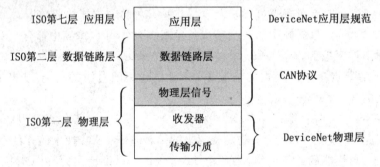

图 7 - 33　DeviceNet 协议分层结构

DeviceNet 电缆传送网络通信信号，并可给网络设备供电。规定了不同规格的电缆：粗电缆、细电缆和扁平电缆，以能够适用于工业环境。电缆的选用如表 7 - 5 所示。

表 7 - 5　干线和支线电缆的长度推荐值

数据通信速率/kbps	干线长度/m			总支线长度/m	单根支线最大长度/m
	粗电缆	细电缆	扁平电缆		
125	500	100	420	156	6
250	250	100	200	78	6
500	100	100	100	39	6

DeviceNet 设备的物理接口支持热插拔,并具有极性反接保护功能。可通过同一个网络,在处理数据交换的同时对 DeviceNet 设备进行配置和参数设置,这样使复杂系统的试运行和维护变得比较简单;而且现在有许多的高效工具供系统集成者使用,开发变得容易。

2）DeviceNet 的对象模型

DeviceNet 通过抽象的对象模型来描述网络中所有可见的数据和功能。一个 DeviceNet 设备可以定义成一个对象的集合,一个对象由它的属性、服务以及它所定义的行为决定。

（1）属性。代表数据,设备通过 DeviceNet 产生这些数据,其中可能包括对象的状态、定时器值、设备序列号或者温度、压力或位置等过程数据。

（2）服务。用于调用一个对象的功能或方式,可对独立属性进行读或写操作。另外还可创建新的对象实例,或删除现有对象。

（3）对象行为。定义了如何对外部或内部事件进行响应。内部事件可以是定时器的运行事件,外部事件可以是设备要响应的新的过程数据。

DeviceNet 设备中典型的对象包括标识对象、信息路由对象、类对象、组合对象、连接对象、参数对象和应用对象。

（1）标识对象(Identity)。DeviceNet 设备有且只有一个标识对象类实例。该实例含有以下属性:供应商 ID、设备类型、产品代码、版本产品名称,以及检测脉冲周期等。

（2）信息路由对象(Message Router)。DeviceNet 设备有且只有一个信息路由对象类实例。信息路由对象将显式信息转发到相应的对象,对外部并不可见。

（3）类对象(DeviceNet)。DeviceNet 设备有且只有一个 DeviceNet 对象类实例。该对象具有以下属性:节点 MAC ID、波特率、BOI(离线中断)、分配信息。实例必须支持服务:Get_Attribute_Single、Set_Attribute_Single,对象所提供的分类特殊服务 Allocate_Master /Slave_Connection_Set、Release_Group_2_Identifier_Set。

（4）组合对象(Assembly)。DeviceNet 设备可能具有一个或者多个组合对象类实例。该对象类的主要作用是将不同应用对象的属性组合成为一个单一的属性,从而可以通过一个报文发送。

（5）连接对象(Connection)。DeviceNet 设备至少具有两个连接对象类实例。每个连接对象表示网络上两个节点之间虚拟连接的一个端点。连接对象分为显式报文连接和 I/O 报文连接。显式报文用于属性寻址、属性值以及特定服务;I/O 报文只含有数据,所有关于数据如何处理的报文都包含在与该 I/O 报文相关的连接对象中。

（6）参数对象(Parameter)。参数对象是可选的,用于具有可配置参数的设备中。每个实例分别代表不同的配置参数。参数对象为配置工具提供了一个标准的途径,用于访问所有的参数。

（7）应用对象(Application)。通常除了组合对象和参数对象外,设备中至少有一个应用对象。

3）DeviceNet 报文传送方式

DeviceNet 与 CAN 总线相同,也是以报文为单位进行信息传送的。报文在通信网络中流动的方式十分重要。传统的通信技术是由具有特定源和目的地址的信息组成的,而 DeviceNet 则采用更为有效的生产者(消费者模式。该模式要求设备在网络上生产数据时对其标记正确的标识符,所有需要数据的设备在总线上监听报文,在识别出相应的标识符后就消费此数据。采用生产者—消费者模式,报文将不再专属于特定的源或目的,控制器发出的一个报文,用很窄的带宽就可以供多个电动机起动器使用。

Devicenet 的报文类型包括 I/O 报文和显式报文。

I/O 报文用于在 DeviceNet 网络中传输应用和过程数据。相关的 I/O 数据总是从一个生产应用传输到多个消费应用。I/O 报文通常使用高优先级的报文标识符,连接标识符提供了 I/O 报文的相关信息。I/O 报文传送通过 I/O 信息连接对象来实现。在 I/O 报文被传输之前,I/O 信息连接对象必须已经建立。I/O 报文格式的最重要的特性是完全利用了 CAN 数据场来传输过程数据。连接的端点通过 CAN 报文标识符来识别过程数据的重要性。每个 I/O 报文使用 1 个 CAN 标识符。

显式报文用于 DeviceNet 网络中两个设备之间的一般性数据交换。显式报文通常使用低优先级的报文标识符。显式报文为点对点传送,采用典型的请求/响应通信模式,通常用于设备配置、故障诊断。显式报文传送通过显式信息连接对象来实现,在设备中建立显式信息连接对象。显式报文请求指明了对象、实例和属性,以及所要调用的特定分类服务,并由报文路由对象传递到相应的对象。显式信息报文格式最重要的特性是 CAN 标识符场的任何一部分都不用于显式报文传输协议。所有协议都包含在 CAN 数据场当中。CAN 标识符场用作连接 ID。设备之间的每个显式连接通道需要两个 CAN 标识符,一个用于请求报文,另一个用于响应报文。标识符在连接建立时确定。

4) DeviceNet 的主要特点

DeviceNet 是基于 CAN 技术的开放性通信网络,因而也常常被看作是 CAN 的一种应用层协议。DeviceNet 规范的主要目的是允许不同厂商的 DeviceNet 设备之间的互连和可交换。为此,DeviceNet 为 CAN 的物理连接定义了单独的标准,使用的标准是高速 CAN(ISO 11898-2)。该规范也包含了总线供电电压、可连设备数目、允许的连接器类型、线缆长度以及波特率。而 CAN 的数据链路层规范不可更改,所以标准的 CAN 控制器可用于 DeviceNet 设备。DeviceNet 规范的主要贡献是指定了数据组织和设备间数据传输的方法,指定了一种设备需要实现的对象模型。这种方法使得所有的设备为网络其他部分提供了一致的接口,并隐藏了设备内部的细节。因此,DeviceNet 既具有 CAN 的一些特点,又具有它本身的一些特点,具体如下:

(1) 采用了基于 CAN 的多主方式工作。

(2) 逐位仲裁模式的优先级对等通信建立了用于数据传输的生产者/消费者传输模型。

(3) DeviceNet 的直接通信距离最远为 500m,通信速率最高可达 500kbps。

(4) DeviceNet 上可容纳 64 个节点地址,每个节点支持的 I/O 数量无限制。

(5) 采用短帧结构,传输时间短,受干扰的概率低,检错效果好。

(6) 通信介质为独立双绞总线,信号与电源承载于同一电缆。

(7) 支持设备的热插拔,无需网络断电。

(8) 接入设备可选择光隔离设计,外部供电设备与由总线供电的设备共享总线电缆。

7.3.2.3 ProfiBus

ProfiBus 是过程现场总线(Process Field Bus)的缩写,于 1989 年正式成为现场总线的国际标准,其应用领域包括加工制造、过程和建筑自动化,目前在多种自动化的领域中占据主导地位,全世界的设备节点数已经超过 2 000 万个。ProfiBus 是一种不依赖于厂家的开放式现场总线标准,采用 ProfiBus 标准后,不同厂商所生产的设备不需对其接口进行特别调整就可通信。ProfiBus 为多主从结构,可方便地构成集中式、集散式和分布式控制系统。

1) ProfiBus 的设备类型

根据其应用场合的不同,ProfiBus 可以分为 3 种相互兼容的不同的设备类型,即 ProfiBus-DP、ProfiBus-PA 和 ProfiBus-FMS。

(1) ProfiBus-DP(Decentralized Periphery)。应用于传感器和执行器级的高速数据传输,传输速率可达 12Mb/s,一般构成单主站系统。

(2) ProfiBus-PA(Process Automation)。用于安全性要求较高的场合,它具有本质安全的通信协定,是 ProfiBus 的过程自动化解决方案,将自动化系统和过程控制系统与现场设备连接起来,代替了 4~20mA 模拟信号传输技术。

(3) ProfiBus-FMS(Fieldbus Message Specification)。用于车间级监控网络,它提供了大量的通信服务,用于完成以中等传输速度进行的循环和非循环的通信任务。

典型的工厂自动化系统应该是三级网络结构,如图 7-34 所示。ProfiBus-DP/PA 控制系统位于工厂自动化系统中的低层,即现场级和车间级。由此可见,现场总线 ProfiBus 是面向现场级和车间级的数字化通信网络。

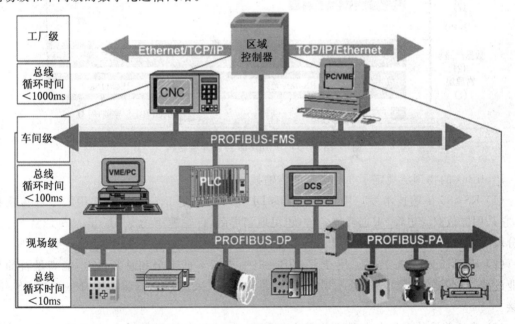

图 7-34　ProfiBus 典型应用中的通讯连接

2) ProfiBus 协议的结构

ProfiBus 协议的结构是以 OSI 作为参考模型的,根据其应用场合的不同,不同的 ProfiBus 设备类型对各个层的定义有一些的差别,如图 7-35 所示。

(1) ProfiBus-DP。定义了物理层、数据链路层和用户接口。用户接口规定了用户及系统以及不同设备可调用的应用功能,并详细说明了各种不同 ProfiBus-DP 设备的设备行为。

(2) ProfiBus-FMS。定义了物理层、数据链路层和应用层,应用层包括现场总线信息规范(Fieldbus Message Specification,FMS)和低层接口(Lower Layer Interface,LLI)。FMS 包

括了应用协议并向用户提供了可广泛选用的强有力的通信服务。LLI 协调不同的通信关系并提供不依赖设备的数据链路层访问接口。

（3）ProfiBus-PA。PA 的数据传输采用扩展的 ProfiBus-DP 协议。此外，PA 还描述了现场设备行为的 PA 行规。根据 IEC1158-2 标准，PA 的传输技术可确保其本质安全性，而且可通过总线给现场设备供电。使用连接器可在 DP 上扩展 PA 网络。

需要注意的是，第 3～6 层在 ProfiBus 中没有具体应用，但是这些层要求的任何重要功能都已经集成在低层接口（LLI）中。

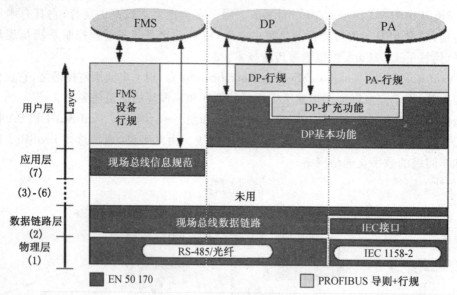

图 7 -图 7 - 35　ProfiBus 协议分层结构

ProfiBus 的物理层规定了 3 种类型的传输技术，即：

（1）RS-485 传输技术发。用于 ProfiBus-DP 和 FMS，是 ProfiBus 最常用的一种传输技术，它采用屏蔽双绞电缆，根据环境条件，也可取消屏蔽，传输速率为 9.6K bit/s～12M bit/s，每分段 32 个站（不带中继），可多到 127 个站（带中继）。

（2）IEC1158-2 传输技术。用于 ProfiBus-PA，支持本征安全和总线供电，能满足石油化工业的要求，传送数据以 31.25K bit/s 调制供电电压，采用耦合器将 IEC1158-2 与 RS-485 连接。

（3）光纤传输技术。在电磁干扰很大的环境下应用，可使用光纤，以增加高速传输的距离。可用两种光纤：一种是价格低廉的塑料光纤，供距离小于 50m 使用；另一种是玻璃光纤，供距离小于 1km 使用。需采用专用的总线插头可转换 RS-485 和光纤之间的信号。

ProfiBus-DP、FMS、PA 的数据链路层相同，都是采用主从结构，主站之间采用令牌传送方式，主站与从站之间采用主从传送方式。主站决定总线的数据通信，当主站得到总线控制权（令牌）时，没有外界请求也可以主动发送信息。在 ProfiBus 协议中主站也称为主动站。从站为外围设备，典型的从站包括：输入/输出装置、阀门、驱动器和测量发射器。它们没有总线控制权，仅对接收到的信息给予确认或当主站发出请求时向它发送信息。从站也称为被动站。由于从站只需总线协议的一小部分，所以实施起来特别经济。

ProfiBus 可使分散式数字化控制器从现场底层到车间级网络化。与其他现场总线相比，ProfiBus 的最大优点是具有稳定的国际标准 EN50170 做保证，并经实际应用验证具有普遍性。目前已应用的领域包括加工制造．过程控制和自动化等。ProfiBus 开放性和不依赖于厂商的通信的设想，已在 10 多万成功应用中得以实现。市场调查确认，在德国和欧洲市场中 ProfiBus 占开放性工业现场总线系统市场的超过 40%。

7.4 基于网络的信息传输技术

7.4.1 工业以太网概述

众所周知，现场总线发展至今，种类繁多，标准各异。由于技术和市场经济利益等方面的冲突，各种现场总线始终无法达成统一标准，异种网络之间通信困难。与此相反，以太网通信技术以其协议简单、完全开放、稳定性和可靠性好而获得了全球的技术支持。网络技术从最初的传输速率为 10Mbit/s 的标准以太网已发展成为如今传输速率达 10Gbit/s 的万兆以太网，这意味着网络负荷的减轻和传输延时的减少，网络碰撞几率下降，使以太网在工业控制领域中的应用成为可能。另一方面，星形网络拓扑、交换技术和全双工通信方式的应用使端口数据的输入和输出不再发生冲突，从而使以太网在工业中的应用成为现实。

7.4.1.1 什么是工业以太网？

所谓工业以太网，可从两方面理解：一是应用于工业自动化领域的以太网技术；二是在以太网技术和 TCP/IP 技术的基础上发展起来的一种工业网络。而一般的理解是指技术上与商用以太网（即 IEEE 802.3 标准）兼容，但在产品设计时，在材质的选用、产品的强度、适用性以及实时性、可互操作性、可靠性、抗干扰性和本质安全等方面能满足工业现场的需要。工业以太网与传统办公室网络的比较见表 7-6。

表 7-6　工业网络与传统办公室网络的比较

	办公室网络	工业网络
应用场合	普通办公场合	工业场合，工况恶劣，抗干扰性要求较高
拓扑结构	支持线形、环形、星形等结构	支持线形、环形、星形等结构，并便于各种结构的组合和转换，安装简单，最大的灵活性和模块性，高扩展能力
实用性	一般的实用性需求，允许网络故障时间以秒或分钟计	极高的实用性需求，允许网络故障时间<300ms 以避免生产停顿
网络监控和维护	网络监控必须有专业人员使用专用工具完成	网络监控成为工厂监控的一部分，网络模块可被 HMI 软件如 WinCC 监控，故障模块易更换

由于工业以太网主要应用于工业生产中，因此其设计制造必须充分考虑工业网络的需要。工业现场对工业以太网产品的要求包括以下几个方面：

（1）工业生产现场环境的高温、潮湿、空气污浊以及腐蚀性气体的存在，要求工业级的产品具有气候环境适应性，要求耐腐蚀、防尘和防水。

（2）工业生产现场的粉尘、易燃易爆和有毒性气体的存在,需要采取防爆措施保证安全生产。

（3）工业生产现场的振动、电磁干扰大,工业控制网络必须具有机械环境适应性(如耐振动、耐冲击)、电磁环境适应性或电磁兼容性等。

（4）工业网络器件的供电,通常是采用柜内低压直流电源标准,大多数的工业环境中控制柜内所需电源为低压 24V 直流。

（5）采用标准导轨安装,安装方便,适用于工业环境安装的要求。工业网络器件要能方便地安装在工业现场控制柜内,并容易更换。

7.4.1.2 工业以太网的优点

与现场总线相比,采用以太网具有以下优点:

（1）基于 TCP/IP 的以太网是一种标准的开放式通信网络,不同厂商的设备很容易互联。这种特性非常适合于解决控制系统中不同厂商设备的兼容和互操作等问题。

（2）低成本、易于组网是以太网的优势。以太网网卡价格低廉,以太网与计算机、服务器等接口十分方便。

（3）以太网具有相当高的数据传输速率,可以提供足够的带宽。而且以太网资源共享能力强,利用以太网作现场总线,很容易将 I/O 数据链接到信息系统中,数据很容易以实时方式与信息系统上的资源、应用软件和数据库共享。

（4）以太网易与 Internet 链接。任何地方都可以通过 Internet 对企业生产进行监视控制;以太网方便实现办公自动化网络与工业控制网络的无缝连接的优势可以使电子商务与工业生产控制紧密结合,实现企业管控一体化。

7.4.1.3 工业以太网的主要技术

以太网应用于工业自动化,必须使其满足工业应用的要求,为此,必须对传统的以太网在技术上进行改进,其主要技术集中体现在以下几个方面:

1) 应用层技术

对应于 ISO/OSI7 层通信模型,以太网技术规范只映射为其中的物理层和数据链路层,而对较高的层次如会话层、表示层、应用层等没有技术规定,其中应用层和用户层技术是工业以太网的最主要的技术。

工业自动化网络控制系统不单单是一个完成数据传输的通信系统,而且还是一个借助网络完成控制功能的自控系统。它除了完成数据传输之外,往往还需要依靠所传输的数据和指令,执行某些控制计算与操作功能,由多个网络节点协调完成自动控制任务。因此,工业以太网要在应用层、用户层等高层做一些具体规定,一方面满足工业自动化的行业需求,同时需要在应用层、用户层等高层协议满足开放系统的要求,满足互操作条件。

针对各类现场总线标准各异的局面,各个现场总线厂家相继推出了新一代整合以太网技术的现场总线技术和产品。这种整合的初衷是利用以太网传输工业数据,而实际上同时也把现场总线的应用层技术整合到了工业以太网技术之中。使工业以太网市场占有率快速提高。例如,HSE 将现场总线报文作为用户数据嵌入 TCP/UDP 数据帧,然后在以太网上传输,结果是 HSE 直接继承了现场总线用户层规范和协议。又如,Modbus 协议采用主-从通信方式,在工业以太网中引入主-从通信管理,可以对网络节点的数据通信进行有效控制,从根本上避免数据冲突。以太网之所以灵活,很重要的一个原因,就是它没有定义任何上层协议。通过上层协议,可以实现主-从通信方式,这一点并不受链路层协议的制约。

以太网已经形成了一些标准的 TCP/IP 技术,如 FTP(文件传送协议)、Telnet(远程登录协议)、SMTP(简单邮件传送协议)、HTTP(超文本传输协议)、SNMP(简单网络管理协议)等应用层协议。工业以太网也在沿用着这些技术,主要应用于实时性要求不高的情况。工业以太网也应用这些技术解决了一些工业自动化的一些需求,比如,应用 SNTP(简单网络时间协议)进行系统时钟同步管理等。

2) 网络层、传输层及其相关技术

网络层和传输层协议目前以 TCP/IP 协议为主,在 TCP/IP 协议集中,有两个不同的传输协议:TCP 和 UDP。TCP/IP 和 UDP/IP 都广泛应用于工业以太网数据传输与管理。TCP/IP 用于工业以太网的非实时数据通信,而实时数据通信则采用 UDP/IP 协议。

TCP 为两台主机提供高可靠性的数据通信。它所做的工作包括:把应用程序交给它的数据分成合适的小块交给下面的网络层,确认接收到的分组,设置发送最后确认分组的超时时钟等。由于传输层提供了高可靠性的端到端的通信,因此应用层可以忽略所有这些细节。TCP/IP 主要应用于系统组态、配置等数据量大、实时性要求不高的情况。

UDP 则为应用层提供了一种非常简单的服务,其具体优势如下:系统开销小、速度快;对绝大多数基于信息包传递的应用程序来说,基于数据报文的通信(UDP)比基于流的通信(TCP)更为直接和有效;对应用部分实现系统冗余、任务分担提供了极大的易实现性及可操作性;对等的通信实体、应用部分可方便地根据需要构造成客户/服务器模型及分布处理模型,大大加强了应用可操作性及可维护性的能力;可实现网状网络拓扑结构,可大大增强系统的容错性。当然,目前 UDP 协议也存在不足,如无连接,通信不可靠。工业控制中一般通过应用层协议设计可以弥补 UDP 协议在这方面的不足,如增加握手协议和确认报文等。

工业以太网数据传输和管理的一个典型技术是,在应用层和传输层之间增加中间件,对数据通信进行管理和控制。

3) 稳定性和可靠性技术

Ethernet 进入工业控制领域的另一个主要问题是,它所用的接插件、集线器、交换机和线缆等均是为商用领域设计的,而未针对较恶劣的工业现场环境来设计。

随着网络技术的发展,上述问题正在迅速得到解决。为了解决在不间断的工业应用领域在极端条件下网络也能稳定工作的问题,美国 Synergetic 微系统公司和德国 Hirschmann、Jetter AG 等公司专门开发和生产了导轨式集线器、交换机产品,安装在标准 DIN 导轨上,并有冗余电源供电,接插件采用牢固的 DB-9 结构。

我国台湾 MOXA 公司在 2002 年就推出工业以太网设备服务器,特别设计用于连接工业应用中具有以太网络接口的工业设备(如 PLC、HMI、DCS 系统等)。

最近刚刚发布的 IEEE 802.3af 标准中,对 Ethernet 的总线供电规范也进行了定义。此外,在实际应用中,主干网可采用光纤传输,现场设备的连接则可采用屏蔽双绞线,对于重要的网段还可采用冗余网络技术,以此提高网络的抗干扰能力和可靠性。

当然,工业以太网应用也得益于其他一些重要技术,如全双工交换技术、拓扑技术以及以太网速度的不断提高等。

7.4.2 几种典型的工业以太网简介

有关工业以太网,涉及的内容极其广泛,已超出本书的要求范围,请有兴趣的读者自己查阅有关资料。以下只简单介绍几种典型的工业以太网,使读者对工业以太网有一个初步的认识。

7.4.2.1 HSE(高速以太网)

HSE(High Speed Ethernet Fieldbus)由现场总线基金会组织(FF)制定,是对 FF-H1 的高速网段的解决方案,它与 H1 现场总线整合构成信息集成开放的体系结构。

FF HSE 的 1-4 层由现有的以太网、TCP/IP 和 IEEE 标准所定义,HSE 和 H1 使用同样的用户层,现场总线信息规范(FMS)在 H1 中定义了服务接口,现场设备访问代理(FDA)为 HSE 提供接口。用户层规定功能模块、设备描述(DD)、功能文件(CF)以及系统管理(SM)。HSE 网络遵循标准的以太网规范,并根据过程控制的需要适当增加了一些功能,但这些增加的功能可以在标准的 Ethernet 结构框架内无缝地进行操作,因而 FF HSE 总线可以使用当前流行的商用(COTS)以太网设备。

100Mbps 以太网拓扑是采用交换机形成星形连接,这种交换机具有防火墙功能,以阻断特殊类型的信息出入网络。HSE 使用标准的 IEEE 802.3 信号传输,标准的 Ethernet 接线和通信媒体。设备和交换机之间的距离,使用双绞线为 100m,光缆可达 2km。HSE 使用连接装置(LD)连接 H1 子系统,LD 执行网桥功能,它允许就地连在 H1 网络上的各个现场设备,以完成点对点对等通信。HSE 支持冗余通信,网络上的任何设备都能作冗余配置。

HSE 主要用于过程控制级别的一种现场总线标准,目前主要用于两种情况:一类是计算量过大而不适合在现场仪表中进行的高层次模型或调度运算;第二类是多条 H1 总线或其他网络的网关桥路器。

7.4.2.2 PROFInet

PROFInet 由西门子公司和 PROFIBUS 用户协会开发,是一种基于组件的分布式以太网通信系统。

该总线使用框架式以太网(Shelf Ethernet)技术,传输速率从 100Mbps 到 1Gbps 或更高。HSE 完全支持 FF-H1 现场总线的各项功能,诸如功能块和装置描述语言等,并允许基于以太网的装置通过连接装置与 H1 装置相连接。连接到一个连接装置上的 H1 装置无须主系统的干预就可以进行对等层通信。连接到一个连接装置上的 H1 装置同样无须主系统的干预,也可以与另一个连接装置上的 H1 装置直接进行通信。

PROFInet 支持开放的、面向对象的通信,这种通信建立在普遍使用的 TCP/IP 基础之上。PROFInet 没有定义其专用工业应用协议。使用已有的 IT 标准,它的对象模式基于微软公司组件对象(COM)技术。对于网络上所有分布式对象之间的交互操作,均使用微软公司的 DCOM 协议和标准 TCP 和 UDP 协议。

PROFInet 用于 PROFIBUS 的纵向集成,它能将现有的 PROFIBUS 网络通过代理服务器(Proxy)连接到以太网上,从而将工厂自动化和企业信息管理自动化有机地融合为一体。系统可以通过代理服务器实现与其他现场总线系统的集成。

PROFInet 通过优化的通信机制满足实时通信的要求。PROFInet 基于以太网的通信有 3 种,分别对应不同的工业实时通信要求。PROFInet 1.0 基于组件的系统主要用于控制器与控制器通信;PROFInet-SRT 软实时系统用于控制器与 I/O 设备通信;PROFInet-IRT 硬实时系统用于运动控制。

7.4.2.3 Modbus/TCP

Modbus/TCP 是由 Schneider 公司于 1999 年公布的一种以太网技术。Modbus/TCP 基本上没有对 Modbus 协议本身进行修改,只是为了满足控制网络实时性的需要,改变了数据的传输方法和通信速率。

Modbus/TCP 以一种非常简单的方式将 Modbus 帧嵌入到 TCP 帧中,在应用层采用与常规的 Modbus/RTU 协议相同的登记方式。Modbus/TCP 采用一种面向连接的通信方式,即每一个呼叫都要求一个应答。这种呼叫/应答的机制与 Modbus 的主/从机制相互配合,使 Modbus/TCP 交换式以太网具有很高的确定性。Modbus/TCP 允许利用网络浏览器查看控制网络中设备的运行情况。Schneider 公司已经为 Modbus 注册了 502 端口,这样就可以将实时数据嵌入到网页中。通过在设备中嵌入 Web Server,即可将 Web 浏览器作为设备的操作终端。

Modbus/TCP 所包括的设备类型为:连接到 Modbus/TCP 网络上的客户机和服务器;用于 Modbus/TCP 网络和串行线子网互连的网桥、路由器或网关等互连设备。

7.4.2.4 EPA

EPA(Ethernet for Plan Automation)用于工业测量与控制系统的以太网技术,是在国家"863"计划支持下,由浙江大学、浙江中控技术股份有限公司等共同开发的。EPA 是我国第一个被国际认可和接收的工业自动化领域的标准。

EPA 完全兼容 IEEE802.3、IEEE802.1P&Q、IEEE802.1D、IEEE802.11、IEEE802.15 以及 UDP(TCP)/IP 等协议,采用 UDP 协议传输 EPA 协议报文,以减少协议处理时间,提高报文传输的实时性。商用通信线缆(如五类双绞线、同轴电缆、光纤等)均可应用于 EPA 系统中,但必须满足工业现场应用环境的可靠性要求,如使用屏蔽双绞线代替非屏蔽双绞线。EPA 网络支持其他以太网/无线局域网/蓝牙上的其他协议(如 FTP、HTTP、SOAP,以及 MODBUS、PROFInet、Ethernet/IP 协议)报文的并行传输。这样,IT 领域的一切适用技术、资源和优势均可以在 EPA 系统中得以继承。

EPA 系统中,根据通信关系,将控制现场划分为若干个控制区域,每个区域通过一个 EPA 网桥互相分隔,将本区域内设备间的通信流量限制在本区域内;不同控制区域间的通信由 EPA 网桥进行转发;在一个控制区域内,每个 EPA 设备按事先组态的分时发送原则向网络上发送数据,由此避免了碰撞,保证了 EPA 设备间通信的确定性和实时性。

以太网应用于工业自动化,最重要的是确定性和实时性技术。为了满足高实时性能应用的需要,各大公司和标准组织纷纷提出各种提升工业以太网实时性的技术解决方案。这些方案建立在 IEEE802.3 标准的基础上,通过对其和相关标准的实时扩展提高实时性,并且做到与标准以太网的无缝连接,即实时以太网。

7.4.3 无线网络简介

所谓无线网络,是指无需布线就能实现计算机互联的网络。无线网络技术涵盖的范围很广,既包括允许用户建立远距离无线连接的全球语音和数据网络,也包括为近距离无线连接进行优化的红外线及射频技术。有关无线网络,涉及的内容和知识非常广泛,已超出本教材的范围,请有兴趣的读者查阅相关资料。这里只对无线网络的类别作简单介绍。

7.4.3.1 无线网络的分类

无限网络从其覆盖范围看,可以分为无线个域网、无线局域网和无线城域网。

(1)无线个域网(Wireless Personal Area Network WPAN):是为了实现活动半径小、业务类型丰富、面向特定群体、无线无缝的连接而提出的新兴无线通信网络技术。在网络构成上,WPAN位于整个网络链的末端,用于实现同一地点终端与终端间的连接,WPAN所覆盖的范围一般在10m半径以内,必须运行于许可的无线频段。WPAN设备具有价格便宜、体积小、易操作和功耗低等优点。

(2)无线局域网(Wireless Local Area Networks WLAN):利用射频技术取代传统双绞铜线所构成的局域网络,使得无线局域网能利用简单的存取架构让用户透过它达到"信息随身化、便利走天下"的理想境界。

(3)无线城域网(Wireless Metropolitan Area Network WMAN):它的推出是为了满足日益增长的宽带无线接入(BWA)市场需求。虽然多年来802.11x技术一直与许多其他专有技术一起被用于BWA,并获得很大成功,但是WLAN的总体设计及其提供的特点并不能很好地适用于室外的BWA应用。当其用于室外时,在带宽和用户数方面将受到限制,同时还存在着通信距离等其他一些问题。基于上述情况,IEEE决定制定一种新的、更复杂的全球标准,即无线城域网技术。这个标准应能同时解决物理层环境(室外射频传输)和QOS(Quality of Service,服务质量保证)两方面的问题,以满足BWA接入市场的需要。

无线网络从其应用角度看,可以划分为无线传感器网络、无线Mesh网络、无线穿戴网络、无线体域网等。这些网络一般是基于已有的无线网络技术,针对具体的应用而构建的无线网络。

(1)无线传感网络(wireless sensor networks WSN)。综合了传感器技术、嵌入式计算技术、现代网络及无线通信技术、分布式信息处理技术等,能够通过各类集成化的微型传感器协作实时监测、感知和采集各种环境或监测对象的信息,这些信息通过无线方式被发送,并以自组多跳的网络方式传送到用户终端,从而实现物理世界、计算世界以及人类社会三元世界的连通。

(2)无线Mesh网络(无线网状网络)。是一种与传统无线网络完全不同的新型无线网络,是由移动Ad Hoc网络顺应人们无处不在的Internet接入需求演变而来的,被形象地称为无线版本的Internet。在无线Mesh网络中,任何无线设备节点都可以同时作为AP和路由器,网络中的每个节点都可以发送和接收信号,每个节点都可以与一个或者多个对等节点进行直接通信。这种结构的最大好处在于:如果最近的AP由于流量过大而导致拥塞的话,那么数据可以自动重新路由到一个通信流量较小的邻近节点进行传输。依此类推,数据包还可以根据网络的情况,继续路由到与之最近的下一个节点进行传输,直到到达最终目的地为止。

(3)无线穿戴网络:是基于短距离无线通信技术(蓝牙和ZigBee技术等)与可穿戴式计算机(wearcomp)技术、穿戴在人体上、具有智能收集人体和周围环境信息的一种新型个域网(PAN)。

7.4.3.2 无线网络的体系结构

无线网络的协议模型也是基于分层体系结构的,不同类型的无线网络所重点关注的协议层次是不一样的。无线局域网、无线个域网和无线城域网一般不存在路由的问题,所以它们没有制定网络层的协议,主要采用传统的网络层的 IP 协议。无线网络存在共享访问介质的问题,所以和传统有线局域网一样,MAC 协议是所有无线网络协议的重点。

思考题:

　　(1) 一个通信系统主要由哪些部分组成?通信系统有哪些分类?

　　(2) 什么是模拟通信?什么是数字通信?

　　(3) 数字信道与模拟信道的主要区别是什么?

　　(4) 数字信道上能否传输模拟信号?模拟信道上能否传输数字信号?

　　(5) 什么是半双工数据传输方式?什么是全双工数据传输方式?

　　(6) 什么是基带传输、频带传输和宽带传输?

　　(7) 数据通信的基本过程是什么?其特点有哪些?

　　(8) 通信系统中采用的传输介质有哪些?

　　(9) 衡量通信系统的主要技术指标是什么?

　　(10) 比特率和波特率有什么区别?

　　(11) 编码与解码、调制与解调分别指什么?它们之间有什么区别?

　　(12) 什么是异步传输方式?什么是同步传输方式?同步传输有哪些方式?

　　(13) 什么是多路复用技术?有哪些方式?

　　(14) 信息传输差错控制的基本方法是什么?通常如何实现?

　　(15) 请描述一下奇偶校验的基本方法和过程。

　　(16) 请描述一下循环冗余码校验的基本方法和过程。

　　(17) 请描述一下海明码校验的基本方法和过程。

　　(18) 什么是信息加密?目前信息加密的体制主要有哪两种?

　　(19) 现场总线是如何定义的?它的主要特点是什么?

　　(20) 什么是工业以太网?它的主要特点是什么?

第8章　自动控制理论基础

8.1 引言

  自动控制思想及其实践是人类在认识世界和改造世界的过程中产生的,并随着社会的发展和科学水平的进步而不断发展的。早在公元前 300 年,古希腊就运用反馈控制原理设计了浮子调节器,并应用于水钟和油灯的设计和制造。在如图 8 - 1 所示的水钟原理中,最上面的蓄水池提供水源,中间蓄水池浮动水塞保证恒定水位,以确保其流出的水滴速度均匀,从而保证最下面水池中的带有指针的浮子均匀上升,并指示出时间信息。

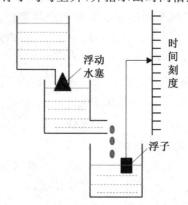

图 8 - 1　古希腊水钟原理

  同样,早在 1 000 多年前,我国古代先人们也发明了铜壶滴漏计时器、指南车等控制装置。首次应用于工业的自动控制器是瓦特于 1769 年发明的用来控制蒸汽机转速的飞球控制器,如图 8 - 2 所示。

  "控制"这一概念本身即反映了人们对征服自然与外在的渴望,控制理论与技术也自然而然地在人们认识自然与改造自然的历史中发展起来。1868 年以前,自动控制装置和系统的设计还处于直觉阶段,没有系统的理论指导,因此在控制系统性能的协调控制方面经常出现问题。19 世纪后半叶,许多科学家开始基于数学理论的自动控制理论研究,并对控制系统的性能改善产生了积极影响。1868 年,麦克斯韦尔(J. C. Maxwell)建立了飞球控制器的微分方程数学模型,并根据微分方程的解来分

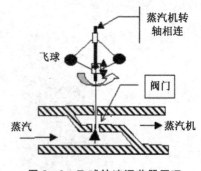

图 8 - 2　飞球转速调节器原理

析系统的稳定性。1877 年,罗斯(E. J. Routh)提出了不求系统微分方程的稳定性判据。1895 年,霍尔维茨(A. Hurwitz)也独立提出了类似的霍尔维茨稳定性判据。

第二次世界大战后,对自动武器的渴望为控制理论的研究和实践提出了更大的需求,从而大大推动了自动控制理论的发展。1948 年,数学家维纳(N. Wiener)的《控制论》出版,标志着控制论的正式诞生。经过不断发展,控制论的研究内容和研究方法都发生了巨大变化。概括地说,控制论发展经过了 3 个时期:

第一阶段是 20 世纪 40 年代末到 50 年代的经典控制论时期,着重研究单机自动化,解决单输入单输出(Single Input Single Output SISO)系统的控制问题,它的主要数学工具是微分方程、拉普拉斯变换和传递函数;主要研究方法是时域法、频域法和根轨迹法;主要侧重于控制系统的快速性、稳定性及其精度。

第二阶段是 60 年代的现代控制理论时期,着重解决机组自动化和生物系统的多输入多输出(Multi-Input Multi-Output MIMO)系统的控制问题;主要数学工具是一次微分方程组、矩阵论、状态空间法等;主要方法是变分法、极大值原理、动态规划理论等;侧重于最优控制、随机控制和自适应控制;核心控制装置为电子计算机,自动控制技术逐步进入了数字化时代。

第三阶段是 70 年代的大系统理论时期,着重解决生物系统、社会系统这样一些众多变量的大系统的综合自动化问题;方法则以时域法为主,侧重于大系统多级递阶控制,核心控制装置则为网络化的电子计算机。

8.2 基本概念和原理

8.2.1 自动控制基本概念

从广义上讲,控制就是为了达到某种目的,对事物进行主动的干预、管理或操纵。在工程领域,控制是指利用控制装置(机械装置、电气装置或计算机系统等)使生产过程或被控对象的某些物理量(温度、压力、速度、位移等)按照特定的规律运行。为了实现某种控制要求,将相互关联的部分按一定的结构形式构成的系统称为控制系统。该系统能够提供预期的系统响应,以达到特定的控制要求。

控制可以分为人工控制和自动控制。人工控制与自动控制的控制过程是相同的,均由测量、比较、调整 3 个环节组成。测量就是检测输出(被控)量;比较就是根据给定值和实际输出值求出偏差;调整就是执行控制或者说纠正偏差。因此,控制与调节过程可以认为是"求偏和纠偏"的过程。人工控制过程中需要人的直接参与;自动控制过程中则不需要人的直接参与,控制过程的每一个环节都是由控制装置自动完成的。

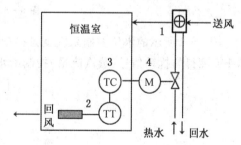

图 8-3　室温自动控制系统
1-热水加热器;2-传感变送器;3-控制器;4-执行器

自动控制是指在没有人直接参与的情况下,利用控制装置,使被控对象的某些物理量自动地按照预定的规律运行(或变化)。要求实现自动控制的机器、设备或生产过程称为被控对象;对被控对象起作用的装置称为控制装置。控制装置与被控对象构成自动控制系统。以图 8-3 所示的室温控制系统为例,恒温室是被控对象,加热器为控制装置。

控制系统涉及到生产和生活的许多方面,通常具有不同的具体形式,为了更好地理解控制系统结构,图8-4将各关键环节抽象出来。

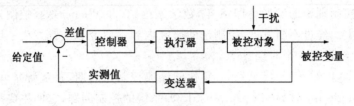

图8-4　过程控制系统

被控对象是指需要给以控制的机器、设备或生产过程,它是控制系统的主体,例如火箭、锅炉、机器人、电冰箱等。被控量则是指被控对象中要求保持给定值、要按给定规律变化的物理量,被控量又称输出量、输出信号。对被控对象起控制作用的设备总体则称为控制装置,包括测量变换部件、放大部件和执行装置。给定值是指作用于过程控制系统的输入端并作为控制依据的物理量;除给定值之外,凡能引起被控量变化的因素,都是干扰,又称扰动。在自动控制系统中,输出量通过适当检测设备又送回输入端,并与输入变量相比较,输出变量与输入变量相比较所得的结果称为偏差。控制装置根据偏差方向、大小或变化情况进行控制,使偏差减小或消除,发现偏差、去除偏差就是反馈控制。反馈回来的信号与给定相减,即根据偏差进行控制,称为负反馈,反之称为正反馈。

8.2.2 控制系统基本方式

1) 开环控制系统

在开环控制系统中,输出端与输入端之间不存在反馈回路,输出量对系统的控制作用没有影响,如图8-5所示。这种控制系统结构简单,相对来说成本较低,但对可能出现的被控量偏离给定值的偏差不具备任何修正能力,抗干扰能力差,控制精度不高。

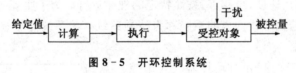

图8-5　开环控制系统

图8-6所示的水位控制系统就是典型的开环控制系统,这个控制系统只是根据流量变送器FT测得的扰动信号(蒸汽流量)控制给水量,并没有测量锅筒中的实际水位。

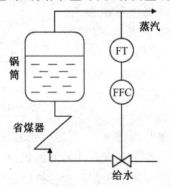

图8-6　开环控制的水位控制系统

2）闭环控制系统

在反馈控制系统中,被控变量送回输入端,与设定值进行比较,根据偏差进行控制,控制被控变量,整个系统构成一个闭环,成为闭环控制,如图 8-7 所示。这种控制方式的优点在于:无论何种原因引起被控变量偏离设定值,只要出现偏差,就会有控制作用,使偏差减小或消除,使得被控变量与设定值一致。

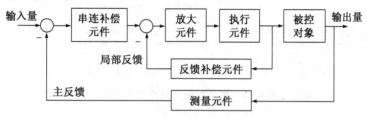

图 8-7　闭环控制系统

在闭环控制系统中,信号从输入端到达输出端的传输通路称为前向通路;系统输出量经测量元件反馈到输入端的传输通路称为主反馈通路。前向通路与主反馈通路共同构成主回路,此外还有局部反馈通路。只包含一个主反馈通路的系统称为单回路系统,有两个或两个以上反馈通路的系统称为多回路系统。

在工业控制中,如龙门刨床速度控制系统就是按照反馈控制原理进行工作的。当负载波动时,必然会引起速度变化,由于龙门刨床不允许速度变化过大,因此必须对速度进行闭环控制,如图 8-8 所示。

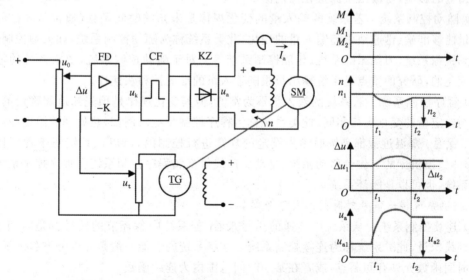

图 8-8　闭环控制的龙门刨床速度控制系统

在图 8-8 所示的闭环控制系统中,当外部负载 M 变化时,龙门刨床的转速会按照下列过程发生相应变化:

$$M \uparrow \Rightarrow n \downarrow \Rightarrow u_1 \downarrow \Rightarrow \Delta u = (u_0 - u_1) \uparrow \Rightarrow u_k \uparrow \Rightarrow u_a \uparrow \Rightarrow n \uparrow$$

对于按偏差调节的闭环控制系统而言,无论是干扰的作用,还是系统结构参数的变化,只要被控量偏离给定值,系统就会自行纠偏。但是闭环控制系统的参数如果匹配得不好,会造成被控量的较大摆动,甚至系统无法正常工作。

3) 复合控制系统

复合控制是将开环控制和闭环控制相结合的一种控制,如图 8 - 9 所示。实质上,它是在闭环控制回路的基础上,附加了一个输入信号或扰动作用的顺馈通路来提高系统的控制精度。

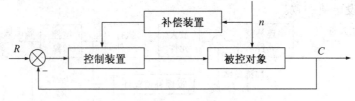

图 8 - 9　复合控制系统原理方框图

8.2.3 控制系统的分类

自动控制系统的分类方法较多,常见的有以下几种。

1) 按输入量的变化规律分类

(1) 恒值控制系统。若系统输入量为一定值,要求系统的输出量也保持恒定,此类系统称为恒值控制系统。这类控制系统的任务是保证在扰动作用下被控量始终保持在给定值上,在生产过程中的恒转速控制、恒温控制、恒压控制、恒流量控制、恒液位控制等大量的控制系统都属于这一类系统。对于恒值控制系统,着重研究各种扰动对输出量的影响,以及如何抑制扰动对输出量的影响,使输出量保持在预期值上。

(2) 随动控制系统。若系统的输入量的变化规律是未知的时间函数(通常是随机的),要求输出量能够准确、迅速地跟随输入量的变化,此类系统称为随动控制系统,如火炮控制系统、雷达自动跟踪系统、刀架跟踪系统、轮舵控制系统等。对于随动控制系统,由于系统的输入量是随时变化的,研究的重点是系统输出量跟随输入量的准确性和快速性。

(3) 程序控制系统。若系统的输入量不为常值,但其变化规律是预先知道和确定的,要求输出量与给定量的变化规律相同,此类系统称为程序控制系统。例如,热处理炉温度控制系统的升温、保温、降温过程都是按照预先设定的规律进行控制的,所以该系统属于程序控制系统。此外,数控机床的工作台移动系统、自动生产线等都属程序控制系统。程序控制系统可以是开环系统,也可以是闭环系统。

2) 按照系统传输信号对时间的关系分类

(1) 连续控制系统。从系统中传递的信号来看,若系统中各环节的信号都是时间 t 的连续函数即模拟量,此类系统称为连续控制系统。连续系统的性能一般是用微分方程来描述的。信号的时间函数允许有间断点,或者在某一时间范围内为连续函数。

(2) 离散控制系统。若系统中有一处或多处信号为时间的离散信号,如脉冲信号或数码信号,此类系统称为离散控制系统或采样数据系统。它的特点是系统中有的信号是断续量,例如脉冲序列、采样数据量和数字量等。这类信号在特定的时刻才取值,而在相邻时刻的间隔中信号是不确定的。通常,采用数字计算机控制的系统都是离散控制系统。离散控制系统的特性可用差分方程来描述。

3) 按照系统输出量和输入量间的关系分类

(1) 线性控制系统。若组成系统的所有元件都是线性的,此类系统称为线性控制系统。

系统的性能可以用线性微分方程来描述。线性系统的一个重要性质就是可以使用叠加原理，即几个扰动或控制量同时作用于系统时，其总的输出等于各个输入量单独作用时的输出之和。

（2）非线性控制系统。若系统中有一个非线性元件，此类系统称为非线性系统。系统的性能往往要采用非线性方程来描述。叠加原理对非线性系统无效。

4）按照系统中的参数变化对时间的变化情况分类

（1）定常系统。从系统的微分方程来看，若微分方程的所有系数不随时间变化，此类系统称为定常系统。此类系统是本书讨论对象。定常系统又称时不变系统，它的输出量与输入量间的关系用定常微分方程来描述。

（2）时变系统。若微分方程中有的参数是时间 t 的函数，它随时间变化而改变，此类系统称为时变系统。例如宇宙飞船控制系统。

除了以上的分类方法外，还有其他一些方法，例如按系统主要组成元件的类型分类来分，又可分为电气控制系统、机械控制系统、液压控制系统、气动控制系统等。本书只讨论连续控制的线性定常系统。

8.3 控制模型和传递函数

8.3.1 拉普拉斯变换

1）基本概念

在数学中，为了把较复杂的运算转化为较简单的运算，常常采用一种变换手段。所谓积分变换，就是通过积分运算把一个函数变换成另一个函数的变换。积分变换包括拉普拉斯（Laplace）变换和傅里叶（Fourier）变换，本书则只研究拉普拉斯变换的定义和性质。

对于以时间 t 为自变量的函数 $f(t)$，它的定义域为 $t > 0$，则积分式：

$$F(s) = \int_0^{+\infty} f(t) \mathrm{e}^{-st} \mathrm{d}t \qquad (8-1)$$

称为函数 $f(t)$ 的拉普拉斯变换式，s 是一个复变量。$F(s)$ 叫做 $f(t)$ 的拉氏变换，称为像函数。

$$F(s) = L[f(t)] \qquad (8-2)$$

其中，$f(t)$ 叫做 $F(s)$ 的拉氏逆变换，称为原函数。

$$f(t) = L'[F(s)] \qquad (8-3)$$

一个函数可以进行拉氏变换的充分条件是：

（1）$t < 0$ 时，$f(t) = 0$。

（2）在 $t \geqslant 0$ 时的任一有限区间上连续或分段连续。

（3）$\int_0^\infty f(t)\mathrm{e}^{-st}\mathrm{d}t < \infty$

2）常见函数的拉普拉斯变换

【例 8-1】：求单位阶跃函数 $u(t)$ 的拉氏变换。

$$u(t) = \begin{cases} 0 & t < 0 \\ 1 & t > 0 \end{cases}$$

根据定义，$L[f(t)] = \int_0^\infty f(t)\mathrm{e}^{-st}\mathrm{d}t$，可以得到：

$$L[u(t)] = \int_0^\infty 1 \cdot e^{-st} dt = -\frac{1}{s} e^{-st} \Big|_0^\infty = \frac{1}{s}$$

【例 8 - 2】:求单位脉冲函数 $\delta(t)$ 的拉氏变换。

$$\delta(t) = \begin{cases} 0 & t < 0, t > \varepsilon \\ \dfrac{1}{\varepsilon} & 0 < t < \varepsilon \end{cases}$$

解:根据定义,$L[f(t)] = \int_0^\infty f(t) e^{-st} dt$,可以得到:

$$L[\delta(t)] = \int_0^\varepsilon \frac{1}{\varepsilon} e^{-st} dt = \frac{1}{\varepsilon} \cdot \left(-\frac{1}{s} e^{-st}\right) \Big|_0^\varepsilon$$

$$= \frac{1}{\varepsilon} \cdot \left[\frac{1}{s}(1 - e^{-s\varepsilon})\right] \approx \frac{1}{s\varepsilon}(1 - (1 - s\varepsilon)) \approx 1$$

【例 8 - 3】:求指数函数 $f(t) = e^{kt}$ 的拉氏变换。

表 8 - 1　拉普拉斯变换的基本性质

No	性质名称	原函数	复域函数
1	唯一性	$f(t)$	$F(s)$
2	齐次性	$Af(t)$	$AF(s)$
3	叠加性	$f_1(t) + f_2(t)$	$F_1(s) + F_2(s)$
4	线性	$A_1 f_1(t) + A_2 f_2(t)$	$A_1 F_1(s) + A_2 F_2(s)$
5	尺度性	$f(at), a > 0$	$\dfrac{1}{a} F\left(\dfrac{s}{a}\right)$
6	时移性	$f(t - t_0) U(t - t_0), t_0 > 0$	$F(s) e^{-t_0 s}$
7	时域微分	$f(t) e^{-at}$	$F(s + a)$
8	复频微积分	$f'(t)$	$sF(s) - f(0^-)$
		$f''(t)$	$s^2 F(s) - sf(0^-) - f'(0^-)$
		$f^{(n)}(t)$	$s^n F(s) - s^{n-1} f(0^-) \cdots - f^{n-1}(0^-)$
9	复频移性	$tf(t)$	$(-1)^1 \dfrac{dF(s)}{ds}$
		$tf^{(n)}(t)$	$(-1)^n \dfrac{d^n F(s)}{ds^n}$
10	时域积分	$\int_{0^-}^t f(\tau) d\tau$	$F(s)/s$
11	复频域积分	$f(t)/t$	$\int_s^\infty F(s)$
12	时域卷积	$f_1(t) * f_2(t)$	$F_1(s) F_2(s)$
13	复频域卷积	$f_1(t) f_2(t)$	$\dfrac{1}{2\pi} F_1(s) * F_2(s)$
14	初值定理	$f(t) \cos\omega_0 t$	$\dfrac{1}{2}[F(s + j\omega_0) + F(s - j\omega_0)]$
		$f(t) \sin\omega_0 t$	$\dfrac{1}{2}[F(s - j\omega_0) - F(s + j\omega_0)]$
15	终值定理	$f(0^+) = \lim\limits_{t \to 0^+} f(t) = \lim\limits_{t \to \infty} sF(s)$	
16	调制定理	$f(\infty) = \lim\limits_{t \to \infty} f(t) = \lim\limits_{t \to 0} sF(s)$	

解：根据定义 $L[f(t)] = \int_0^\infty f(t)e^{-st}\,dt$

$$L[f(t)] = \int_0^\infty e^{kt}e^{-st}\,dt = \int_0^\infty e^{-(s-k)t}\,dt = \frac{1}{-(s-k)}e^{-(s-k)t}\Big|_0^\infty = \frac{1}{s-k}$$

3）拉普拉斯变换的性质

由于拉普拉斯变换是傅里叶变换在复频域（即 s 域）中的推广，因而也具有与傅里叶变换的性质相应的一些性质。这些性质揭示了信号的时域特性与复频域特性之间的关系，利用这些性质可使求取拉普拉斯正、反变换来得简便。

关于拉普拉斯变换的基本性质在表 81 中列出，具体的推导过程这里就不赘述了。

【例 8 - 4】：求单位阶跃函数 $x(t) = l(t)$ 的拉氏变换。

$$X(s) = L[x(t)] = \int_0^\infty e^{-st}\,dt = -\frac{1}{s}e^{-st}\Big|_0^\infty = \frac{1}{s}$$

【例 8 - 5】：求单位斜坡函数 $x(t) = t$ 的拉氏变换。

$$X(s) = L[x(t)] = \int_0^\infty te^{-st} = -\frac{t}{s}e^{-st}\Big|_0^\infty + \int_0^\infty \frac{1}{s}e^{-st}\,dt = \frac{1}{s^2}$$

$$X(s) = L[t] = L\left[\int 1(t)\,dt\right] = \frac{1}{s}L[1(t)] + \frac{1}{s}1^{(-1)}(0) = \frac{1}{s^2}$$

利用拉普拉斯变换的定义和性质，可以求出和导出一些常用时间函数 $f(t)U(t)$ 的拉普拉斯变换式，如

表 8 - 2 中所列，利用此表可以方便地查出待求的像函数 $F(s)$ 或原函数 $f(t)$。

表 8 - 2　常用时间函数的拉普拉斯变换表

No.	原函数	像函数
1	$\sigma(t)$	1
2	$\sigma^n(t)$	s^n
3	$U(t)$	$1/s$
4	t	$1/s^2$
5	t^n	$\dfrac{n!}{s^{n+1}}$
6	e^{-at}	$\dfrac{1}{s+a}$
7	te^{-at}	$\dfrac{1}{(s+a)^2}$
8	$t^n e^{-at}$	$\dfrac{n!}{(s+a)^{n+1}}$
9	$e^{-j\omega t}$	$\dfrac{1}{s+j\omega}$
10	$\sin\omega t$	$\dfrac{\omega}{s^2+\omega^2}$
11	$\cos\omega t$	$\dfrac{s}{s^2+\omega^2}$
12	$e^{-at}\sin\omega t$	$\dfrac{\omega}{(s+a)^2+\omega^2}$
13	$e^{-at}\cos\omega t$	$\dfrac{s+a}{(s+a)^2+\omega^2}$

No.	原函数	像函数
14	$t\sin\omega t$	$\dfrac{2\omega s}{(s^2+\omega^2)^2}$
15	$t\cos\omega t$	$\dfrac{s^2-\omega^2}{(s^2+\omega^2)^2}$
16	$\displaystyle\sum_{n=0}^{\infty}\delta(t-nT)$	$\dfrac{1}{1-e^{-sT}}$
17	$\displaystyle\sum_{n=0}^{\infty}f(t-nT)$	$\dfrac{F_0(s)}{1-e^{-sT}}$
18	$\displaystyle\sum_{n=0}^{\infty}\left[U(t-nT)-U(t-nT-\tau)\right],\ T>\tau$	$\dfrac{1-e^{-s\tau}}{s(1-e^{-sT})}$

8.3.2 拉普拉斯反变换

从已知的像函数 $F(s)$ 求与之对应的原函数 $f(t)$，称为拉普拉斯反变换，通常有部分分式法和留数法两种方法，此处对前一种方法进行简略介绍。

由于工程实际中系统响应的像函数 $F(s)$ 通常都是复变量 s 的两个有理多项式之比，亦即是 s 的一个有理分式，即：

$$F(s)=\frac{N(s)}{D(s)}\frac{b_ms^m+b_{m-1}s^{m-1}+\cdots+b_1s+b_0}{s^n+a_{n-1}s^{n-1}+\cdots+a_1s+a_0} \tag{8-4}$$

式中，$a_0,a_1,\cdots,a_{n-1}$ 和 $b_1,b_2,\cdots,b_m$ 等均为实系数；m 和 n 均为正整数，故可将函数 $F(s)$ 展开成部分分式，再辅以查拉普拉斯变换表即可求得对应的原函数 $f(t)$。

欲将 $F(s)$ 展开成部分分式，首先应将上式化成真分式，即当 $m\geqslant n$ 时，应先用除法将 $F(s)$ 表示成一个 s 的多项式与一个余式之和，即：

$$F(s)=\frac{N(s)}{D(s)}=B_{m-n}s^{m-n}+\cdots+B_1s+B_0+\frac{N_0(s)}{D(s)} \tag{8-5}$$

这样，余式 $\dfrac{N_0(s)}{D(s)}$ 已成为真分式。对应于多项式 $Q(s)=B_{m-n}s^{m-n}+\cdots+B_1s+B_0$ 各项的时间函数是冲击函数的各阶导数与冲击函数本身，所以在下面的分析中，均按 $F(s)=\dfrac{N(s)}{D(s)}$ 已是真分式的情况讨论，并按两种情况进行研究：

（1）$F(s)$ 只有单极点：即分母多项式 $D(s)=s^n+a_{n-1}s^{n-1}+\cdots+a_1s+a_0=0$ 的根为 n 个单根 $p_1,p_2,\cdots,p_i,\cdots,p_n$。由于 $D(s)=0$ 时有 $F(s)=\infty$，故称 $D(s)=0$ 的根 $p_i(i=1,2,\cdots,n)$ 为 $F(s)$ 的极点，此时可将 $D(s)$ 进行因式分解，而将 $F(s)$ 写成如下的形式，并展开成部分分式，即：

$$\begin{aligned}F(s)&=\frac{N(s)}{D(s)}=\frac{b_ms^m+b_{m-1}s^{m-1}+\cdots+b_1s+b}{(s-p_1)(s-p_2)\cdots(s-p_i)\cdots(s-p_n)}\\&=\frac{K_1}{s-p_1}+\frac{K_2}{s-p_2}+\cdots+\frac{K_i}{s-p_i}+\cdots+\frac{K_n}{s-p_n}\end{aligned} \tag{8-6}$$

式中，$K_i(i=1,2,\cdots,n)$ 为待定常数。可见，只要将待定常数 K_i 求出，则 $F(s)$ 的原函数 $f(t)$ 即可通过查表而求得。

$$f(t) = K_1 e^{p_1 t} + K_2 e^{p_2 t} + \cdots + K_i e^{p_i t} + \cdots + K_n e^{p_n t} = \sum_{i=1}^{n} K_i e^{p_i t} U(t) \tag{8-7}$$

待定常数可按下式求得,即:

$$K_i = \frac{N(s)}{D(s)}(s - p_i)\,|_{s=p_i} \tag{8-8}$$

$$F(s)(s - p_i) = \frac{K_1}{s - p_1}(s - p_i) + \frac{K_2}{s - p_2}(s - p_i) + \cdots + K_i + \cdots + \frac{K_n}{s - p_n}(s - p_i)$$

$$\tag{8-9}$$

由于此式为恒等式,故可取 $s = p_i$ 代入,可以得到:

$$F(s)(s - p_i)\,|_{s=p_i} = 0 + 0 + \cdots + K_i + \cdots + 0 \tag{8-10}$$

于是得到:

$$K_i = F(s)(s - p_i)\,|_{s=p_i} = \frac{N(s)}{D(s)}(s - p_i)\,|_{s=p_i} \tag{8-11}$$

【例 8-6】:求像函数 $F(s) = \dfrac{s^2 + s + 2}{s^3 + 3s^2 + 2s}$ 的原函数 $f(t)$ 。

解: $D(s) = s^3 + 3s^2 + 2s = s(s+1)(s+2) = 0$ 的根(极点)为 $p_1 = 0$, $p_2 = -1$, $p_3 = -2$ 这是单实根的情况,因此 $F(s)$ 的部分分式为:

$$F(s) = \frac{s^2 + s + 2}{s(s+1)(s+2)} = \frac{K_1}{s+0} + \frac{K_2}{s+1} + \frac{K_3}{s+2}$$

其中:

$$K_1 = \frac{s^2 + s + 2}{s(s+1)(s+2)}(s+0)\,\bigg|_{s=0} = 1$$

$$K_2 = \frac{s^2 + s + 2}{s(s+1)(s+2)}(s+1)\,\bigg|_{s=-1} = -2$$

$$K_3 = \frac{s^2 + s + 2}{s(s+1)(s+2)}(s+2)\,\bigg|_{s=-2} = 2$$

将其代入 $F(s)$ 可以得到:

$$F(s) = \frac{1}{s} - \frac{2}{s+1} + \frac{2}{s+2}$$

由此得到:

$$f(t) = U(t) - 2e^{-t}U(t) + 2e^{-2t}U(t) = (1 - 2e^{-t} + 2e^{-2t})U(t)$$

(2) $F(s)$ 有重极点　不妨设 $F(s) = \dfrac{N(s)}{D(s)}$ 的分母 $D(s=0)$ 在 $s=p_1$ 处有 m 重根,其余 $n-m$ 个为单根 $p_{m+1}, p_{m+2}, \cdots, p_n$,则 F(s) 可分解为:

$$F(s) = \frac{K_{1m}}{(s - p_1)^m} + \frac{K_{1 \cdot m-1}}{(s - p_1)^{m-1}} + \cdots \frac{K_{11}}{(s - p_1)} + \sum_{j=m+1}^{n} - \frac{K_j}{s - p_j}$$

$$= \sum_{i=1}^{m} \frac{K_{1i}}{(s - p_1)} + \sum_{j=m+1}^{n} \frac{K_j}{s - p_j} \tag{8-12}$$

系数 K_j 仍按第一种确定:

$$K_j = (s - p_j)F(s)\,|_{s=p_j}\,(j = m+1, m+2, \cdots, n) \tag{8-13}$$

为确定系数 K_{1i} ,将式(8-12)两边同乘以 $(s - p_1)^m$,得:

$$(s-p_1)^m F(s) =$$

$$K_{1m}+K_{1m-1}(s-p_1)+\cdots+K_{11}(s-p_1)^{m-1}+\sum_{j=m+1}^{n}\frac{K_j(s-p_1)^m}{s-p_j} \qquad (8-14)$$

令 $s=p_1$，则上式右边除第一项外均为零，于是得

$$K_{1m}=(s-p_1)^m F(s)\mid_{s=p_1} \qquad (8-15)$$

同理，对式(8-14)求 s 的 $(m-i)$ 次导数，并零 $s=p_1$，可以求得系数 $K_{1i}(i=1,2,\cdots,m)$

$$K_{1i}=\frac{1}{(m-i)!}+\frac{d^{m-i}}{ds^{m-i}}[(s-s_1)^m F(s)]\mid_{s=p_1} \qquad (8-16)$$

8.3.3 控制系统的数学模型

研究一个自动控制系统，除了对系统进行定性分析外，还必须进行定量分析，进而探讨改善系统稳态和动态性能的具体方法，这就需要建立控制系统的数学模型。所谓的数学模型是描述系统动态特性及各变量之间关系的数学表达式，是控制系统定量分析的基础。

控制系统的变量经过抽象化后，不同性质的系统可能具有相同的数学模型。通常，控制模型会作适度简化，忽略次要因素但应保证结果合理。在静态条件下（即变量的各阶导数均为零），描述变量之间关系的代数方程称为静态数学模型；动态数学模型则是描述变量的各阶导数之间关系的微分方程。如果已知输入量及变量的初始条件，对微分方程求解，就可得到系统输出量的表达式，并由此对系统进行性能分析。这也是为什么建立控制系统的数学模型是分析和设计控制系统的首要工作。

建立控制系统数学可以采用分析法和实验法，前者是根据系统各部分的运动机理，按有关定理列出方程，再将这些方程合在一起；后者则人为地给系统施加某种测试信号，记录其输出响应，并用适当的数学模型去逼近，用系统辨识的方法得到数学模型。

下面主要研究用分析法建立系统数学模型的方法。在自动控制理论中，数学模型有多种形式：微分方程、差分方程和状态方程是时域中常用的数学模型；复数域中常用的数学模型包括传递函数和结构图；频率特性则是频域中常用的数学模型。其中最为常用的形式包括微分方程、传递函数和结构图等。

通常，建立数学模型时首先将与输出有关的放在左边，与输入有关的放在右边，导数项按降阶排列，并将系数化为有物理意义的形式。列写元件微分方程的步骤可归纳如下：

（1）根据元件的工作原理及其在控制系统中的作用确定系统的输入量、输出量及内部中间变量，搞清楚各变量之间的关系。

（2）忽略一些次要因素，合理简化。

（3）根据相关基本定律，列出各部分的原始方程式。

（4）列写中间变量的辅助方程，方程数需与变量数相等。

（5）联立方程，消去中间变量，得到只包含输入量和输出量的方程式。

（6）将方程式化成标准形式。

【例 8-7】：图示的 RC 路中，当开关 K 突然接通后，试求出电容电压 $u_c(t)$ 的变化规律。

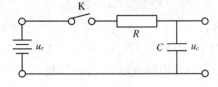

解：设输入量为 $u_r(t)$，输出量为 $u_c(t)$，由 KVL 写出电路方程：

$$RC\frac{\mathrm{d}u}{\mathrm{d}t} + u_c = u_r$$

电容初始电压为 $u_c(0)$，对方程两端进行拉氏变换：

$$RC[sU_c(s) - u_c(0)] + U_c(s) = U_r(s)$$

$$U_c(s) = \frac{1}{RC_s + 1}U_r(s) + \frac{RC}{RC_s + 1}u_c(0)$$

当输入为阶跃电压为 $u_r(t) = u_0 1(t)$ 时，可得：

$$U_c(s) = u_0\left[\frac{1}{s} - \frac{1}{s + \frac{1}{RC}}\right] + u_c(0)\frac{1}{s + \frac{1}{RC}}$$

$$u_c(t) = u_0(1 - e^{-\frac{1}{RC}t}) + u_c(0)e^{-\frac{1}{RC}t}$$

8.3.4 传递函数

　　建立系统数学模型的目的是为了对系统的性能进行分析。在给定外作用及初始条件下，求解微分方程就可以得到系统的输出响应。这种方法比较直观，特别是借助于电子计算机可以迅速而准确地求得结果。但是如果系统的结构改变或某个参数变化时，就要重新列写并求解微分方程，不便于对系统的分析和设计。借助于拉氏变换这个数学工具，我们可将线性常微分方程转变为易处理的代数方程，可以得到系统在复域中的数学模型，称为传递函数，是一个非常重要的概念。它比微分方程简单明了，运算方便，是自动控制中最常用的数学模型。具体过程如图 8 - 10 所示：

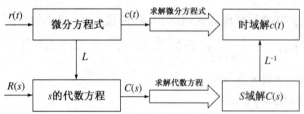

图 8 - 10　线性常系数微分方程的求解流程

　　对微分方程两边进行拉氏变换后，通过求解代数方程，得到微分方程在 s 域的解，然后求 s 域解的拉氏反变换，即可得到微分方程的解。拉氏变换则是求解线性微分方程的简捷方法。当采用这一方法时，微分方程的求解问题化为代数方程和查表求解的问题，这样就使计算大为简便。更重要的是，由于采用了这一方法，能把以线性微分方程式描述系统的动态性能的数学模型，转换为在复数域的代数形式的数学模型——传递函数。传递函数不仅可以表征系统的动态性能，而且可以用来研究系统的结构或参数变化对系统性能的影响。经典控制理论中广泛应用的频率法和根轨迹法，就是以传递函数为基础建立起来的，传递函数是经典控制理论中最基本和最重要的概念。

　　在线性定常系统中，当初始条件为零时，系统输出拉氏变换与输入拉氏变换的比，称为传递函数，用 $G(s)$ 表示。

　　设系统或元件的微分方程为：

$$a_n y^{(n)}(t) + a_{n-1} y^{(n-1)}(t) + \cdots + a_0 y(t) = b_m x^{(m)}(t) + b_{m-1} x^{(m-1)}(t) + \cdots + b_0 x(t)$$

$$(8-17)$$

式中：$x(t)$ 为输入，$y(t)$ 为输出，$a_i, b_j(i = 0 \sim n, j = 0 \sim m)$ 为常系数。

将上式进行拉氏变换，并令初始值为零，可得：

$$(a_n s^n + a_{n-1} s^{n-1} + \cdots + a_1 s + a_0)Y(s) = (b_m s^m + b_{m-1} s^{m-1} + \cdots + b_1 s + b_0)X(s) \quad (8-18)$$

根据传递函数的定义可得：

$$G(s) = \frac{Y(s)}{X(s)} = \frac{b_m s^m + b_{m-1} s^{m-1} + \cdots + b_1 s + b_0}{a_n s^n + a_{n-1} s^{n-1} + \cdots + a_1 s + a_0} \quad (8-19)$$

当传递函数和输入已知时，$Y(s) = G(s)X(s)$，可通过拉氏反变换求出时域表达式。

传递函数是经典控制理论中最重要的数学模型之一。利用传递函数可以不必求解微分方程就可以研究零初始条件系统在输入作用下的动态过程，可以了解系统参数或结构变化时系统动态过程的影响；可以对系统性能的要求转化为对传递函数的要求。但是传递函数不能反映系统或原件的学科属性和物理性质。物理性质和学科类别截然不同的系统可能具有完全相同的传递函数，而研究某传递函数所得结论可适用于具有这种传递函数的各种系统。

传递函数的概念适用于线性定常系统，其各项系数的值完全取决于系统的结构和参数，并且与微分方程中导数项的系数一一对应，是一种动态数学模型。传递函数仅与系统的结构和参数有关，与系统的输入无关，只反映了输入和输出之间的关系，并不反映中间变量的关系。传递函数是 s 的有理分式，对实际系统而言，分母的阶次 n 大于或等于分子的阶次 m，此时称为 n 阶系统。传递函数的概念主要适用于单输入单输出系统，若系统有多个输入信号，在求传递函数时，除了一个有关的输入外，其他的输入量一概视为零；此外，传递函数忽略了初始条件的影响。

传递函数可以表示为如下有理分式，称为 n 阶传递函数，相应的系统为 n 阶系统。

$$G(s) = \frac{Y(s)}{X(s)} = \frac{b_m s^m + b_{m-1} s^{m-1} + \cdots + b_1 s + b_0}{a_n s^n + a_{n-1} s^{n-1} + \cdots + a_1 s + a_0} \quad (8-20)$$

式中，a_i，b_j 为实常数，一般 $n \geqslant m$。

传递函数还可以转化成下列形式：

$$G(s) = \frac{Y(s)}{X(s)} = \frac{b_m}{a_n} \times \frac{Q(s)}{P(s)} = K_g \frac{\prod\limits_{i=1}^{m}(s + z_i)}{\prod\limits_{j=1}^{n}(s + p_j)} \quad (8-21)$$

式中，z_i 称为传递函数的零点，p_j 称为传递函数的极点，K_g 称为放大系数或根轨迹增益。

上述传递函数的表达形式称为零点、极点表达形式。传递函数确定后，则零、极点和 K_g 唯一确定，反之亦然，因此传递函数可用零极点和传递函数系数等价表示。零极点既可以是实数，也可以是复数，表示在复平面上，形成的图称为传递函数的零、极点分布图，反映系统的动态性能。对系统的研究可变成对系统传递函数的零、极点的研究，即根轨迹法。

将传递函数写成时间常数形式：

$$G(s) = \frac{b_0}{a_0} \times \frac{Q(s)}{P(s)} = K \frac{\prod\limits_{i=1}^{m}(\tau_i s + 1)}{\prod\limits_{j=1}^{n}(T_j s + 1)} \quad (8-22)$$

式中，$K = K_g \dfrac{\prod\limits_{i=1}^{m} z_i}{\prod\limits_{j=1}^{n} p_j}$ ，$\tau_i = \dfrac{1}{z_j}$ ，$T_j = \dfrac{1}{p_j}$ ，τ_i 和 T_j 称为时间常数，K 称为传递系数。

若零点或极点为共轭复数，则一般用 2 阶项来表示，若 $-p_1$ ，$-p_2$ 为共轭复极点，则：

$$\frac{1}{(s+p_1)(s+p_2)} = \frac{1}{s^2 + 2\xi\omega_n s + \omega_n^2} \tag{8-23}$$

或：

$$\frac{1}{(T_1 s + 1)(T_2 s + 1)} = \frac{1}{T^2 s^2 + 2\xi T s + 1} \tag{8-24}$$

其系数 ω、ξ 由 p_1、p_2 或 T_1、T_2 求得：

若有零值极点，则传递函数的通式可以写成：

$$G(s) = \frac{K_s}{s^v} \times \frac{\prod\limits_{i=1}^{m_1} (s+z_i) \prod\limits_{k=1}^{m_2} (s^2 + 2\xi_k\omega_k s + \omega_k^2)}{\prod\limits_{j=1}^{n_1} (s+p_j) \prod\limits_{l=1}^{n_2} (s^2 + 2\xi_l\omega_l + \omega_l^2)} \tag{8-25}$$

或：

$$G(s) = \frac{K}{s^v} \times \frac{\prod\limits_{i=1}^{m_1} (\tau_i s + 1) \prod\limits_{k=1}^{m_2} (\tau_k^2 s^2 + 2\xi_k\tau_k s + 1)}{\prod\limits_{j=1}^{n_1} (T_j s + 1) \prod\limits_{l=1}^{n_2} (T_l^2 s^2 + 2\xi_l T_l + 1)} \tag{8-26}$$

式中，$m_1 + 2m_2 = m$ ，$v + n_1 + 2n_2 = n$ 。

从上式可以看出：传递函数是一些基本因子的乘积，这些基本因子就是典型环节所对应的传递函数，是一些最简单、最基本的形式。

8.3.5 典型环节及其传递函数

自动控制系统的构成节点在形式上有很多种类，例如机械式、电气式、液压式、气动式、热动式，等等。这些环节在构造上或作用原理上各不相同。它们的动态特性也不尽一致，但是它们在自动控制系统中都起着信号或能量传递交换的作用。所以在自动控制原理中把信号变换的基本方式和动态性能相同的节点归类，抽象为一些基本环节，这样，自动控制系统都可以被看作是由一个或若干个基本环节组成的。而各自动控制系统的动态品质，在很大程度上就是因为它们所包含的基本环节的类型及其数目不同而有所不同。

需要指出的是，在控制系统中，根据输入输出信号的选择不同，同一部件可以有不同的传递函数，而不同的元部件也可能有相同形式的传递函数。需要指出的是，环节与元部件并非一一对应，有时一个环节代表几个元部件，而有时一个元部件又被表达成几个环节。

典型的基本环节有比例、积分、惯性、振荡、微分和延节等多种，这些典型环节对应着典型电路，这样划分对系统分析和研究带来很大的方便。因此有必要分别讨论典型环节的时域特征和复域（s 域）特征。时域特征包括微分方程和单位阶跃输入下的输出响应，s 域特性研究系统的零极点分布。

1）比例环节

具有比例运算关系的元部件称为比例环节。对于比例环节而言，输出量按一定比例复现输入量，无滞后和失真现象。比例环节的数学方程为：

$$c(t) = kr(t), t \geqslant 0 \tag{8-27}$$

式中，k 称为比例系数，也称放大系数。

比例环节的传递函数为：

$$G(s) = \frac{Y(s)}{X(s)} = k \tag{8-28}$$

在实际应用中，分压器、放大器、无间隙无变形齿轮等都可视为比例环节。

2）积分环节

符合积分运算关系的环节称为积分环节。在动态过程中，积分环节输出量的变化速度和输入量成正比。积分环节的数学方程为：

$$u_0(t) = \frac{1}{T} \int u_i(t) dt \tag{8-29}$$

其中，T 为积分环节的时间常数，表示积分的快慢程度。

积分环节的传递函数为：

$$G(s) = \frac{1}{Ts} \tag{8-30}$$

3）一阶惯性环节（非周期环节）

一个环节的惯性表现为当有突变形式的输入时，输出不立即跟踪，而是按照一定的时间规律逐步趋于输入值，其原因在于环节的能量存储作用。惯性环节的微分方程是一阶的，故称为一阶惯性环节，也称非周期环节。

一阶惯性环节的微分方程为：

$$T \frac{dc(t)}{dt} + c(t) = r(t) \tag{8-31}$$

式中，T 为惯性环节的时间常数。

一阶惯性环节的传递函数为：

$$G(s) = \frac{C(s)}{R(s)} = \frac{1}{Ts+1} \tag{8-32}$$

4）振荡环节

振荡环节与惯性环节一样含有储能元件，不同的是它含有两种形式的储能元件。例如在机械系统中，一种元件储存位能，另一种元件储存动能；在电气系统中，一种元件储存电能，另一种储存磁能。能量在系统或环节的动态过程中反复交换，使得环节的物理量具有振荡性质。振荡环节是由二阶微分方程描述的系统。

振荡环节的微分方程为：

$$T^2 \frac{d^2 c(t)}{dt^2} + 2\zeta T \frac{dc(t)}{dt} + c(t) = r(t) \tag{8-33}$$

式中：T 为振荡环节的时间常数，其倒数 $\frac{1}{T} = \omega_n$ 称为无阻尼自然振荡角频率；ζ 为阻尼系数，$0 < \zeta < 1$。显然，如果 $\zeta = 0$，即无阻尼，这时如果该环节有阶跃输入信号，其输出量便以 ω_n 为角频率进行等幅振荡；当 $\zeta > 0$ 时，该环节的输出量随时间的变化呈衰减振荡形式。

振荡环节的传递函数为:

$$G(s) = \frac{C(s)}{R(s)} = \frac{1}{T^2 s^2 + 2\zeta Ts + 1} \tag{8-34}$$

5) 微分环节

符合微分运算关系的环节称为微分环节,也称为纯微分环节。在动态过程中,微分环节的输出量正比于输入量的变化速度。

微分环节的微分方程为:

$$u_c(t) = \tau \frac{\mathrm{d}u_r(t)}{\mathrm{d}t} \tag{8-35}$$

式中,τ 为微分环节的时间常数,表示微分速率的大小。

微分环节的传递函数为:

$$G(s) = \frac{C(s)}{R(s)} = \tau s \tag{8-36}$$

在实际系统中,由于存在惯性,单纯微分环节是不存在的,一般都是微分环节与一阶惯性环节串联后构成的环节。当时间常数 $T \ll 1$ 时,一阶惯性环节相当于 1:1 的比例环节,因而总的传递函数相当于微分环节的传递函数。

6) 一阶微分环节

符合一阶微分运算关系的环节称为一阶微分环节。此环节的输出量不仅与输入量本身有关,而且与输入量的变化率有关。

一阶微分环节的微分方程为:

$$c(t) = \tau \frac{\mathrm{d}r(t)}{\mathrm{d}t} + r(t) \tag{8-37}$$

一阶微分环节的传递函数为:

$$G(s) = \tau s + 1 \tag{8-38}$$

一阶微分环节可以看成一个微分环节与一个比例环节的并联,其传递函数就是惯性环节的倒数。

7) 二阶微分环节

符合二阶微分运算关系的环节称为二阶微分环节。在动态过程中,二阶微分环节的输出量与输入量以及输入量的一阶、二阶倒数都有关系。

二阶微分环节的微分方程为:

$$c(t) = \tau^2 \frac{\mathrm{d}^2 r(t)}{\mathrm{d}t^2} + 2\tau\zeta \frac{\mathrm{d}r(t)}{\mathrm{d}t} + r(t) \tag{8-39}$$

二阶微分环节的传递函数为:

$$G(s) = \frac{C(s)}{R(s)} = \tau^2 s^2 + 2\zeta\tau s + 1 \tag{8-40}$$

可以看出,二阶微分环节的传递函数是振荡环节的倒数。

8) 延迟环节

具有纯时间延迟传递关系的环节称为延迟环节。延迟环节的输出信号与输入信号的波形完全相同,只是输出量相对输入量有一段时间上的滞后,因此也称为滞后环节。

延迟环节的运动方程不是微分方程,而是差分方程:

$$u_c(t) = u_r(t - \tau) \tag{8-41}$$

在初始条件为零时,延时环节输出量的拉氏变换为:

$$U_c(s) = \int_0^\infty u_r(t - \tau) e^{st} dt = e^{-\tau s} U_r(s) \tag{8-42}$$

因此,延迟环节的传递函数为:

$$G(s) = \frac{U_c(s)}{U_R(s)} = e^{-\tau s} \tag{8-43}$$

对于延迟时间很小的延迟环节,常把它展开成泰勒级数,并略去高次项,可以得到:

$$G(s) = \frac{1}{1 + \tau s + \dfrac{\tau^2}{2!} s^2 + \dfrac{\tau^3}{3!} s^3 + \cdots} \approx \frac{1}{1 + \tau s} \tag{8-44}$$

所以,延迟环节在一定条件下可以近似为惯性环节。但是惯性环节从输入开始时刻就已经有输出,仅由于惯性作用,输出要滞后一段时间才接近所要求的输出值;而延迟环节从输入开始后在 $0 \sim \tau$ 时间内并没有输出,$t = \tau$ 之后的输出则完全等于输入。这种差别如图 8-11 所示:

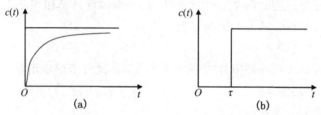

图 8-11　惯性环节(a)和延迟环节(b)

在实际测量系统中,由于诸多限制,测量元件常常离被控对象有一段距离,信号传递也存在一定程度的延时,因此实际测量系统中常含有这种延时环节。例如,测温用的热电阻,由于具有外壳,温度变化转换到热电阻变化也有时延。

8.3.6　系统动态结构图

1) 基本元素

方框图是系统的一种动态数学模型,能形象直观地表明各信号在系统或原件中的传递过程。由具有一定函数关系的环节组成的,并标明信号流向的系统方框图,则称为系统的动态结构图。

控制系统是由一些典型环节组成的,将各环节的传递函数框图,根据系统的物理原理,按信号传递的关系,依次将各框图正确地连接起来,即为系统的方框图。控制系统结构图包括4 种基本元素,即方框、信号传递线、分支点和相加点。

(1) 信号线是带箭头的线段"——→",表示系统中信号的流通方向,一般在线上标注信号所对应的变量。信号只能沿箭头方向流通,即信号的传递具有单向性。

(2) 引出点的符号为"┌─→",表示信号引出或测量的位置,从同一信号线上取除信号的大小和性质完全相同。

(3) 比较点的符号为"⊕",表示两个或两个以上信号在该点相加(+)或相减(一)。需要指出的是:比较点处信号的运算符号必须标明,一般不标明则取正号。

$$R(s) \xrightarrow{} \bigotimes \xrightarrow{R(s) \pm U(s)}$$
$$\uparrow U(s)$$

（4）方框的符号为"—$\boxed{}$→"，表示输入、输出信号之间的动态传递关系，其运算关系为
$Y(s) = G(s)X(s)$ 。

$$R(s) \longrightarrow \boxed{G(s)} \xrightarrow{C(s)}$$
$$C(s) = G(s)R(s)$$

控制系统典型环节的方框图如表 8 - 3 所示：

表 8 - 3　控制系统典型环节的方框图

No.	环节名称	方框图
1	比例环节	$R(s) \to \boxed{K} \to C(s)$
2	积分环节	$R(s) \to \boxed{\dfrac{1}{TS}} \to C(s)$
3	惯性环节	$R(s) \to \boxed{\dfrac{1}{Ts+1}} \to C(s)$
4	振荡环节	$R(s) \to \boxed{\dfrac{1}{-T^2s^2+2\xi Ts+1}} \to C(s)$
5	微分环节	$R(s) \to \boxed{\tau s} \to C(s)$
6	一阶微分环节	$R(s) \to \boxed{\tau s+1} \to C(s)$
7	二阶微分环节	$R(s) \to \boxed{-\tau^2 s^2 + 2\xi\tau s+1} \to C(s)$
8	延迟环节	$R(s) \to \boxed{e^{-\tau s}} \to C(s)$

　　控制系统的结构图简单明了地表达了系统组成和相互联系，可以方便地评价每一个元件对系统性能的影响。在结构图中，信号的传递严格遵照单向性原则，对于输出对输入的反作用，通过反馈支路单独表示。对结构图进行一定的代数运算和等效变换，可方便地求出整个系统的传递函数；$S=0$ 时，表示各变量间的静态特性，否则表示动态特性。

　　下面以直流电动机转速控制系统为例来说明控制系统结构图及其原理和作用：

　　把各元件的传递函数代入方框中，并标明两端对应的变量，就得到了系统的动态结构图。

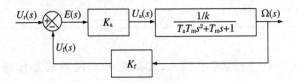

2) 基本连接方式

控制系统结构图包括串联、并联和反馈等基本连接方式。在串联方式中,前一个环节的输出是后一个环节的输入,即依次按顺序连接,如下图所示:

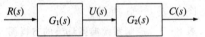

在上图的串联方式下,$U(s) = G_1(s)R(s)$,$C(s) = G_2(s)U(s)$,消去变量 $U(s)$ 可以得到 $C(s) = G_1(s)G_2(s)R(s) = G(s)R(s)$,如下图所示:

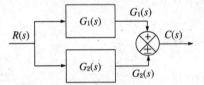

在并联方式中,各环节都有相同的输入量,而输出量则等于各环节输出量的代数和。

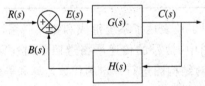

在上图的并联方式中,$C_1(s) = G_1(s)R(s)$,$C_2(s) = G_2(s)R(s)$,并且 $C(s) = C_1(s) \pm C_2(s)$。

将 $G_1(s)$ 和 $G_2(s)$ 合并可以得到 $C(s) = [G_1(s) \pm G_2(s)]R(s) = G(s)R(s)$,也就是说,将多环节并联后的等效传递函数等于各并联环节传递函数的代数和:

在上图中 $R(s)$ — $G_1(s) \pm G_2(s)$ — $C(s)$

反馈连接是指两个方框反向并联连接,如下图所示,相加点处做加法则为正反馈,做减法则为负反馈。

从上图可以得到:$C(s) = G(s)E(s)$,$B(s) = H(s)C(s)$,$E(s) = R(s) \pm B(s)$,消去 $B(s)$ 和 $E(s)$ 后可以得到:

$$C(s) = G(s)[R(s) \pm H(s)C(s)] \tag{8-45}$$

$$\frac{C(s)}{R(s)} = \frac{G(s)}{1 \mp G(s)H(s)} \tag{8-46}$$

上式称为闭环传递函数,是反馈连接的等效传递函数,如下图所示:

$R(s)$ — $\dfrac{G(s)}{1 \mp G(s)H(s)}$ — $C(s)$

$G(s)$ 为前向通道传递函数,$H(s)$ 为反馈通道传递函数,$H(s) = 1$ 则表示单位反馈系统,

$G(s)H(s)$ 则为开环传递函数。

3) 绘制步骤

绘制控制系统结构图时,首先需要列出每个元件的原始方程(保留所有变量,便于分析),并且要考虑相互间负载效应;再将初始条件设置为零,对这些方程进行拉氏变换,得到传递函数,然后分别以一个方框形式将因果关系表示出来,而且这些方框中的传递函数都应具有典型环节的形式;最后将这些方框单元按信号流向连接起来,组成完整的结构图。

在绘制动态结构图时,一般先按从左到右的顺序绘制出前向通路的结构图,然后再绘制反馈通路的结构图。

【例 8-8】画出下图所示 RC 网络的结构图。

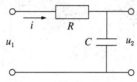

解:首先列写各元件的原始方程式:

$$\begin{cases} u_1 = i \cdot R + u_2 \\ u_2 = \dfrac{1}{C}\displaystyle\int i\mathrm{d}t \end{cases}$$

然后进行拉氏变换:

$$\begin{cases} U_1(s) = I(s)R + U_2(s) \\ U_2(s) = \dfrac{1}{Cs}I(s) \end{cases}$$

在零初始条件下表示成方框形式,并将这些方框以此连接起来,得到系统结构图。

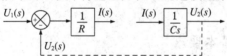

4) 结构图的等效变换

对于复杂系统的结构图一般都有相互交叉的回环,当需要确定系统的传递函数时,就要根据结构图的等效变换先解除回环的交叉,然后根据方框的连接形式进行等效处理,依次开展简化。结构图等效变换的原则为:变换前后应保持信号等效,主要有以下几种方法:

(1) 分支点后移。

(2) 分支点前移。

（3）比较点后移。

（4）比较点前移。

（5）比较点互换或合并。

8.4 自动控制系统性能

8.4.1 自动控制系统的基本要求

　　工程上常从稳定性（简称稳）、快速性（简称快）和准确性（简称准）3 个方面来要求系统的性能。系统在过渡过程中，被控量是随时间变化的，被控量随时间变化规律首先取决于作用于系统的干扰形式。系统在外力作用下，输出逐渐与期望值一致，则系统是稳定的。快速性是指动态过程进行的时间长短；过程时间短则说明系统快速性越好，反之说明系统响应迟钝。准确性是指系统在动态过程结束后，其被控量与给定值的偏差，称为稳态误差，是衡量稳态精度的指标，反映了系统后期稳态的性能。稳、快、准三方面的性能指标往往由于被控对象的具体情况不同，各系统要求也有所侧重，而且同一个系统的稳、快、准的要求是相互制约的。

　　1）稳定性

　　稳定性是指系统受到外力作用后产生振荡，经过一段时间的调整，系统能抑制振荡，使其输出量趋近于希望值。如图 8 - 12 所示，对于稳定的系统，随着时间的增长其输出量趋近于希望值；对于不稳定系统，其输出量发散，如图 8 - 12 所示。显然，不稳定的系统是无法工作的。因此任何一个自动控制系统的首先必须是稳定的，这是对自动控制系统提出的最基本的要求。

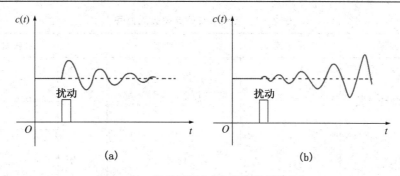

图 8 - 12　稳定系统(a)和不稳定系统(b)

2）快速性

快速性是指系统动态过程经历时间的长短。动态过渡过程时间越短,系统的快速性越好即具有较高的动态精度。通常,系统的动态过程多是衰减振荡过程,如图 8 - 12 所示。这时被控制量变化很快,以致被控量产生超出期望值的波动,经过几次振荡后,达到新的稳定工作状态。稳定性和快速性是反映系统动态过程好坏的尺度。

3）准确性

准确性是指过渡过程结束后被控量与希望值接近的程度,常用稳态误差来表示。所谓稳态误差指的是动态过程结束后系统又进入稳态,此时系统输出量的期望值和实际值之间的偏差值。它表明了系统控制的准确程度。稳态误差越小,则系统的稳态精度越高。若稳态误差为零,则系统称为无差系统;若稳态误差不为零,则系统称为有差系统。

考虑到控制系统的动态过程在不同阶段中的特点,工程上常常从稳、快、准 3 个方面来评价系统的总体精度。恒值控制系统对准确性要求较高,随动控制系统则快速性要求较高。同一系统中,稳定性、快速性和准确性往往是相互制约的。求稳有可能引起系统的快速性变差、精度变低;求快,则可能加剧振荡,甚至引起不稳定。根据不同的工作任务怎样在保证系统稳定的前提下,兼顾系统的快速性和准确性,满足实际系统指标,这正是本课程要解决的问题。

8.4.2 控制系统时域性能指标

对于确定的控制系统,在零初始条件下,若确定输入信号 $x_i(t)$,则可求出系统的时间响应 $x_0(t)$。控制系统的时间响应 $x_0(t)$ 通常可以分为两部分:暂态响应和稳态响应。暂态响应是指随时间增长而趋于零的那部分响应,只对稳态系统才有意义,它与输入无关,仅取决于系统的结构参数;稳态响应是指时间趋于无穷大时的响应,它直接和系统输入信号有关,并且持续时间与输入作用存在的时间一样长。相应地,系统的响应特性由暂态响应特性(暂态特性)与稳态响应特性(稳态特性)两部分组成。

控制系统的稳态误差是因输入信号不同而不同的,因此就需要规定一些典型输入信号。通过评价系统在这些典型输入信号作用下的稳态误差来衡量和比较系统的稳态性能。表 8 - 4 列出了在控制工程中常用的几种典型输入信号。

表 8 - 4　控制系统的典型输入信号

No.	名称	表达式	传递函数	示意图
1	单位阶跃函数	$r(t) = 1$	$R(s) = \dfrac{1}{s}$	
2	单位斜坡函数	$r(t) = t$	$R(s) = \dfrac{1}{s^2}$	
3	单位加速度函数	$r(t) = \dfrac{1}{2}t^2$	$R(s) = \dfrac{1}{s^3}$	

跟踪和复现阶跃输入对系统来说是最严峻的工作状态,因此通常以系统在单位阶跃信号作用下的响应来定义系统的时域性能指标。如果一个控制系统能够有效地克服这种类型的干扰,则一定能很好地克服比较缓和的干扰,而且阶跃干扰的形式简单,容易模拟,便于分析、试验和计算。因此,控制系统的瞬态性能通常以系统在初始条件为零的情况下,对单位阶跃输入信号的响应特性来衡量。单位阶跃函数记为 $1(t)$ 或 $\varepsilon(t)$ 。阶跃响应是指将一个阶跃输入加到系统上时系统的输出。

稳定系统的单位阶跃响应具有衰减振荡和单调变化两种,如图 8 - 13 所示:

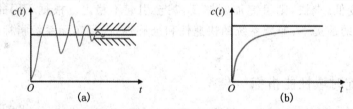

图 8 - 13　衰减振荡的单位阶跃响应(a)和单调变化的单位阶跃响应(b)

1) 静态性能指标

稳态误差是最为主要的系统静态性能指标,它是指一个稳定系统在输入量或扰动的作用下,经历过渡过程进入静态后,静态下输出量的要求值和实际值之间的误差,记为 e_{ss} 。

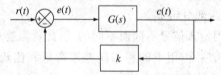

从上图可以得到: $r(t) = kc_{req}(t)$,其中 $c_{req}(t)$ 为输出要求值,误差 $e(t) = r(t) - kc(t)$,稳态误差 e_{ss} 则定义为:

$$e_{ss} = \lim_{t \to \infty}[c_{req}(t) - c(t)] = \lim_{t \to \infty}e(t) \tag{8-47}$$

应用拉普拉斯终值定理可以得到：

$$\lim_{t \to \infty} e(t) = \lim_{s \to 0} sE(s) = \lim_{s \to 0} \frac{s}{1 + kG(s)} R(s) \qquad (8-48)$$

当输入信号为单位阶跃信号时，稳态误差为：

$$e_{ss} = \lim_{s \to 0} \frac{1}{1 + kG(s)} \qquad (8-49)$$

对于 $k=1$ 的闭环系统，其稳态误差为：

$$e_{ss} = \lim_{s \to 0} \frac{1}{1 + G(s)} = \frac{1}{1 + G(0)} \qquad (8-50)$$

对于不存在反馈时的开环系统而言，稳态误差 $E(s) = R(s) - C(s) = (1 - G(s))R(s)$，因此对于单位阶跃输入，开环系统的稳态误差为：

$$e_{ss} = \lim_{s \to 0} s(1 - G(s)) \frac{1}{s} = 1 - G(0) \qquad (8-51)$$

式中，$G(0)$ 常称为系统的直流增益，一般远大于 1，因此反馈能减小控制系统的稳态误差。

2）动态性能指标

当干扰作用于对象，系统输出发生变化，在系统负反馈作用下，经过一段时间，系统重新恢复平衡。从干扰作用破坏静态平衡开始，经过控制，直到系统重新建立平衡，在这一段时间中，整个系统的各个环节和信号都处于变动状态中，称为动态。

研究线性系统在零初始条件和单位阶跃信号输入下的响应过程曲线，如图 8-14 所示，可以得到以下动态性能指标：

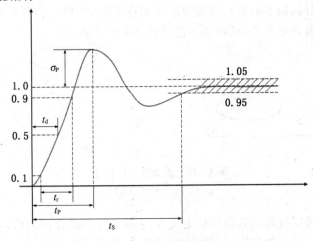

图 8-14　零初始条件下的单位阶跃响应曲线

（1）延迟时间 t_d。系统响应达到稳态值 50% 所需的时间。

（2）上升时间 t_r。对具有振荡的系统，指响应从 0 上升到稳态值所需的时间；而对于单调上升的系统，响应由稳态值的 10% 上升到稳态值的 90% 所需的时间。

（3）峰值时间 t_p。响应到达第一个峰值所需的时间。

（4）调整时间 t_s：（或称过渡过程时间，调节时间，暂态过程时间）：是指响应到达并不再越出稳态值的容许误差范围（±2% 或 ±5%）所需的最短时间。

（5）最大超调量 σ_p。系统响应的最大值超过稳态值的百分比。

$$\sigma_P = \frac{x_0(t_p) - x_0(\infty)}{x_0(\infty)} \times 100\% \tag{8-52}$$

（6）振荡次数 N。是指响应在调节时间的范围内围绕其稳态值所振荡的次数。

在上述性能指标中，延迟时间 t_d、上升时间 t_r、峰值时间 t_p 和调整时间 t_s 侧重于考核系统的快速性；最大超调量 σ_P 和振荡次数 N 侧重于平稳性，这些指标都属于动态性能指标。由于这些性能指标常常彼此矛盾，因此必须加以折中处理。

一般以最大超调量 σ_P、调整时间 t_s 和稳态误差 e_{ss} 分别来评价控制系统的平稳性、快速性和稳态精度。

8.4.3 劳斯稳定性判据

稳定性是控制系统最重要的问题，也是对系统最起码的要求。控制系统在实际运行中，总会受到外界和内部一些因素的扰动，例如负载或能源的波动、环境条件的改变、系统参数的变化等。如果系统不稳定，当它受到扰动时，系统中各物理量就会偏离其平衡工作点，并随时间推移而发散，即使扰动消失了，也不可能恢复原来的平衡状态。因此，如何分析系统的稳定性并提出保证系统稳定的措施，是控制理论的基本任务之一。

在实际操作中，通常对线性系统采用劳斯（Routh）稳定判据，它是一种代数判据方法，即根据系统特征方程式来判断特征根在 S 平面的位置，从而决定系统的稳定性。

稳定性的概念可以通过图 8-15 所示的方法加以说明。考虑置于水平面上的圆锥体，其底部朝下时，若将它稍微倾斜，外力作用撤销后，经过若干次摆动，它仍会返回原来状态；而当圆锥体尖部朝下放置时，由于只有一点能使圆锥保持平衡，所以在受到任何极微小的扰动后，它就会倾倒，如果没有外力作用，就再也不能回到原来的状态了。

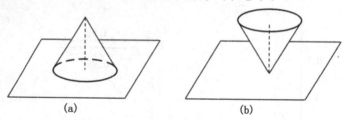

图 8-15　圆锥体的稳定性

(a) 稳定的；(b)不稳定的

根据上述讨论，可以将系统的稳定性定义为：系统在受到外作用力后，偏离了正常工作点，而当外作用力消失后，系统能够返回到原来的工作点，则称系统是稳定的。

系统的瞬态响应不外乎表现为衰减、临界和发散这 3 种情况，它是决定系统稳定性的关键。由于输入量只影响到稳态响应项，并且两者具有相同的特性，即如果输入量 $r(t)$ 是有界的：

$$|r(t)| < \infty, \ t \geqslant 0 \tag{8-53}$$

则稳态响应项也必定是有界的，这说明对于系统稳定性的讨论可以归结为：系统在任何一个有界输入的作用下，其输出是否有界的问题。对于一个稳定的系统而言，在有界输入作用下，其输出响应也是有界的，这叫做有界输入有界输出稳定，又简称为 BIBO 稳定。

线性闭环系统的稳定性可以根据闭环极点在 S 平面内的位置予以确定。假如单输入单输出线性系统由下述的微分方程来描述：

$$a_n c^{(n)} + a_{n-1} c^{(n-1)} + \cdots + a_1 c^{(1)} + a_0 c = b_m r^{(m)} + b_{m-1} r^{(m-1)} + \cdots + b_1 r^{(1)} + b_0 r \qquad (8-54)$$

则系统的稳定性由上式左端决定，或者说系统稳定性可按齐次微分方程式来分析：

$$a_n c^{(n)} + a_{n-1} c^{(n-1)} + \cdots + a_1 c^{(1)} + a_0 c = 0 \qquad (8-55)$$

这时，在任何初始条件下，若满足：

$$\lim_{t \to \infty} c(t) = \lim_{t \to \infty} c^{(1)}(t) = \cdots = \lim_{t \to} c^{(n-1)}(t) = 0 \qquad (8-56)$$

则称该单输入单输出线性系统是稳定的。

　　为了决定系统的稳定性，可求出齐次微分方程式的解。由数学分析知道，其特征方程式为：

$$a_n s^n + a_{n-1} s^{n-1} + \cdots + a_1 s + a_0 = 0 \qquad (8-57)$$

　　设上式有 k 个实根 $-p_i (i = 1, 2, \cdots, k)$，$r$ 对共轭复数根 $(-\sigma_j \pm j\omega_i)(i = 1, 2, \cdots, r)$，$k + 2r = n$，则上述齐次方程解的一般式为：

$$c(t) = \sum_{i=1}^{k} C_i e^{-p_i t} + \sum_{i=1}^{r} e^{-\sigma_i t} (A_i \cos\omega_i t + B_i \sin\omega_i t) \qquad (8-58)$$

式中，系数 A_i，B_i 和 C_i 由初始条件决定。

　　线性系统稳定的充分必要条件是它的所有特征根均为负实数，或者具有负的实数部分。

　　由于系统特征方程式的根在根平面上是一个点，所以上述结论又可以表述成：线性系统稳定的充要条件是它的所有特征根均在根平面的左半部分。

　　需要指出的是：对于线性定常系统，由于系统特征方程根是由特征方程的结构（即方程的阶数）和系数决定的，因此系统的稳定性与输入信号和初始条件无关，仅由系统的结构和参数决定。此外，如果系统中每个部分都可用线性常系数微分方程描述，那么当系统是稳定时，它在大偏差情况下也是稳定的。如果系统中有的元件或装置是非线性的，但经线性化处理后可用线性化方程来描述，那么当系统是稳定时，只能说这个系统在小偏差情况下是稳定的，而在大偏差时并不能保证系统仍是稳定的。

　　以上提出的判断系统稳定性的条件是根据系统特征方程根，但是求解高次特征方程式是相当麻烦的，因此英国人劳斯于 1877 年提出了在不解特征方程式的情况下，求解特征方程根在 S 平面上分布的判据。

　　劳斯稳定判据的具体步骤如下：

　　（1）列出系统特征方程式：

$$a_n s^n + a_{n-1} s^{n-1} + \cdots + a_1 s + a_0 = 0 \qquad (8-59)$$

式中，$a_n > 0$，各项系数均为正数。

　　（2）按特征方程的系数列写劳斯阵列表：

$$
\begin{array}{c|cccc}
s^n & a_n & a_{n-2} & a_{n-4} & \cdots \\
s^{n-1} & a_{n-1} & a_{n-3} & a_{n-5} & \cdots \\
s^{n-2} & b_1 & b_2 & b_3 & \cdots \\
s^{n-3} & c_1 & c_2 & c_3 & \cdots \\
s^{n-4} & d_1 & d_2 & d_3 & \cdots \\
\vdots & \vdots & \vdots & \vdots & \vdots \\
s^1 & f_1 & & & \\
s^0 & g_1 & & &
\end{array}
\qquad (8-60)
$$

其中：

$$b_1 = -\frac{1}{a_{n-1}}\begin{vmatrix} a_n & a_{n-2} \\ a_{n-1} & a_{n-3} \end{vmatrix} \tag{8-61}$$

$$b_2 = -\frac{1}{a_{n-1}}\begin{vmatrix} a_n & a_{n-4} \\ a_{n-1} & a_{n-5} \end{vmatrix} \tag{8-62}$$

$$b_3 = -\frac{1}{a_{n-1}}\begin{vmatrix} a_n & a_{n-6} \\ a_{n-1} & a_{n-7} \end{vmatrix} \tag{8-63}$$

$$\cdots$$

直至其余 b_i 项均为零。

$$c_1 = -\frac{1}{b_1}\begin{vmatrix} a_{n-1} & a_{n-3} \\ b_1 & b_2 \end{vmatrix} \tag{8-64}$$

$$c_2 = -\frac{1}{b_1}\begin{vmatrix} a_{n-1} & a_{n-5} \\ b_1 & b_3 \end{vmatrix} \tag{8-65}$$

$$c_3 = -\frac{1}{b_1}\begin{vmatrix} a_{n-1} & a_{n-7} \\ b_1 & b_4 \end{vmatrix} \tag{8-66}$$

$$\cdots$$

按此规律一直计算到 $n-1$ 行为止。在上述计算过程中，为了简化数值运算，可将某一行的各系数均乘以一个整数，不会影响稳定性结论。

（3）考察阵列表第一列系数符合。假若劳斯阵列表中第一列系数均为正数，则该系统是稳定的，即特征方程所有的根均位于根平面的左半平面。假若第一列系数有负数，则第一列系数符号的改变次数等于在右半平面上根的个数。

【例 8-9】若系统特征方程为 $s^4 + 6s^3 + 12s^2 + 11s + 6 = 0$，试用劳斯判据判别系统的稳定性。

解：从系统特征方程看出，它的所有系数均为正实数，满足系统稳定的必要条件。列写劳斯阵列表如下：

$$
\begin{array}{cccc}
s^4 & 1 & 12 & 6 \\
s^3 & 6 & 11 & 0 \\
s^2 & \dfrac{61}{6} & 6 & \\
s^1 & \dfrac{455}{61} & 0 & \\
s^0 & 6 & &
\end{array}
$$

第一列系数均为正实数，故系统稳定。事实上，本例也可利用因式分解将特征方程写为：

$$(s+2)(s+3)(s^2+s+1) = 0$$

可以解出特征方程的根为 -2，-3，以及 $-\dfrac{1}{2} \pm j\dfrac{\sqrt{3}}{2}$，均具有负实部，所以系统是稳定的。

应用劳斯判据不仅可以判别系统是否稳定，即系统的绝对稳定性，而且也可以检验系统是否有一定的稳定裕量，即系统的相对稳定性。另外，劳斯判据还可以用来分析系统参数对稳定性的影响和鉴别延滞系统的稳定性。

1）稳定裕量的检验

如下图所示,把虚轴左移 σ_1 ,即令 $s = z - \sigma_1$,并将其代入系统的特征方程,得到以 Z 变量的新特征方程式,然后再检验新特征方程式有几个根位于新虚轴的右边。

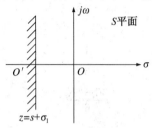

如果所有根均在新虚轴的左边,即新劳斯阵列式的第一列均为正数,则说明系统具有稳定裕度 σ_1 。

【例 8-10】检验特征方程式 $2s^3 + 10s^2 + 13s + 4 = 0$ 是否有根在右半平面,并检验有几个根在直线 $s = -1$ 的右边。

解:列写劳斯阵列表:

$$
\begin{array}{ccc}
s^3 & 2 & 13 \\
s^2 & 10 & 4 \\
s^1 & 12.2 \\
s^0 & 4
\end{array}
$$

第一列无符号改变,故没有根在 S 平面的右半平面;再令 $s = z - 1$,代入特征方程式,得到:

$$2(z-1)^3 + 10(z-1)^2 + 13(z-1) + 4 = 0$$

整理后得到:

$$2z^3 + 4z^2 - z - 1 = 0$$

则新的劳斯阵列表为:

$$
\begin{array}{ccc}
z^3 & 2 & -1 \\
z^2 & 4 & -1 \\
z^1 & -\dfrac{1}{2} \\
z^0 & -1
\end{array}
$$

从表中可以看出,第一列符号改变了一次,故有一个根在直线 $s = -1$(新坐标的虚轴)的右边,因此该系统的稳定裕量不到 1。

2）分析系统参数对稳定性的影响

举例说明如何采用劳斯判据分析参数对系统稳定性的影响。设有如图所示的单位反馈控制系统:

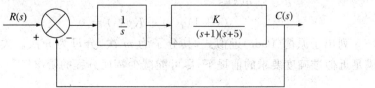

其闭环传递函数为:

$$G_{\text{B}}(s) = \frac{C(s)}{R(s)} = \frac{K}{s(s+1)(s+5)+K}$$

则系统的特征方程式为：

$$s^3 + 6s^2 + 5s + K = 0$$

列写劳斯阵列表：

$$
\begin{array}{ccc}
s^3 & 1 & 5 \\
s^2 & 6 & K \\
s^1 & \dfrac{30-K}{6} & \\
s^0 & K &
\end{array}
$$

若要使系统稳定，其充要条件是劳斯阵列表的第一列均为整数，即 $K > 0$ 且 $(30-K) > 0$，所以 K 的取值范围为 $0 \sim 30$，其稳定的临界值为 30。由此可以看出，为了保证系统稳定，K 值有一定限制，但是为了降低稳态误差，则要求较大的 K 值，两者是矛盾的。为了满足两方面的要求，则必须采用校正的方法来处理。

3) 鉴别延滞系统的稳定性

劳斯判据适用于系统特征方程式是 s 的高阶代数方程的场合，而包含有延滞环节的控制系统，其特征方程带有指数 $e^{-\tau s}$ 项。若应用劳斯判据来判别延滞系统的稳定性，则需要采用近似的方法处理。

仍然通过例子来说明。下图是一个延滞系统：

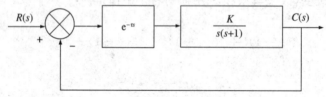

其闭环传递函数为：

$$G_{\text{B}}(s) = \frac{Ke^{-\tau s}}{s(s+1)+Ke^{-\tau s}}$$

故其特征方程为：

$$s(s+1) + Ke^{-\tau s} = 0$$

若采用解析法来分析系统，首先需要将指数函数 $e^{-\tau s}$ 用有理函数去近似。常用的指数函数近似法有几种，此处仅阐述用派德有理分式来近似的方法。

指数函数的泰勒级数为：

$$e^{-\tau s} = 1 - \tau s + \frac{(\tau s)^2}{2!} - \frac{(\tau s)^3}{3!} + \cdots$$

由此可见，可用一个有理分式 $\dfrac{p(s)}{q(s)}$ 来近似 $e^{-\tau s}$，因此本案例中的特征方程可以写为：

$$s(s+1)q(s) + Kp(s) = 0$$

表 8-5 列出了派德(Pade)近似式，其分子为 m 次，分母为 n 次。关于阶次 m 和 n 的选取，应在满足近似准确度要求的前提下，尽可能减少特征方程的阶次。

表 8-5　e^{-x} 的派德近似式

	0	1	2	3
0	$\dfrac{1}{1}$	$\dfrac{1-x}{1}$	$\dfrac{1-x+\dfrac{x^2}{2!}}{1}$	$\dfrac{1-x+\dfrac{x^2}{2!}-\dfrac{x^3}{3!}}{1}$
1	$\dfrac{1}{1+x}$	$\dfrac{1-\dfrac{1}{2}x}{1+\dfrac{1}{2}x}$	$\dfrac{1-\dfrac{2}{3}x+\dfrac{1}{3}\cdot\dfrac{x^2}{2!}}{1+\dfrac{1}{3}x}$	$\dfrac{1-\dfrac{3}{4}x+\dfrac{2}{4}\cdot\dfrac{x^2}{2!}-\dfrac{1}{4}\cdot\dfrac{x^3}{3!}}{1+\dfrac{1}{4}x}$
2	$\dfrac{1}{1+x+\dfrac{x^2}{2!}}$	$\dfrac{1-\dfrac{1}{3}x}{1+\dfrac{2}{3}x+\dfrac{1}{3}\cdot\dfrac{x^2}{2!}}$	$\dfrac{1-\dfrac{1}{2}x+\dfrac{1}{6}\cdot\dfrac{x^2}{2!}}{1+\dfrac{1}{2}x+\dfrac{1}{6}\cdot\dfrac{x^2}{2!}}$	$\dfrac{1-\dfrac{2}{3}x+\dfrac{3}{10}\cdot\dfrac{x^2}{2!}-\dfrac{1}{10}\cdot\dfrac{x^3}{3!}}{1+\dfrac{2}{5}x+\dfrac{1}{10}\cdot\dfrac{x^2}{2!}}$
3	$\dfrac{1}{1+x+\dfrac{x^2}{2!}+\dfrac{x^3}{3!}}$	$\dfrac{1-\dfrac{1}{4}x}{1+\dfrac{3}{4}x+\dfrac{2}{4}\cdot\dfrac{x^2}{2!}+\dfrac{1}{4}\cdot\dfrac{x^3}{3!}}$	$\dfrac{1-\dfrac{2}{5}x+\dfrac{1}{10}\cdot\dfrac{x^2}{2!}}{1+\dfrac{3}{5}x+\dfrac{1}{10}\cdot\dfrac{x^2}{2!}+\dfrac{1}{10}\cdot\dfrac{x^3}{3!}}$	$\dfrac{1-\dfrac{1}{2}x+\dfrac{3}{5}\cdot\dfrac{x^2}{2!}-\dfrac{1}{20}\cdot\dfrac{x^3}{3!}}{1+\dfrac{1}{2}x+\dfrac{1}{5}\cdot\dfrac{x^2}{2!}+\dfrac{1}{20}\cdot\dfrac{x^3}{3!}}$

选择 $n=1,m=3$，则派德近似式为：

$$e^{-\tau s}=\frac{1-\dfrac{3}{4}\tau s+\dfrac{2}{4}\dfrac{(\tau s)^2}{2!}-\dfrac{1}{4}\dfrac{(\tau s)^3}{3!}}{1+\dfrac{1}{4}\tau s}$$

设 $\tau=1\,\mathrm{s}$，则该系统的特征方程为：

$$s(s+1)(1+\frac{1}{4}s)+K(1-\frac{3}{4}s+\frac{1}{4}s^2-\frac{1}{24}s^3)=0$$

或者：

$$(\frac{1}{4}-\frac{1}{24}K)s^3+(\frac{5}{4}+\frac{K}{4})s^2+(1-\frac{3}{4}K)s+K=0$$

应用劳斯判据可以求出 K 的临界值为 1.13，而实际上 K 的准确值为 1.14，所以应用派德近似式可以不增加分析的复杂程度，而仍能保证较好的近似性。应用近似分析方法的缺点是：只有应用近似式后，才能确定需要的近似准确度，同时随着近似程度的提高，多项式的阶次也将随之增加，分析会显得愈加复杂。此外，从上述分析可以看出，当 $\tau=0$ 时，则 K 为任何值都能使系统稳定，因此延滞大大降低了系统的稳定性。

思考题：

（1）过程控制系统的主要任务是什么？请绘制系统方框图来说明。

（2）开环控制方式与闭环控制方式的区别是什么？各有什么优缺点？

（3）自动控制系统有哪些分类方法？定常系统和时变系统的差异是什么？

（4）一个控制系统的性能通常从哪些方面去考核？为什么？

（5）什么是控制系统的数学模型？应该有哪些特点？如何建立数学模型？

（6）传递函数的作用是什么？请分别写出比例、惯性、积分、微分环节的传递函数。

第 9 章　数字化控制方法

9.1 PID 控制方法

9.1.1 基本理论

目前的自动控制技术绝大部分是基于反馈概念的,反馈理论包括 3 个基本要素:测量、比较和执行。测量过程的关注点是变量,并与期望值相比较,以此误差来纠正和控制系统的响应。反馈理论及其在自动控制中应用的关键是:做出正确测量与比较后,如何用于系统的纠正与调节。PID(Proportional Integral Derivative)控制是最早发展起来的控制策略之一,由于其算法简单、鲁棒性好和可靠性高,被广泛应用于工业过程控制,尤其适用于可建立精确数学模型的确定性控制系统。

PID 控制器由比例单元(P)、积分单元(I)和微分单元(D)组成,它的基本原理比较简单,基本的 PID 控制规律可以描述为:

$$G(s) = K_p + \frac{K_1}{s} + K_D s \qquad (9-1)$$

PID 控制用途广泛,使用灵活,已有系列化控制器产品,使用时只需要设定 K_p,K_1 和 K_D 三个参数即可。在很多情况下,并不一定需要三个单元,可以取其中的一到两个单元,但比例控制单元是必不可少的。

PID 控制具有以下优点:

(1) 原理简单,使用方便,PID 参数 K_p,K_1 和 K_D 可以根据过程动态特性变化,PID 参数就可以重新进行调整与设定。

(2) 适应性强,按 PID 控制规律进行工作的控制器早已商品化,即使目前最新式的过程控制计算机,其基本控制功能也仍然是 PID 控制。PID 应用范围广,虽然很多工业过程是非线性或时变的,但通过适当简化,也可以将其变成基本线性和动态特性不随时间变化的系统,就可以进行 PID 控制了。

(3) 鲁棒性强,即其控制品质对被控对象特性的变化不太敏感,但不可否认 PID 也有其固有的缺点。PID 在控制非线性、时变、耦合及参数和结构不缺点的复杂过程时,效果并不理想。

(4) 在科学技术,尤其是计算机技术迅速发展的今天,虽然涌现出了许多新的控制方法,但 PID 仍因其自身的有点而得到了最广泛的应用,PID 控制规律仍是最普遍的控制规律。PID 控制器是最简单的,并且许多时候也是最好的控制器。

在过程控制中,PID 控制也是应用最为广泛的,一个大型现代化控制系统的控制回路可能达几百个甚至更多,其中绝大部分都采用 PID 控制。由此可见,在过程控制中,PID 控制的重要性是显然的。

9.1.2 比例(P)控制

比例控制是一种最简单的控制方法,其控制器的输出与输入误差信号成比例关系,当仅有比例控制时系统输出存在稳定误差。比例控制器的传递函数为:

$$G_c(s) = K_p \tag{9-2}$$

式中,K_p 称为比例系数或增益(可为正或负),一些传统的控制器常用比例带(Proportional Band,PB)来取代比例系数 K_p,比例带是比例系数的倒数,比例带也称为比例度。

对于单位反馈系统,0 型系统响应实际阶跃信号 $R_0 1(t)$ 的稳态误差与其开环增益 K 近似成反比,即:

$$\lim_{t \to \infty} e(t) = \frac{R_0}{1 + K} \tag{9-3}$$

对于单位反馈系统,I 型系统响应匀速信号 $R_1(t)$ 的稳态误差与其开环增益 K_v 近似成反比,即:

$$\lim_{t \to \infty} e(t) = \frac{R_1}{K_v} \tag{9-4}$$

P 控制只改变系统的增益而不影响相位,它对系统的影响主要反映在系统的稳态误差和稳定性上,增大比例系数可提高系统的开环增益,减小系统的稳态误差,从而提高系统的控制精度,但这会降低系统的相对稳定性,甚至可能造成闭环系统的不稳定,因此,在系统校正和设计 P 控制一般不单独使用。

具有比例控制器的系统结构如图 9-1 所示:

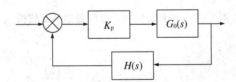

图 9-1　具有比例控制器的系统结构

系统的特征方程式为:

$$D(s) = 1 + K_p G_0 H(s) = 0 \tag{9-5}$$

下面举例说明纯比例控制的作用或比例调节对系统性能的影响。

【例 9-1】控制系统如下图所示,其中 $G_0(s)$ 为三阶对象模型:

$$G_0(s) = \frac{1}{(s+1)(2s+1)(5s+1)}$$

$H(s)$ 为单位反馈,对系统单独采用比例控制,比例系数 K_p 分别为 0.1,2.0,2.4,3.0,3.5,试绘制各比例系数下系统的单位阶跃响应曲线。

解:根据题意,绘制的阶跃响应曲线如下:

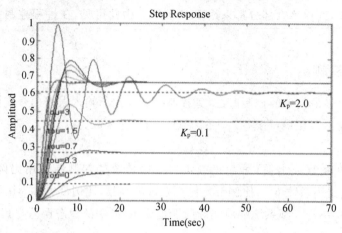

从上图可以看出,随着 K_p 值增大,系统响应速度加快,系统的超调随着增加,调节时间也随着增长,但 K_p 增大到一定值后,闭环控制将趋于不稳定。

9.1.3 比例微分(PD)控制

具有比例加微分控制规律的控制称为比例微分(PD)控制,其传递函数为:

$$G_s(s) = K_p + K_p \tau s \tag{9-6}$$

其中, K_p 为比例系数, τ 为微分常数, K_p 与 τ 两者都是可调的参数。

具有 PD 控制器的系统接头如图 9-2 所示:

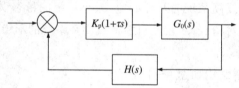

图 9-2　具有比例微分控制器的系统结构

PD 控制器的输出信号为:

$$u(t) = K_p e(t) + K_p \tau \frac{\mathrm{d}e(t)}{\mathrm{d}t} \tag{9-7}$$

在微分控制中,控制器的输入与输出误差信号的微分(即误差的变化率)成正比关系。微分控制反映误差的变化率,只有当误差随时间变化时,微分控制才会对系统起作用,而对无变化或缓慢变化的对象不起作用。因此微分控制在任何情况下不能单独与被控制对象串联使用,而只能构成 PD 或 PID 控制。

自动控制系统在克服误差的调节过程中可能会出现震荡甚至不稳定,其原因是由于存在较大惯性的组件(环节)或有滞后的组件,具有抑制误差的作用,其变化总是落后于误差的变化。解决的方法是使抑制误差变化的作用"超前",即在误差接近零时,抑制误差的作用就应该是零。

这就是说,在控制中引入"比例"项是不够的,比例项的作用仅是放大误差的幅值,而且目前需要增加的是"微分项",它能预测误差变化的趋势,这样,具有"比例+微分"的控制器,就能提前使抑制误差的作用等于零甚至为负值,从而避免被控量的严重超调,因此对于有较大惯性或滞后的被控对象而言,比例微分控制器能改善系统在调节过程中的动态性。但是,需要指出的是:微分控制对纯滞后环节不仅不能改善控制品质,而且具有放大高频噪声的缺点。

在实际应用中,当设定值有突变时,为了防止由于微分控制的突跳,常将微分控制环节设置在反馈回路中,这种做法称为微分先行,即微分运算只对测量信号进行,而不对设定信号进行。

【例 9-2】控制系统如下图所示,其中 $G_0(s)$ 为三阶对象:

$$G_0(s) = \frac{1}{(s+1)(2s+1)(5s+1)}$$

$H(s)$ 为单位反馈,采用比例微分控制,比例系数 $K_p = 2$,而微分系数 τ 分别取 $0,0.3$,$0.7,1.5$ 和 3,试绘制各比例微分系数下系统的阶跃响应曲线。

解:根据题意,绘制的阶跃响应曲线如下:

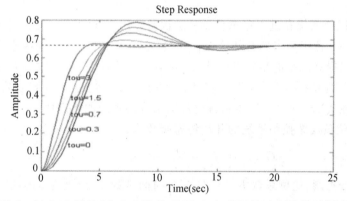

从上图可以看出,仅有比例控制时系统的阶跃响应有相当大的超调量和较强烈的振荡,随着微分作用的增强,系统的超调量减小,稳定性提高,上升时间缩短,系统响应的快速性增强。

9.1.4 积分(I)控制

具有积分控制规律的控制称为积分(I)控制,其传递函数为:

$$G_c(s) = \frac{K_i}{s} \tag{9-8}$$

式中:K_i 称为积分系数。

控制器的输出信号为:

$$U(t) = K_I \int_0^t e(t) \mathrm{d}t \tag{9-9}$$

或者说,积分控制器输出信号 $u(t)$ 的变化速率与输入信号 $e(t)$ 成正比,即:

$$\frac{\mathrm{d}u(t)}{\mathrm{d}t} = K_I e(t) \tag{9-10}$$

对于一个自动控制系统,如果在进入稳态后存在稳态误差,则称这个系统是有稳态误差的或简称有差系统。为了消除稳态误差,在控制器必须引入"积分项",积分项对误差取决于时间的积分,随着时间的增加,积分项会增大使稳态误差进一步减小,直到等于零。

通常,采用积分控制器的主要目的是使系统无稳态误差,由于积分引入了相位滞后,使系统稳定性变差,增加积分器控制对系统而言是加入了极点,对系统的响应而言是可消除稳态误差,但这对瞬时响应会造成不良影响,甚至造成不稳定,因此积分控制一般不单独使用,通常结合比例控制器构成比例积分(PI)控制器。

9.1.5 比例积分(PI)控制

具有比例加积分控制规律的控制称为比例积分(PI)控制器,其传递函数为:

$$G_c(s) = K_P + \frac{K_P}{T_i} \cdot \frac{1}{s} = \frac{K_P\left(s + \frac{1}{T_i}\right)}{s} \tag{9-11}$$

式中,K_P 为比例系数,T_i 称为积分时间常数,两者都是可调参数。

比例积分控制器的输出信号为:

$$u(t) = K_P e(t) + \frac{K_P}{T_i}\int_0^t e(t)\mathrm{d}t \tag{9-12}$$

PI 控制器可以使系统在进入稳态后无稳态误差。PI 控制器在与被控对象串联时,相当于在系统中增加了一个位于原点的开环极点,同时也增加了一个位于 s 左半平面的开环零点,位于原点的极点可以提高系统的型别,以消除或减小系统的稳态误差,改善系统的稳态性能;而增加的负实部零点则可减小系统的阻尼程度,缓和 PI 控制器极点对系统稳定性及动态过程产生的不利影响。在实际工程中,PI 控制器通常用来改善系统的稳定性。

【例 9-3】单位负反馈控制系统的开环传递函数为:

$$G_0(s) = \frac{1}{(s+1)(2s+1)(5s+1)}$$

采用比例积分控制,比例系数 $K_P = 2$,积分时间常数 T_i 分别为 3,6,14,21,28,试绘制各比例积分系数下的单位阶跃响应曲线。

解:根据题意,绘制的阶跃响应曲线如下:

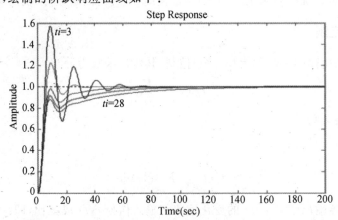

从上图可以看出,随着积分时间的减少,积分控制作用增强,闭环系统的稳定性则变差。

9.1.6 比例积分微分(PID)控制

具有比例＋积分＋微分控制规律的控制称为比例积分微分(PID)控制,其传递函数为:

$$G_c(s) = K_P + \frac{K_P}{T_i} \cdot \frac{1}{s} + K_P \tau s \tag{9-13}$$

式中，K_P 为比例系数，T_i 为微分时间常数，τ 为微分时间常数，三者都是可调参数。

PID 控制器的输出信号为：

$$u(t) = K_p e(t) + \frac{K_p}{T_i} \int_0^t e(t) \mathrm{d}t + K_p \tau \frac{\mathrm{d}e(t)}{\mathrm{d}t} \tag{9-14}$$

PID 控制器的传递函数可写成：

$$\frac{U(s)}{E(s)} = \frac{K_p}{T_i} \cdot \frac{T_i \tau s^2 + T_i s + 1}{s} \tag{9-15}$$

PI 控制器与被控对象串联连接时，可以使系统的型别提高一级，而且还提供了两个负实部的零点。与 PI 控制器相比，PID 控制器除了同样具有提高系统稳定性能的优点外，还多提供了一个负实部零点，因此在提高系统动力系统方面提供了很大的优越性。在实际过程中，PID 控制器被广泛应用。

PID 控制通过积分作用消除误差，而微分控制可缩小超调量，加快反应，是综合了 PI 控制与 PD 控制长处，并消除其短处。从频域角度看，PID 控制通过积分作用于系统的低频段，以提高系统的稳定性，而微分作用于系统的中频段，以改善系统的动态性能。

比例（P）控制能迅速反应误差，从而减小稳态误差。但是，比例控制不能消除稳态误差。比例放大系数的加大，会引起系统的不稳定。积分（I）控制的作用是：只要系统有误差存在，积分控制器就不断地积累，输出控制量，以消除误差。因而，只要有足够的时间，积分控制将能完全消除误差，使系统误差为零，从而消除稳态误差。积分作用太强会使系统超调加大，甚至使系统出现振荡。微分（D）控制可以减小超调量，克服振荡，使系统的稳定性提高，同时加快系统的动态响应速度，减小调整时间，从而改善系统的动态性能。根据不同的被控对象的控制特性，又可以分为 P、PI、PD、PID 等不同的控制模型。

9.1.7 PID 参数整定

PID 控制器中的 3 个参数 K_P，T_i，T_d 的取值直接影响到控制器的控制效果，为了满足控制系统对于稳定性、准确性、快速性指标的要求，对于三个参数的整定是控制系统设计的核心内容。根据研究手段，可以分为基于频域的 PID 参数整定方法和基于时域的 PID 参数整定方法；按照被控对象的个数，可分为单变量 PID 参数整定方法和多变量 PID 参数整定方法；按照控制量的组合形式，可分为常规 PID 参数整定方法和智能 PID 参数整定方法，前者包括现有大多数整定方法，后者则是最近几年研究的热点和难点。

通常，衡量控制过渡过程"最优"的性能指标的形式有：1/4 衰减振荡、绝对误差的积分最小（ $IAE = \int_0^T |r(t) - y(t)| \mathrm{d}t$ ），误差平方的积分最小（ $ISE = \int_0^T |r(t) - y(t)|^2 \mathrm{d}t$ ），时间与绝对误差乘积的积分最小（ $ITAE = \int_0^T t |r(t) - y(t)| \mathrm{d}t$ ）等。不同"最优"性能指标对应有不同的 PID 整定参数。例如，临界比例度法的经验数值就是以实现 1/4 衰减振荡为目标的，而其他经验整定方法则针对不同的"最优"性能指标来展开的。

对于模型结构已知而参数未知的对象，使用基于模型的自整定方法可得到过程模型参数，同依据参数估计值进行参数调整的确定性等价控制规律结合起来,综合出所需的控制器参数;被控过程特性发生变化后,可通过最优化某一性能指标或期望的闭环特性来周期性地更新控制器参数。关键是要精确地获得被控对象的数学模型,然而辨识所得到的数学模型一般都含有近似的部分,不可能做到完全精确,这对控制精度带来影响;再加上辨识工作量大、计算费时,不适应系统的快速控制,限制了这类方法的使用。基于规则的自整定方法对模型要求较少,借助于控制器输出和过程输出变量的观测值来表征的动态特性,具有易执行且鲁棒性较强的特点,能综合采用专家经验进行整定。但这类方法的理论基础较弱,需要丰富的控制知识,其性能的优劣取决于开发者对控制回路参数整定的经验以及对反馈控制理论的理解程度。另外,采用模式识别方法时,如果专家系统不具备判断某种模式的知识,整定后的控制往往会发散。下面介绍两种最为常用的 PID 参数整定方法:

1) 试凑法

通过试凑法确定 PID 控制参数时,需要边观察系统的运行,边修改参数,直到满意为止。一般情况下,增大比例系数 K_P 会加快系统的响应速度,有利于减小静差;但过大的比例系数会使系统有较大的超调,产生振荡,使系统稳定性变差。减小积分系数 K_I 将减少积分作用,有利于减小超调;但同时会减慢系统消除静差的速度。增加微分系数 K_D 有利于加快系统的响应,从而减小超调,但系统对干扰的抑制能力也会随之减弱。

在试凑时,一般可以根据各参数对控制过程的影响趋势,对参数实行先比例、后积分、再微分的整定步骤。

首先将积分系数 K_I 和微分系数 K_D 设为零,即采用纯比例控制,取消微分和积分作用。将比例系数 K_P 由小到大变化,观察系统的响应,直至系统具有较快的响应速度,且有一定范围的超调为止。如果系统静差在规定范围之内,且响应曲线已满足设计要求,则说明该系统只需纯比例控制即可。

如果比例控制系统的静差达不到设计要求,这时可以加入积分作用。在整定时将积分系数 K_I 逐步增大,积分作用随之增强,系统的静差会逐步减小直至消失。需要注意的是,这时的超调量会比纯比例控制时增大,应当适当降低比例系数 K_P。

若使用比例积分控制器反复调整后仍达不到设计要求,这时应加入微分环节,即将微分系数 K_D 从零开始逐步增加,观察超调量和稳定性,同时相应地微调比例系数 K_P、积分系数 K_I,直到满意为止。

2) 临界比例度法

临界比例度法是一种常用的 PID 参数的工程整定方法,该方法适用于已知对象传递函数的场合,利用它可以比较迅速地找到合适的控制器参数。

第一步,取 $T_i = 0$,$T_d = 0$,并将比例系数设为较大数值,即系统按纯比例控制运行稳定后,逐步地减小比例度,在外界输入作用下,观察系统输出量的变化情况,直至系统出现等幅振荡为止。记下此时的比例度 δ_K 和振荡周期 T_K,它们分别称为临界比例度和临界振荡周期。

第二步,根据临界比例度 δ_K 和临界振荡周期 T_K,按表 9-1 中所列的经验算式分别求出 3 种不同情况下的控制器最佳参数,然后根据其性能好坏选择使用。

表 9 - 1　临界比例度法整定参数的经验算式表

调节规律	调节参数		
	比例度 δ /（％）	积分时间 T_i	微分时间 T_d
P	$2\delta_K$		0
PI	$2.2\delta_K$	$0.85T_K$	0
PID	$1.7\delta_K$	$0.5T_K$	$0.125T_K$

在第一步中,为了使系统出现等幅振荡,需要不断调整比例度,通常采用试凑法逐渐调整,直至输出等幅振荡曲线为止。整个试凑过程常常费工费时,为了能够快速而有效地找到这个临界比例度,可以利用劳斯稳定性判据来分析。

【例 9 - 4】已知系统的开环传递函数为:

$$G_0(s) = \frac{1}{s(s+2)(s+5)}$$

试采用临界比例度法设计 PID 控制器,要求系统超调量 $\sigma_P < 15\%$,调节时间 $T_s < 8s$ 。

解:首先使用 Matlab 软件的 Simulink 对系统进行仿真分析:

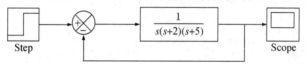

得到该系统的单位阶跃响应曲线:

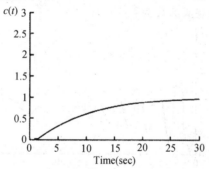

由上图可以看出, $T_s > 30s$,该系统的响应速度比较慢,惯性较大,对输入信号的反应迟钝,调节时间长,整体性能不好,所以考虑使用 PID 控制器校正系统参数。

在获取系统的等幅振荡曲线后,设系统的开环增益是 K ,则系统的开环传递函数可以表达为:

$$G_0(s) = \frac{K}{s(s+2)(s+5)}$$

然后,根据劳斯稳定性判据,可以得到系统稳定时的 K 取值范围为 $0 < K < 70$,此时 $T_K = 2.1$ 。

根据表 9 - 1 可知,进行 P 调节时 $K_P = 35$,对应的 Simulink 模型如下所示:

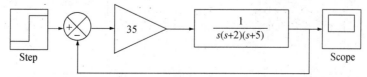

此时,该系统的单位阶跃响应曲线为:

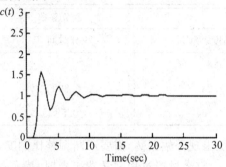

由上图可以发现,进行 P 调节后,系统的超调量 $\sigma_P = 57.5\%$,调节时间 $T_s = 9.15\text{s}$,系统的响应速度比未加比例调节时明显加快,但是稳定性变差。如果加入积分控制会有助于减小超调量,改善系统稳定性,因此下一步将考虑使用 PI 控制。

同样地,根据表 91 得到 PI 调节时的参数, $K_p = 31.8$, $T_i = 1.749$,因此系统的 Simulink 模型变成下列形式:

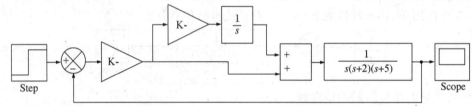

此时,该系统的单位阶跃响应曲线为:

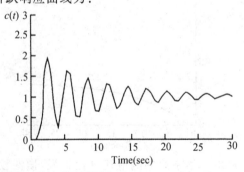

结果显示,进行 PI 调节后,系统的超调量 $\sigma_P = 93.3\%$, $T_s > 30\text{s}$,说明 PI 调节器的参数设置不合理,系统稳定性变得非常差。如果引入微分控制会有助于提高系统的快速性,同时减少超调量,因此考虑使用 PID 控制。

还是根据表 91 确定 PID 控制的参数, $K_p = 41.176$, $T_i = 1.05$, $T_d = 0.2625$,系统的 Simulink 模型更新为下列形式:

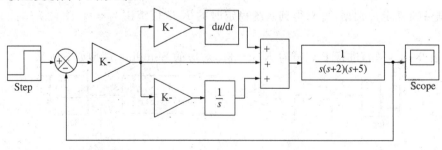

这时,系统的单位阶跃响应曲线为:

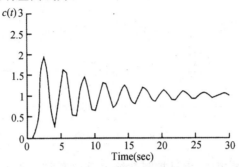

结果显示,PID 调节的各项指标都不能令人满意,系统的超调量 $\sigma_P = 107\%$, $T_s = 20s$ 。这说明仅仅根据经验公式进行 PID 参数整定是不够的,它只能提供一个大概的参考量,并不一定是最佳值,因此有必要进行 PID 控制器参数的二次整定。

在前述参数选择的基础上,根据各调节作用的特点反复尝试,适当增大系统的比例系数,增大积分时间常数和微分时间常数,最终确定了如下的 PID 控制参数:

$$K_p = 50 , T_i = 4 , T_d = 0.4$$

二次参数整定后的系统的单位阶跃响应曲线为:

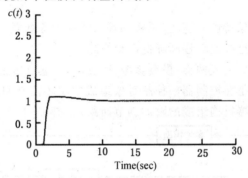

此时系统的超调量 $\sigma_P = 11.7\%$,调节时间 $T_s = 6.5s$,均达到了题目要求,系统总体性能令人满意。

9.2　其他自动控制方法

9.2.1　串级控制

在数字化材料制造系统中,大多数采用单回路闭环控制。对于高质量制造系统的要求而言,由于制造过程的复杂性,采用单回路闭环控制已经不能满足要求,因此需要在单回路闭环控制的基础上,采取多回路闭环控制策略。多回路闭环控制系统一般由多个传感器、多个调节器,或者由多个传感器、一个调节器、一个补偿器等组成多个回路的控制系统。这种多回路闭环控制成为串级控制,其控制系统如图 9 - 3 所示:

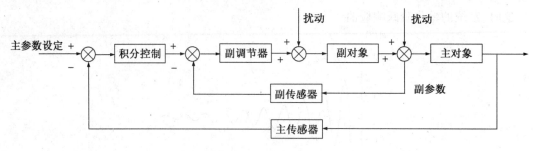

图 9 - 3　串级控制

与单回路闭环控制系统相比,串级控制系统中至少有两个环节,一个闭环在里面,被称为副环或副回路,在控制调节过程中起"粗调"的作用;一个闭环在外面,被称为主环或主回路,用来完成"细调"的任务,最终满足系统的控制要求。主环和副环有各自的控制对象、传感器和调节器。

串级控制系统的优点有:对干扰有很强的克服能力;改善了对象的动态特性,提高了系统的工作频率;对负载或操作条件的变换有一定的自适应能力。

9.2.2　自适应控制

自适应控制是针对对象特性的变化、漂移和环境干扰对系统的影响而提出来的。它的基本思想是通过在线辨识使这种影响逐渐降低以至消除。

自适应控制系统可以归纳成两类:模型参考自适应控制盒自校正控制。

模型参考自适应控制是在控制器—控制对象组成的闭环控制回路的基础上,再增加一个由参考模型和自适应调节器机构组成的附加调节回路,如图 9 - 4 所示。

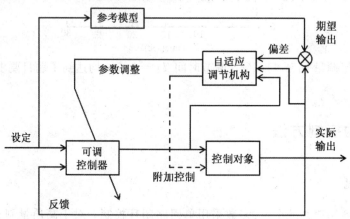

图 9 - 4　自适应控制

该控制策略的特点是:对系统性能指标的要求完全通过参考模型来表达,即参考模型的输出(状态)就是系统的理想输出(状态)。当系统运行过程中控制对象的参数或特性变化时,误差进入自适应调节机构,经过由自适应规律所决定的运算,产生适当的调整操作,调节控制器的参数,或者对控制对象产生等效的附加控制作用,从而使被控过程的动态特性(输出)与参考模型的一致。

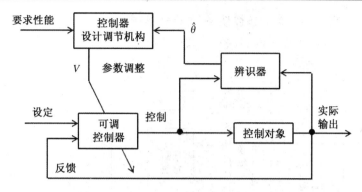

图 9-5　自适应控制

自校正控制的附加调节回路由辨识器和控制器设计调节机构组成,如图 9-5 所示。辨识器根据控制对象的控制信号与输出信号,在线估计控制对象的参数。以对象参数的估计值 $\hat{\theta}$ 作为对象参数的真值 θ,送入控制器设计调节机构,按设计好的控制规律进行计算,将计算结果 V 送入可调控制器中,形成新的控制输出,以补偿对象特性的变化。

自适应控制是一种逐渐修正、渐进趋向期望性能的过程,适用于模型和干扰变化缓慢的情况;对于模型参数变化快、环境干扰强的工业场合以及比较复杂的生产过程难以应用。

9.2.3　变结构控制

变结构控制本质上是一类特殊的非线性控制,其非线性表现为控制的不连续性。这种控制策略与其他控制的不同之处在于系统的“结构”并不固定,而是可以在动态过程中,根据系统当时的状态(如偏差及各阶导数等),以跃变的方式,有目的地不断变化,迫使系统按预定的控制规律运行。其系统框图如图 9-6 所示。

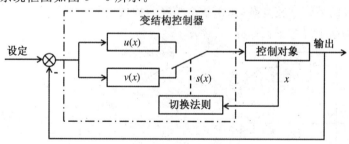

图 9-6　变结构控制

在材料制造过程中,利用变结构控制的理念,可以设计出物理结构变化的变结构控制器,也可以利用软件设计出控制规则与参数变化的变结构控制器。目前变结构控制在弧焊电源特性控制、焊接电流波形控制、引弧与熄弧控制等方面得到了广泛的应用。

9.2.4　模糊控制

模糊控制是运用语言变量和模糊集合理论形成控制算法的一种控制,属于智能控制策略。由于模糊控制不需要建立控制对象精确的数学模型,只要求把现场操作人员的经验和数据总结成较完善的语言控制规则,因此它能绕过对象的不确定性、不精确性、噪声以及非线性、时变性、时滞等影响。模糊控制系统的鲁棒性强（鲁棒性是指系统的某种性能或某个指标保持不变的程度或者说系统对扰动不敏感的程度），尤其适用于非线性、时变、滞后系统的控制。模糊控制的基本结构如图 9-7 所示。

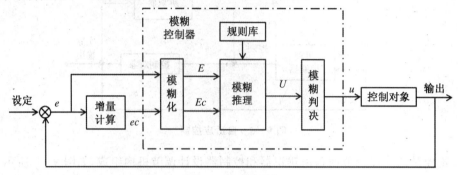

图 9-7　模糊控制

由图图 9-7 可见，可以将系统的偏差 e 及偏差变化率 ec 作为模糊控制器的输入信号。在模糊控制时，首先将 e、ec 模糊化，即将 e、ec 离散化，并将其精确量转变为模糊量 E、Ec，根据模糊控制规则结合 E、Ec 进行模糊推理，得到模糊控制量 U，再通过模糊判决，将模糊控制量 U 转化为精确控制量 u，以控制被控对象。

9.2.5 神经网络控制

从微观上模拟人脑神经的结构和思维、判断等功能以及传递、处理和控制信息的机理出发而设计的控制系统，称为基于神经元网络的控制系统，采用的控制策略就是神经网络控制。20世纪 80 年代以来，神经网络理论取得了突破性进展，使其迅速成为智能控制领域重要的分支。

神经网络组成的系统比较复杂，而由单个神经元构成的控制器结构简单。结合图 9-8 对单个神经元控制的基本思想进行简介。

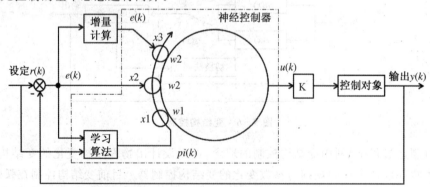

图 9-8　神经网络控制图

神经控制器有多个输入 $x_i(k)$，$i = 1, 2, \cdots n$ 和一个输出 $u(k)$。每个输入有相应的权值 $w_i(k)$，$i = 1, 2, \cdots n$。输出为输入的加权求和：

$$u(k+1) = k \sum_{i=1}^{n} w_i(k) x_i(k) \tag{9-16}$$

式中，k 为比例环节的比例系数，$k > 0$。现取 $x_1(k) = r(k)$ 为系统设定信号，$x_2(k) = e(k) =$

$r(k) - y(k)$ 为误差信号，$x_3(k) = \dot{e}(k)$ 为误差的增量。学习过程就是调整权值 $w_i(k)$ 的过程，其值通过学习策略 $p_i(k)$ 来决定。学习策略有多种，例如可以和神经元的输出以及控制对象的状态、输出、环境变量等建立联系，以实现在线自学习。图 9 - 8 中取学习策略与误差有关，反映了神经元的自学习；如取学习策略与设定值有关，则反映了学习过程为神经元在外界信号作用下的监督学习（被动学习）。

9.3 材料制造过程控制方法举例

9.3.1 炉温的 PID 控制

　　PID 控制是控制工程中技术成熟、应用广泛的一种控制策略，经过长期的工程实践，已形成了一套完整的控制方法和典型的结构。它不仅适用于数学模型已知的控制系统中，而且对于大多数数学模型难以确定的工业过程也可应用，在众多工业过程控制中取得了满意的应用效果。下面以图 9 - 9 所示的加热炉为例，分析如何通过 PID 控制实现炉温恒定。

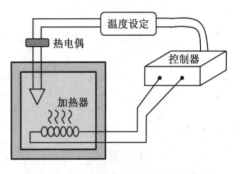

图 9 - 9　加热炉的温度自动控制系统

　　由于来自外界的各种扰动不断产生，要想达到现场控制对象值保持恒定的目的，控制作用就必须不断地进行。若扰动出现使得现场控制对象值（以下简称被控参数）发生变化，现场检测元件就会将这种变化采集后经变送器送至 PID 控制器的输入端，并与其给定值（以下简称 SP 值）进行比较得到偏差值（以下简称 e 值），调节器按此偏差并以我们预先设定的整定参数控制规律发出控制信号，去改变调节器的开度，使调节器的开度增加或减少，从而使现场控制对象值发生改变，并趋向于给定值（SP 值），以达到控制目的，其实 PID 的实质就是对偏差（e 值）进行比例、积分、微分运算，根据运算结果控制执行部件的过程。

　　在连续－时间控制系统（模拟 PID 控制系统）中，PID 控制器应用得非常广泛。其设计技术成熟，长期以来形成了典型的结构，参数整定方便，结构更改灵活，能满足一般的控制要求。随着计算机的快速发展，人们将计算机引入到 PID 控制领域，也就出现了数字式 PID 控制。由于计算机基于采样控制理论，计算方法也不能沿袭传统的模拟 PID 控制算法，所以必须将控制模型离散化，即以 T 为采样周期，k 为采样序号，用求和的形式代替积分，用增量的形式（求差）代替微分，这样可以将连续的 PID 计算公式离散：

$t \approx kT$ ，（$k = 0,1,2,\cdots$）

$$\int_0^t e(t) \approx T\sum_{j=0}^k e(jT) = T\sum_{j=0}^k e(j) \tag{9-17}$$

$$\frac{\mathrm{d}e(t)}{\mathrm{d}t} \approx \frac{e(kT) - e[(k-1)T]}{T} = \frac{e_k - e_{k-1}}{T} \tag{9-18}$$

因此，经典的 PID 控制控制可以离散为：

$$\mu_k = K_p [e_k + \frac{T}{T_1} \sum_{j=0}^{k} e_j + \frac{T_D}{T}(e_k - e_{k-1})] + \mu_0 \qquad (9-19)$$

或者：

$$\mu_k = K_p e_k + K_I \sum_{j=0}^{k} e_j + K_D(e_k - e_{k-1}) + \mu_0 \qquad (9-20)$$

这样就可以让计算机或者单片机通过采样的方式实现 PID 控制,具体的 PID 控制又分为位置式 PID 控制和增量式 PID 控制,上述公式给出了控制量的全部大小,所以称之为全量式或者位置式控制;如果计算机只对相邻的两次作计算,只考虑在前一次基础上,计算机输出量的大小变化,而不是全部输出信息的计算,这种控制叫做增量式 PID 控制算法,其实质就是求 $\Delta\mu$ 的大小,而 $\Delta\mu = \mu_k - \mu_{k-1}$,所以将上述公式做自减变换为:

$$
\begin{aligned}
\Delta\mu_k &= \mu_k - \mu_{k-1} \\
&= \mu_k - K_p[e_k - e_{k-1} + \frac{T}{T_I}e_k + \frac{T_d}{T}(e_k - 2e_{k-1} + e_{k-2})] \\
&= K_p(1 + \frac{T}{T_I} + \frac{T_D}{T})e_k - K_p(1 + \frac{2T_D}{T})e_{k-1} + K_P \cdot \frac{T_D}{T}e_{k-2} \\
&= Ae_k + Be_{k-1} + Ce_{k-2}
\end{aligned}
\qquad (9-21)
$$

其中：

$$A = K_p(1 + \frac{T}{T_I} + \frac{T_D}{T}), \ B = -K_p(1 + \frac{2T_D}{T}), \ C = K_P \frac{T_D}{T}$$

本例利用了上面所介绍的位置式 PID 算法,将温度传感器采样输入作为当前输入,然后与设定值进行相减得偏差 e_k,然后再对之进行 PID 运算产生输出结果 f_{out},然后让 f_{out} 控制定时器的时间进而控制加热器。

在编写 C++程序时,为了方便 PID 运算,首先建立一个 PID 的结构体数据类型,该数据类型用于保存 PID 运算所需要的 P、I、D 系数,以及设定值,历史误差的累加和等信息。

```
typedef struct PID
{
float SetPoint;          //设定目标 Desired Value
float Proportion;        // 比例系数 Proportional Const
float Integral;          // 积分系数 Integral Const
float Derivative;        // 微分系数 Derivative Const
int PrevError;           // 前次偏差
    int LastError;       // 上次偏差
int SumError;            // 历史误差累计值
} PID;
PID stPID;
```

下面是 PID 运算的算法程序,通过 PID 运算返回 f_{out},再由它来决定是否加热,以及加热功率的大小。

PID 运算的 C 实现代码：

```
float PIDCalc( PID * pp, int NextPoint )
{
```

```
int dError, Error;
Error = pp->SetPoint * 10- NextPoint;    // 偏差,设定值减去当前采样值
pp->SumError += Error;    // 积分,历史偏差累加
dError = Error-pp->LastError;    // 当前微分,偏差相减
pp->PrevError = pp->LastError;    // 保存
pp->LastError = Error;
+ pp->Integral * pp->SumError    // 积分项
- pp->Derivative * dError    // 微分项
}
```

在实际运算时,由于温度具有很大的惯性,而且 PID 运算中的积分项(I)具有非常明显的延迟效应所以不能保留,必须把积分项去掉,相反微分项(D)则有很强的预见性,能够加快反应速度,抑制超调量,所以积分作用应该适当加强才能达到较佳的控制效果,系统最终选择 PD 控制方案,将上述 PIDCalc 函数代码修改为 PD 控制,忽略了针对累计偏差的积分项。

```
     float PIDCalc( PID * pp, int NextPoint )
{
int dError, Error;
Error = pp->SetPoint * 10- NextPoint;    // 偏差,设定值减去当前采样值
dError = Error-pp->LastError;    // 当前微分,偏差相减
pp->PrevError = pp->LastError;    // 保存
pp->LastError = Error;
return (pp->Proportion * Error    // 比例项
- pp->Derivative * dError);    // 微分项
}
```

本例中在温度控制过程所采用的 PID 参数如下所示:

```
stPID. Proportion = 2;    // 设置 PID 比例值
stPID. Integral = 0;    // 设置 PID 积分值
stPID. Derivative = 5;    // 设置 PID 微分值
```

在本系统中,加热炉温度采样由定时器 TIMER 通过中断方式进行,加热器则通过 IO 端口 A 进行控制,温度采用完成后则通过 PIDCalc 函数计算 f_{out} 参数,并据此设置加热器:

```
fOut = PIDCalc ( &stPID,(int)(fT * 10));    // PID 计算
if(fOut<=0)
 * P_IOA_Buffer &= 0xff7f;    // 温度高于设定值,关闭加热器
else
 * P_IOA_Buffer |= 0x0080;    // 温度低于设定值,打开加热器
```

如果参数 f_{out} 大于"0",则开启加热器;反之则关闭加热器。此外,在加热器打开时,还可以根据 PIDCalc 的计算结果来设定加热炉的功率,即当前温度与设定温度差别较大时,增加加热器输出功率;当温度差别较小时,减小加热器的输出功率。

9.3.2 弧焊过程的熔深控制

在弧焊过程中,熔深是最重要的质量参数,熔深不足或未焊透都是造成焊接结构失效的最危险因素,因此熔深通常是电弧焊控制技术追求的最终目标之一。但是由于弧焊过程是一个典型的非线性、强耦合和时变的多变量复杂系统,存在强烈的弧光、烟尘和电磁干扰等不利因素,其动态过程难以用精确的书序模型来表示,熔深和焊缝特征信息的实时提取也较为困难,基于经典数学模型的传统控制方法很难达到理想的效果。本例中,将一种神经网络-模糊控制方法应用于钨极气体保护焊 GTAW 的过程控制,通过神经网络建模来估算熔深,同时结合模糊逻辑提高熔深的控制精度。

由于焊缝熔深难以在实时条件下直接检测,因此通常是通过相关量间接检测而实现对熔深的控制,即通过焊接电流、焊接速度、焊炬角度和保护气体等多种因素决定。焊接过程控制的目的是通过选择和控制间接参数而获得满意的直接参数。

由于 CCD 摄像机难以直接获取熔深量,比较实际的方法是通过一个能精确描述熔池结构的模型来估算熔深。本例选取焊接电流、焊缝间隙和熔池宽度的变化量作为描述熔深动态系统的参数,并作为神经网络的输入,熔深则作为网络的输出,图 9-10 给出了三层前馈神经网络模型的结构。

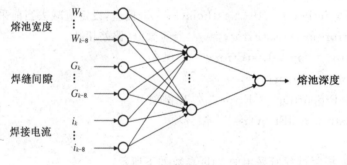

图 9-10　GTAW 熔深神经网络模型

根据大量试验结果确定,熔宽 W 在 0.5s 期间内的变化量最适合表征熔池表面形状的变化。每个采样周期的熔池宽度 W 被输入至神经网络:$w_k, w_{k-1}, \cdots, w_{k-8}$。本例中,采样周期为 1/18s(55.6ms)。同样,焊接电流和焊缝间隙变化量也作为神经网络的输入:$i_k, i_{k-1}, \cdots,$ i_{k-8} 和 $G_k, G_{k-1}, \cdots, G_{k-8}$。

神经网络采用 BP 训练法,学习速率 η 和动量常数 α 分别为 0.5 和 0.9,训练数据建立在熔池宽度、焊缝间隙、焊接电流和焊缝熔深在稳态及瞬态关系的基础上。输入层包含熔宽、焊接电流和焊缝间隙,输出层包含熔深。试验中,钢板厚度为 2mm,焊穿对应的熔深为 3.6mm,网络隐含层神经元数量在训练误差小于 3.3% 时显著降低,最终确定为 7 个。

从控制角度看,对神经网络的简单性及实时学习训练性有较高要求。本例中的 BP 网算法采用了一组恰当描述系统行为的样本集合,通过对 GTAW 过程参数的训练,可建立能够反映 GTAW 非线性过程参数特征的模型。网络隐含层的输出函数选为 Sigmoid 函数,输入层和输出层神经元采用线性激活函数。网络算法的学习过程由正向传播和反向传播组成,与其他建模方法相比,神经网络建模过程相对简单并具有较强的决策能力及较快的收敛速度。

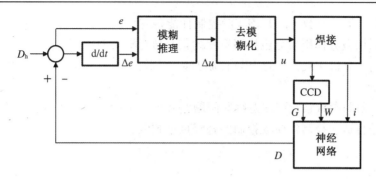

图 9-11　熔深控制系统

图 9-11 为 GTAW 熔深控制器的结构示意图,焊接时由 CCD 采集熔池及前端范围内的焊缝数据。为消除弧光和周围杂光的干扰,在 CCD 前使用了一个基于特定频率的窄带抗干扰光学滤片。本例在图像处理的基础上,采用神经网络自适应共振理论模型 ART 算法,确定出焊缝位置、焊缝间隙量和熔宽。

在上图中,熔深量 D 由神经网络推算而得,D_h 为熔深期望值,e 为 D 和 D_h 之间的偏差。偏差 e 可由神经网络输出量计算得出,控制量 Δu 基于偏差 e 和偏差 e 的变化量 Δe ,并应用模糊控制算法得到,解模糊后用来控制焊接电流来达到控制熔深的目的。试验结果如图 9-12 所示,

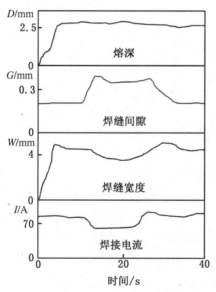

图 9-12　熔深控制试验结果

从中可以明显看出焊接电流随着焊缝间隙量的波动而相应地变化,当焊缝间隙变窄时,焊接电流增加;相反,当焊缝间隙变宽时,焊接电流则减小。在整个焊接试验过程中,熔深基本保持了恒定。

思考题:

(1) PID 控制的基本原理是什么？ 在调试控制系统的 PID 参数时应注意什么？

（2）PID 调节器的参数 K_P、T_I、T_D 对控制性能各有什么影响？

（3）能否利用微分作用来克服控制系统的信号传递滞后问题？为什么？

（4）如何用计算机实现数字化 PID 控制？请分别写出理想微分和实际微分 PID 控制的增量式计算表达式。

（5）PID 控制的参数整定应注意哪些问题？参数整定的基本步骤是怎样的？

（6）什么是自适应控制？模糊控制？神经网络控制？

第10章 材料制造数字化系统集成范例

10.1 热处理炉温度控制系统

温度控制是热处理工艺控制中十分重要的环节,不论是普通热处理,还是化学热处理和真空热处理,温度控制都是必不可少的。温度控制是一个具有大滞后环节的系统,因而是较难控制的一个参数。

计算机在热处理工艺控制中的应用,使传统的热处理工艺获得了新的发展,热处理工艺控制的精度和自动化程度大大提高。用计算机可以对热处理中的温度、时间、气氛、压力等工艺参数以及工序动作实现自动控制,还可以按给定的最优化工艺数学模型实现工艺过程的优化。计算机不仅能实现单炉控制,还能实现群控,实现对生产过程乃至整个车间的自动控制,计算机正逐渐成为热处理设备和工艺过程控制中不可缺少的部分。

用计算机对炉温进行控制有以下特点:

(1)构成系统灵活。既可以独立集中控制,又可以构成综合控制系统。

(2)便于集中操作监视各种工艺参数。

(3)可靠性高,调节精度在1%以内,调节灵敏,操作方便。

(4)调节品质好,调节参数范围大,精度高,整定参数方便。

(5)可方便地用软件对传感器信号进行抗干扰滤波和非线性补偿处理。

10.1.1 系统组成

在微机炉温控制系统中,计算机的任务可归结为两点:一是温度采样,并在采样时间间隔(t 内,求出给定值 $x0$ 和测量值 x_n 之间的偏差值 e;二是根据偏差值 e 和由系统设备本身所决定的一些常数,求出操作量 y。这样,微机炉温控制系统可分为温度测量与控制两部分。图 10 -1 为温度控制系统示意图。主要由工控机,数据采集控制卡(含 A/D、D/A、开关量 I/O 等),信号调理模块,热电偶温度传感器,控温元件等组成。

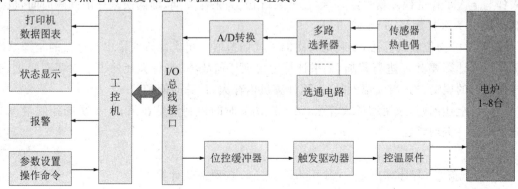

图 10 - 1　微机温度控制系统

10.1.2 温度测量

炉温用热电偶测量,热电势经电压放大器放大到适合 A/D 转换器要求的水平,经 A/D 转换器把模拟量转换成数字量,经 I/O 接口送入计算机。由于热电偶输出的毫伏值与温度值之间不是线性关系,需要进行线性化处理。可将整个温度范围分成若干区间,分别用若干线段计算表示。

热电势是热电偶冷热两端点温度差的函数,为提高测量精度,回路中除设置冷端补偿器外,还需选用信号放大和零点漂移受环境影响小的直流电压放大器。

镍铬-镍硅热电偶的热电势,在 273 K 时为 0.00mV,1 473 K 时为 48.81mV。使用 8 位 A/D 转换器能把 1 473 K 以下的热电势 256 等分。其最小分辨率为 48.81/256＝0.19mV,约为 5K,若用 12 位 A/D 转换器,其最小分辨率为 48.81/4 096＝0.012 mV,约为 0.3K,因此,若要高精度测量温度,需使用高位数的 A/D 转换器。

到达测温周期时,计算机内的时钟发出启动脉冲,A/D 转换器就把输入的热电势模拟量转换成数字量,输入到计算机后,根据事先输入的程序计算出温度值。

为了消除测量过程中偶然误差带来的干扰,可采用中值数字滤波,即对某一时刻同一温度进行多次采样,按大小排队,去掉最高值与最低值,取其中间值为采样值。

10.1.3 温度控制

根据控制精度的要求,可选用 PID 控制或分离 PID 控制。控制精度要求较高时,可采用飞升曲线预测控制。

1) PID 温度控制

模拟控制的 PID 算法可表示为:

$$y(t) = K_p \left[x(t) + \frac{1}{T_I} \int_0^t x(t)\,\mathrm{d}t + T_D \frac{\mathrm{d}x(t)}{\mathrm{d}t} \right] \qquad (10-1)$$

式中,K_p 为比例常数;T_I 为积分时间;T_D 为微分时间。

计算机控制是采样输入,由式(10-1)描述的连续系统微积分方程式必须数字化,即用描述离散系统的差分方程表示,离散 PID 算式为:

$$y_n = K_p \left(e_n + \frac{1}{T_I} \sum_{n=1}^{n} e_i T + T_D \frac{\Delta e_n}{T} \right) \qquad (10-2)$$

式中,e_n 为第 n 次采样值的偏差值,$e_n = x0 - x_n$,$x0$ 为设定值,x_n 为第 n 次采样值。Δe_n 为本次采样与上次采样的偏差值之差,$e_n = e_n - e_{n-1}$;T 为采样周期,即两次采样的间隔时间,也是计算步长;n 为采样序号,$n = 1, 2, 3, \cdots$。

式(10-2)为位置式算法,要利用每次的采样偏差值。每次计算的输出与过去的全部状态有关。因为计算要对 e_i 进行累加,如果计算中出现任何故障,都将会使输出量大幅度变化,引起控制阀门的误动作。当 n 很大时,占用计算机内存大,计算时间长。

为解决上述问题,采用增量式算法,第 n 次调节时的控制量是在第 $n-1$ 次的控制量 y_{n-1} 基础上增加一个增量 Δy_n 得到,即:

$$yn = y_{n-1} + \Delta y_n \qquad (10-3)$$

y_{n-1} 是已知的,若计算出 Δy_n,则可得到 y_n。y_n 按照下式计算:

$$y_n = y_{n-1} + \Delta y_n = K_{\mathrm{p}}\left[(e_n - e_{n-1}) + \frac{T}{T_{\mathrm{I}}}e_n + \frac{T}{T_{\mathrm{I}}}(e_n - 2e_{n-1} + e_{n-2})\right] \tag{10-4}$$

式中，$A = K_{\mathrm{P}}\left(1 + \dfrac{T}{T_{\mathrm{I}}} + \dfrac{T_{\mathrm{D}}}{T}\right); B = K_{\mathrm{P}}\left(1 + \dfrac{2T_{\mathrm{D}}}{T}\right); C = K_{\mathrm{P}}\dfrac{T_{\mathrm{D}}}{T}$

当温度控制系统确定后，KP，T，TI，TD 均为常数，即 A，B，C 也是常数。只要将前后 3 次的采样偏差值 e_n，e_{n-1}，e_{n-2} 代入式（10-4）即可算出输出增量的变化，这种增量式 PID 算法，计算机只输出增量，对动作的影响小，容易获得较好的控制效果。对参数变化缓慢的热处理炉过程控制是较为适用的。

2）积分分离 PID 温度控制

采用 PID 控制时，对被控制量变化缓慢的热处理炉，当其炉温偏差较大时，难以很快地消除，容易产生过大的超温，称为积分过饱和现象。加上作为炉温控制器的执行器——晶闸管或调功器所输送的功率有限，当炉温低落时不能很快地加热升温；当炉温过高时，也不能立即降温，至多只能切断电源。就是说 PID 控制不可能很快克服大偏差。当热处理工件入炉开始升温，或热处理工件出炉后降温等都会出现大偏差，如仍采用 PID 控制，必然产生较大的超温，被控量长时间不能稳定下来。

利用微机可以方便地改变控制算法的特点，引入了一个积分分离系数 K_F，这时，常数 A 变为下式：

$$A = K_{\mathrm{p}}\left[1 + K_F\frac{T}{T_{\mathrm{I}}} + \frac{T_{\mathrm{D}}}{T}\right] \tag{10-5}$$

$$K_F = \begin{cases} 1 & |x_n - x_0| \leqslant a \\ 0 & |x_n - x_0| > a \end{cases} \tag{10-6}$$

式中，$x0$ 为设定值，a 为设定的偏差限值。

当 $|x_n - x_0| \leqslant a$ 时，$K_F = 1$，$A = K_{\mathrm{p}}\left[1 + \dfrac{T}{T_{\mathrm{I}}} + \dfrac{T_{\mathrm{D}}}{T}\right]$，即按 PID 规律进行控制；

当 $|x_n - x_0| > a$，$K_F = 0$，$A = K_{\mathrm{p}}\left[1 + \dfrac{T_{\mathrm{D}}}{T}\right]$ 即按 PD 规律进行控制。

这种积分分离 PID 控制，其过程曲线如图 10-2 所示。由图可知，当被控量的偏差值较小时，按 PID 算法进行控制，这样可以大大降低超调量，并且稳定也较快，试验证明是实用的。由于消除了积分饱和，因此改善了调节品质。

按照上述 PID 算法，实际要运算的是：

$$y_n = Ae_n + Q_{n-1}, e_n = x_0 - x_n \tag{10-7}$$

$$Q_n = y_n - Be_n + Ce_{n-1} \tag{10-8}$$

计算每一步的 yn、e_n 及 Qn，所计算的 e_n 及 Qn 作为下一步计算的 x_{n-1} 及 Q_{n-1}。

3）飞升曲线预测控制

有些生产过程对温度控制过程的超调量要求很高，一般控制算法很难满足要求。这时采用飞升曲线预测控制可收到良好效果。

对于一般工业过程控制系统而言，理想的控制过程是：被调参数以被调对象所能提供的最大速度达到给定值，然后立刻稳定，并且偏差保持为零，如图 10-3 所示。

设被调对象为线性二阶系统，其动态特性可用微分方程描述：

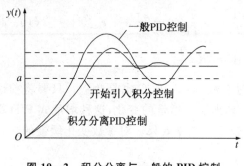

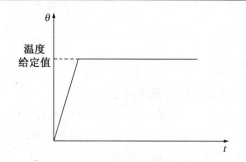

图 10-2　积分分离与一般的 PID 控制　　　　　　图 10-3　理想的控制过程

$$a_2 y''(t) + a_1 y'(t) + a_0 y(t) = bx(t) \qquad (10-9)$$

式中，$a0$、$a1$、$a2$、b 为常数；$y(t)$ 为输出信号，是时间的函数；$y'(t)$ 为输出信号的一阶微商；$y''(t)$ 为输出信号的二阶微商；$x(t)$ 为输入信号，是时间的函数。式(10-9)右端为输入量(电功率)，左端为输出量(温度)，如与被调对象特性有关的各项常数均为已知，就可根据输入量解此方程，求出在不同时刻与输入量相对应的输出量。如输入量为一阶跃干扰信号，即：

$$x(t) = \begin{cases} 0 & t < 0 \\ K & t \geqslant 0 \end{cases} \qquad (10-10)$$

且假定特征方程两个根为两个不相等的实数，则上述方程的解为：

$$y(t) = c(1 + \frac{\beta}{\alpha - \beta} e^{-\alpha t} - \frac{\beta}{\alpha - \beta} e^{-\beta t}) \qquad (10-11)$$

式中，α、β、c 为常数，t 为时间。其图像如图 10-4 所示，为一飞升曲线。

　　如果在 $t = \Delta t$ 时再进入一个与原有阶跃干扰幅值相等、极性相反的阶跃干扰，其反应曲线与原飞升曲线的形状相同，极性相反，时间滞后 Δt，如图 10-5 所示。将两个阶跃干扰相加，便可得到在矩形信号输入作用下的反应曲线。

　　由图 10-5 可知，在滞后系统中，当矩形信号输入作用结束时，炉温尚未达到极大值，还要经过一段滞后时间(t' 炉温才达到极大值 θ_2。炉温极大值 θ_2 与矩形信号输入结束时所对应的炉温 θ_1 的差值为 $\Delta\theta$，$\Delta\theta$ 为"滞后温升值"。

　　采用一般方法对"滞后温升值"$\Delta\theta$ 进行定量计算是很困难的，但根据输入信号和飞升曲线，通过位移、加减等简单运算就能求出 $\Delta\theta$ 值，这些计算在微机上很容易实现的。

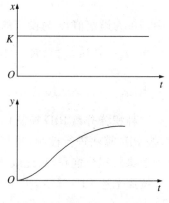

图 10-4　在阶跃输入作用下
电炉温度的反应曲线

　　设图 10-5 中的极大值就是给定值，当炉温达到极大值时，再加一个与矩形信号输入作用下的反应曲线 bc 段相应的幅值相等但极性相反的输入干扰信号，就能使温度稳定在给定值，如图 10-6 所示。

　　与反应曲线 bc 段相对应的输入信号幅值的计算是比较困难的，但可通过现场直接测量来解决。具体方法是，将不同幅值的阶跃输入作用于被调对象，就可得到一系列与各个不同幅值阶跃输入相对应的稳态输出值。工作时只要利用差值计算方法进行运算，就可求出与温度给定值相应的阶跃输入 K_1 的幅值，从而达到微超调量高精度的温度控制。

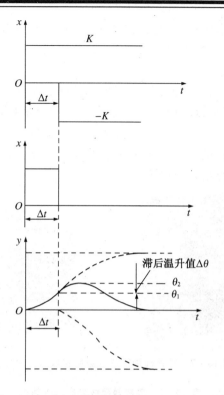

图 10 - 5　在矩形信号输入作用下的反应曲线

电炉开始运行时,以最大电功率快速升温,在升温期间,将各个时刻的温度逐点填入存储单元,成为飞升曲线,并按照前面介绍的方法反复进行"滞后温升值"计算,当"滞后温升值"与当前温度之和等于或大于给定值时,便停止快速升温。此时再根据已测出的电功率与炉温之间的关系,求出保温电功率,用此电功率进行保温,炉温便能以最快速度达到给定值并立即稳定。

实际运行时要比上述情况复杂得多,在软件设计时还须考虑以下两个问题:首先要对飞升曲线进行拟合处理,以保证曲线有足够的精度和长度,以免在"滞后温升值"计算中产生过大误差。其次,为了避免随机干扰的影响,在运行中可根据实际情况,采用电压前馈校正,以消除电网电压波动的影响;进入稳态后,可用 PID 控制进行辅助调节。

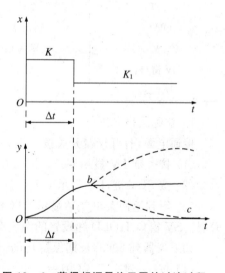

图 10 - 6　获得超调量趋于零的过渡过程

10.1.4 数字化嵌入式炉温控制器

随着计算机技术的发展,嵌入式微处理器在工业控制领域得到广泛应用,炉温控制系统也由原来基于微机的复杂系统演变成嵌入式控制系统。由于嵌入式控制系统功能强,可靠性好,体积小巧,安装方便灵活,尤其适合单机控制,所以又称为温度控制器。目前这样的数字化嵌入式温控器在国内外已基本上实现商业化生产。材料领域实验用的热处理加热炉多数采用这样的数字化嵌入式温控器,如图 10 - 7 所示。

　　材料的热处理参数通常需要根据材料的种类和性能要求,设定不同的热处理规范,采用数字化嵌入式温度控制器不仅可以精确控制炉温的变化,也可根据热处理的不同阶段通过编程设定每个阶段的升温速度、保温时间、降温速度等。具有多达 30 段升温程序 PID 功能。只需开通电源设置程序,机器即自动工作,工作完毕自动关机。数字化嵌入式温控器面板的操作如表 10 - 1 所示,下面将简单介绍其编程操作方法。

图 10 - 7　热处理加热炉的数字化嵌入式温控器

表 10 - 1　温控器面板的操作键功能

SET:	功能键	AL2:	下限报警
OUT:	输出指示	<:	移位键
PV 窗口:	测量值	V:	减键
SV 窗口:	设定值	∧:	加键
AL1:	上限报警	MAN/AUTO:	人工/自动整定

　　1) 普通操作方法

接通电源,打开仪器开关按 ∧ 键 2s 使 SV 窗口出现 STOP(暂停)。设定步骤:

(1) 按 < 键 PV 显示 C01。按 < ∧ V 设置所需的温度。

(2) 按 SET 键,PV 显示 t01。按 < ∧ V 设置 -1。

(3) 等到返回菜单(SV 显示 STOP)。再按 V 键 2s,SV 显示 RUN 即可。此时 PV 即显示升温。SV 窗口 HOLD 和设置的温度交替显示。

如要仪器到 600℃ 长期保持自动恒温,则按如下操作:

(1) 按 < 键一下　C01 = 600。

(2) 按 SET 键一下　t01 = -1。

(3) 等到 SV 返回 STOP,再按 V 键。SV 显示 RUN 即仪器开始工作。

　　2) 定时功能操作方法

接通电源,按 ∧ 键 2s 使 PV 显示 STOP(暂停)。设定步骤:

(1) 按 < 键 PV 显示 C01,按 < ∧ V 设置起始温度 50(起始温度应高于室温),按 SET 键,PV 显示 t01,按 < ∧ V 设置起始温度到所需实际温度的时间(时间宜长不宜短)。

(2) 按 SET 键 PV 显示 C02,按 < ∧ V 设置工作所需的温度,按 SET 键 PV 显示 t02,按

＜∧∨设置所需恒温时间。

（3）按 SET 键 PV 显示 C03，按＜∧∨设置所需实际温度（即和 C02 同样的温度），按 SET 键 PV 显示 t03，按＜∧∨设置−121。

（4）等到返回菜单（SV 显示 STOP）。再按∨键 2s 即启动。此时 PV 窗口显示温度上升。SV 显示温度上升或时间运营。

例如要 400℃恒温 10min，则

（1）按＜键一下　C01＝50（起始温度为略高于室内温度的值，如 50℃）。

（2）按 SET 键一下　t01＝20（一般情况下该段升温时间不宜过短，否则容易温度过冲）。

（3）按 SET 键一下　C02＝400（工作需要温度）。

（4）按 SET 键一下　t02＝10（恒温时间）。

（5）按 SET 键一下　C03＝400（工作用的温度）。

（6）按 SET 键一下　t03＝−121。

（7）等到 SV 显示 STOP 再按∨键 2s SV 显示 RUN 即启动。此时 PV 显示实测温度上升。SV 显示设置温度上升或时间运行。

3）可编程通常操作方法：

接通电源，按∧键 2s 使 SV 窗口出现 STOP（暂停）。设定步骤为：

（1）按一下＜键，上排 PV 显示 C01，表示需要程控的起始温度，操作＜∧∨键，使下排 SV 达到所需的起始温度。再按下 SET 键，PV 显示 t01，表示从起始温度达到下一设定温度的时间，操作＜∧∨键，使 SV 达到所需时间。

（2）再按下 SET 键，PV 显示 C02，表示刚才设定的起始温度 C01，用了 t01 的时间，达到所要达到的温度，按＜∧∨使 SV 达到所需温度。（如需恒温，则 C01 与 C02 设置同一值），再按下 SET 键，PV 显示 t02 表示从 C02 到达下一温度的时间设定。

（3）按前面步骤操作，最后一段 T 参数设置为"−121"即可自动关机，最多达 30 段，最后结束段将 txx 设置−121。

（4）设置完毕等 SV 返回 STOP 再按∨键使显示窗口出现 RUN，仪器自动按照设定的程序开始工作。程序编排采用温度-时间-温度格式，其定义是从当前段设置温度，经过该段设置的时间到达一温度。

可按下图温度曲线编制加热程序。

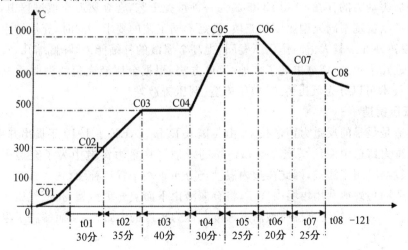

上述温度曲线编程过程如下：

(1) 按 < 键一下 C01＝100℃（程序起始温度，也可以设定略大于室温的任何值）

(2) 按 SET 键一下 t01＝30min。

(3) 按 SET 键一下 C02＝300℃。

(4) 按 SET 键一下 t02＝35min。

(5) 按 SET 键一下 C03＝500℃。

(6) 按 SET 键一下 t03＝40min。

(7) 按 SET 键一下 C04＝500℃。

(8) 按 SET 键一下 t04＝30min。

(9) 按 SET 键一下 C05＝1000℃。

(10) 按 SET 键一下 t05＝25min。

(11) 按 SET 键一下 C06＝1000℃。

(12) 按 SET 键一下 t06＝20min。

(13) 按 SET 键一下 C07＝800℃。

(14) 按 SET 键一下 t07＝25min。

(15) 按 SET 键一下 C08＝800℃。

(16) 按 SET 键一下 t08＝－121（程序运行结束）。

10.2 反重力铸造液态成形控制系统

10.2.1 反重力铸造原理

反重力铸造(Counter-Gravity Casting,CGC)是 20 世纪 50 年代发展起来的一种铸件成形工艺,是帕斯卡原理在铸造生产中的应用。就其工艺而言,它是介于压力铸造和重力铸造之间的一种液态成形方法。合金液充填铸型的驱动力与重力方向相反,合金液沿与重力相反方向流动。与重力铸造相比,反重力铸造液态成形过程中熔体的流态可控,可以通过外力的作用来增强凝固补缩能力,因此,这种工艺方法可以做到液态充型平稳,铸件组织致密,铸造缺陷能够得到有效控制,是生产优质铸件的优选方法。

由于外加驱动力的存在,使得 CGC 成为一种可控工艺,在金属液充填过程中,通过控制外加力的大小可以实现不同充型速度的充填,满足不同工艺的要求。同时,充填结束后可以继续增加外力,使铸件在一较大力的作用下凝固,提高金属液的补缩能力,降低缩孔、气孔和针孔等铸造缺陷。近几十年来,相继出现了多种 CGC 方法,根据金属液充填铸型驱动力的施加形式不同,CGC 技术可以分为低压铸造、差压铸造、调压铸造等。

10.2.1.1 低压铸造

低压铸造是最早的反重力铸造技术,由英国人 E.F.LAKE 于 1910 年提出并申请专利,其目的是解决重力铸造中浇注系统充型和补缩的矛盾。在重力铸造中为了充型平稳,避免气孔、夹渣,一般都采用底注式,因此铸型内温度场分布不利于冒口补缩。

低压铸造则巧妙地利用坩埚内气压,将金属液由下而上充填铸型,在低气压下保持下浇道与补缩通道合二为一,始终维持铸型温度梯度与压力梯度的一致性,从而解决了重力铸造中充型平稳性与补缩的矛盾,而且使铸件品质大大提高,如图 10-8 所示。

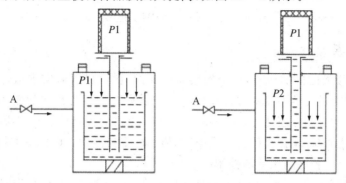

图 10-8　低压铸造原理

10.2.1.2 差压铸造

　　差压铸造是 20 世纪 60 年代初发展起来的,源于低压铸造,兼有低压铸造和压力釜铸造的特点。低压铸造只能控制坩埚内气体的压力,对铸型所在的大气不能控制。

　　而差压铸造则能把上、下压力罐的压力同时控制起来。如果采用减压法,在同步进气结束后,使上筒的压力降低,使铸型内外产生压差(型内压力大于型外压力),压差越大,铸型的排气能力越强,就越不易形成侵入性气孔,差压铸造不仅能控制充型工艺曲线,也可以控制铸型的排气能力,如图 10-9 所示。

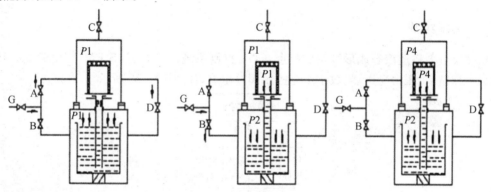

图 10-9　差压铸造原理

10.2.1.3 调压铸造

　　调压铸造是在差压铸造的基础上发展而来的一种先进铸造技术,其主要特点是利用真空预处理、负压充型、调压凝固,正压补缩等手段降低金属液含气量,实现平稳高效充型,避免气体及夹杂卷入,强化铸件凝固顺序,改善补缩效果,从而显著提升铸件强度和塑性,为提高材料利用效率,减小构件重量提供空间。

　　由于调压铸造技术采用了负压充型方法并在最小压差原则下实现正压补缩(见图 10-10),因而降低了对铸型透气性及强度的要求,可与砂型铸造、金属型铸

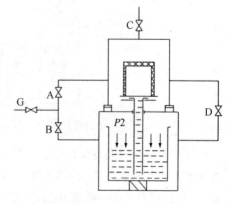

图 10-10　调压铸造原理

造、熔模精铸、石膏型精密铸造等技术结合,生产出用其他成形方法难以浇注的复杂、壁薄、整体铝、镁合金铸件,解决了优质复杂薄壁铸件浇注中的重大关键难题。

10.2.2 控制原理

CGC 利用上下腔之间的压差,将金属液体由下而上充填模具,实现液态成形的过程。生产过程中,液态成形过程的控制对提高铸件的内在质量有着极为重要的作用。液态成形过程中,液面加压系统的自动补偿能力、抗外界干扰能力、自身的控制精度和响应时间、对设定升压曲线的动态跟踪能力,都是提高铸件成品率、合格率的重要因素。因此在本质上液态成形过程的控制实际上是上下腔之间压差的控制。

从液态成形过程的控制角度看,无论是低压铸造、差压铸造、调压铸造,还是真空吸铸,其共同点是:成形过程都是依靠压差的作用完成铸型的充填。不同点是:产生压差的方式不同。根据其共同点,为了提高成形过程中压差的控制精度,采用闭环控制,利用给定值与实际值形成的偏差作为控制参量来控制压差的变化。其闭环控制原理如图 10-11 所示。

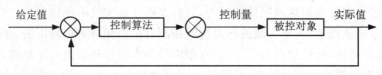

图 10-11　闭环控制原理

10.2.3 系统组成

根据反重力铸造液态成形过程的特点,CGC 控制系统由工控机、SIEMENS S7-200 PLC、数据采集控制卡、压力变送器、数字组合控制阀等组成,如图 10-12 所示。

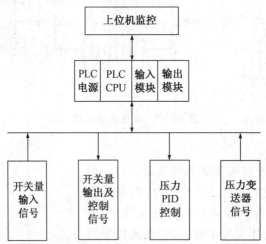

图 10-12　反重力铸造压力控制系统结构

压力控制系统以 SIEMENS S7-200(CPU224)＋工业控制计算机为核心,分别作为现场控制系统和远程监控系统;以自主开发的数字组合阀为辅,采用灵敏压力变送器采集压力实时信号,通过闭环 PID＋模糊控制,实现工艺曲线的动态精确控制。

在系统运行过程中,PLC 对开关量输入信号,上下腔之间的压差变化等模拟量输入信号进行实时检测,然后根据当前系统反映出的状态,采用 PID＋模糊控制策略进行决策,再通过开关量输出信号、模拟量输出信号对外部的控制对象或者执行机构进行控制,如实时调整气阀的开度从而达到对液态成形质量的控制。

采用工控机作为信息的人机交互界面,操作简便,信息丰富直观,可及时了解系统的状态,方便控制。其作用主要有两个方面:一是通过工控机实时监测整个液态成形系统的状态,比如压差,气阀的开度,系统各个部件正常与否;另一个方面,可根据不同的铸件或者不同的要求,通过人机界面调整工艺参数。工艺参数的设置可以是根据经验实时调节的,也可以是专家数据库式的。

反重力铸造液态成形控制中,最终控制的参量是熔体在铸型中的流动速度及保压阶段的压差维持。受熔体温度高及铸型不透明特点所限,熔体在铸型中的流动速度无法直接利用传感元件得到反馈,但熔体流动的驱动力是气体工作介质所形成的压差,所以,可以通过反馈压差信号来间接达到成形过程闭环控制的目的。分析反重力铸造液态成形过程可以得知,装备的有效工作容积是变化的,并且无法准确量化,气体工作介质会受温度的影响而膨胀,装备的气源压力也是变化的,因此,无法为反重力铸造装备建立准确的传递函数。本系统虽然仍采用 PID 算法来完成反重力铸造液态成形过程的闭环控制,实现工作压差的变化预测及静差的消除,但在分析反重力铸造成形特点的基础上,对 PID 算法结果进行模糊化修正,从而提高系统的反应速度和控制精度。

10.2.4 控制算法

10.2.4.1 PID 算法

PID 控制原理基于下面的算式:

$$M(t) = K_c\left(e + \frac{1}{T_1}\int_0 e\mathrm{d}t + T_D\mathrm{d}e/\mathrm{d}t\right) + M_{\mathrm{initial}} \qquad (10-12)$$

即:输出＝比例项＋积分项＋微分项＋输出的初始值。式中,$M(t)$ 是控制器的输出,误差信号 $e(t) = M(t) - M(t-1)$,M_{initial} 是回路的输出初始值,K_c 是 PID 回路的增益,T_I 和 T_D 分别是积分时间常数和微分时间常数。

为方便控制,提高系统的稳定性,计算机中一般采用离散化数字式的增量式 PID 算法:

$$\Delta M = K_c(e_n - e_{n-1}) + K_I e_n + K_D(e_n - 2e_{n-1} + e_{n-2}) \qquad (10-13)$$

与常规慢速时变惯性系统相比,反重力铸造液态成形过程中,压差信号的变化速度快,且工作时间短(几秒到几十秒)。无论如何调整 PID 参数,都无法避免信号的衰减调整过程,而且该过程与液态成形过程相比,时间较长。这样,信号的调整过程必然会造成液面的波动。为此,采用对 PID 算法结果进行模糊化修正,以提高控制灵敏度,缩短调节时间。

10.2.4.2 PID 的模糊化修正

模糊控制是一种基于规则的控制。它直接采用语言型控制规则,出发点是现场操作人员的控制经验或相关专家的知识,在设计中不需要建立被控对象的精确数学模型,因而使得控制机理和策略易于接受与理解,设计简单,便于应用。

模糊控制的基本原理如图 10-13 所示。它的核心部分为模糊控制器,如图中虚线框中部分所示(模糊控制器可在 PLC 中编程实现)。它主要由模糊化接口、知识库、模糊推理、解模糊接口等组成。

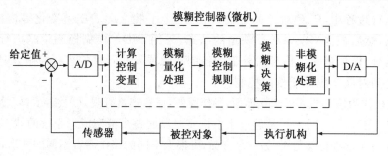

图 10 - 13　模糊控制基本原理

PID 输出量的模糊控制器以压力的偏差 E 和开度变化量 ΔM 作为输入。模糊化接口通过尺度变换,将输入参数变换到各自的论域范围内,再对其进行模糊化处理。基于对现场数据以及压力控制经验,设计 E、ΔM 和输出 ΔU 的论域均为 $\{-2,-1,0,1,2\}$,定义 E、ΔM 和 ΔU 的模糊集为 $\{NB,NS,ZO,PS,PB\}$。采用三角形函数作为隶属函数确定模糊语言变量的隶属度,可分别得到模糊变量 E、ΔM 和输出 ΔU 的隶属度赋值表。

知识库由数据库和规则库组成。控制规则由一系列的关系式连接而成,本系统为双输入单输出控制系统。采用的控制语句为 IF E_i ANDΔM_j THENΔU_k,其结构简单,适合 PLC 编程。每一条语句对应一个模糊关系式:$R_i = E_i \cdot \Delta M_j \cdot \Delta U_k$,根据经验,可采用表 10 - 2 控制规则。

表 10 - 2　模糊控制规则

输出 ΔU		开度变化量 ΔM				
		-2	-1	0	1	2
偏差 E	-2	4	4	4	1	0
	-1	4	4	1	0	0
	0	1	1	0	-1	-1
	1	0	0	-1	-4	-4
	2	0	-1	-4	-4	-4

在 PLC 编程中,将表 102 存储在 CPU 模块的特定区域内,每当计算出偏差 E 和 ΔM 利用查表指令,找出相应的控制等级 ΔU,从而实现模糊控制输出。然后解模糊接口把模糊量转为执行机构可执行的精确量。模糊控制系统的鲁棒性强,干扰和参数变化对控制效果的影响被大大减弱,尤其适合于非线性、时变及纯滞后系统的控制。

10.2.4.3 试验数据分析

反重力铸造液面加压控制过程包括:升液、充型、结壳、结壳保压、结晶增压、结晶保压和卸压。系统可以根据参数设置的不同,组成不同斜率曲线,基本加压工艺曲线如图 10 - 14 所示。

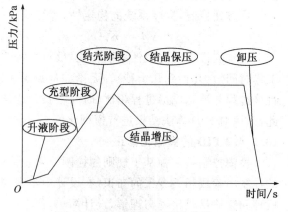

图 10 - 14　液面加压过程曲线

　　图 10 - 15 为单纯 PID 控制跟踪曲线与设定工艺曲线比较图。由于 PID 参数选取不当，跟踪曲线波动较大，这样会直接造成浇注过程中液面波动.出现浇注缺陷。

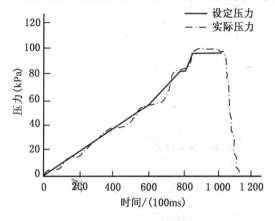

图 10 - 15　PID 控 制 曲 线

　　图 10 - 16 为 PID＋模糊控制跟踪曲线与设定工艺曲线比较图，从图中我们很难分清跟踪曲线与设定工艺曲线，说明跟踪控制精度很好。通过图 10 - 15 与图 10 - 16 的比较我们可以比较直观地看到 PID＋模糊控制优于单纯的 PID 控制。

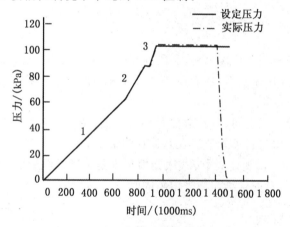

图 10 - 16　PID＋模 糊 控 制 曲 线

　　具有泄漏自动补偿功能，打开手动排气阀，以一定的开度模拟漏气时的气压控制，得到如图 10 - 17 曲线，在图中的起始阶段虽然有一定的漏气，但是其控制精度仍然很高；在升液过程后半段，将手动排气阀的开度突然调大，跟踪曲线有一个突然的下降过程，但是经系统自身调节，很快就恢复，说明系统调节响应速度很快，而且控制精度很高。

　　由此可见，系统采用闭环控制，应用 PID＋模糊控制算法，与单纯 PID 控制算法相比具有响应快，超调量小等优点，曲线跟踪性能好，控制精度高。

　　系统以 PLC 为核心，采用 PID＋模糊算法实现了反重力铸造成形过程的闭环控制。该系统液面加压过程控制合理，并具有泄漏自动补偿功能。液态成形过程可以通过工艺参数的设定精确重复再现，不受炉内泄漏和管路气压波动的影响。

　　随着科学技术的进步，反重力铸造的计算机控制将越来越强调集成化、自动化、智能化、远

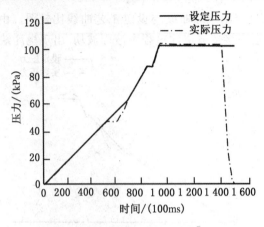

图 10-17　PID＋模糊控制曲线

程在线及实时监控,从而使铸造工艺过程或设备保持在最佳工作状态。反重力铸造将是集多学科、多方向,基于知识与智能的现代化生产。

10.3 激光熔覆增材制造系统

10.3.1 激光熔覆技术

通过在基体材料表面添加熔覆材料,利用高能密度激光束辐照加热,使熔覆材料与基体材料表面薄层发生熔化,并快速凝固,从而在基体材料表面形成冶金结合的熔覆层,这种技术称之为激光熔覆(laser cladding)。

按熔覆材料的供给方式不同,激光熔覆可分为两类:预置式激光熔覆和同步式激光熔覆。预置式激光熔覆是将熔覆材料预先放置在基体材料表面,然后利用激光束辐照加热使其熔化获得熔覆层,如图 10-18(a)所示;同步式激光熔覆则是在激光辐照的同时将熔覆材料送入激光辐照的区域,即熔覆材料的供给与激光熔覆同时进行,如图 10-18(b)所示。

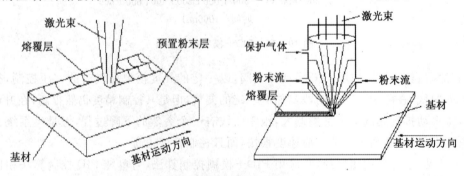

图 10-18　两种方式激光熔覆示意图
(a)预置式激光熔覆示意图;(b)同步式激光熔覆示意图

采用激光熔覆技术可以实现材料表面的改性,比如提高材料表面的耐磨性,耐蚀性,强韧性等等,也可以通过激光进行表面硬化处理等。目前,激光熔覆技术已成为新材料制备、零部件快速制造、失效零部件修复的重要手段之一,广泛应用于航空、石油、汽车、机械制造、船舶制造、模具制造等行业。

目前应用的激光熔覆材料主要有:镍基、钴基、铁基合金、碳化钨复合材料。其中,又以镍基材料应用最多,与钴基材料相比,其价格便宜。

10.3.2　激光熔覆特点

与堆焊、喷涂、电镀和气相沉积等相比,激光熔覆具有以下的特点:

(1)局部表层区域的快速熔覆对基体或被涂工件的热影响甚微。

(2)熔覆层与基体的结合得到改善,结合带为冶金结合。

(3)高达 $10^6 ℃/s$ 的冷却速度使凝固组织细化,甚至产生具有新性能的组织结构如亚稳相、超硬弥散相、非晶等。

(4)熔覆层受基体金属的稀释程度可降低到最低限度,从而得到所设计的表面性能。

(5)熔覆层成分、厚度可控,工艺过程易实现自动化。

(6)热输入低、变形小,熔覆层稀释率低(一般小于 5%)。

(7)粉末选择几乎没有任何限制,特别是可在低熔点表面熔覆高熔点合金。

(8)能进行选区熔覆,材料消耗少,具有卓越的性能价格比。

10.3.3　激光熔覆系统

本单元列举的激光熔覆系统如图 10-19 所示,主要由半导体激光器、机器人及变位机、送粉系统、保护系统(冷却,保护气,激光安全等)、计算机控制系统等组成。

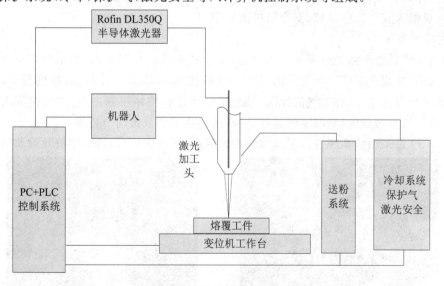

图 10-19　激光熔覆控制系统

1)激光器

采用 ROFIN 公司功率输出为 3.5kW 的 DL350Q 半导体激光器,具有 3.2mm×4.0mm 矩形光斑,激光波长分别为 840nm±10nm,920nm±10nm。半导体激光具有光电转换效率高(有效电光转换率达到 55%)、波长短、功率密度高的特点,非常适合于熔覆及修复领域。半导体激光器体积非常小(是相同激光熔覆效果 CO_2 激光器的 1/30),非常适合于机器人系统直接集成。

2)运动系统

考虑到激光熔覆或者修复的工件的种类繁多,运动轨迹复杂,因此运动系统采用了机器人+2轴变位机的方式。这样的运动架构可以胜任绝大多数复杂空间轨迹的运动。

机器人选用 Fanuc 公司的 M-710ic,其作业半径可达到 2.05m,有效负载 60kg,重复定位精度±0.07mm,系统配备有高灵敏度的防碰撞检测功能模块;工作过程中可通过 ProfiBus 总线与上位机或主控系统进行通信;采用 500kg 的 2 轴变位机,采用机器人外部轴方式,便于与机器人协调运动,实现复杂空间轨迹的运动。

3)粉末输送系统

粉末输送系统是激光熔覆系统的一个重要组成部分,其性能的好坏直接决定熔覆层的质量。这就要求送粉系统能够提供稳定均匀的粉末流。送粉系统主要由两部分组成:粉末喷嘴和送粉机构。同轴送粉无方向性,轨迹控制灵活,利用率高,熔覆效果好,本系统采用同轴送粉方式,将粉末喷嘴集成在激光加工头上,即粉末流和激光同轴线送出。

4)激光加工头

因系统采用同轴送粉方式,所以将激光和同轴送粉喷嘴集成在一起,粉末流汇聚的位置也是半导体激光的焦距位置。

5)保护系统

激光器工作过程中,需要循环水冷却;熔覆过程中为防止熔覆区材料发生氧化,需要用氮气或者氩气作保护气;另一个需要考虑的重要方面是激光辐射的安全,比如可设立机器人安全工作角度、机器人安全工作区域、安全防护措施等。

6)主控制系统

主控制系统是整个激光熔覆系统的核心,考虑到系统的控制对象,本系统采用 PLC+PC 的架构。其中,采用 SIEMENS 公司的 S7-300 系列 PLC 作为主控制器,对机器人、变位机、激光、送粉系统以及水冷、保护气的通断、激光安全等进行整体控制。PC 主要作为人机界面,对整个系统进行参数设置,状态实时监控,一些关键数据的采集与分析等。

图 10-20 是采用该系统进行半球体的表面熔覆,从图中可以看出,熔覆效果非常理想。

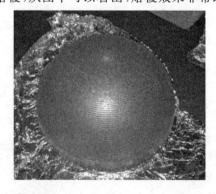

图 10-20　半球体表面熔覆

10.3.4 激光熔覆应用

激光熔覆的应用目前主要有 3 个方面:一是对材料的表面改性,如燃汽轮机叶片、轧辊、齿轮等表面采用激光熔覆改性以后,可以大大提高其表面的耐磨性、耐腐蚀性,延长其使用寿命;二是对产品的表面修复,如转子、模具等表面磨损以后可采用激光熔覆对其修复,使其起死回生;三是激光快速成型制造,即采用激光熔覆技术直接生成零部件,这也是目前正在快速发展的制造技术,也称作激光增材制造或激光 3D 打印技术。

1) 材料表面改性

材料表面改性是指采用化学的、物理的方法改变材料或工件表面的化学成分或组织结构以提高机器零件或材料表面的性能。它包括化学热处理、表面涂层和非金属涂层技术等。这些技术赋予零件耐高温、防腐蚀、耐磨损、抗疲劳等各种新的特性,使原来在高速、高温、高压、重载、腐蚀介质环境下工作的零件,提高可靠性、延长使用寿命。而激光熔覆是一种新型的表面涂层技术,具有热输入低、变形小、涂层成分和性能可控、熔覆区域和涂层厚度可控等一系列优点,对于一些关键零部件的表面通过激光熔覆技术堆敷一层超耐磨抗蚀合金,可在零部件表面不变形的情况下大大提高零部件的使用寿命;对模具表面进行激光熔覆处理以后,不仅提高模具强度,还可以降低 2/3 的制造成本,缩短 4/5 的制造周期,因此具有很大的经济价值和推广意义。

2) 材料表面修复

采用激光熔覆对表面磨损或产生缺陷的零部件进行修复,是目前激光熔覆的重要应用领域之一。有关资料表明,修复后的零部件强度可达到原强度的 90% 以上,局部关键部位的性能甚至超过原零部件,而修复费用不到重置价格的 1/5,更重要的是缩短了维修时间,解决了大型企业重大成套设备连续可靠运行所必须解决的转动部件快速抢修难题。由此而引发了一个新兴的技术领域,称作激光再制造技术。

激光再制造技术是一种全新概念的先进修复技术,它是以丧失使用价值的损伤、废旧零部件作为再制造毛坯,利用以激光熔覆技术为主的高新技术对其进行批量化修复、性能升级,所获得的激光再制造产品在技术性能上和质量上都能达到甚至超过新品的水平,它具有优质、高效、节能、节材、环保的基本特点,是重大工程装备修复新的发展方向。

激光再制造目前应用的产品领域主要有:烟气轮机、汽轮机和燃气轮机的一些关键零部件,如转子轴径、推力盘、动叶片、静叶环、轮盘、气封面、导流锥体、汽封齿、喷嘴、隔板、围带、缸体等;钢铁轧制机械设备中的一些关键零部件;汽车制造模具等。

3) 激光快速成型——增材制造

金属零部件传统的制造方法往往先通过铸、锻、挤、压等受迫成形手段得到一个毛坯件,然后再通过车、磨、铣、刨等去除加工方法得到一个精密件。整个过程中工模具成本高、工序多、周期长,且对具有复杂内腔结构的零件往往无能为力,难以满足新产品的快速响应制造需求。20 世纪 90 年代以来,随着激光技术、计算机技术、CAD/CAM 技术以及机械工程技术的发展,金属零件激光增材制造技术在激光熔覆技术和快速原型技术基础上应运而生,迅速成为快速成型领域内最有发展前途的先进制造技术之一。

快速成型技术是一种基于离散/堆积成形思想的新型制造技术,是集成计算机、数控、激光和新材料等最新技术而发展起来的先进制造技术。其基本过程是将三维模型沿一定方向离散成一系列有序的二维层片;根据每层轮廓信息,进行工艺规划,选择加工参数,自动生成数控代码;成形设备在每个层片区域内精密堆积,并自动把一系列层片联接起来,得到三维物理实体。这种将一个物理实体的复杂三维加工离散成一系列层片的加工方法,大大降低了加工难度,且成形过程的难度与待成形的物理实体形状和结构的复杂程度无关。由于这种加工方法的思路与传统的去除加工方法刚好相反,是一种逐点堆积的过程,所以称作增材制造(additive manufacturing),这种过程又与打印机的原理相似,只是从二维平面扩展到了三维立体,所以又获得了一个通俗易懂的称号:3D 打印。

　　金属零件的激光增材制造技术以高功率或高亮度激光为热源,逐层熔化金属粉末或丝材,直接制造出任意复杂形状的零件,其实质就是 CAD 软件驱动下的激光三维熔覆过程,是数字化制造的典型范例。该技术具有如下独特的优点:①制造速度快,节省材料,降低成本;②不需采用模具,使得制造成本降低 15%～30%,生产周期缩短 45%～70%;③可生产用传统方法难于生产甚至不能生产的形状复杂的功能金属零件;④可在零件不同部位形成不同成分和组织的梯度功能材料结构,不需反复成形和中间热处理等步骤;⑤激光直接制造属于快速凝固过程,金属零件完全致密、组织细小、性能超过铸件;⑥成形件可直接使用或者仅需少量的后续机加工便可使用。

　　根据材料在沉积时的不同状态,金属零件的激光增材制造技术可以分为两大类:激光直接沉积增材制造技术和激光选区熔化增材制造技术。前者由激光在沉积区域产生熔池并高速移动,金属材料以粉末或丝状实时送入熔池,熔化后逐层沉积,如图 10-21 所示;后者在沉积前金属粉末需预先铺粉,然后由激光在沉积区内进行选区熔化烧结,如图 10-22 所示。

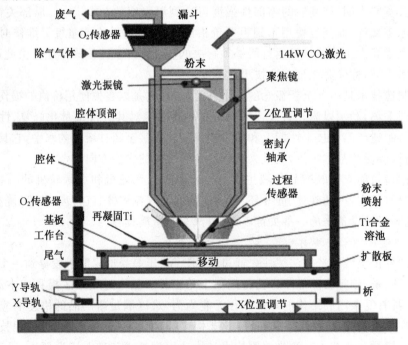

图 10-21　激光直接沉积增材制造技术

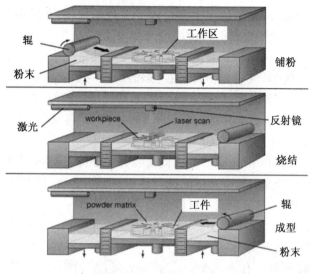

图 10 - 22　激光选区熔化增材制造技术

10.4 机器人材料加工系统

10.4.1 机器人基础知识

10.4.1.1 机器人的分类

机器人(robot)一词最初来自于 1920 年捷克作家的科幻剧,意思是"奴隶",即听命于人的机器。尽管人们经常以科幻的眼光把它想像成类似于人形的机器,但现实的工业机器人是以完成人类赋予它的工作为第一要务,所以其形状结构特征与它特定的工作环境相适应。根据 1987 年 ISO 的定义,工业机器人是一种具有自动控制的操作和移动功能,能完成各种作业的可编程操作机。可见,机器人首先是一台机器,是为人类工作的机器。

在生产制造领域,机器人的应用目前已越来越多,这与机器人能以精准的方式不知疲倦地反复重复某一种动作分不开的。由于机器人的这种特性,可以代替人在某一领域的部分甚至全部劳动,从而降低人的劳动强度,提高效率,保证质量。机器人的工业应用大致有 4 个方面,即材料加工、零件制造、产品检验和装配。其中,材料加工相对比较简单,而装配最复杂。此外,机器人的应用领域还包括:建筑业、石油钻探、矿石开采、太空探索、水下探索、毒害物质清理、搜救、医学、军事等。

机器人目前并没有统一的分类方法,所以不同的标准可以有不同的分类。比如,按其应用环境分,可将机器人分为工业机器人和特种机器人。工业机器人特指服务于工业领域的机器人,通常由若干个自由度的操作机本体及其控制器组成,能通过编程,按程序自动完成生产中的某种规定作业,特别适合于多品种、变批量的弹性制造系统;特种机器人则是除工业机器人之外的、用于非制造业并服务于人类的机器人,如水下机器人、医用机器人、农业机器人、娱乐机器人、军用机器人等。

如果按机器人的智能化程度分,机器人可分为在线编程、离线编程和智能编程 3 种。

（1）在线编程（on-line program）。主要是人工示教编程,需在机器人在线情况下对其进行人工示教,完成编程,智能程度较低,也称为第一代机器人。

（2）离线编程（off-line program）。是指在机器人离线情况下,在计算机上建立机器人及其工作环境的三维几何模型,通过对图形的控制和操作,完成对机器人运动轨迹的规划。此外,也可在机器人上安装一些温度、形位或视觉传感器,根据其所获得的环境和作业信息在计算机上进行离线编程,这类机器人具有一定的外界感知能力,可对编程轨迹进行一定程度的修正,在目前应用也比较多,称为第二代机器人。

（3）智能编程（intelligent program）。机器人装有多种传感器,能感知多种外部工况环境,具有一定的类似人类高级智能,具有自主地进行感知、决策、规划、自主编程和自主执行作业任务能力,称为第三代机器人,目前仍处于试验研究阶段。

10.4.1.2 机器人坐标系

一个简单的机器人至少要有 3~5 个自由度,比较复杂的机器人有十几个甚至几十个自由度。坐标系是为确定机器人的位置和姿态而在机器人或空间上定义的位置指标系统。坐标系有关节坐标系和笛卡尔坐标系两种。工具坐标系、用户坐标系和世界坐标系均属于笛卡尔坐标系。图 10-23 所示为常用的六自由度机器人的相关坐标系。

（1）关节坐标系。是设定在机器人的关节中的坐标系,关节坐标系中机器人的位置和姿态,由机器人的各个关节的角度值确定。

（2）工具坐标系。是表示工具中心点（TCP）和工具姿态的笛卡尔坐标系,工具坐标系通常以 TCP 点为原点,将工具方向取为 Z 轴。

（3）用户坐标系。是用户对每个空间进行定义的笛卡尔坐标系。

（4）世界坐标系。是被固定在空间上（一般位于机器人底座的中心）的笛卡尔坐标系。

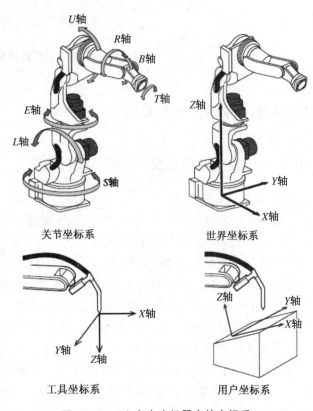

图 10-23　六自由度机器人的坐标系

上述坐标系中,后三者均属于笛卡尔坐标系。笛卡尔坐标系中机器人的位置和姿态,通常由 6 个分量（x, y, z, w, p, r）来确定。其中 x、y、z 表示工具坐标系的原点在某个空间的坐标系（世界坐标系或用户坐标系）中的位置（即坐标值）;而 w、p、r 表示工具坐标系的坐标轴在对应的空间坐标系中的姿态,具体表现为工具坐标系的坐标轴相对于对应的空间坐标系的坐标轴的旋转角,如图 10-24 所示。

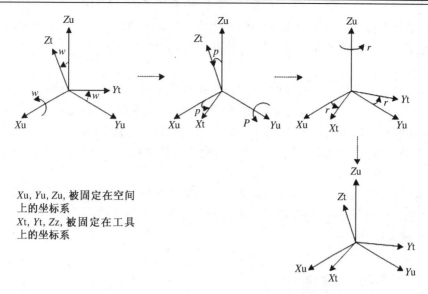

Xu, Yu, Zu 被固定在空间
上的坐标系
Xt, Yt, Zz 被固定在工具
上的坐标系

图 10 - 24　笛卡尔坐标系中 w, p, r 的含义

10.4.1.3 机器人运动学

如果你醒来发现自己处在一具新的躯体中,拥有金属手臂,每只手只有三根手指,你会怎么样呢? 如果不知道手臂的长度,拿东西会很困难;如果只有三根手指,那么你必须找到一个全新的抓取和握东西的方法;由于弯曲的金属手臂,你可能难以像以前那样伸缩自如;这些就是身处各地的孤独的机器人所面临的重大问题。

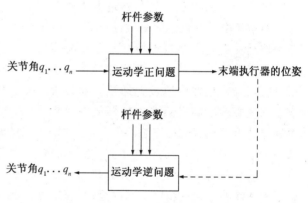

图 10 - 25　机器人运动学

机器人运动学研究旨在解决机器人的手臂转向何方(动力学则为了解决移动的速度和劲道)。机器人运动学可分为两类:正运动学和逆运动学。正运动学所要解决的问题是机器人通过它对自身的了解(关节角度和杆件参数)来确定自己在三维空间中到底身处何方。逆运动学与之相反,它解决机器人如何移动(如何改变关节角度)才能达到合适的位置这一问题。有时候,可能没有最好的解决方案,比如试试用你的右手碰你的右肘。这一过程可以用图 10 - 25 来表示。

10.4.1.4 机器人动力学

机器人的运动学都是在稳态条件下进行的,没有考虑机器人运动的动态过程。实际上,机器人的动态性能不仅与运动学相对位置有关,还与机器人的结构形式、质量分布、执行机构的位置、传动装置等因素有关。机器人动态性能由运动学方程描述,动力学是考虑上述因素,即研究机器人运动与关节力(力矩)间的动态关系。描述这种动态关系的微分方程称为机器人动力学方程。机器人动力学要解决两类问题:动力学正问题和逆问题。

动力学正问题是根据关节驱动力矩或力,计算机器人的运动(关节位移、速度和加速度)。

动力学正问题与机器人的仿真有关,研究机器人手臂在关节力矩作用下的动态响应,其主要内容是如何建立机器人手臂的动力学方程,建立机器人动力学方程的方法有牛顿-欧拉法和拉格朗日法等。

动力学逆问题是已知轨迹对应的关节位移、速度和加速度,求出所需要的关节力矩和力。逆问题是为了实时控制的需要,利用动力学模型,实现最优控制,以期达到良好的动态特性和最优指标。在设计中根据连杆质量、运动学和动力学参数、传动机构特征和负载大小进行动态仿真,从而决定机器人的结构参数和传动方案,验证设计方案的合理性和可行性,以及结构优化程度。

在机器人离线编程时,为了估计机器人高速运动引起的动载荷和路径偏差,需要进行路径控制仿真和动态模型仿真,这些都需要以机器人动力学模型为基础。

10.4.1.5 机器人运动控制方式

1) 空间运动轨迹控制方式

按机器人手部在空间运动的轨迹控制方式有两种:点到点控制方式(PTP)和连续轨迹控制方式(CP)。

PTP 控制的特点是只控制机器人手部在作业空间中某些规定的离散点上的位姿。这种控制方式的主要技术指标是定位精度和运动所需要的时间。常常被应用在上下料、搬运、点焊和在电路板上插接元器件等定位精度要求不高且只要求机器人在目标

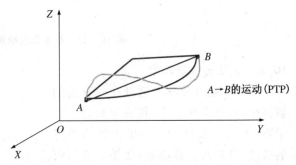

图 10 - 26　点到点的控制方式(PTP)

点处保持手部具有准确姿态的作业中。图 10 - 26 是 PTP 控制的示意图,通过点(末端执行器参考点)来决定机器人的动作位置,与运动轨迹(中途路径)无关。

CP 控制的特点是连续地控制机器人手部在作业空间中的位姿,要求其严格地按照预定的路径和速度在一定的精度范围内运动,速度可控、轨迹光滑、运动平稳,以完成作业任务。工业机器人各关节连续、同步地进行相应的运动,其末端执行器即可形成连续的轨迹。这种控制方式的主要技术指标是机器人手部位姿的轨迹跟踪精度及平稳性。通常弧焊、喷漆、去毛边和检测作业的机器人都采用这种控制方式。

2) 非伺服型和伺服型控制方式

此外,按机器人控制是否带反馈划分,有非伺服型控制方式和伺服型控制方式。非伺服型控制方式是指未采用反馈环节的开环控制方式。在这种控制方式下,机器人作业时严格按照在进行作业之前预先编制的控制程序来控制机器人的动作顺序,在控制过程中没有反馈信号,不能对机器人的作业进程及作业的质量好坏进行监测,因此,这种控制方式只适用于作业相对固定、作业程序简单、运动精度要求不高的场合,它具有费用省,操作、安装、维护简单的优点。伺服型控制方式是指采用了反馈环节的闭环控制方式。这种控制方式的特点是在控制过程中采用内部传感器连续测量机器人的关节位移、速度、加速度等运动参数,并反馈到驱动单元构成闭环伺服控制。如果是适应型或智能型机器人的伺服控制,则增加了机器人用外部传感器对外界环境的检测,使机器人对外界环境的变化具有适应能力,从而构成总体闭环反馈的伺服控制方式。

10.4.1.6 机器人语言

早在 20 世纪 60 年代初斯坦福大学研制出第一个实用的机器人语言——WAVE。1979 年,美国 Unimation 公司推出了 VAL 语言,这是一种在 BASIC 语言基础上扩展的机器人语言,具有 BASIC 语言的结构,比较简单,易于编程,为工业机器人所适用。1984 年该公司又推出 VAL－II 语言,它是在 VAL 语言的基础上,增加开发利用传感器信息进行运动控制和数据处理以及通信等功能。现在,VAL 语言已经升级为 V＋＋语言,性能得到了更大的提高。其他的机器人语言有 MIT 的 LAMA 语言,这是一种用于自动装配的机器人语言,美国 Automatix 公司的 RAIL 语言,它具有 PASCAL 语言类似的形式。

1) 机器人语言的特点

(1) 描述的内容主要是机器人的作业动作、工作环境、操作内容、工艺和过程;

(2) 语言逐渐向结构简明、概念统一和容易扩展等方向发展;

(3) 越来越接近自然语言,并且具有良好的对话性。

2) 机器人语言的分类

根据机器人语言对作业任务描述水平的高低可分为动作级、对象级和任务级三大类。

(1) 动作级。以机器人手部的运动作为作业描述的中心,将机器人作业任务中的每一步动作都用命令语句来表述,每一条语句对应于一个机器人动作。若动作的目的是移动某一物体,基本运动语句形式为:

MOVE TO　　　〈目的地〉

这一级语言的典型代表是 VAL 语言,它的语句比较简单,易于编程。动作级语言的缺点是不能进行复杂的数学运算,不能接受复杂的传感器信息,仅能接受传感器的开关信号,并且和其他计算机的通信能力很差。VAL 语言不提供浮点数或字符串,而且子程序不含自变量。

(2) 对象级。解决了动作级语言的不足,它是描述操作物体间关系使机器人动作的语言,即是以描述操作物体之间的关系为中心的语言,这类语言有 AML,AUTOPASS 等,它具有以下特点:运动控制,具有与动作级语言类似的功能;处理传感器信息,可以接受比开关信号复杂的传感器信号,并可利用传感器信号进行控制、监督以及修改和更新环境模型;通信和数学运算,能方便地和计算机的数据文件进行通信,数字计算功能强,可以进行浮点计算;具有很好的扩展性,用户可以根据实际需要,扩展语言的功能,比如增加指令等。

(3) 任务级。是比较高级的机器人语言,这类语言允许使用者对任务所要求达到的目标直接下命令,不需要规定机器人所做的每一个动作的细节。只要按某种原则给出最初的环境模型和最终的工作状态,机器人可以自动进行推理、计算,最后自动生成机器人的动作。任务级语言的概念类似于人工智能中程序自动生成的概念。任务级机器人编程系统能够自动执行许多规划任务。例如,当发出"抓起螺杆"的命令时,该系统必须规划出一条避免与周围障碍物发生碰撞的机械手运动路径,自动选择一个好的螺杆抓取动作,并把螺杆抓起。

10.4.1.7 机器人编程基本知识

机器人的应用程序是由机器人进行作业而由用户记述的指令,及其他附带信息构成。程序的基本单位为指令,包括运动指令、焊接指令、寄存器指令、I/O 指令、转移指令、待命指令、跳转条件指令、位置补偿条件指令、刀具补偿条件指令、坐标系指令、程序控制指令等等。

1) 运动指令

所谓运动指令,是指以指定的移动速度和移动方法使机器人向作业空间内的指定位置移动的指令。FANUC 机器人的动作指令中指定的内容，如图 10-27 所示。

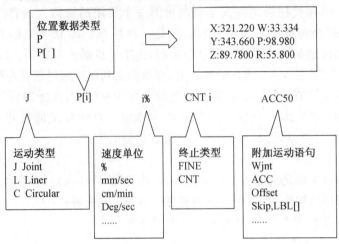

图 10-27 机器人的动作指令

（1）运动类型有 3 种：

Joint：关节运动，工具在两个指定的点之间的任意运动，如：

1：J P[1] 100% FINE

2：J P[2] 100% FINE

Linear：直线运动，工具在两个指定的点之间沿直线运动，如：

1：J P[1] 100% FINE

2：L P[2] 100% FINE

Circular：圆弧运动，工具在 3 个指定的点之间沿圆弧运动，如：

1：J P[1] 100% FINE

2：C P[2] P[3] 2000mm/sec FINE

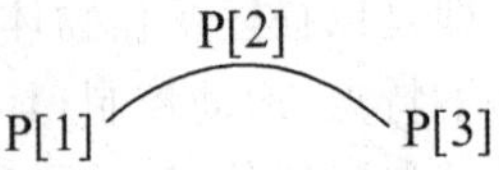

（2）终止类型：

指定动作指令中的机器人的动作结束方法，有两种：FINE 类型、CNT 类型。

FINE 类型：是指机器人在目标位置停止之后，再向下一个目标位置移动；

CNT 类型：是指机器人靠近目标位置，但是不在该位置停止而在下一个位置动作，机器人靠近目标位置到什么程度，由 0~100 范围内的值来定义，如图 10-28 所示。

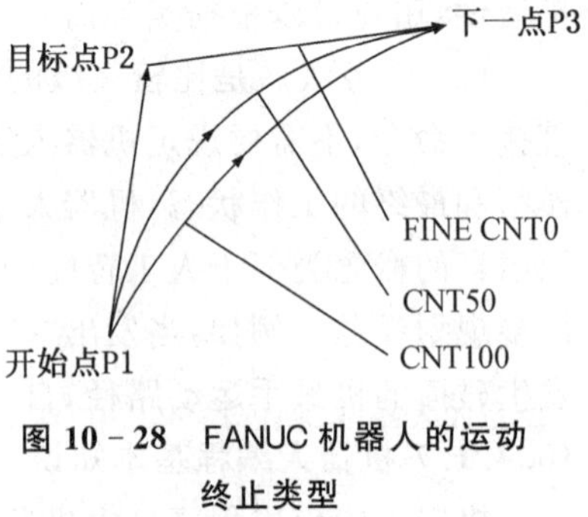

2）寄存器指令

是进行寄存器算术运算的指令，有普通寄存器指令、位置寄存器指令、位置寄存器要素指令等。

普通寄存器（R）：用来存储某一整数或小数值的变量，有赋值运算、加、减、乘、除、MOD（除法取余）、DIV（除法取整）等。例如：

R[0]=10，R[1]=R[3]*R[5]。

位置寄存器（PR）：用来存储位置数据（x,y,z,w,p,r）的变量，有赋值、加、减运算。例如：

PR[0]=UTOOL[1]。

图 10-28 FANUC 机器人的运动
终止类型

位置寄存器要素指令:是进行位置寄存器算术运算的指令,类似于矩阵中对矩阵元素的操作,其相关运算同普通寄存器的运算。PR[i,j]的 i 表示位置寄存器编号,j 表示位置寄存器的要素编号。例如:

PR[1,2]＝R[3]表示 1 号位置寄存器的第 2 个元素的值等于 R[3]中存储的数值。

3) I/O 指令

I/O 指令,用于改变信号的输出状态和接收输入信号。有数字 I/O 指令(DI/DO),机器人 I/O 指令(RI/RO),模拟 I/O 指令(AI/AO),组 I/O 指令(GI/GO)等。例如:

DO[i]＝(value),value＝ON 表示发出信号,value＝OFF 表示关闭信号。

4) 分支指令

(1) Label 指令:(用来定义程序分支的标签)

LBL[i: Comment]i:1 to 32767, Comment:注释。

(2) 未定义条件的分支指令:

跳转指令 JMP,如:JMP LBL[i]表示跳转到 LBL[i]标签。

Call 指令,如:Call(Program)表示定义程序 Program。

(3) 定义条件的分支指令:

寄存器条件指令 IF(variable)(operator)(value)(Processing)。

I/O 条件指令 IF(I/O)(operator)(value)(Processing)。

5) 焊接指令

(1) 焊接开始指令:Arc Start[i],i 为焊接条件号,此处也可以直接指定电压电流。

(2) 焊接结束指令:ArcEnd[i],i 为焊接条件号,此处也可指定电压、电流、维持时间。

6) 待命指令

(1) 定义时间的等待指令:WAIT(value)s。

(2) 条件等待指令:WAIT (variable)(operator)(value)(Processing)。

10.4.1.8 工业机器人技术参数

工业机器人的技术参数是说明机器人规格与性能的具体指标,包括以下几个方面:

1) 负载能力

该参数一般指机器人在正常运行速度下所能抓取的工件质量,它与机器人的运行速度高低有关。当机器人运行速度可调时,低速运行时所能抓取的工件最大质量比高速时大,为安全起见,也有将高速时所能抓取的工件质量作为指标的,此时则常指运行速度。

2) 定位精度

定位精度是衡量机器人性能的一项重要指标,定位精度的高低取决于位置控制方式以及机器人运动部件本身的精度和刚度,与抓取质量、运行速度等也有密切关系。工业机器人的伺服系统是一种位置跟踪系统,即使在高速重载情况下,也可防止机器人发生剧烈的冲击和振动,因此可以获得较高的定位精度。

一般所说的定位精度是指位置精度和位置重复定位精度。其中,位置精度是指目标位置与到达目标时的实际位置的平均偏差;而位置重复定位精度是指机器人多次定位重复到达同一目标位置时,与其实际到达位置之间相符合的程度。

3) 运动速度

运动速度是反映机器人性能的又一项重要指标,它与机器人负载能力、定位精度等参数都有密切联系,同时也直接影响着机器人的运动周期。

一般所说的运动速度,是指机器人在运动过程中最大的运动速度。为了缩短机器人整个运动的周期,提高生产效率,通常总是希望启动加速和减速制动阶段的时间尽可能缩短,而运行速度尽可能地提高,既提高运动过程的平均速度。但由此却会使加、减速度的数值相应地增大,在这种情况下,惯性力增大,工件易松脱;同时由于受到较大的动载荷而影响机器人工作平稳性和位置精度。这就是在不同运行速度下,机器人能提取工件的质量不同的原因。

4) 自由度

自由度是指确定机器人手部中心位置和手部方位的独立变化参数。工业机器人的每一个自由度,都要相应的配对一个原动件(如伺服电机、油缸、气缸、步进电机等驱动装置),当原动件按一定的规律运动时,机器人各运动部件就随之作确定的运动,自由度数与原动件数必须相等,只有这样才能使工业机器人具有确定的运动。工业机器人自由度越多,其动作越灵活,适应性越强,但结构相应越复杂。

图 10 - 29　FANUC M710ic/70
机器人

5) 程序编制与存储容量

这个技术参数是用来说明机器人的控制能力,即程序编制和存储容量(包括程序步数和位置信息量)的大小表明机器人作业能力的复杂程度及改变程序时的适应能力和通用程度。存储容量大,则适应性强,通用性好,从事复杂作业的能力强。

图 10 - 29　所示为 FANUC 公司的 M710iC/70 型机器人。其主要技术参数如表 10 - 3 所示。

表 10 - 3　FANUC M710iC/70 机器人技术参数

负载能力	70 kg	本体重量	560 kg
自由度	6 轴	驱动方式	AC Servo
重复定位精度	±0.07mm	定位方式	绝对编码器 ABS
运动速度	120°～225°/s(各轴)	存储容量	1G
最大工作半径	2 050mm		

10.4.2 带视觉跟踪的机器人工作站

本单元将介绍一个带视觉跟踪的机器人工作站,其用于重型货车油箱的焊接。该油箱采用铝合金制成,其截面为带圆角的方形,箱体部件为两个端盖和一个筒体,分别冲压后再焊接成形,工件外形如图 10 - 30 所示。主要焊缝包括筒体的直缝和两端的环缝。油箱对工件尺寸精度的要求不高,但必须保证焊缝有足够的强度和无泄漏。

由于箱体尺寸较大,材料厚度相对较薄,所以工件装配后焊缝的形状和位置精度不高,可能有 1 毫米甚至几毫米的误

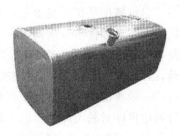

图 10 - 30　油箱工件外形

差。采用的示教机器人只能重复已经示教的动作,对焊缝位置的偏差应变能力很差。为了保证机器人焊接质量,需要对工件的装配精度严格控制,保证重复性,但在实际焊接过程中很难实现。另一方面,机器人工作区因安全原因操作人员不得随意进入,使操作人员无法近距离实时监视焊接过程并作必要的调节。所以,当条件发生变化时,如工件尺寸误差或加热变形等引起焊缝位置偏离示教路径,就会造成焊接质量的下降甚至失败。

　　为了能在不需要严格控制装配精度的条件下完成焊接,一个有效的解决方案,就是采用焊缝跟踪技术。焊缝跟踪是指在焊接位置前方实时检测焊缝位置,并把位置偏差传送给机器人或传送给焊枪位置调整机构,实时纠正焊枪位置以适应焊缝位置的变化。根据对焊缝位置的传感和检测方式不同,焊缝跟踪可采用接触式传感或非接触式传感技术,而激光视觉传感技术是目前最先进的非接触式传感技术,具有响应速度快、精度高、适应性强等一系列优点,在焊缝跟踪技术中得到广泛应用。

10.4.2.1　系统组成

　　为提高焊接生产效率,系统采用双工位双机器人焊接方案。即整个工作站有两个工位,各配一台旋转变位机,其中一个工位焊接时,另一个用于装卸工件;每个工位同时由两台机器人分别焊接两端环缝。变位机转动一周,两条环缝同时完成焊接。旋转变位机的作用,一使机器人一次就能焊完一周的焊缝,二使焊枪在任何时刻都保持在最佳的平焊位置。旋转变位机为头尾架式,头部装有定位机构和夹具,可根据油箱筒体截面的大小灵活调节;尾架可左右移动,不同尺寸的油箱,只需调整夹具和尾架位置,即可满足不同型号尺寸的油箱的夹持要求。两个机器人以侧挂方式安装于带有导轨的固定龙门架上,可在两个工位之间左右来回移动。每台机器人各配一个控制柜,其中一台为主控,另一台为从动,每台机器人各配一套 Power-Trac 激光跟踪系统。系统启动时,变位机带动工件旋转,两台机器人启动各自的激光跟踪系统,对两端环缝进行焊接。为保证焊接效率和质量,系统采用 MIG 焊接方法和 Fronius 焊机,如图 10 - 31 所示。

图 10 - 31　双机器人焊接系统

　　系统采用 SERVO-ROBOT 公司新型的 Power-Trac 激光视觉传感焊缝跟踪系统,主要包括能精确跟踪各种焊缝组合及焊接过程的 Power-Can 数字激光传感器、Power-Box 视觉控制器及相关的软件,激光视觉跟踪焊接系统的组成如图 10 - 32 所示。Power-Trac 在非常光亮的铝合金表面也能获得良好的激光条纹图像。

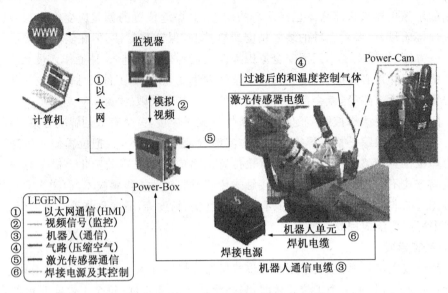

图 10 - 32　激光视觉跟踪焊接系统组成

图 10 - 32 中系统各部分的信号连接电缆意义如下：

① 表示视觉控制器通过以太网与上位机通信；

② 表示通过视频信号对焊接过程进行监控；

③ 表示视觉控制器与机器人控制器通过通信电缆进行信息交互；

④ 过滤后的和温度控制气体可以冷却数字激光传感器；

⑤ 表示激光传感器与视觉控制器的通信电缆；

⑥ 表示机器人单元通过焊机电缆对焊机进行控制，调整电流大小、功率输出等。

Power-Trac 激光跟踪系统的工作原理如图 10 - 33 所示，激光传感器发出激光（线激光）照射焊缝，并接收由焊缝处反射回来的激光，根据三角测量原理可以获得焊缝的信息。焊缝信息传回视觉控制器，在软件中经过滤波除噪、图像处理等流程，可以提取出焊缝的坡口形貌，如图 10 - 33 右下角所示，焊缝为"V"型坡口。通过对焊缝信息的处理，当焊枪与焊缝的位置偏离超过一定阈值后，激光跟踪系统就会发出相关信号给机器人，对机器人的位姿进行微调，使得焊枪与焊缝的位置适当，以保证焊接质量。

10.4.2.2　工作过程

要实现精确的激光焊缝跟踪，必须事先对系统进行标定。首先按照机器人的标准方法标定焊枪 TCP，然后在带有搭接特征的标定板上

图 10 - 33　Power-Trac 激光跟踪系统的工作原理

按规定步骤标定激光传感器。完成标定后，就可以示教编程机器人的程序。由于配备了激光跟踪系统，示教过程比较简单，示教时只需要保证焊枪的前后位置和角度，焊丝末端只需要粗

略对准即可,在焊接运行时由激光跟踪系统保证焊丝精确对准焊缝。

完成机器人编程以后,生产过程中操作人员只需负责上下料,工件装夹完毕,按下该工位的装夹确认按钮,机器人完成另一工位的焊接任务后会自动移动到刚装好工件的工位上进行焊接。操作人员则到另一工位进行下料和上料,装夹完毕,按下该工位的装夹确认按钮。

在启动焊接时,两台机器人从初始位置接近焊缝,同时用激光搜索焊缝,找到焊缝后将焊枪移动到起始点位置,启动焊缝跟踪,起弧并同时驱动变位机带动工件旋转。两台机器人分别在各自的激光跟踪系统的导引控制下保持在平焊位置同步进行焊接,焊接一周后,激光视觉系统检测到起弧点,自动重叠焊接一段距离后再息弧。之后机器人回到初始位置,等待另一工位工件装夹完毕的信号。机器人焊接时的工作流程如图 10-34 所示。

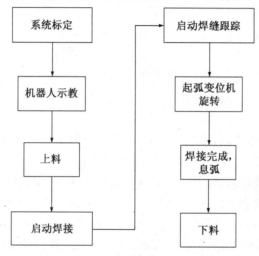

图 10-34　机器人焊接时的工作流程

10.5 基于机器视觉的焊缝质量检测系统

轿车底盘横向摇臂是连接汽车车身和汽车驱动系统的重要部件,对汽车行驶的安全性、稳定性、舒适性等性能起着至关重要的作用。横向摇臂分左摇臂和右摇臂,两者外形呈 180°轴对称,如图 10-35 所示。横向摇臂总成目前主要采用由机器人电弧焊方法生产,涉及工件正反面共 16 道焊缝。由于底盘横向摇臂的焊接质量直接对整车性能具有重要影响,因此焊缝质

图 10-35　汽车横向摇臂实物

量检测是该产品非常重要的质量控制环节。目前汽车横向摇臂总成焊缝质量检测主要依靠操作人员人工目测的方法,因此难以完全避免人为误差,同时检测标准难以量化,而且一定程度上降低了生产效率。

机器视觉是一种利用机械电子技术来模仿人类眼脑生理系统对图像进行识别和分析功能的技术。一个典型的工业机器视觉应用系统包括光源、摄像头、光学系统、数字图像处理模块、智能判断决策模块和机械执行模块。利用机器视觉可以代替工人对被测焊缝进行视觉检测,

与传统的人工目测检测方法相比,机器视觉焊后检测技术使用更为方便,并明显缩短了检测所花费的时间,消除了人为主观判断的影响,提高了产品的整体质量。此外检测的内容可被永久性保存,有利于后续的统计分析。

10.5.1 焊缝质量检测系统组成

系统针对横向摇臂的 16 道焊缝质量开展离线视觉检测,即该工件经机器人焊接和人工补焊后,在工件出厂前进行焊缝质量检测和记录。主要针对漏焊、表面气孔、偏焊、咬边等质量问题进行检测,并对角焊缝的宽度和厚度进行测量。

机器人手臂带动成像系统运动的方式,对各个位置的焊缝逐一拍摄图像,实现柔性检测。工控机完成图像采集和处理,提供系统的人机交互界面。光学成像系统安装在机器人手臂前端,如图 10-36 所示,由激光发生器、LED 光源、CCD 摄像机、镜头组成。

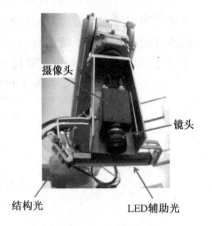

图 10-36　光学成像系统

根据焊缝缺陷的检测要求,本系统的检测内容分两大类,第一类是焊缝尺寸测量,第二类是焊缝表面缺陷检测。前者需要获取焊缝的三维信息,后者需要获取焊缝的二维平面信息。三维信息的获取需要使用基于结构光的主动视觉法,而二维平面信息需要采用被动光视觉法,这就需要将两个图像采集方法集成在一个系统中并且确保两者之间没有干扰。系统采用主动视觉与被动视觉相结合的方式一次性获取焊缝表面二维特征与三维特征。辅助光源布置如图 10-37(a)和(b)所示:条形 LED 光源沿焊缝方向布置,与焊缝平行,光源发出的光线垂直照射到焊缝表面;线采用一字线激光三角法进行三维测量。

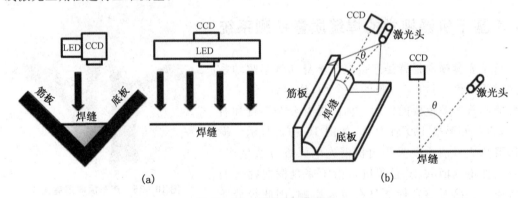

(a)　　　　　　　　　　　　　　(b)

图 10-37　辅助光源布置
(a) LED 条形光源的布置;(b) 一字线激光器的布置

系统工作原理:机器人手臂夹持光学成像系统,按照事先设定的轨迹运行到指定位置后,摄像头拍摄两幅以不同照明方式照明的图像。第一幅图像:一字线激光照射到焊缝表面上,反射的激光通过镜头成像到 CCD 摄像机上,图像采集卡把 CCD 摄像机上的光信号转换成电信号,也就是把原始图像转化为数字图像后传递给工控机。第二幅图像:LED 光照射到焊缝表面,反射光线通过镜头成像到 CCD 摄像机上,再经图像采集卡传递给工控机。工控机通过图像处理软件 IMAQ Vision 与 LabVIEW 对焊缝图像进行处理、测量与判断,最终得出焊缝合格与否的判断结果。

10.5.2 机器视觉图像处理流程

焊缝图像处理流程如图 10 - 38 所示,图像预处理如图 10 - 39 所示:

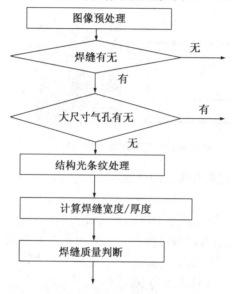

图 10 - 38　焊缝图像处理流程

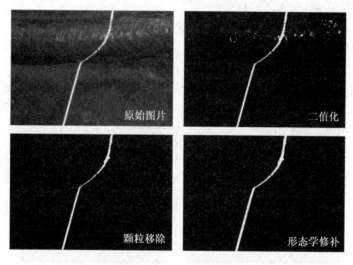

图 10 - 39　图像预处理

10.5.2.1 结构光图像处理

由于结构光图像中的部分信息可以用于 LED 光图像处理,所以先进行结构光图像处理。一字线激光照射在工件上,会产生一条空间曲线,此曲线在采集到的结构光图像中呈现为具有明显转折点的条纹。转折点显示了焊缝与筋板交界的位置,通过几何关系可以计算得出焊缝宽度和焊缝厚度等尺寸参数,并判定是否存在焊偏,咬边等缺陷。

　　A、B、C 三点是一字线激光器扇形光平面与工件表面的交点。由于扇形光平面与焊缝表面并不垂直,所以需将 A、B、C 三点投影到与焊缝表面垂直的平面上,再进行焊缝宽度和焊脚高度的计算。设 A、B、C 三点在焊缝垂直面上的投影为 A'、B'、C',则 A'、B'、C' 三点的几何位置关系如图 10 - 40 所示。因为焊缝表面大体为一个平面,且与视觉传感器的成像面平行,所以焊缝宽度可近似表示为 $d=|B'C'|$;焊脚高度可近似表示为 $h=|OH|$。

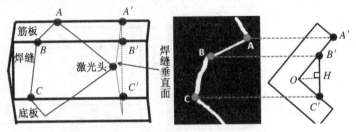

图 10 - 40　转折点与焊缝垂直面投影点的几何关系

　　根据 A、B、C 三点在结构光图像上的纵坐标 y_A、y_B、y_C 可求得 $|A'B'|$、$|B'C'|$ 的像素距离。$|A'B'|=y_B-y_A$,$|B'C'|=y_C-y_B$。通过事先标定得出的比例关系,可求得 $|A'B'|$ 和 $|B'C'|$ 的实际距离。标定时利用标准格子纸贴在焊缝表面测量出 $|A'B'|$、$|B'C'|$ 的实际距离,从而得出像素值与实际值之间的近似比例关系。由于在不同的拍摄位置,镜头与焊缝间的距离有所不同,所以每一个拍摄位置都需要进行上述标定。测量出 $|A'B'|$ 和 $|B'C'|$ 的实际值后,$|OA'|$ 为筋板的高度,可由工件图纸得到。$|OB'|=|OA'|-|A'B'|$,根据直角三角形关系可求出 $|OC'|$,然后依次计算以下各尺寸参数。

　　① 焊缝宽度计算,即 $|B'C'|$ 的长度;

　　② 焊缝厚度计算。

　　根据国标 GB-T-1418 对角焊缝厚度定义——焊缝截面最大内接等腰三角形底边上的高。首先判断焊缝凹凸情况,在凸的情况下(见图 10 - 41(a)):取 $|O'A'|$ 和 $|O'B'|$ 中较小值作为等腰三角形的腰,计算底边上的高 $|O'H'|$,焊缝厚度 $=|O'H'|$。在凹的情况下(见图 10 - 41(b)):焊缝厚度 $=|O'H'|-|C'H'|$,其中 $|C'H'|$ 为焊缝最凹陷处深度。

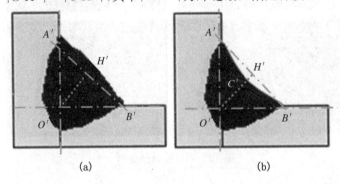

図 10 - 41　焊缝厚度计算示意图

10.5.2.2 LED 光图像处理

　　1) 焊缝缺失检测

　　对分割出的焊缝区域,首先进行面积比较,如正常焊缝面积不足 50%,即直接判定为焊缝缺失。正常焊缝面积大于 50% 的,再进行进一步判断,如图 10-42 所示。具体方法是:以 5 个像素点为水平间隔,对图像进行垂直方向的像素扫描,查看每一条垂直的像素列上的白色像素点数目,连续两条垂直扫描线上的白色像素点数目小于正常值的 80% 时,则判定为焊缝缺失。

　　　　　　　　(a)　　　　　　　　　　　　　　　　　　　　　　(b)

图 10-42　焊缝缺失检测

(a) 完整焊缝;(b) 焊缝缺失

2) 焊缝始末位置检测

将区域生长后分割出的焊缝图像进行处理。对于焊缝起始处图像,白色区块的最左端坐标是焊缝的起始位置;对于焊缝结束处图像,白色区块的最右端坐标是焊缝的结束位置,如图 10-43 所示。将所得到的始末位置与标准焊缝图像的始末位置比对后,可计算出此条焊缝与标准焊缝的长度差异,从而得到该焊缝实际长度。

图 10-43　焊缝起始位置

3) 表面气孔检测

对于气孔的搜索采用的是动态阈值分割的方式,具体方法是:以 0 为初始阈值对图像进行二值化,得到黑色颗粒的面积;以 10 为步长修改阈值,对图像进行二值化,计算黑色颗粒面积的增加速度;当黑色颗粒面积增加速度小于一个定值(150 个像素点)时,以当前阈值为最终结果。上述分割可以搜索出图像中疑似气孔的深色颗粒,然后需要通过几何特征对分割出的颗粒进一步筛选,剔除其他一些深色颗粒(如飞溅等),如图 10-44 所示。

图 10-44　密集型表面气孔

10.5.3　系统实际检测情况

焊缝质量视觉检测系统自动检测界面如图 10-45 所示:

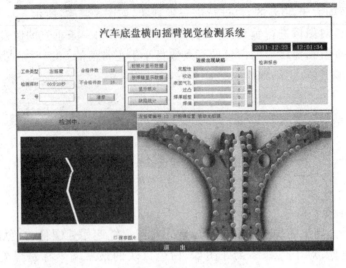

图 10 - 45　焊缝质量视觉检测系统软件界面

通过破坏性试验,如图 10 - 46 所示,将实际测量焊缝的宽度和厚度与该处的视觉系统测得值比较,后者为 10 次测量平均值。系统测得值具有较高的准确度和可靠性,有效代替了传统的人工目检方法,提高了生产效率。

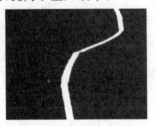

测量值:焊缝宽度7.32mm
　　　　焊缝厚度2.36mm
　　　　焊偏量3.25mm

实际值:焊缝宽度7.48mm
　　　　焊缝厚度2.15mm
　　　　焊偏量3.54mm

图 10 - 46　验证试验数据

思考题:

(1)微机炉温控制系统的工作原理是怎样的? 通常由哪些部分组成? 各部分的作用是什么? 与其他控制系统相比有哪些特点?

(2)PID 温度控制、积分分离 PID 温度控制、飞升曲线预测温度控制各有什么特点? 通常在什么场合使用?

(3)请采用数字化嵌入式炉温控制器编制以下热处理温控程序:以 20℃/min 加热至 500℃,保温 20min,再以 40℃/min 快速加热至 1 100℃/C,保温 30min,然后以 -10℃/min 冷却至 800℃,保温 20min,再以 -20℃/min 冷却至 500℃,最后随炉空冷至室温。

(4)调压铸造控制的对象是什么? 其控制系统的基本原理是怎样的? 在 PID 控制的基础上引入模糊控制的主要优点是什么?

(5)什么是激光熔覆技术? 其主要技术特点是什么? 目前主要的应用领域有哪些?

（6）什么是激光增材制造？其主要技术特点是什么？

（7）机器人发展到目前，按其智能化程度，主要分为哪几类？

（8）机器人的坐标系通常有哪几类？为什么要采用不同的坐标系？

（9）什么是机器人运动学？什么是机器人动力学？它们各研究什么问题？

（10）机器人的性能指标主要有哪些？

（11）什么是机器视觉？其工作原理是什么？主要应用领域有哪些？

附录 1　附图索引

附录 2　附表索引

参 考 文 献

[1] 杨海成.数字化设计制造技术基础[M].西安:西北工业大学出版社,2007.

[2] 苏春.数字化设计与制造[M].北京:机械工业出版社,2009.

[3] 黄石生.弧焊电源及其数字化控制[M].北京:机械工业出版社,2008.

[4] 樊新民.材料科学与工程中的计算机技术[M].北京:中国矿业大学出版社,2000.

[5] N.P.Mahalik.机电一体化——原理、概念、应用[M].北京:科学出版社,2008.

[6] 郑学坚.微型计算机原理与应用[M].北京:清华大学出版社,2001.

[7] 戴梅萼.微型计算机技术及应用[M].北京:清华大学出版社,2008.

[8] 金敏.嵌入式系统组成、原理与设计编程[M].北京:人民邮电出版社,2006.

[9] 薛迎成.工控机及组态控制技术原理及应用(第二版)[M].北京:中国电力出版社,2011.

[10] 吴亦锋.PLC及电气控制[M].北京:电子工业出版社,2012.

[11] 梅丽凤.电气控制与PLC应用技术[M].北京:机械工业出版社,2012.

[12] 汉泽西,肖志红,董洁.现代测试技术[M].北京:机械工业出版社,2006.

[13] 周林,殷侠.数据采集与分析技术[M].西安:西安电子科技大学出版社,2005.

[14] 祝常红,彭坚.数据采集与处理技术[M].北京:电子工业出版社,2008.

[15] 梅丽凤,王艳秋,张军.单片机原理及接口技术[M].北京:清华大学出版社,2004.

[16] 何立民.单片机应用系统设计[M].北京:北京航空航天大学出版社,1990.

[17] 许庆彦,张光跃,等.用快速数据采集系统研究铸件充型过程[J].特种铸造及有色合金,2000(3).

[18] 鲍泽富,李晓鹏,王江萍.钻杆热处理过程数据实时采集处理系统设计[J].石油机械,2008,36(10).

[19] 胡广书.数字信号处理导论[M].北京:清华大学出版社,2003.

[20] 余成波,张莲,邓力.信号与系统[M].北京:清华大学出版社,2004.

[21] 张树京.信息传输技术原理及应用[M].北京:电子工业出版社,2011.

[22] 李颖洁.现代通信原理:信息传输的相关技术[M].北京:科学出版社,2007.

[23] 刘泽祥.现场总线技术[M].北京:机械工业出版社,2011.

[24] 李正军.现场总线与工业以太网及其应用技术[M].北京:机械工业出版社,2011.

[25] SteveRackly.无线网络技术原理及应用[M].北京:电子工业出版社,2012.

[26] 胡绳荪.焊接自动化技术及其应用[M].北京:机械工业出版社,2007.

[27] 沈裕康,严武升,杨庚辰.自动控制基础[M].北京:西安电子科技大学出版社,1995.

[28] 俞孟蕻,李众,王建华.智能控制基数[M].北京:科学出版社,1998.

[29] 付家才,王秀琴.现代工业控制基础[M].哈尔滨:哈尔滨工程大学出版社,2003.

[30] 李强,郝启堂,李新雷,柴艳.反重力铸造液态成形过程的PLC控制[J].铸造技术,2006,27(10):1093-1097.

[31] 刘立君.材料成形控制工程基础[M].北京:北京大学出版社,2009.

[32] 张朝晖.计算机在材料科学与工程中的应用[M].长沙:中南大学出版社,2008.

[33] 杨思乾,李付国,张建国.材料加工工艺过程的检测与控制[M].西安:西北工业大学出版社,2006.

[34] 潘际銮.二十一世纪焊接可许研究的展望.第九次全国焊接会议论文集[M].哈尔滨:黑龙江人民出版社,1999.1-7.

[35] Tam T J,Chen S B,Zhou C J. Robotic welding INTELligent and automation[C]. Springer Verlag,Mar, 2004.

[36] Z. X. Gan,H. Zhang,J. J. Wang. Behavior-Based INTELligent robotic technologies in industrial applications, Robotic Welding, INTELligence and Automation[C]. Berlin：Springerk-Verlag，2007，1-12.

[37] 陈善本.智能化机器人焊接技术研究进展[J].机器人技术与应用.2007,8-11.

[38] 吴林,陈善本,等.智能化焊接技术[M].北京:国防工业出版社,2000.

[39] 陈善本,林涛,等.智能化焊接机器人技术[M].北京:机械工业出版社,2006.